"十四五"职业教育国家规划教材

高职高专"工作过程导向"新理念教材

计算机系列

MySQL 数据库应用项目教程 （第2版）

钱冬云 / 主编

潘益婷　吴刚　赵静静　陈锡锻 / 副主编

清华大学出版社

北京

内 容 简 介

本书采用"工学结合、任务驱动"的模式进行编写,面向企业的工作过程,以"销售管理数据库"为实例,全面讲解 MySQL 数据库应用技术。

本书共 17 个项目,内容包括销售管理数据库开发的环境,创建和管理销售管理数据库,创建和管理销售管理数据库数据表,利用销售管理数据库进行各类数据查询,提高数据库的质量和查询效率,设置索引、视图、存储过程和触发器,保证销售管理数据库的安全,数据库的日常维护,销售管理数据库的规划,对销售管理数据库进行初步的开发。本书旨在培养和提高高职学生技术应用能力,缩小在校学习与生产岗位需求之间的差距。

本书为微课视频版教材,大多数知识点均配备了微课视频,读者可扫描书中的二维码观看学习。本书也提供了课程资源包,包括实例代码、电子课件(PPT)、实训手册、电子教案、习题库、习题答案及自测试卷,以及国家在线课程等,读者可从 www.tup.tsinghua.edu.cn 下载。所有代码均经过测试,能够在 Windows 和 Linux 操作系统上编译运行。

本书既可作为应用型本科、高等职业院校及各类培训机构计算机软件技术、计算机网络技术及相关专业的教材,也可作为初学者学习数据库的入门教材和数据库应用系统开发人员的参考书。

图书在版编目(CIP)数据

MySQL 数据库应用项目教程 / 钱冬云主编. -- 2 版.
北京:清华大学出版社,2025.6. --(高职高专"工作
过程导向"新理念教材). -- ISBN 978-7-302-69429-8

Ⅰ. TP311.132.3

中国国家版本馆 CIP 数据核字第 2025ZN7845 号

责任编辑: 孟毅新
封面设计: 史宪罡
责任校对: 刘 静
责任印制: 刘 菲

出版发行: 清华大学出版社
   网 址: https://www.tup.com.cn, https://www.wqxuetang.com
   地 址: 北京清华大学学研大厦 A 座   **邮 编:** 100084
   社 总 机: 010-83470000   **邮 购:** 010-62786544
   投稿与读者服务: 010-62776969,c-service@tup.tsinghua.edu.cn
   质量反馈: 010-62772015,zhiliang@tup.tsinghua.edu.cn
   课件下载: https://www.tup.com.cn,010-83470410

印 装 者: 大厂回族自治县彩虹印刷有限公司
经 销: 全国新华书店
开 本: 185mm×260mm **印 张:** 25.75   **字 数:** 591 千字
版 次: 2019 年 1 月第 1 版 2025 年 8 月第 2 版 **印 次:** 2025 年 8 月第 1 次印刷
定 价: 69.00 元

产品编号:103515-01

前　言

　　本书在编写过程中,全面贯彻党的二十大精神"进教材、进课堂、进头脑"的要求,落实立德树人的根本任务,将知识教育与职业素养教育相结合,以培养高技能应用型人才为目标。教材编写团队联合浙江索思科技有限公司的工程师,以数据库管理、软件开发、数据分析等岗位需求为导向,遵循"实用为基、必需为度"原则,重构教学内容,强化学生创新精神、实践能力与社会责任感。

本书内容

　　(1)本书以"销售管理数据库"开发为主项目、"图书管理数据库"为辅助项目,通过17个递进式项目串联知识脉络,从数据库环境搭建到安全运维,覆盖全流程技能点。

　　(2)本书注重职业素养的培养,在知识讲解中嵌入职业伦理、团队协作等职业素养培养内容,引导学生树立正确的技术价值观,实现"技能精进"与"人格塑造"同步提升。

　　(3)本书依托企业真实场景设计任务,确保教学内容与行业需求无缝衔接,缩短从课堂到岗位的适应周期。

本书特点

　　(1)概念清楚,内容安排合理:涵盖数据库的基本原理和数据库设计方法的详细说明。本书注重理论与实践相结合,使学习者既能掌握基本的数据库理论,也能提高数据库系统应用与技术开发的水平。

　　(2)数字赋能,立体化学习:每个知识点配套视频讲解(扫码即学),结合操作演示与原理剖析,助力学生突破难点。

　　(3)在线平台联动,协作学习:对接浙江省高校在线开放课程平台(https://www.zjooc.cn/),提供"数据库应用技术"完整资源包,含习题库、在线答疑、学分认证等功能,支持 SPOC 课程定制,满足差异化教学需求。

　　(4)技术前沿适配:教学内容体现 MySQL 9.2 的特性,注重理论与实践平衡,既夯实数据库设计基础,又强化新技术应用能力。

本书作者

　　本书由钱冬云(浙江工贸职业技术学院)任主编,潘益婷、吴刚、赵静静

（温州职业技术学院）、陈锡锻任副主编，参与编写的还有郭华峰、钱哲凯等。此外，倪路奇、姜宇翔、黄诗贻、廖舒宁、徐晨曦、徐洁等参与了教学视频的制作。

　　由于计算机科学技术发展迅速，编者自身水平有限，书中难免有不足之处，恳请广大读者提出宝贵意见。

编　者

2025 年 5 月

目　录

项目 1 认识数据库技术

任务 1.1 认识数据库

1.1.1 基本概念

【任务描述】 认识数据库，首先要了解有关数据库的基本概念，数据描述和数据模型。

1. 数据

描述事物的符号称为数据。数据有多种表现形式，可以是数字，也可以是文字、图形、图像、声音、语言等。在数据库中所指数据表示记录，例如，在销售管理数据库中，记录了员工的信息包括员工号、姓名、性别、出生年月、入职时间、工资和工作部门等，这些信息就是数据。

2. 信息

通俗地讲，信息是指对数据进行加工处理后提取的对人类社会实践和生产活动产生决策影响的数据。信息就是数据中所包含的意义。未经过加工的数据只是一种原始材料，它的价值在于记录了客观世界的事实。

3．数据库

数据库是指长期存储在计算机内的、有组织的、可共享的数据集合。例如，一个公司的员工、销售产品和产品的订单等数据有序地组织并存放在计算机内，就构成一个数据库。本书以销售管理数据库为项目开发范例。

4．数据库系统

数据库系统（DBS）是有组织地、动态地存储大量关联数据、方便多用户访问的计算机硬件、软件和数据资源组成的系统。DBS 一般由计算机硬件、数据库、数据库管理系统以及开发工具和各种人员（如数据库管理员、用户和程序设计人员等）构成，如图 1.1 所示。

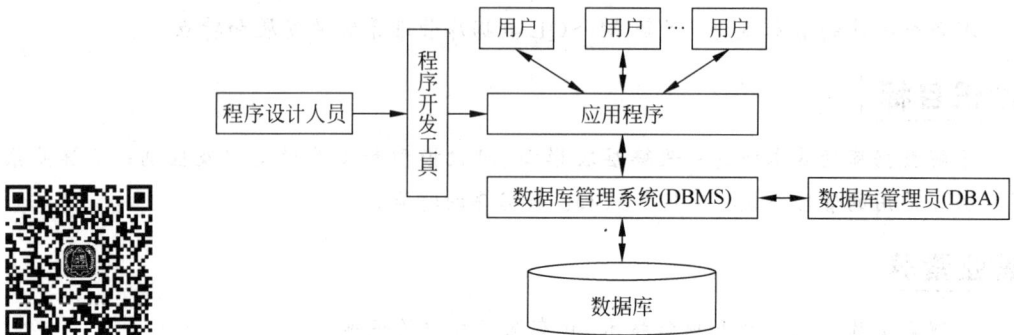

图 1.1　数据库系统构成

5．数据库管理系统

数据库管理系统（DBMS）是数据库系统的核心软件之一，是位于用户与操作系统之间的数据管理软件。它的主要功能包括以下几个方面：数据定义、数据操作、数据库的运行管理、数据库的建立和维护。

目前，较为流行的数据库管理系统有 Oracle 公司的 MySQL、Microsoft 公司的 SQL Server 系列、Oracle 公司的 Oracle 系列和 IBM 公司的 DB2 等，本书介绍的是 MySQL 9.2。

1.1.2　数据描述

如果要把现实世界的事物以数据的形式存储到计算机中，要经历现实世界、信息世界和机器世界 3 个阶段，具体的过程如图 1.2 所示。首先将现实世界中客观存在的事物和它们所具有的特征抽象成信息世界的实体和属性；其次抽象化到信息世界，利用实体—联系（E-R）方法反映事物与机器世界之间的相互关系；最后用实体—联系方法表达的概念模型转化为机器世界的数据模型。

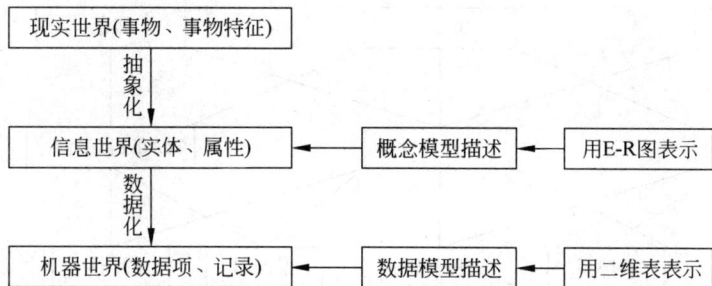

图 1.2 数据处理 3 个阶段

1.1.3 数据模型

数据库管理系统主要根据数据模型对数据进行存储和管理。数据模型是数据库的基础和关键。目前数据库管理系统采用的数据模型有层次模型、网状模型和关系模型。

1. 层次模型

层次模型是最早出现在数据库设计中的数据模型。层次模型将数据组织成一对多(双亲与子女)的结构,如图 1.3 所示。用树状结构表示实体之间联系,树的节点表示实体集,节点之间的连线表示两实体集之间的关系。采用关键字来访问其中每一层的每个部分。层次模型存取方便且速度快,结构清晰,容易理解,检索路线明确,数据修改和扩张容易实现;但是不能表示多对多的关系,结构不够灵活,数据有冗余。

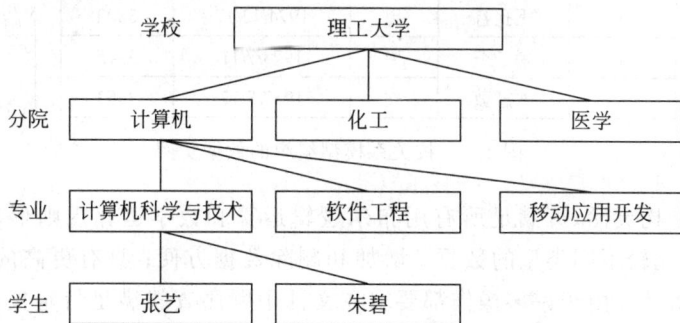

图 1.3 按层次模型组织的数据实例

2. 网状模型

在网状模型中,记录之间可具有任意多的连接。一个子节点可有多个父节点,可有一个以上节点没有父节点,如图 1.4 所示。网状模型能明确表示数据间的复杂关系,并且具有多对多类型的数据组织方式。由于数据间的联系通过指针表示,指针数据的存在使得数据量大大增加,数据修改不方便。另外,网状模型指针的建立和维护成为系统相当大的额外负担。

3

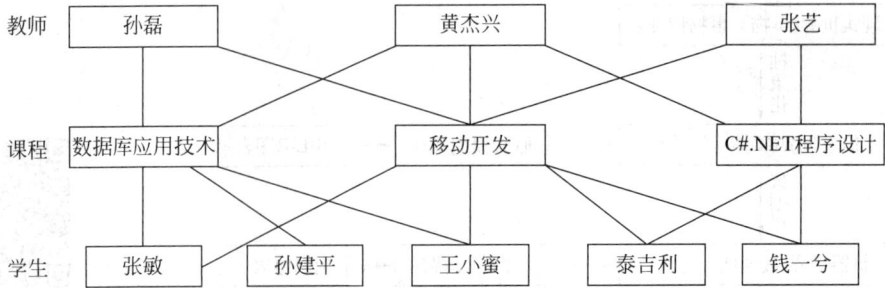

图 1.4　按网状模型组织的数据实例

3. 关系模型

关系模型是以记录或者二维数据表的形式组织数据,不分层也无指针,是建立空间数据和属性数据之间关系的一种非常有效的数据组织方法。关系模型中每一列对应实体的一个属性;每一行形成一个由多个属性组成的元组(也称记录),与特定的实体相对应,如图 1.5 所示。

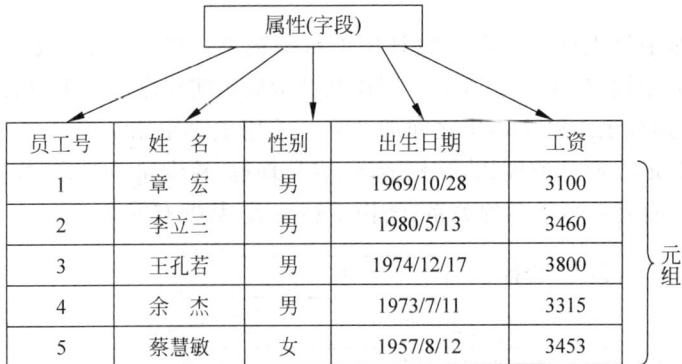

图 1.5　按关系模型组织的数据实例

关系模型结构灵活,可满足所有用布尔逻辑运算和数学运算规则形成的查询要求;能搜索、组合和比较不同类型的数据;增加和删除数据方便;具有更高的数据独立性和更好的安全保密性。由于许多操作都要求在文件中顺序查找满足特定关系的数据,若数据库很大,查找过程比较费事。

1.1.4　关系型数据库语言

SQL(structured query language,结构化查询语言)是一种数据库查询和程序设计语言,用于存取数据以及查询、更新和管理关系数据库系统。SQL 包括数据定义语言(DDL)、数据操纵语言(DML)和数据控制语言(DCL)。

(1) DDL 主要用于执行数据库任务,包括对数据库以及数据库中各种对象进行创建、修改、删除等操作。其主要语句及功能如表 1.1 所示。

表 1.1　DDL 主要语句及功能

语　　句	功　　能
CREATE	创建数据库或数据库对象
ALTER	修改数据库或数据库对象
DROP	删除数据库或数据库对象

（2）DML 主要用于数据表或者视图的检索、插入、修改和删除数据记录的操作，主要语句及功能如表 1.2 所示。

表 1.2　DML 主要语句及功能

语　　句	功　　能
SELECT	从表或者视图中检索数据
INSERT	将数据插入表或者视图
UPDATE	修改表或者视图中的数据
DELETE	删除表或者视图中的数据

（3）DCL 主要用于安全管理，确定哪些用户可以查看或者修改数据库中的数据，主要语句及功能如表 1.3 所示。

表 1.3　DCL 主要语句及功能

语　　句	功　　能
GRANT	授予权限
REVOKE	撤销权限
DENY	拒绝权限，并禁止从其他角色继承许可权限

任务 1.2　认识 MySQL 数据库管理系统

【任务描述】　本任务介绍 MySQL 数据库管理系统软件、发展史和特点，引导学生探究新知识，了解数据库前沿技术。

MySQL 是完全网络化的跨平台关系型数据库系统，同时是具有客户/服务器体系结构的分布式数据库管理系统。MySQL 在 UNIX 等操作系统上是免费的，在 Windows 操作系统上，可免费使用其客户程序和客户程序库。

MySQL 是一个精巧的 SQL 数据库管理系统，虽然它不是开放源代码的产品，但在某些情况下可以自由使用。由于它的功能强大、使用简便、管理方便、运行速度快、安全可靠性强、灵活性、丰富的应用编程接口（API）以及精巧的系统结构，受到了广大自由软件爱好者甚至是商业软件用户的青睐，特别是与 Apache 和 PHP/Perl 结合，这为建立基于数据库的动态网站提供了强大的动力。

目前，MySQL 在中低端的数据库中占有很大的市场份额。与其他的免费数据库如

mSQL 和 Postgres(一种免费的但不支持来自商业供应商引擎的系统)在性能、支持、特性(与 SQL 的一致性、可扩展性等)、认证条件和约束条件、价格等方面相比,MySQL 具有以下特点。

(1) 速度快。MySQL 运行速度很快。开发者声称 MySQL 可能是目前能得到的最快的数据库。

(2) 容易使用。MySQL 是一个高性能且相对简单的数据库系统,与一些大型系统的设置和管理相比,其复杂程度较低。

(3) 价格低。MySQL 对多数个人用户来说是免费的。

(4) 支持查询语言多。MySQL 可以利用 SQL(结构化查询语言),也可以利用支持 ODBC(开放式数据库连接)的应用程序。

(5) 性能稳。多个客户既可同时连接服务器,也可同时使用多个数据库。客户可利用几个输入查询并查看结果的界面来交互式地访问 MySQL。这些界面为命令行客户机程序、Web 浏览器或 X Window System 客户程序。此外,还有由各种语言(如 C、Perl、Java、PHP 和 Python)编写的界面。因此,可以选择使用已编好的客户机应用程序或编写自己的客户机应用程序。

(6) 连接性和安全性好。MySQL 是完全网络化的,其数据库可在互联网上的任何地方访问,因此,可以和任何地方的任何人共享数据库,而且 MySQL 还能进行访问控制,可以控制哪些人不能看到数据。

(7) 可移植性好。MySQL 可运行在各种版本的 UNIX 以及其他非 UNIX 的操作系统(如 Windows 和 OS/2)上,也可运行在家用 PC 和各种服务器上。

习　　题

一、选择题

1. 数据库是在计算机系统中按照一定的数据模型组织、存储和应用的(　　)。
   A. 命令的集合　　　　　　　　　　　B. 数据的集合
   C. 程序的集合　　　　　　　　　　　D. 文件的集合
2. 支持数据库的各种操作的软件系统是(　　)。
   A. 数据库系统　　　　　　　　　　　B. 文件系统
   C. 操作库系统　　　　　　　　　　　D. 数据库管理系统
3. (　　)由计算机硬件、操作系统、数据库、数据库管理系统以及开发工具和各种人员(如数据库管理员、用户等)构成。
   A. 数据库管理系统　　　　　　　　　B. 文件系统
   C. 数据系统　　　　　　　　　　　　D. 软件系统
4. 在现实世界中客观存在并能相互区别的事物称为(　　)。
   A. 实体　　　　　　B. 实体集　　　　　　C. 字段　　　　　　D. 记录

5. SQL 包括数据定义语言(DDL)、数据操纵语言(　　)和数据控制语言(DCL)。

A. DML　　　　　　B. DMM　　　　　　C. DMI　　　　　　D. DCM

二、思考题

1. 数据处理包含哪 3 个阶段？

2. 数据模型有哪些？各有什么特点？

3. SQL 中包含数据定义语言、数据操纵语言和数据控制语言,分别有哪些功能？

4. Oracle 是一家商业公司,为什么仍然会维护免费的 MySQL？

项目 2　搭建数据库开发环境

技能目标

学会安装 MySQL 9.2 和 SQLyog；能够启动和停止 MySQL 服务；能够安装销售管理数据库系统的开发环境。

知识目标

掌握 MySQL 9.2 的下载方法；掌握 MySQL 的安装方法；掌握启动和登录 MySQL 服务的方法；掌握第三方客户端软件 SQLyog 的安装方法；掌握 SQLyog 的使用方法。

职业素养

具有认真探究的学习态度和团队协作精神。

销售管理数据库的开发采用 MySQL 数据库管理系统。目前，对于不同的操作系统，MySQL 提供不同的版本。目前 MySQL 的流行版本为 9.2 Innovation。本项目将在 Windows 11 操作系统下，完成 MySQL 9.2 Innovation 的下载、安装、启动和关闭服务的任务。

任务 2.1　下载 MySQL 软件

【任务描述】　销售管理数据库开发环境使用的 MySQL 9.2 版本。MySQL 是开放的数据库管理软件，本任务直接到 MySQL 官网下载所需的 MySQL 版本；同时培养学生探究新技术和认真学习的能力。

具体操作步骤如下。

(1) 访问 MySQL 网站。访问 MySQL 的官方网站 http://www.mysql.com，如图 2.1 所示。

(2) 选择 MySQL 产品。在 MySQL 官网首页中，单击导航栏中的 DOWNLOADS 按钮，进入选择产品页面，如图 2.2 所示。在页面中选择社区版（MySQL Community），单击 MySQL Community (GPL) Downloads，进入下载页面，如图 2.3 所示。

(3) 选择版本。选择 MySQL Community Server 进入版本选择界面，本书采用 9.2 Innovation 版。如图 2.4 所示，在 Select Version 的下拉菜单中选择 9.2.0 Innovation；

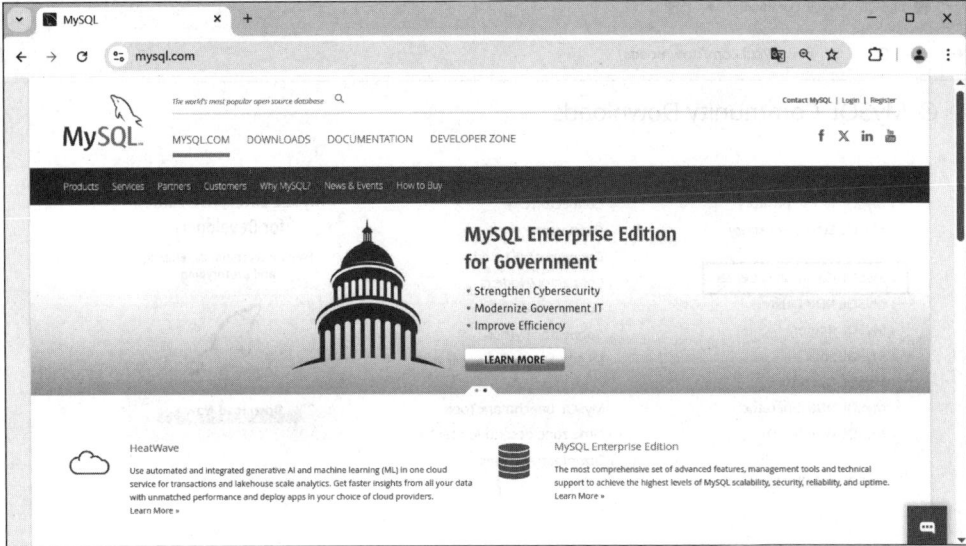

图 2.1　MySQL 网站首页

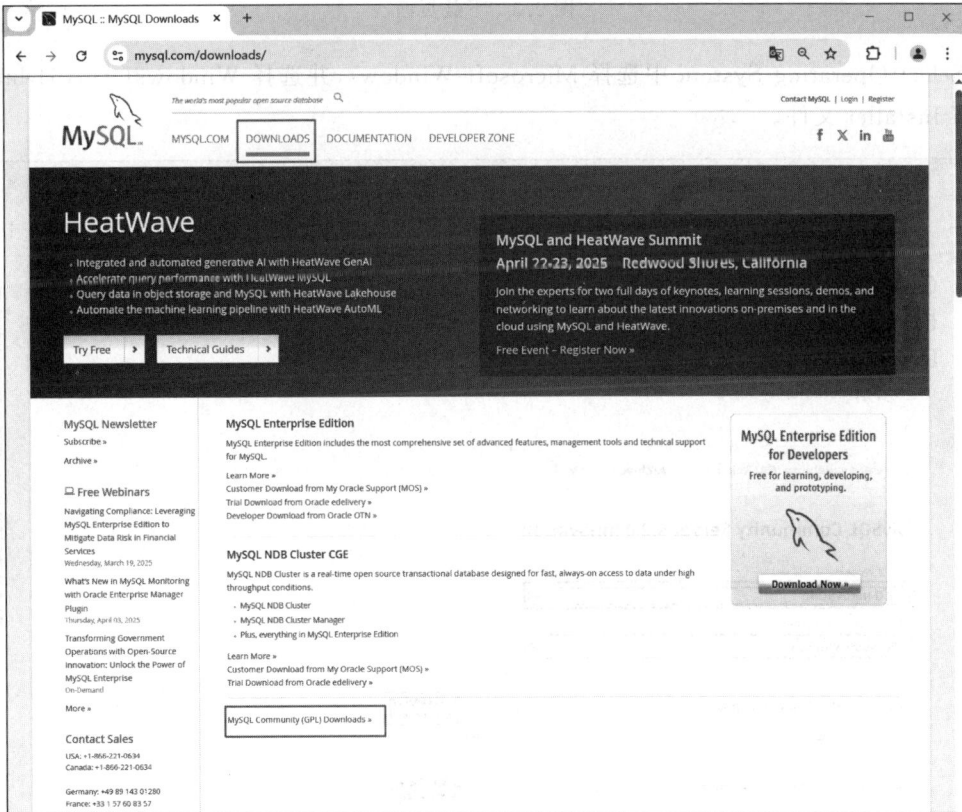

图 2.2　选择产品页面

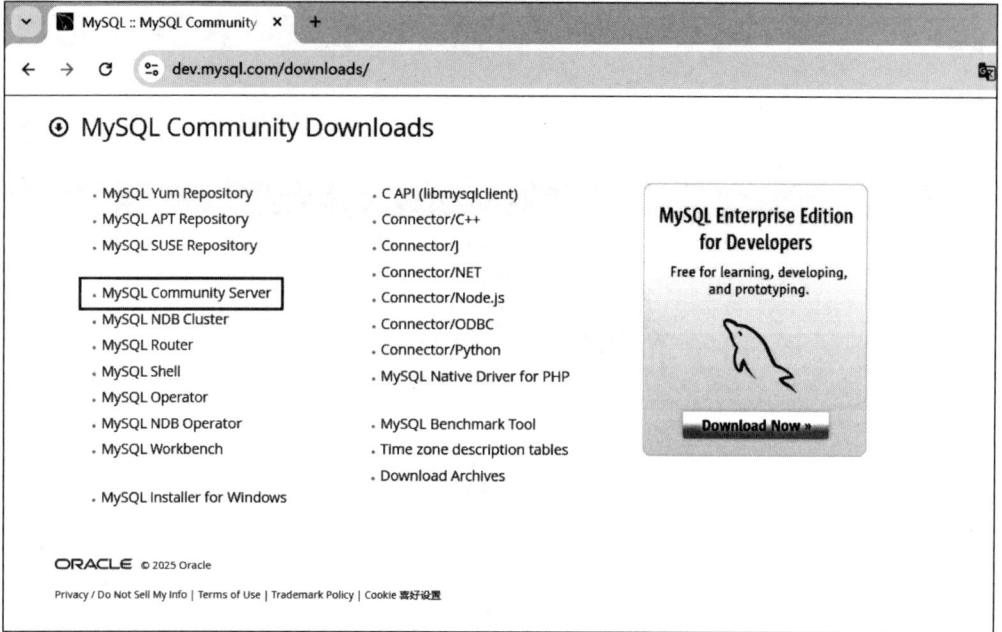

图 2.3　下载页面

在 Select Operating System 中选择 Microsoft Windows，并选择 Windows(x86,64-bit)，MSI Installer 文件。

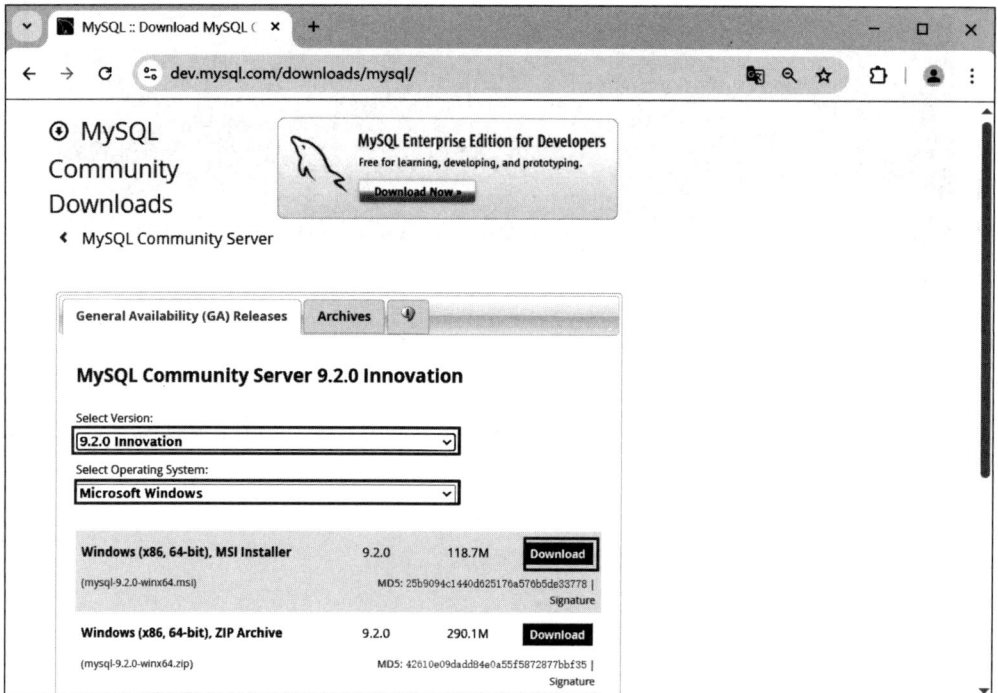

图 2.4　下载 MySQL 9.2 Innovation 版本

（4）下载软件。单击 Download 按钮，出现如图 2.5 所示的 MySQL Community Download 页面，单击 No thanks,just start download.，即可直接下载 mysql-9.2.0-win64.msi 文件，不需要登录。

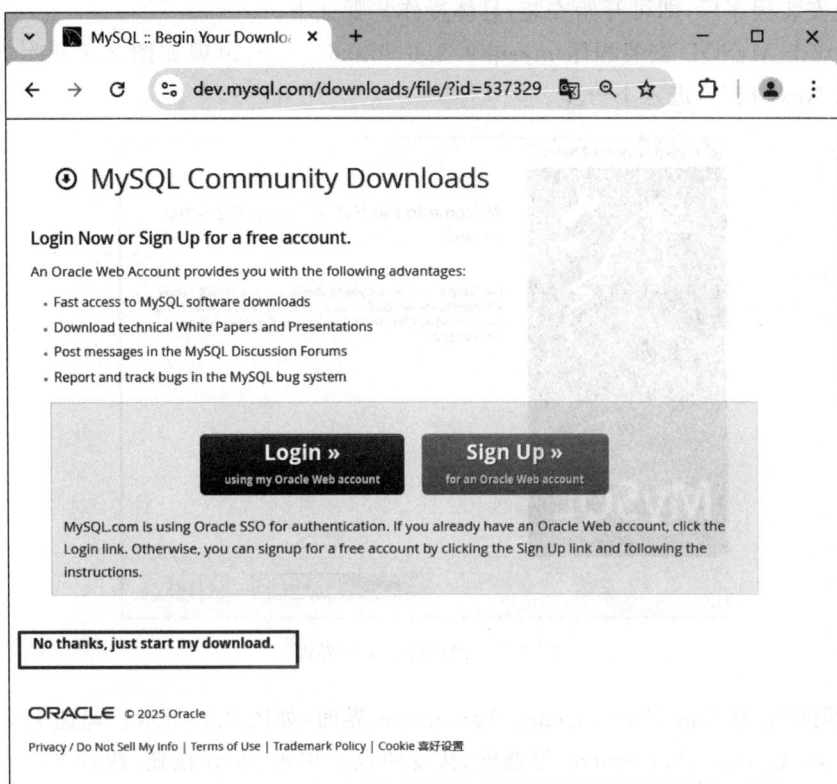

图 2.5　下载 MySQL 文件

（5）查看安装包文件。下载成功后，在保存的文件夹中，可以找到 MySQL 的安装包文件 mysql-9.2.0-win64.msi，如图 2.6 所示。

名称	修改日期	类型	大小
mysql-9.2.0-winx64.msi	2025/3/4 15:21	Windows Installer 程序包	121,532 KB

图 2.6　MySQL 安装文件包

任务 2.2　安装 MySQL 软件

【任务描述】　根据版本的不同，MySQL 安装文件分为 MSI 和 ZIP 两种格式。如果为 MSI 格式，可以直接双击进行安装，按照它给出的安装提示进行安装；如果是 ZIP 格式，则需要解压，解压之后将文件存放到指定的文件夹中，然后进行配置，即可使用。

2.2.1 MSI 格式软件安装

下载安装程序后,即可开始安装,具体操作步骤如下。

(1) 双击 MySQL 安装程序 mysql-9.2.0-winx64.msi,出现如图 2.7 所示的安装界面。单击 Next 按钮,进入下一步。

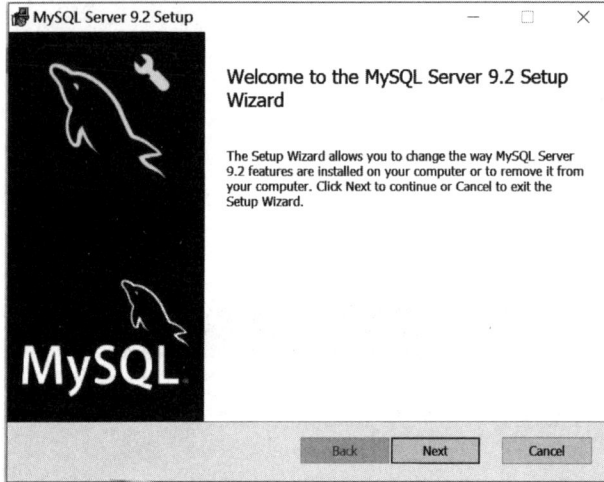

图 2.7 MySQL 安装界面

(2) 稍后出现 End-User License Agreement 界面,如图 2.8 所示。勾选 I accept the terms in the License Agreement 复选框,接受协议。单击 Next 按钮,执行下一步。

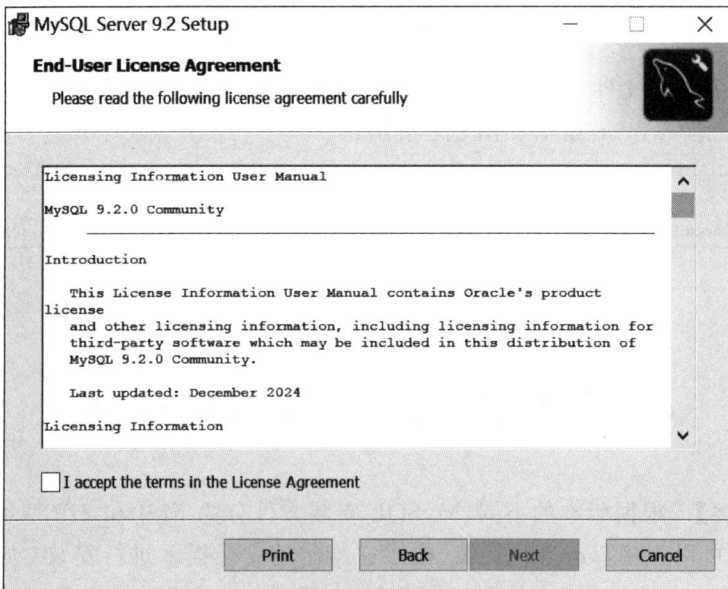

图 2.8 接受用户许可协议

（3）出现 Choosing Setup Type 界面，如图 2.9 所示。这里有不同的安装类型，各种安装类型的含义如表 2.1 所示。在此界面中，选择 Custom 选项，然后单击 Next 按钮，执行下一步。

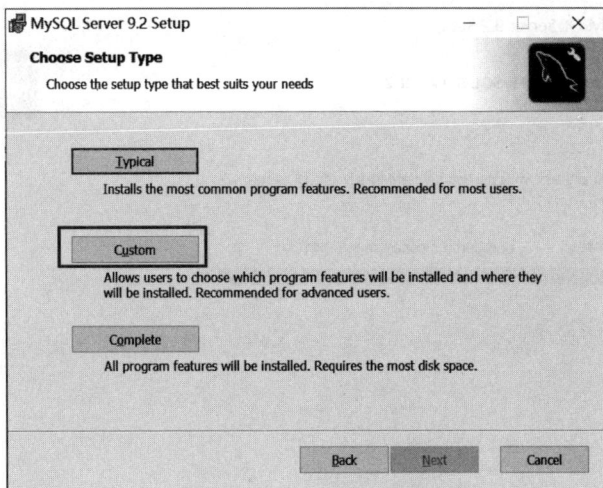

图 2.9　安装类型设置界面

表 2.1　安装类型及其含义

选　项	含　义
Tyical	典型安装类型
Complete	完全安装类型
Custom	自定义安装类型

（4）出现 Custom Setup 界面，如图 2.10 所示。默认的安装位置为 C：\Program Files\MySQL\MySQL Server 9.2\，单击右侧的 Browser 按钮，可以选择其他的安装位置，单击 OK 按钮返回。单击 Next 按钮，执行下一步。

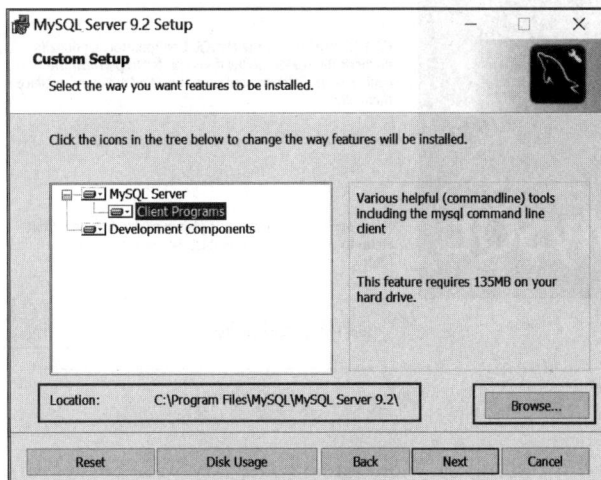

图 2.10　选择安装位置

13

（5）在出现的在 Ready to Install MySQL Server 9.2 界面中,单击 Install 按钮,开始安装,出现如图 2.11 所示的界面,显示安装状态。

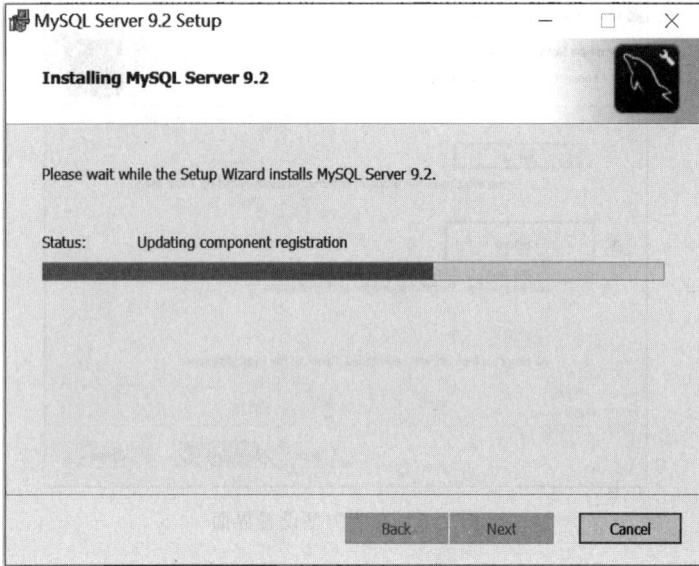

图 2.11　安装状态

（6）安装完成后,出现如图 2.12 所示的界面,勾选 Run MqSQL Configurator,进行服务器配置。

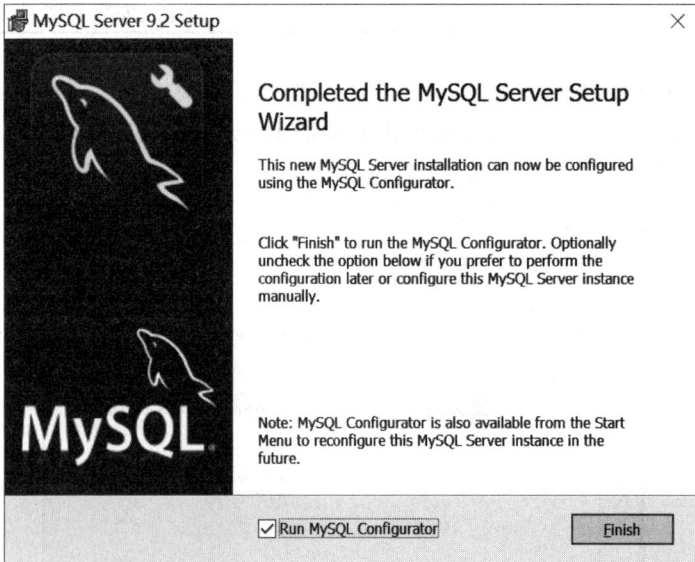

图 2.12　安装过程界面

（7）单击 Finish 按钮,出现 Welcome to the MySQL Server Configurator 界面,如图 2.13 所示,单击 Next 按钮,执行下一步。

14

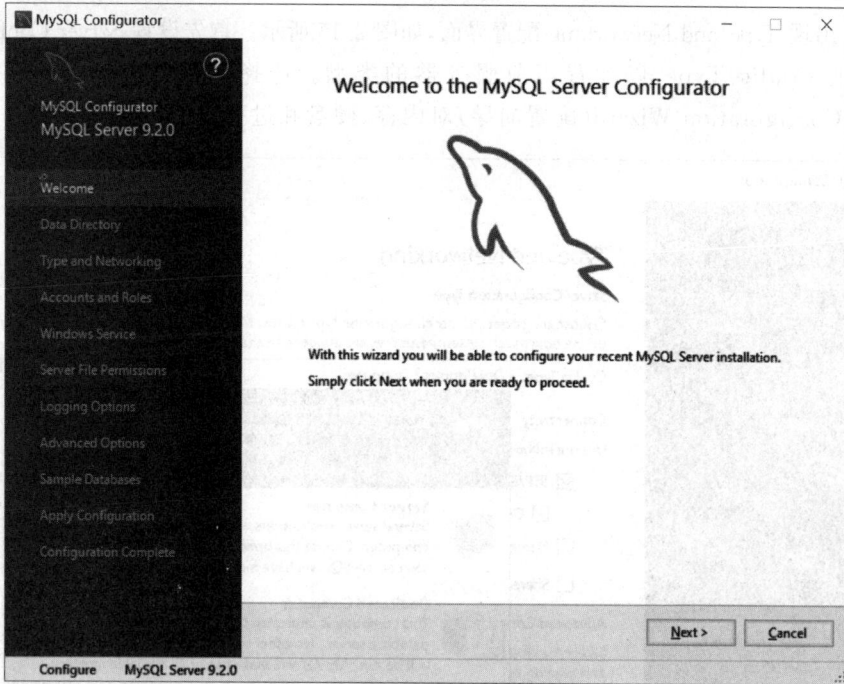

图 2.13　Configurator 欢迎界面

（8）出现 Data Directory 界面，这里设置数据保存的目录为 D:\mysql_data（这是本书的设置，可以设置成不同的目录），如图 2.14 所示。单击 Next 按钮，执行下一步。

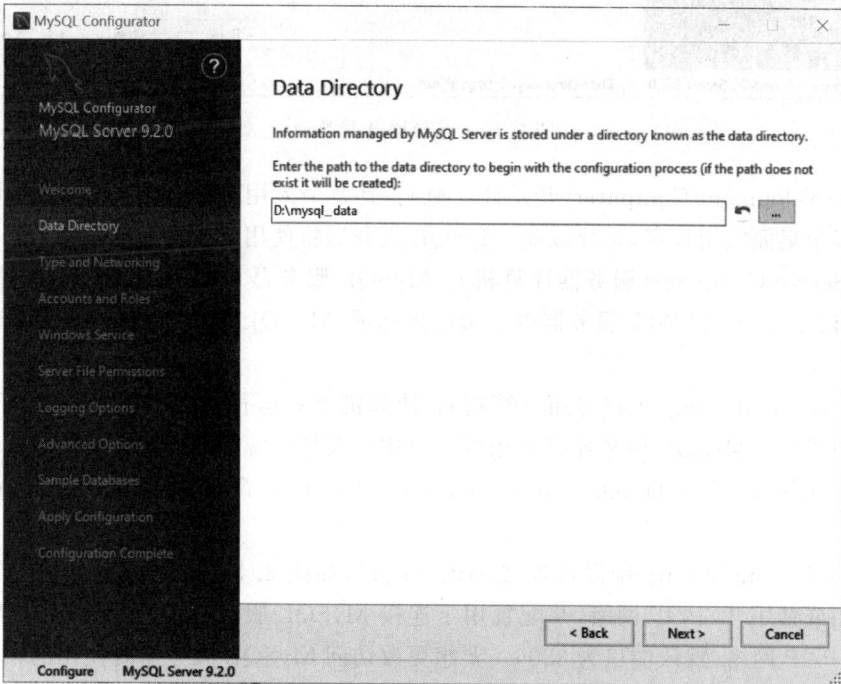

图 2.14　设置数据保存位置

15

（9）出现 Type and Networking 配置界面,如图 2.15 所示。首先设置 Server Configuration Type 下的 Config Type,以配置当前服务器的类型。选择哪种服务器类型将影响到 MySQL Configuration Wizard(配置向导)对内存、硬盘和过程或使用的决策。

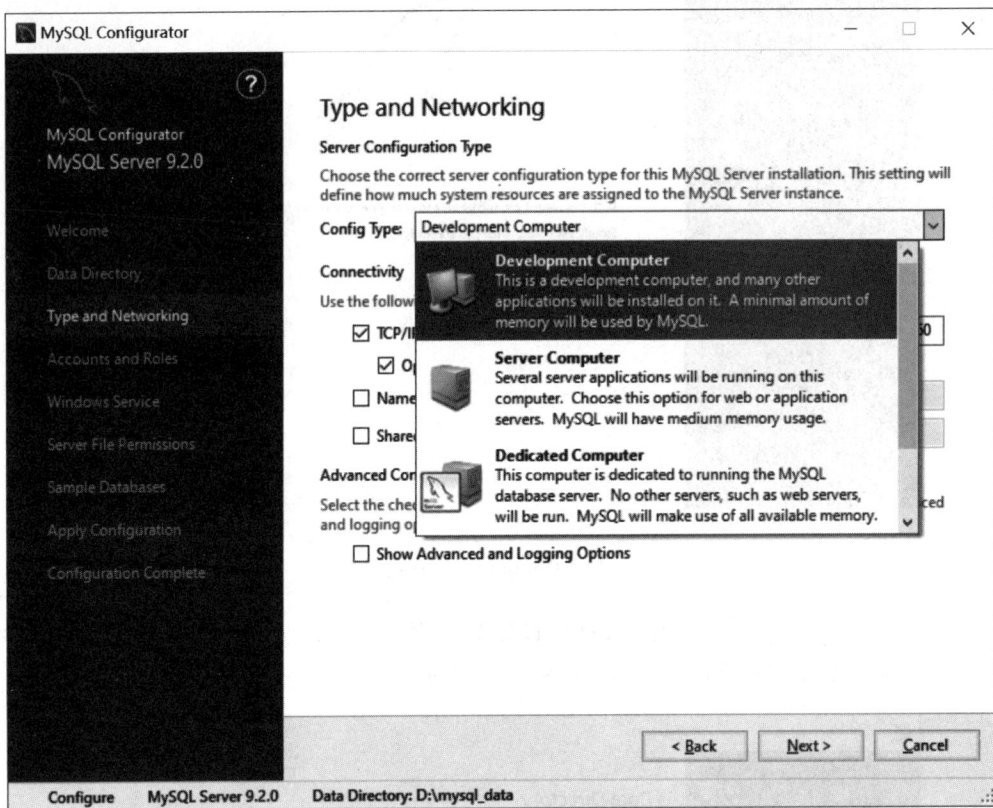

图 2.15　选择服务器类型

① Development Computer(开发计算机)：典型个人用桌面工作站。假设计算机上运行着多个桌面应用程序,选择该项,MySQL 服务器将使用最少的系统资源。

② Server Computer(服务器计算机)：MySQL 服务器可以与其他应用程序一起运行,如 FTP、E-mail 和 Web 服务器等。选择该选项,MySQL 服务器将使用适当比例的系统资源。

③ Dedicated Computer(专用计算机)：计算机上只运行 MySQL 服务器,不再运行其他应用程序。MySQL 服务器将使用所有可用的系统资源。

作为初学者,选择 Development Computer 已经足够了,这样占用系统的资源不会很多。

（10）在 Connectivity 中设置连接协议和端口,如图 2.16 所示。利用其中的复选框可以启用或禁用 TCP/IP 网络,并配置用于连接 MySQL 服务器的端口号。默认情况下启用 TCP/IP 网络,默认端口为 3306。要想更改访问 MySQL 服务器时使用的端口,可直接在文本框中输入新的端口号,但要保证新的端口号没有被占用。

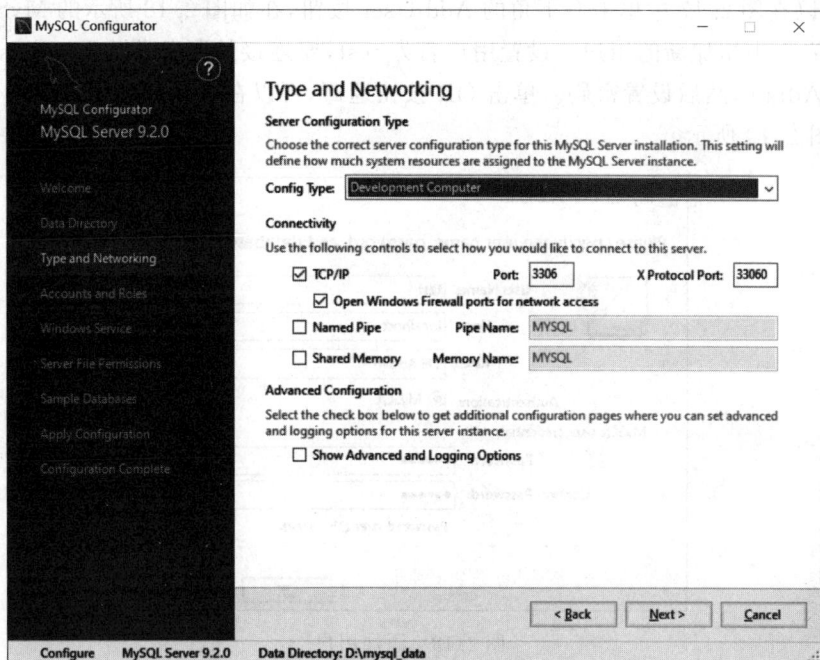

图 2.16　设置协议和端口

（11）单击 Next 按钮，出现如图 2.17 所示的账户和角色设置界面。首先设置 root 用户的密码，在 MySQL Root Password 文本框中输入密码；在 Repeat Password 文本框中再次输入该密码以确认密码。

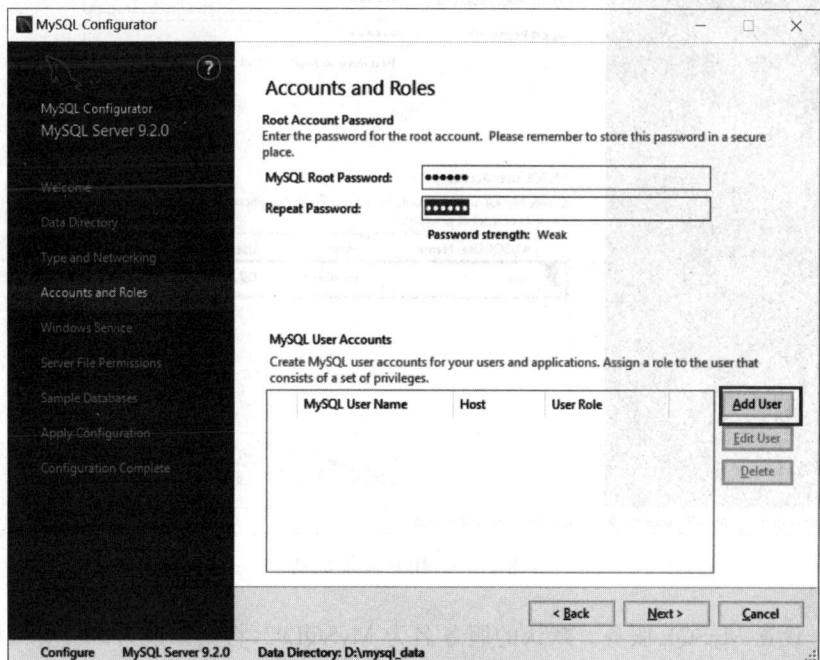

图 2.17　设置 root 账户的密码

也可以在图 2.17 中单击右下角的 Add User 按钮,在如图 2.18 所示的 MySQL User Account 界面中添加新的用户。设置用户名为 test,要连接的服务器为 localhost,用户角色为 DB Admin,然后设置密码。单击 OK 按钮返回,可以在 MySQL 用户中看到添加的用户,如图 2.19 所示。

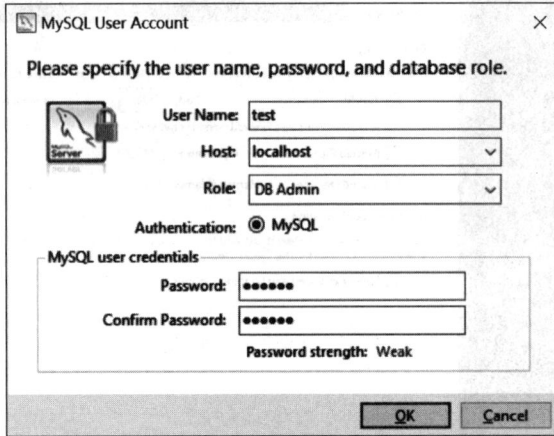

图 2.18　添加用户

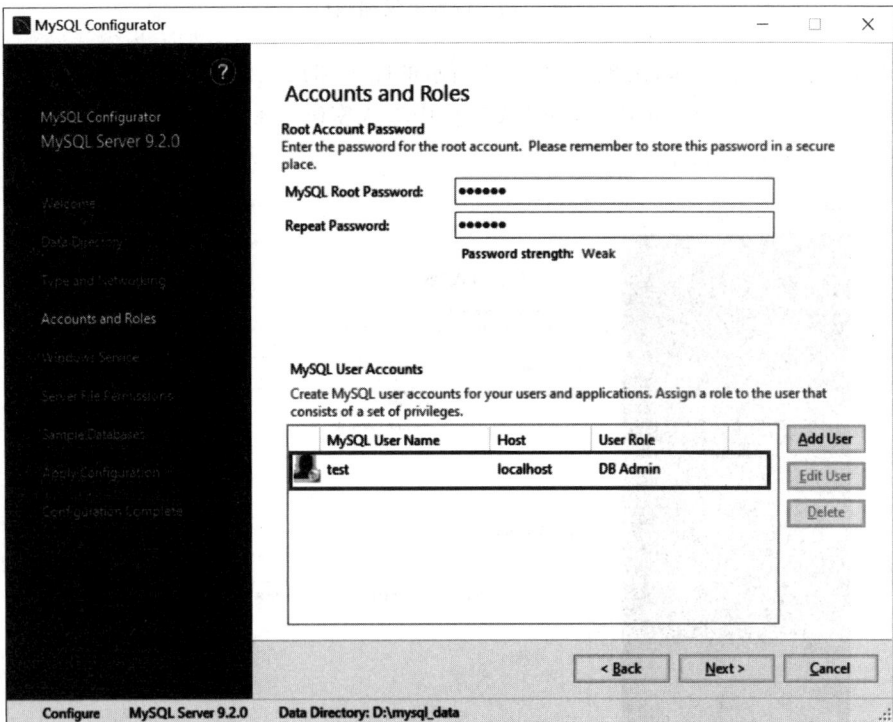

图 2.19　用户添加成功

(12) 设置 MySQL 服务。默认的服务名为 MySQL92,将其修改为 MySQL,如图 2.20 所示。勾选 Start the MySQL Server at System Startup 复选框,然后单击 Next 按钮。

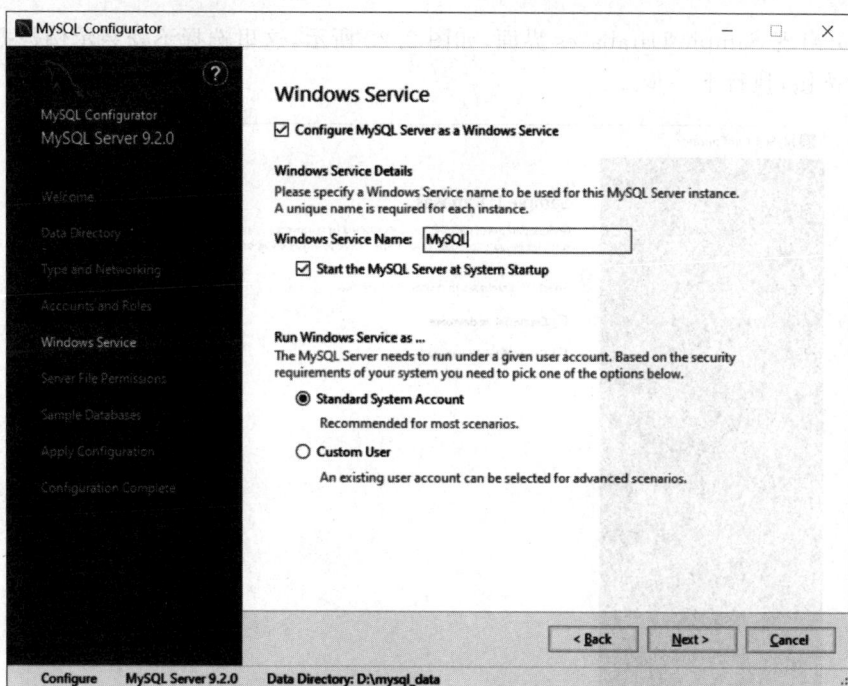

图 2.20　设置 MySQL 服务名称

（13）在出现的 Server File Permissions 界面中，采用默认选项，如图 2.21 所示。单击 Next 按钮，执行下一步。

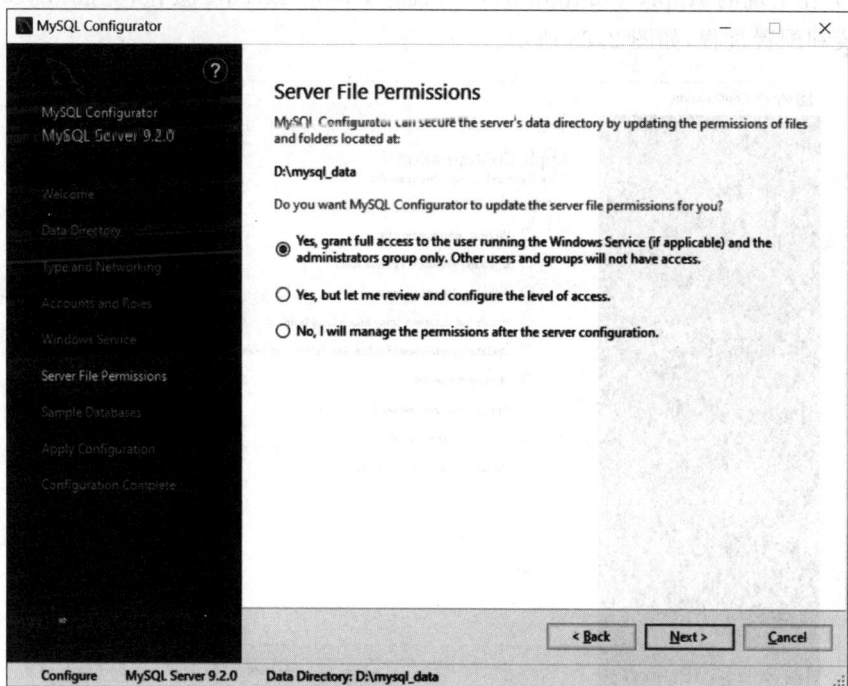

图 2.21　设置服务器文件许可

（14）出现 Sample Databases 界面,如图 2.22 所示,这里选择不安装示例数据库。单击 Next 按钮,执行下一步。

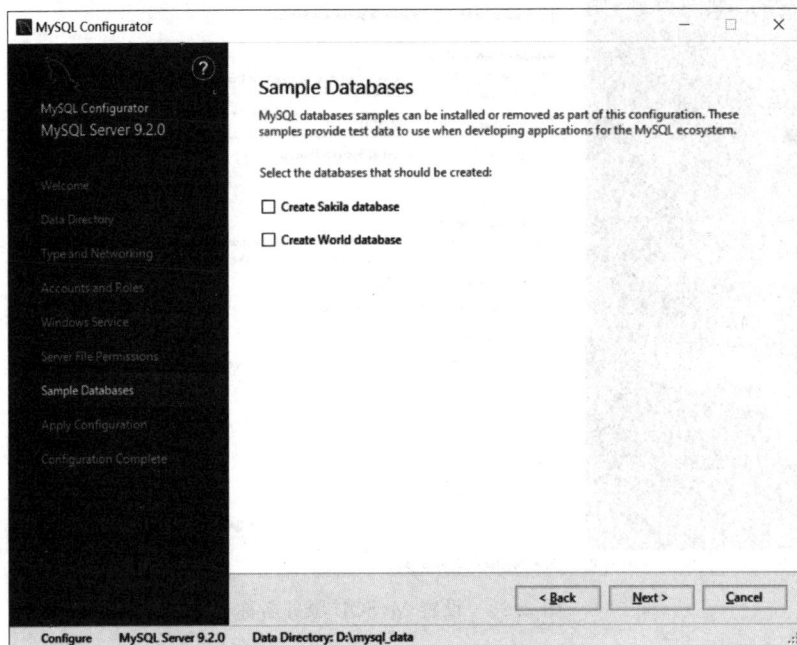

图 2.22　不安装示例数据库

（15）在出现的 Apply Configuration 界面中,单击 Execute 按钮,完成 MySQL 数据库的安装和配置过程,如图 2.23 所示。

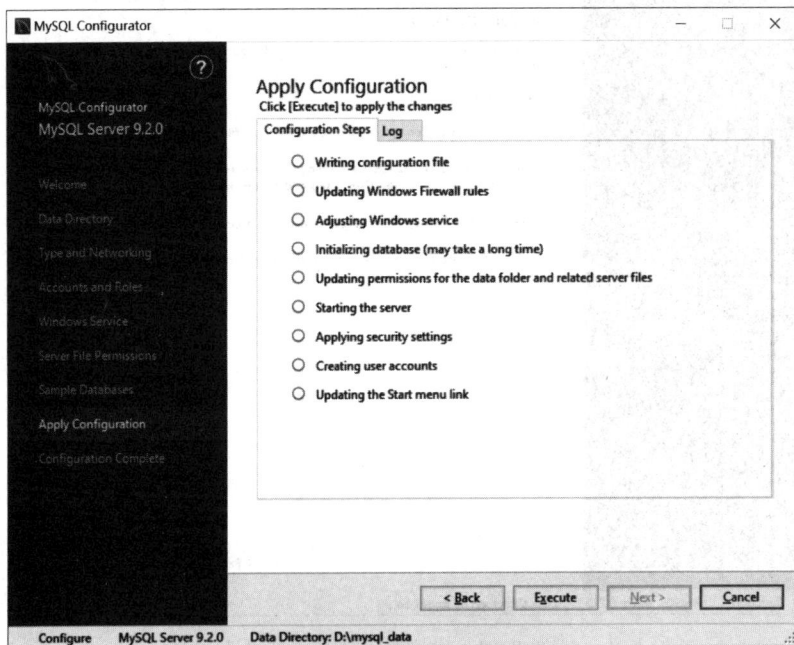

图 2.23　选择应用配置

（16）单击 Next 按钮完成服务器的配置，如图 2.24 所示。

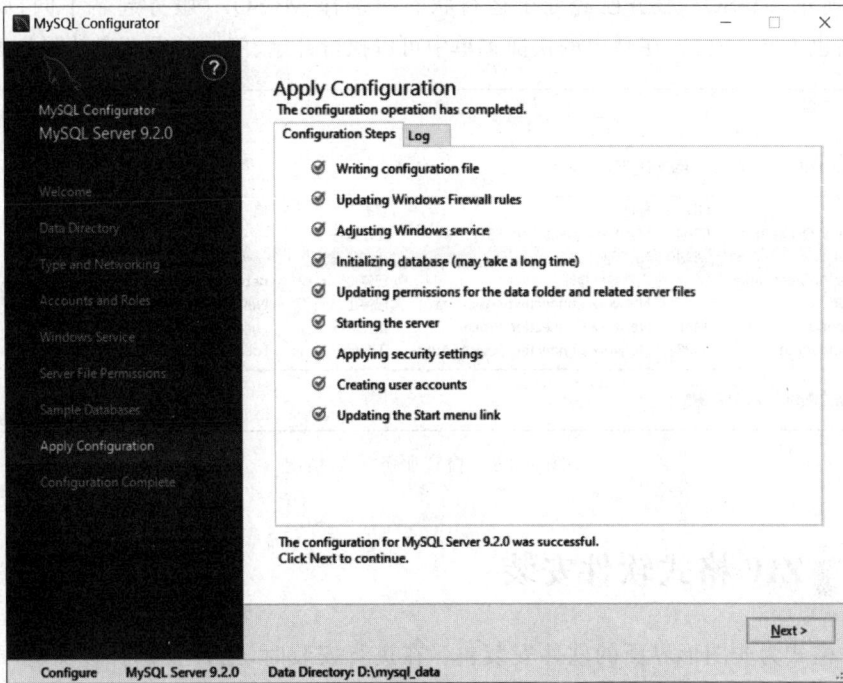

图 2.24　完成服务器的配置

（17）在图 2.25 所示的界面中单击 Finish 按钮，完成软件安装。

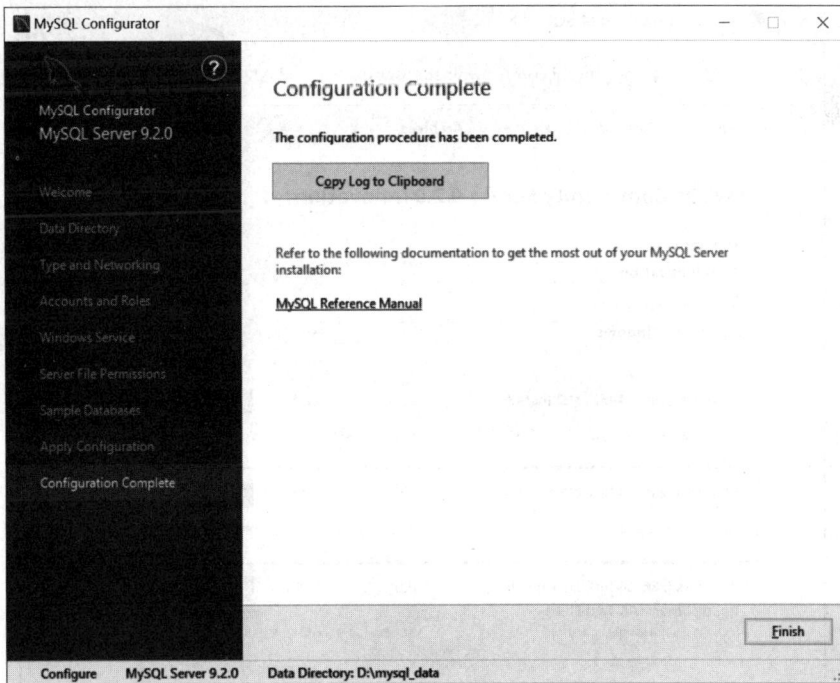

图 2.25　完成安装

（18）查看 Windows 服务并验证安装情况。打开 Windows 的"任务管理器"窗口,如图 2.26 所示,MySQL 服务已经处于运行状态。选择 MySQL(服务起名不同,此处的显示服务名也不同),右击,在弹出的快捷菜单中可以执行开始、停止和重新启动服务等操作。

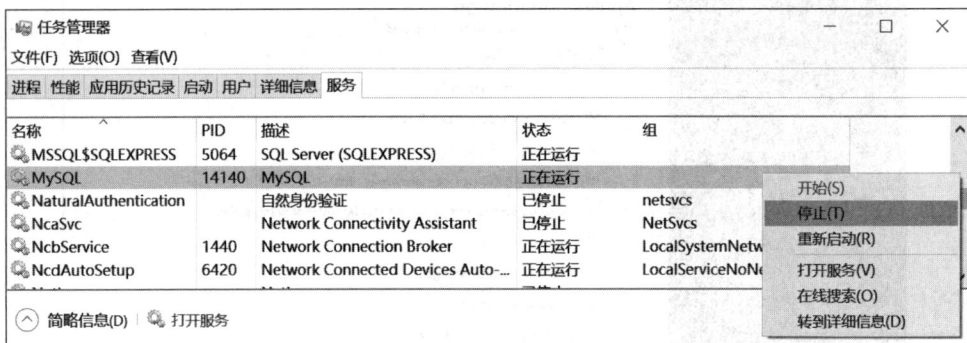

图 2.26 检查服务安装情况

2.2.2 ZIP 格式软件安装

ZIP 格式为非图形界面的软件安装包。在进行安装时,用户要确保以管理员权限登录。安装操作步骤如下。

（1）到 MySQL 官网 http://www.mysql.com 下载 ZIP 格式的安装包(mysql-9.2.0-winx64.zip),如图 2.27 所示。

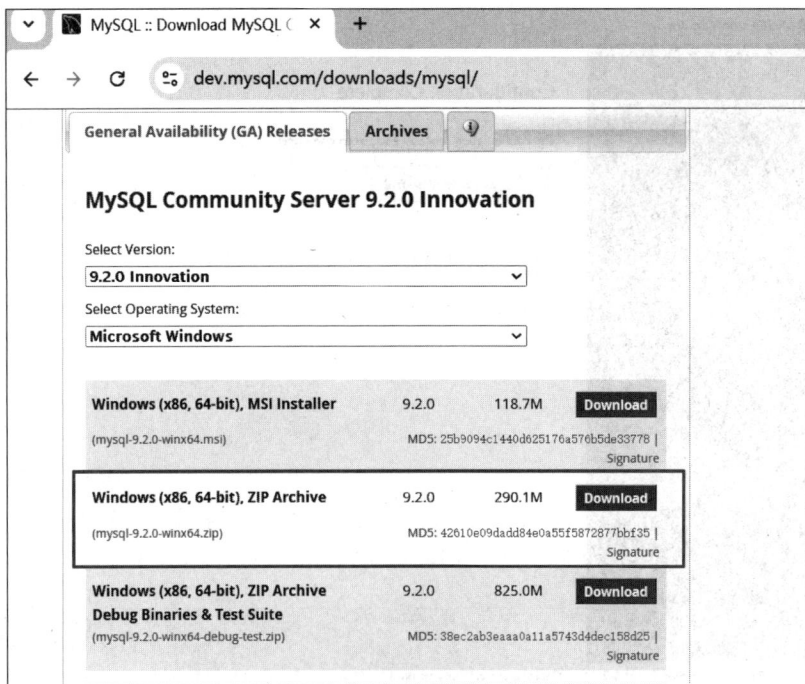

图 2.27 下载 ZIP 格式的安装包

（2）解压 mysql-9.2.0-winx64.zip 文件。为了方便使用，解压之后可以将该文件夹改名，放到合适的位置。本书中把文件夹改名为 MySQL Server 9.2，存放在 C：\Program Files\MySQL 文件夹中。

该文件夹下各个子文件夹的作用如下。

① bin 文件夹：存放可执行文件。

② docs 文件夹：存放版权信息、MySQL 的更新日志和安装信息等文档。

③ include 文件夹：存放头文件。

④ lib 文件夹：存放库文件。

⑤ share 文件夹：存放字符集、语言等信息。

（3）增加配置文件。MySQL 9.2 默认的配置文件是 my.ini，但是下载解压后的文件夹中没有该文件，因此需要重新创建。该文件的默认位置为 C：\Program Files\MySQL\MySQL Server 9.2 下。创建 data 文件夹用来保存数据，默认保存目录为 C：\Program Files\MySQL\MySQL Server 9.2\data。本书将数据文件保存至 D：\MySQL\data（注意不要使用中文文件夹名，否则会报错）。

在记事本中打开 my.ini 文件，在其中添加如下代码。

```
[mysqld]
basedir = C:\Program Files\MySQL\MySQL Server 9.2
datadir = D:\MySQL\data
```

其中各参数说明如下。

① basedir：MySQL 软件的安装路径。此处 MySQL 的安装路径为 C：\Program Files\MySQL\MySQL Server 9.2。

② datadir：MySQL 数据库中数据文件的存储位置。此处 MySQL 的数据文件的存储位置为 D：\MySQL\data。

（4）设置 MySQL 服务为 Windows 系统服务。以管理员身份执行 cmd 命令，并执行以下命令，将当前目录切换为 bin 文件夹，如图 2.28 所示。

```
cd C:\Program Files\MySQL\MySQL Server 9.2\bin
```

说明：不管有没有配置过环境变量，都必须进入 MySQLl 的 bin 文件夹，否则之后启动服务时仍然会报错。

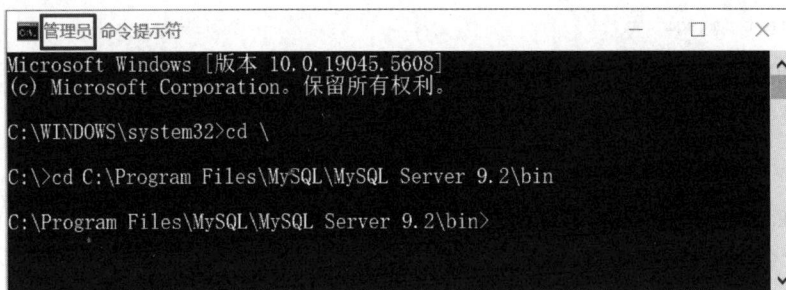

图 2.28　切换当前目录

（5）安装 MySQL。执行以下命令，将出现服务成功安装的提示，如图 2.29 所示。可以利用打开任务管理器查看系统服务。

```
mysqld - install
```

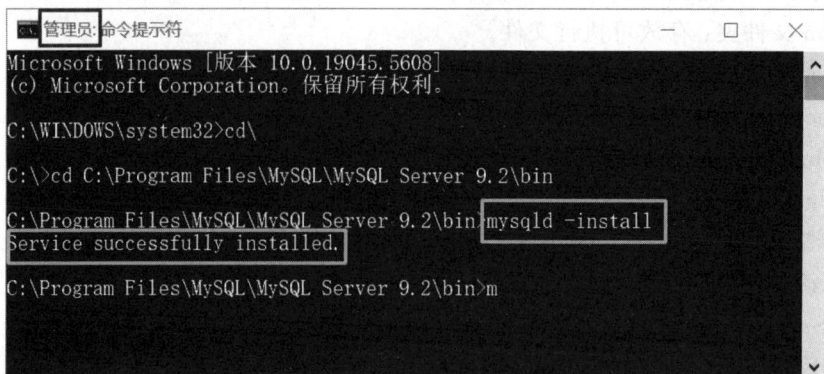

图 2.29 安装成功

（6）执行以下命令初始化数据库，结果如图 2.30 所示。

```
mysqld -- initialize -- datadir = D:/MySQL/data -- console1
```

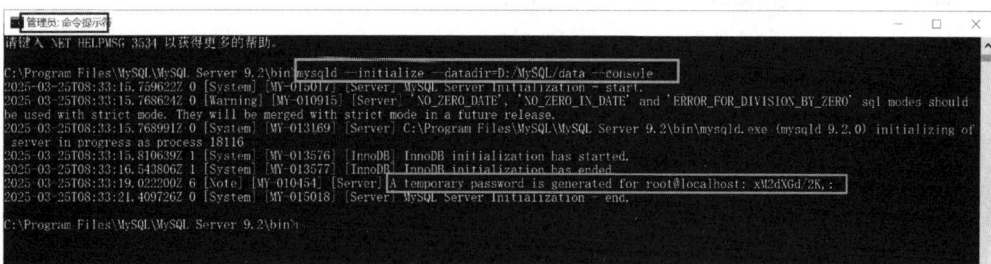

图 2.30 初始化数据库

这条命令在 D:\MySQL\data 文件夹中创建所需的数据库文件，并输出一个临时的 root 密码。要记住这个密码，因为需要它来登录 MySQL 服务。

（7）安装成功后，就可以启动服务了，继续在命令窗口中执行以下命令。

```
net  start  mysql
```

结果如图 2.31 所示，启动服务成功。

（8）服务启动成功之后，就可以登录 MySQL 了，执行以下命令。

```
mysql - u root - p
```

输入在步骤（6）中初始化过程中获得的 root 账户临时密码。如果一切正常，出现 MySQL 命令提示符，如图 2.32 所示，即表示可登录成功。

（9）修改登录密码。由于步骤（6）产生的临时密码不便于记忆，建议使用以下代码修改 root 账户的登录密码。

24

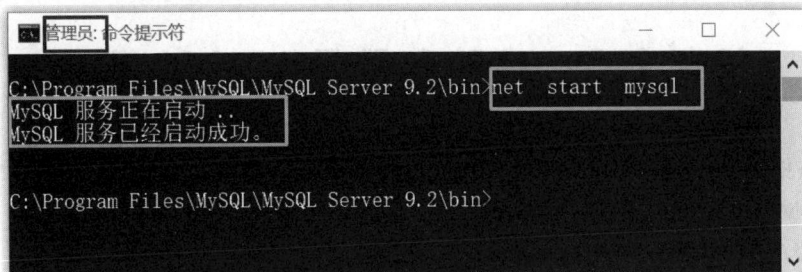

图 2.31　启动服务成功

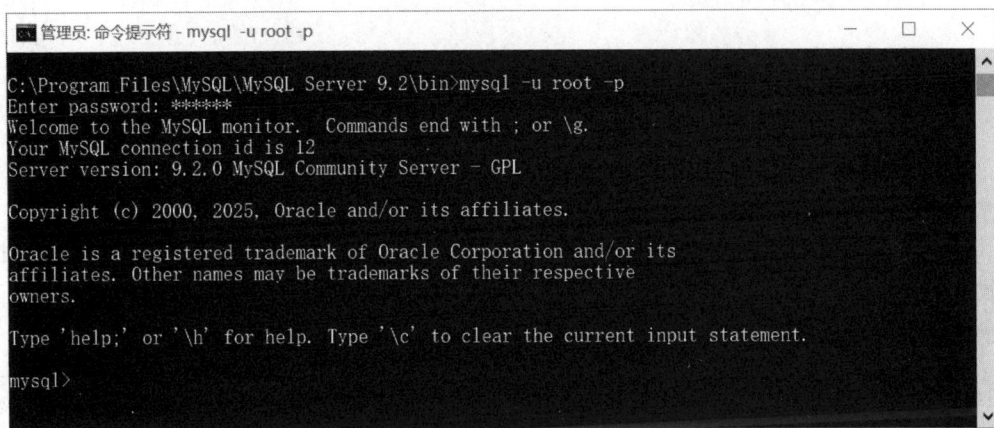

图 2.32　登录 MySQL

```
ALTER USER 'root'@'localhost' IDENTIFIED BY 'newpassword';
```

其中，newpassword 为新密码，如图 2.33 所示，将 root 的密码改为"123456"。此部分知识点在后续章节讲解。

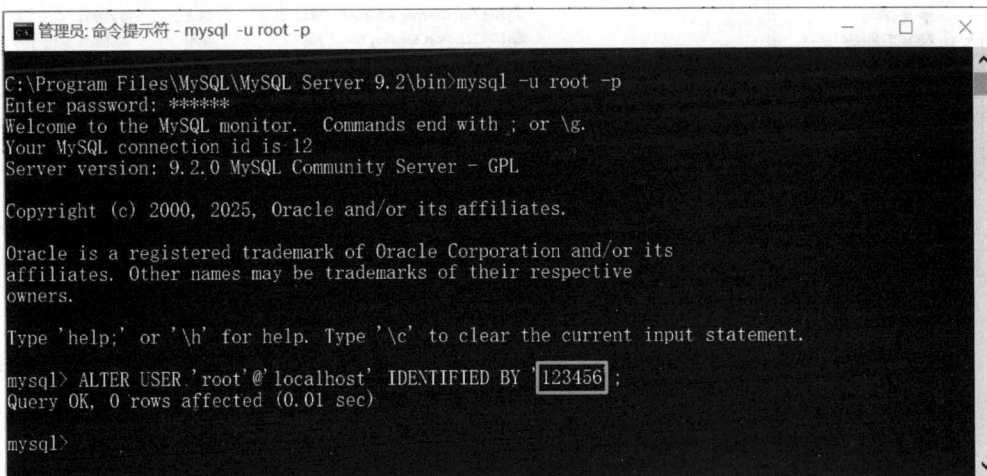

图 2.33　修改 root 账户密码

任务 2.3　启动和登录 MySQL 服务

【**任务描述**】　本任务主要完成 MySQL 服务的启动和关闭。前面已经将 MySQL 服务命名为 MySQL,同时选中了 Start the MySQL Server at System Startup 复选框,使得 MySQL 服务为自动启动类型。

2.3.1　通过图形界面启动和关闭 MySQL 服务

1. 启动服务

Windows 操作系统拥有许多服务,可以通过服务管理窗口来启动或者关闭服务。

【**例 2.1**】　查看当前计算机中的 MySQL 服务的状态和启动类型。

具体操作步骤如下。

打开"此电脑"窗口,单击"管理"按钮,出现"计算机管理"窗口,如图 2.34 所示。选择"服务"选项,打开 Windows 系统的服务列表,可以看到当前的 MySQL 服务的状态为"正在运行","启动类型"为"自动"。

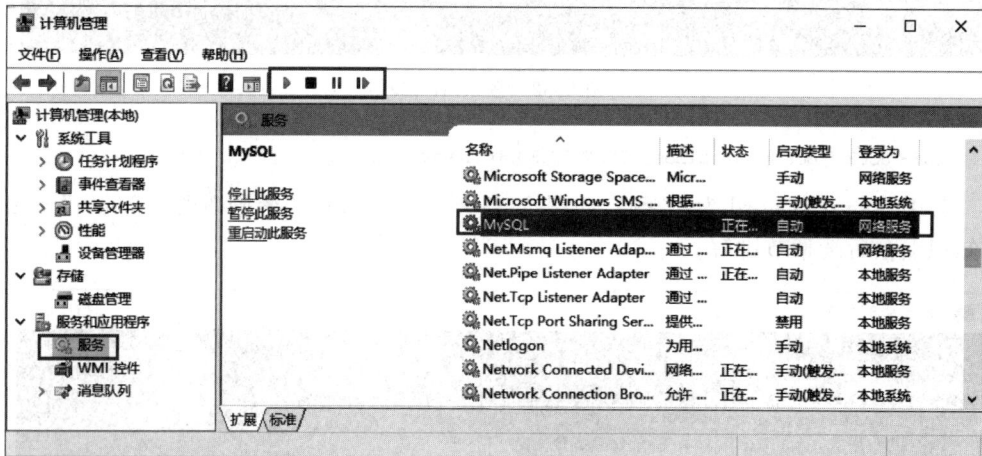

图 2.34　MySQL 服务状态

2. 关闭服务

由于 Windows 系统的资源有限,运行每个服务都要消耗大量资源,因此,对于不常用的服务最好设置为关闭状态,当需要时,再来启动服务。

【**例 2.2**】　关闭当前的 MySQL 服务。

具体操作步骤如下。

(1) 打开"此电脑"窗口,单击"管理"按钮,出现"计算机管理"窗口,选择"服务"选项,展开"服务"节点。

（2）选中 MySQL 服务，单击窗口工具栏中的"停止此服务"按钮来停止 MySQL服务。

2.3.2　通过 DOS 窗口启动和关闭 MySQL 服务

【例 2.3】　通过 DOS 窗口启动 MySQL 服务。

具体操作步骤如下。

（1）以管理员身份打开命令提示符窗口，如图 2.35 所示。

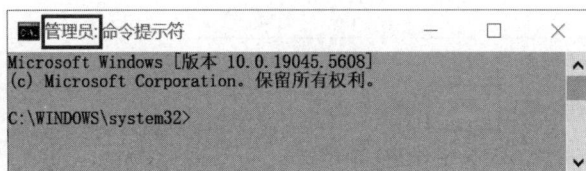

图 2.35　命令提示符窗口

（2）在命令提示符窗口中输入如下命令。

```
net  start  MySQL
```

运行结果如图 2.36 所示，提示请求的 MySQL 服务已经启动。

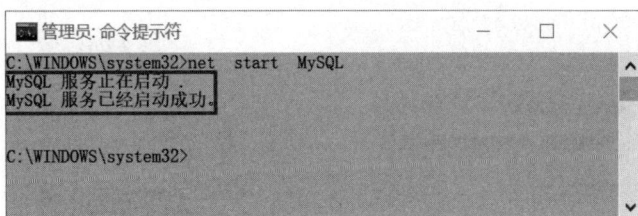

图 2.36　查看 MySQL 服务

【例 2.4】　停止 MySQL 服务。

要停止 MySQL 服务，在命令提示符窗口中输入以下命令。

```
net  stop  MySQL
```

运行结果如图 2.37 所示，MySQL 服务已成功停止。

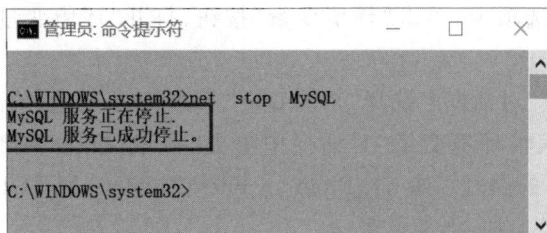

图 2.37　停止 MySQL 服务

27

2.3.3 连接 MySQL 服务器

1．配置环境变量

完成 MySQL 软件的安装并启动 MySQL 服务后,如果使用 MySQL 时出现错误提示,不能立刻开始使用 MySQL,说明需要进一步配置环境变量。配置环境变量的操作步骤如下。

(1) 右击"此电脑"图标,在弹出的快捷菜单中选择"属性"命令,打开"系统属性"对话框,如图 2.38 所示。

图 2.38 "系统属性"对话框

(2) 打开"高级"选项卡,单击"环境变量"按钮,打开"环境变量"对话框,如图 2.39 所示。

(3) 在"环境变量"对话框中选择"系统变量"下的 Path 变量,单击"编辑"按钮。

(4) 在出现的"编辑环境变量"对话框中单击"新建"按钮,在现有的变量值后添加 MySQL 的 bin 文件夹的路径 (如 C:\Program Files\MySQL\MySQL Server 9.2\bin),如图 2.40 所示。注意是追加,不是覆盖。

(5) 单击"确定"按钮返回。

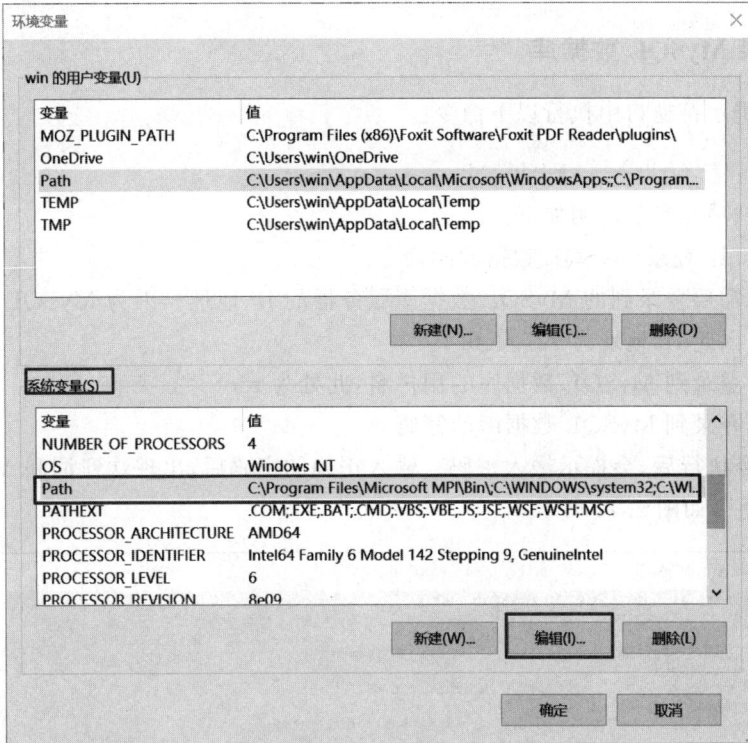

图 2.39 修改系统变量

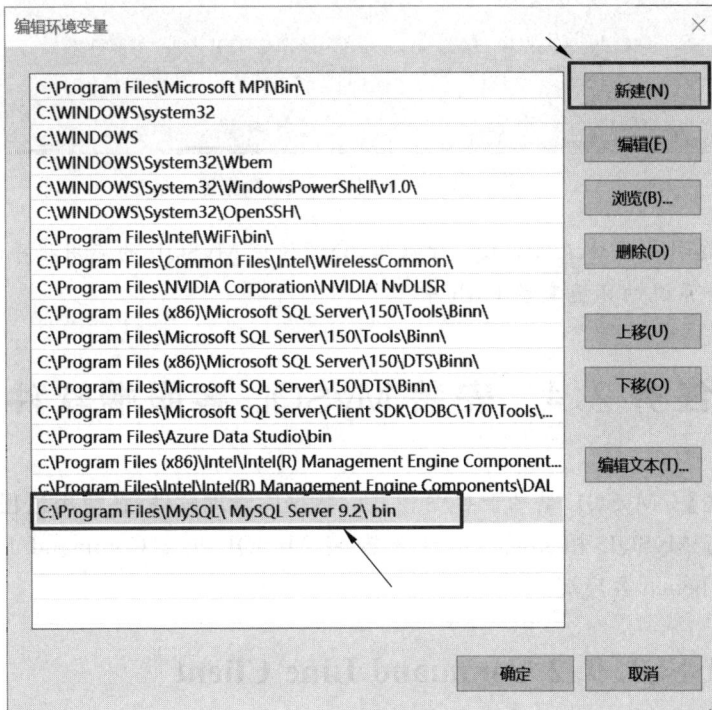

图 2.40 添加 Path 变量

2. 登录 MySQL 数据库

在命令提示符窗口中执行以下命令。

```
mysql  - h  127.0.0.1 - u root - p
```

其中各选项和参数说明如下。

（1）mysql：登录 MySQL 数据库的命令。

（2）-h：需要登录到的 MySQL 数据库服务器的 IP 地址。因为 MySQL 服务器在本地计算机上，因此 IP 地址为 127.0.0.1。

（3）-u：登录到 MySQL 数据库的用户名，此处为 root。

（4）-p：登录到 MySQL 数据库的密码。

以上命令执行后，会提示输入密码。输入正确的密码后，出现欢迎词和 MySQL 的提示符"mysql >"，如图 2.41 所示。

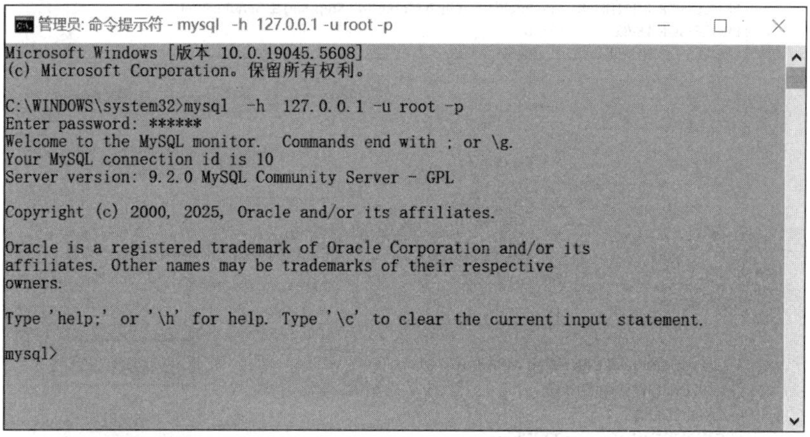

图 2.41　登录到 MySQL 数据库

说明：用这种方法登录 MySQL 数据库，必须保证 MySQL 的应用程序的路径已经添加到 Windows 系统的环境变量 Path 中。

任务 2.4　安装 MySQL 客服端软件

【任务描述】　MySQL 是基于 C/S 模式的数据库管理软件，在使用过程中，必须使用客户端软件与 MySQL 相关联。本任务安装 MySQL 9.2 Command Line Client 和 MySQL Workbench 客户端。

2.4.1　MySQL 9.2 Command Line Client

在安装 MySQL 9.2 后，已经自动安装了 MySQL 9.2 Command Line Client。选择

"开始"｜MySQL｜MySQL 9.2 Command Line Client 命令,即可打开 MySQL 9.2 Command Line Client 程序。输入正确的密码后,即可登录到 MySQL 数据库。出现一段欢迎词后,提示符为"mysql>",如图 2.42 所示。

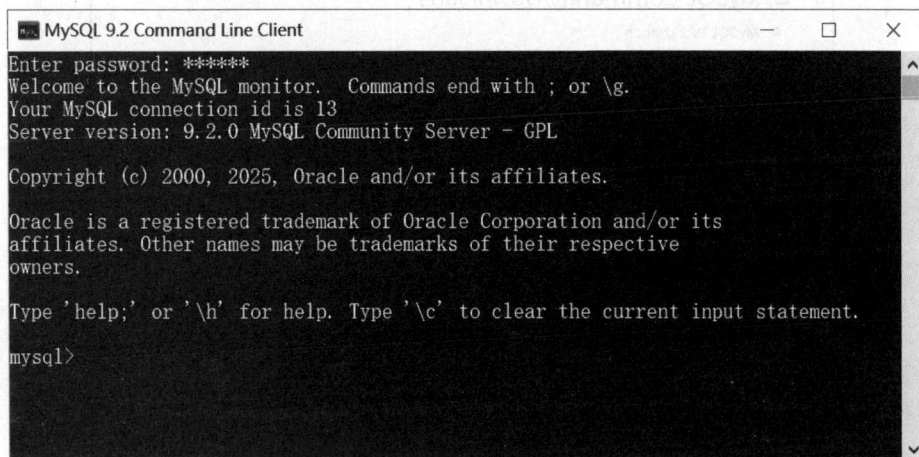

图 2.42　MySQL 9.2 Command Line Client 操作界面

欢迎词中的主要内容介绍如下。

(1) Commands end with; or \g. :命令以符号";"、\g 或\G 结束。

(2) YourMySQL connection id is 13:connection id 记录了 MySQL 服务的连接次数,当前的连接次数为 13,每次有新的连接,connection id 将自动加 1。

(3) Server version:当前的 MySQL Community Server (GPL)软件的版本号 9.2.0。

(4) Type 'help;' or '\h' for help:输入"help;"或\h 可以查看帮助信息。

(5) Type '\c':输入\c 可以清除前面所有输入过的命令。

在 MySQL Command Line Client 客户端中操作 MySQL 数据库,只须在 mysql>提示符后输入命令,并以";"或者\g 结束,最后按 Enter 键,即可执行命令。

2.4.2　MySQL Workbench

MySQL Command Line Client 虽然是 MySQL 自带的客户端,但是对于初学者来说,要熟悉相关的命令有一定难度,所以 MySQL 官方还提供一个图形化的客户端 MySQL Workbench。

1. 下载 MySQL Workbench

访问 https://dev. mysql. com/downloads/workbench/,页面如图 2.43 所示。在 Select operating System 选择对应的版本,此处选择 64-bit 的 MSI Installer 版本,单击对应的 Download 按钮。出现如图 2.44 所示的页面。单击页面底部的 No thanks,just start my download 链接即可下载。

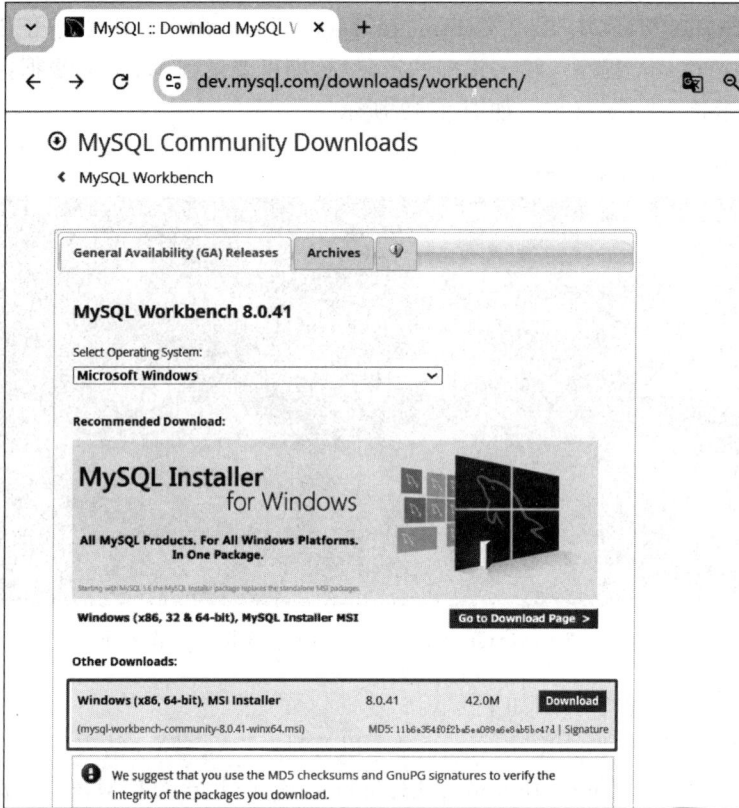

图 2.43　选择 MySQL Workbench 版本

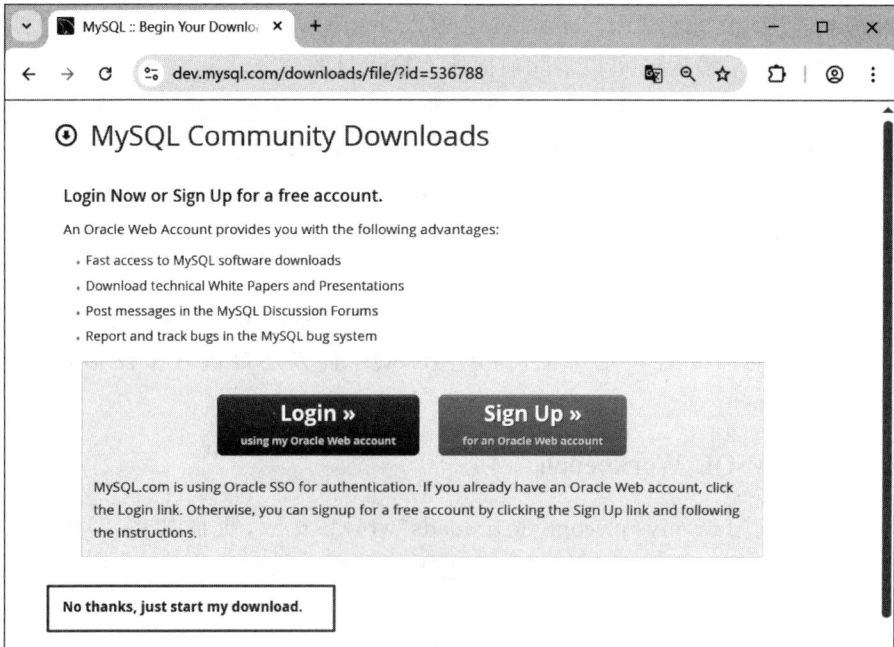

图 2.44　下载 MySQL Workbench

2. 安装 MySQL Workbench

（1）双击 MySQL Workbench 的安装包文件（MySQL-workbench-community-8.0.41-winx64.msi），打开如图 2.45 所示的安装向导界面，单击 Next 按钮，进入下一步。

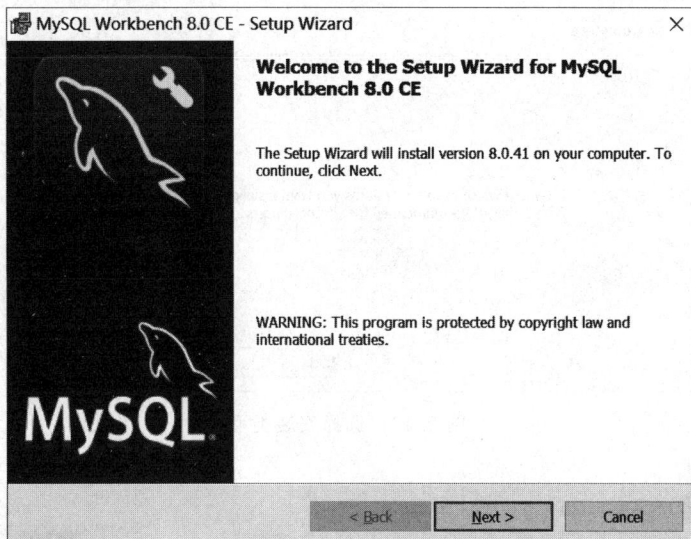

图 2.45　MySQL Workbench 安装界面

（2）出现如图 2.46 所示的界面，单击 Change 按钮，设置 MySQL Workbench 的安装路径，然后单击 Next 按钮。

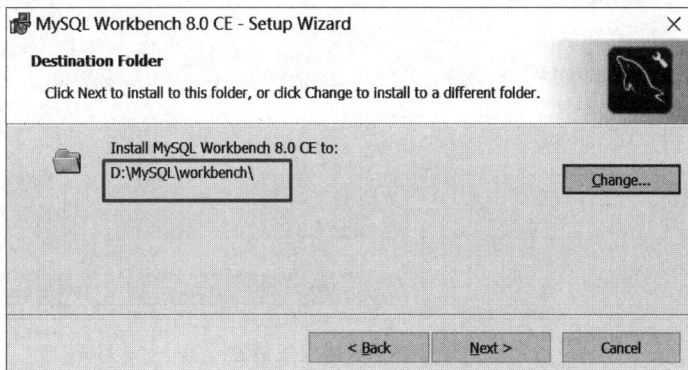

图 2.46　设置安装路径

（3）出现如图 2.47 所示的界面，选择安装的类型为 Complete，单击 Next 按钮。

（4）出现如图 2.48 所示的界面，确认安装信息无误后，单击 Install 按钮，出现如图 2.49 所示的界面，进行 MySQL Workbench 的安装。

（5）安装成功后，出现如图 2.50 所示的界面，单击 Finish 按钮，完成 MySQL Workbench 的安装。

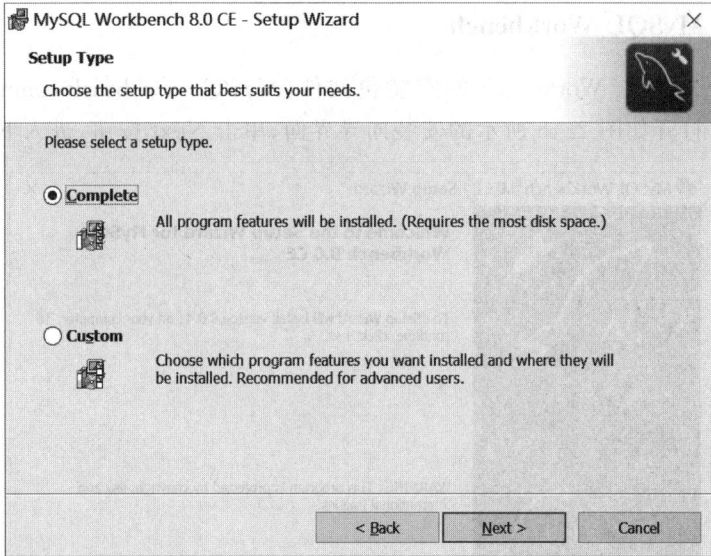

图 2.47　选择安装类型

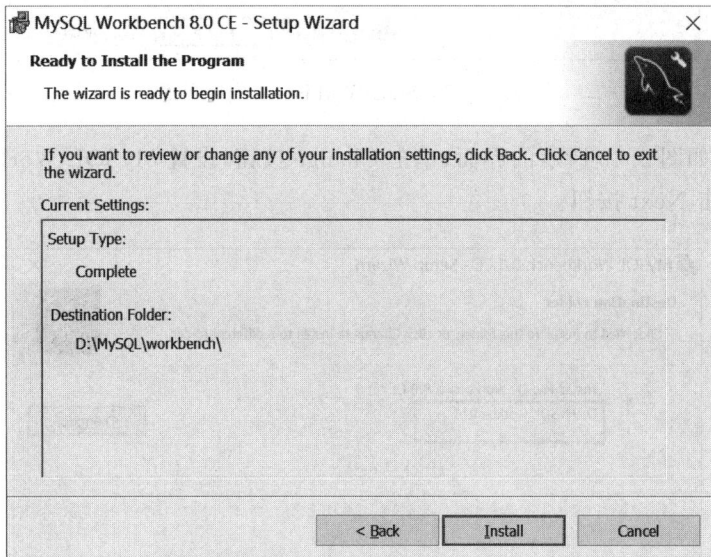

图 2.48　确认安装信息

3. MySQL Workbench 软件介绍

MySQL Workbench 是 MySQL 官方提供的图形界面管理软件,用户可以用 MySQL Workbench 设计和创建新的数据库,建立数据库文档,以及进行复杂的 MySQL 操作。其欢迎界面如图 2.51 所示。

单击 Local instance MySQL,将连接 MySQL 实例,出现如图 2.52 所示的对话框。输入密码后,单击 OK 按钮,出现如图 2.53 所示的工作界面。

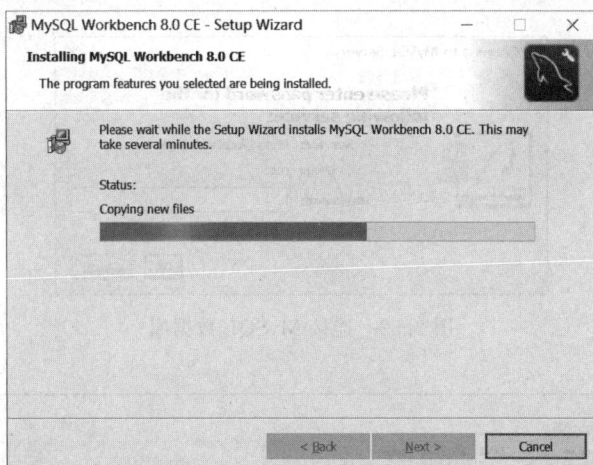

图 2.49　安装过程

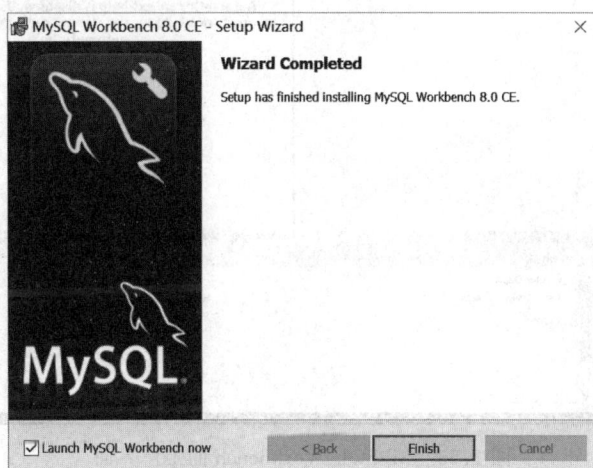

图 2.50　安装成功

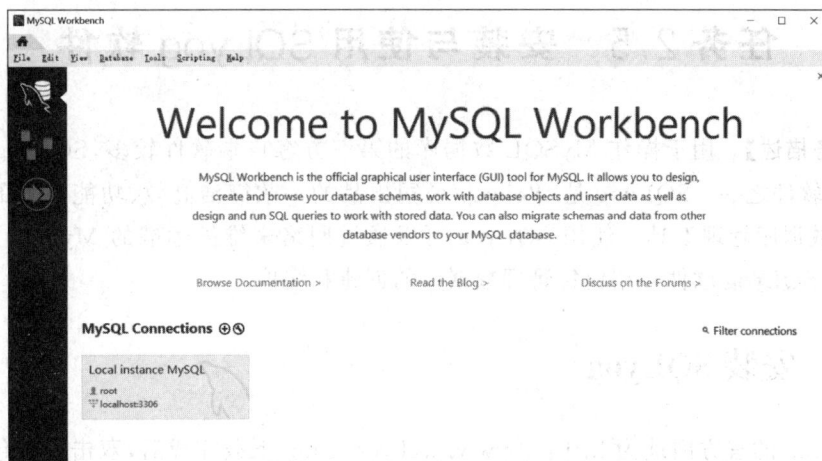

图 2.51　MySQL Workbench 的欢迎界面

图 2.52　连接 MySQL 数据库

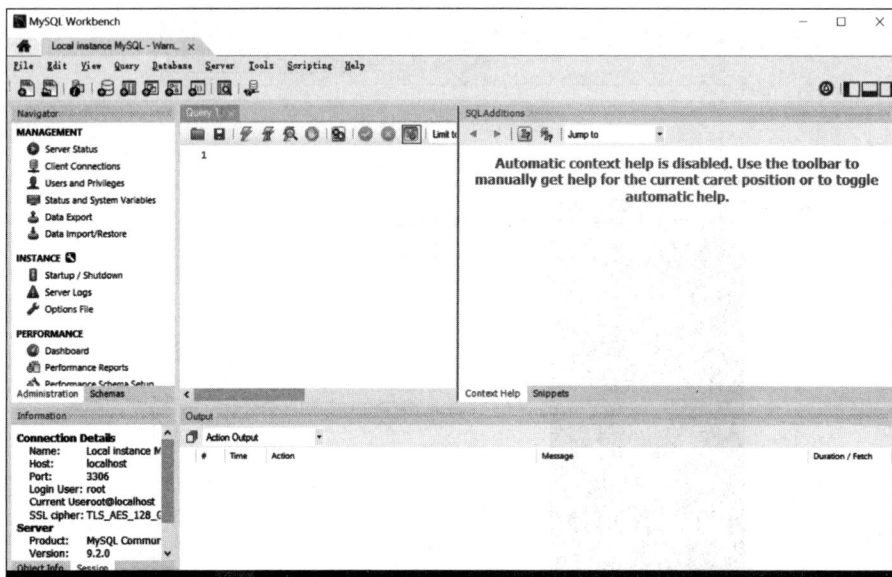

图 2.53　MySQL Workbench 的工作界面

任务 2.5　安装与使用 SQLyog 软件

【任务描述】　用于操作 MySQL 数据库的第三方客户端软件较多,SQLyog 软件是较流行的软件之一。SQLyog 是 Webyog 公司出品的一款简洁高效、功能强大的图形化 MySQL 数据库管理工具。使用 SQLyog 可以通过网络来维护远端的 MySQL 数据库。本书通过 SQLyog 软件介绍销售管理数据库的创建和维护。

2.5.1　安装 SQLyog

SQLyog 的官方网址为 http://www.webyog.com,下载完成后,双击安装包即可进行安装。

（1）选择安装语言，如图 2.54 所示，这里选择简体中文。

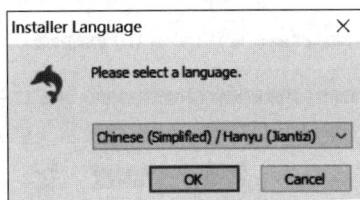

图 2.54　选择语言

（2）出现的 SQLyog 的欢迎页面，如图 2.55 所示，单击"下一步"按钮。

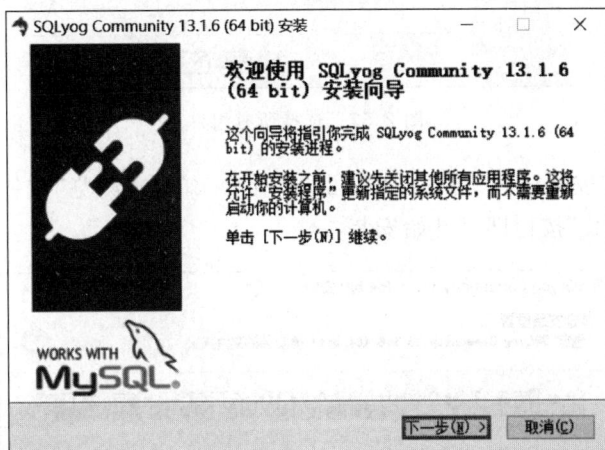

图 2.55　欢迎页面

（3）出现"许可证协议"界面，如图 2.56 所示。选择"我接受'许可证协议'中的条款"，单击"下一步"按钮。

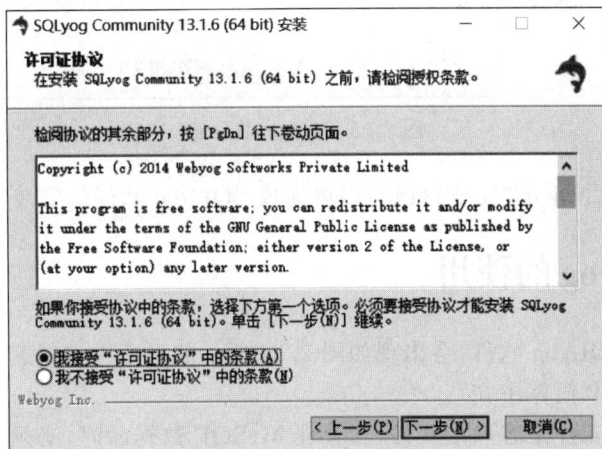

图 2.56　许可证协议

（4）出现"选择组件"界面，如图 2.57 所示。选中所有的复选框，单击"下一步"按钮。

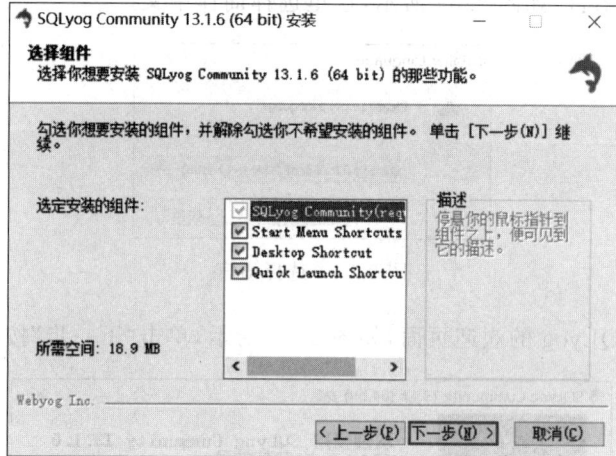

图 2.57　选择所有组件

（5）出现"选定安装位置"界面，如图 2.58 所示。单击"浏览"按钮，设置软件安装的位置，然后单击"安装"按钮即可开始安装。

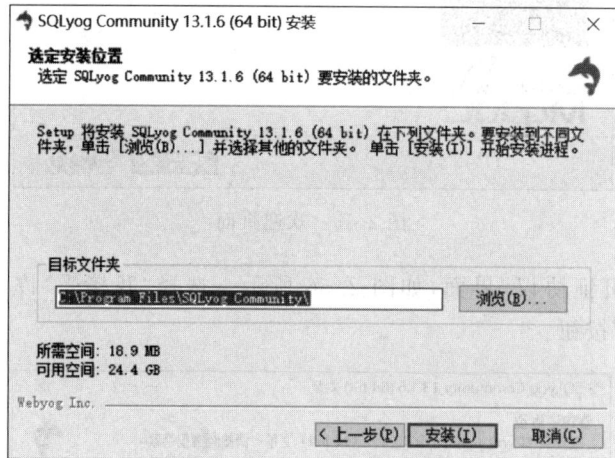

图 2.58　选择安装位置

（6）安装完成后，单击"完成"按钮，即可完成 SQLyog 软件的安装。

2.5.2　SQLyog 的使用

第一次启动 SQLyog 软件，会出现如图 2.59 所示的界面。选择客户端界面使用的语言，本书中选择使用"简体中文"。

由于 SQLyog 软件是客户端软件，当管理 MySQL 数据库时，必须先连接 MySQL 数据库。选择"文件"|"新连接"命令，出现如图 2.60 所示的界面。输入正确的主机地址、用户名、密码、端口等信息，单击"连接"按钮。连接成功后，即可出现如图 2.61 所示的 SQLyog 操作界面。

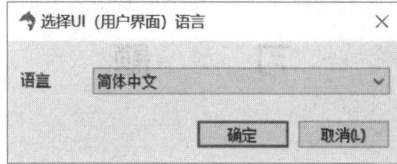

图 2.59　选择界面语言

图 2.60　连接 MySQL

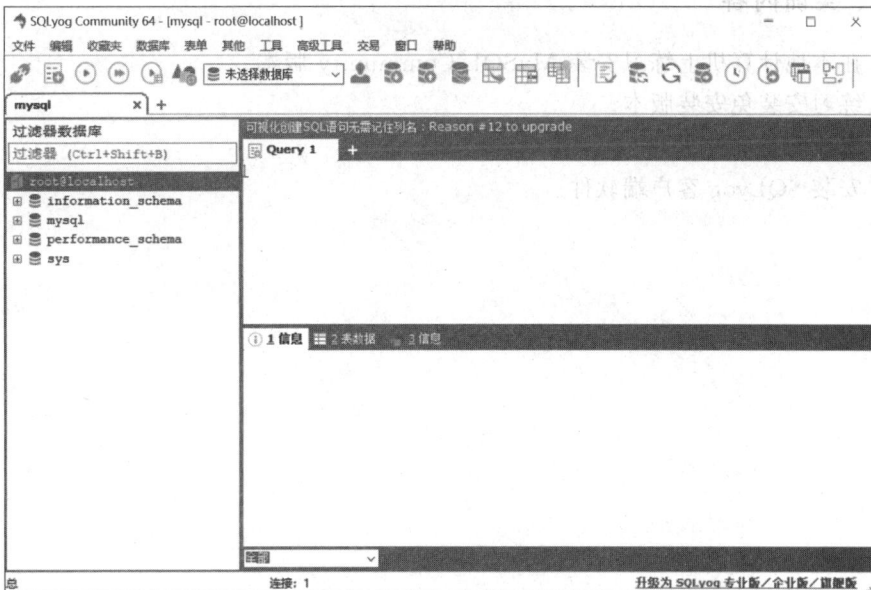

图 2.61　SQLyog 操作界面

习　　题

一、填空题

1. ZIP 格式的文件是＿＿＿＿安装文件。
2. 用户可以通过＿＿＿＿和命令提示符窗口启动 MySQL 服务。
3. MySQL 服务的默认名称为 MySQL,该名称可以通过＿＿＿＿修改。

二、思考题

1. 在使用 ZIP 格式的文件安装 MySQL 时,应如何修改配置文件?
2. 如何安装 SQLyog 客户端软件?

实　　训

一、实训目的

1. 了解安装 MySQL 9.2 对硬件和软件的要求。
2. 掌握 MySQL 的安装方法。
3. 了解 SQLyog 客户端软件的使用。

二、实训内容

1. 在本地计算机上练习安装 MySQL Community 版本。
2. 练习安装免安装版本。
3. 修改配置文件。
4. 安装 SQLyog 客户端软件。

项目 3　创建和管理销售管理数据库

任务 3.1　认识系统数据库和用户数据库

　　【任务描述】 数据库分为两类：系统数据库和用户数据库。在创建销售管理数据库前，应先了解系统数据库和用户数据库的区别和作用。

3.1.1　系统数据库

　　安装了 MySQL 以后，系统会自动产生一些系统数据库，当前系统数据库分别是 information_schema、mysql、performance_schema 和 sys，如图 3.1 所示，系统数据库记录的是关键信息，用户不能更改系统数据库。

图 3.1　系统数据库

（1）information_schema 数据库主要存储了系统中的一些数据库对象信息,如用户表信息、列信息、存储过程信息、触发器信息、权限信息、字符集信息、分区信息等。

（2）performance_schema 数据库存储了数据库服务器性能参数。

（3）mysql 数据库存储了系统的用户权限信息。

（4）sys 是一个虚拟数据库,用于提供分析、监控和管理数据库性能的信息。

3.1.2　用户数据库

用户数据库是指用户根据实际的需求创建的数据库,如图 3.2 所示,其中的companysales 数据库就是用户创建的,用于存储销售管理的相关数据。

数据库就是用于存储数据库对象的容器。在数据库中保存如图 3.3 所示的数据库对象。展开 companysales 数据库,可以看到数据库中包含了表、视图、存储过程、函数、触发器和事件等数据库对象,有关数据库对象的内容将在后续的章节中介绍。

图 3.2　用户数据库

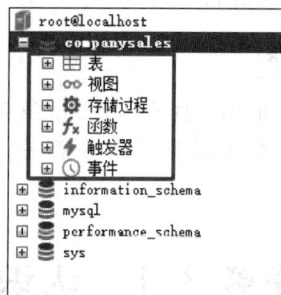

图 3.3　数据库对象

任务 3.2　创建销售管理数据库

【任务描述】　MySQL 的客户端软件主要有 MySQL Command Line Client 和 SQLyog,本任务在两种客户端环境中创建销售管理数据库,并检查代码和性能是否符合技术规范,以培养学生规范化、标准化的职业素养和工匠精神。

3.2.1　使用 CREATE DATABASE 语句

使用 CREATE DATABASE 语句创建数据库,其语法格式如下。

```
CREATE DATABASE [ IF NOT EXISTS] db_name
[[DEFAULT] CHARACTER SET <字符集名>]
[[DEFAULT] COLLATE <校对规则名>]
```

（1）db_name:数据库的名称。创建的数据库不能与已经存在的数据库重名。数据库名必须符合以下规则。

① 由字母、数字、下画线、@、♯和＄符号组成。

② 首字符不能是数字和＄符号。

③ 标识符不允许是 MySQL 的保留字。

④ 长度小于 128 位。

（2）IF NOT EXISTS：在创建数据库前判断数据库 db_name 是否已经存在，只有该数据库不存在时才执行操作。使用此选项可以避免数据库已经存在而重复创建的错误。

（3）[DEFAULT]CHARACTER SET：指定数据库的字符集。指定字符集的目的是避免数据库中存储的数据出现乱码。如果在创建数据库时不指定字符集，那么就使用系统的默认字符集。在 MySQL 9.2 中，默认字符集为 utf8mb4。

（4）[DEFAULT]COLLATE：指定字符集的默认校对规则。在 MySQL 9.2 中，默认校对规则为 utf8mb4_general_ci。

【例 3.1】　创建销售管理数据库 companysales。

方法一：利用 MySQL 9.2 Command Line Client 创建数据库。

打开 MySQL 自带的工具 MySQL 9.2 Command Line Client，连接 MySQL 数据库服务器，然后输入以下 SQL 代码。

```
mysql> CREATE DATABASE companysales;
```

执行结果如图 3.4 所示。

通过以上执行可以发现，执行一句语句后，下面出现一行提示"Query OK，1 row affected（0.01 sec）"。这行提示语由 3 部分组成，具体含义如下。

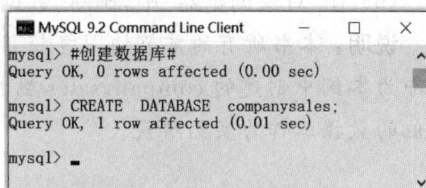

图 3.4　创建数据库

（1）Query OK：表示 SQL 代码执行成功。

（2）1 row affected：表示操作只影响了数据库中一行记录。

（3）（0.01 sec）：表示执行操作的时间。

方法二：利用客户端软件 SQLyog，在查询编辑器窗口创建数据库。

具体操作步骤如下。

（1）打开客户端软件 SQLyog，连接数据库服务器。单击"新建查询"按钮，或选择"文件"|"新查询编辑器"命令，打开一个新的查询编辑器窗口。

（2）在查询编辑器窗口中输入以下语句。

```
CREATE DATABASE companysales2;
```

（3）按 F9 键或者单击工具栏中的 ⊙ 按钮，执行上述语句。

说明：

① 由于方法一已经创建 companysales 数据库，在此操作时，创建不同名称的 companysales2 数据库以示区别。

② 如果选定部分脚本语句，则对指定语句执行检查和执行操作，否则执行所有语句。将光标定位在查询编辑区，选择"文件"|"保存"|"另存为"命令，可以将编写的脚本以文件（.sql）形式保存。

（4）执行结果如图 3.5 所示。

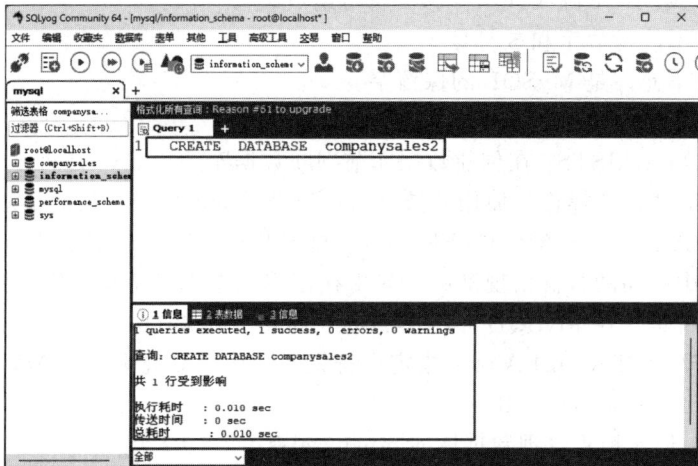

图 3.5　查询编辑器

（5）在"信息"窗口中将显示相关消息,告诉用户数据库创建是否成功。

（6）在"对象浏览器"中,刷新"数据库",查看已经创建的数据库。

说明：本书所有的章节均围绕销售管理数据库操作和维护展开阐述,销售管理数据库即为本例中创建的 companysales 数据库,由于数据库的名称不能相同,在本章中使用其他的数据库作为实例解说。

3.2.2　使用 SQLyog 客户端软件创建数据库

【例 3.2】　为某公司创建一个名称为 sales 数据库。

具体操作步骤如下。

（1）连接数据库服务器,在"对象浏览器"中右击空白处,在弹出的快捷菜单中选择"创建数据库"命令,如图 3.6 所示。

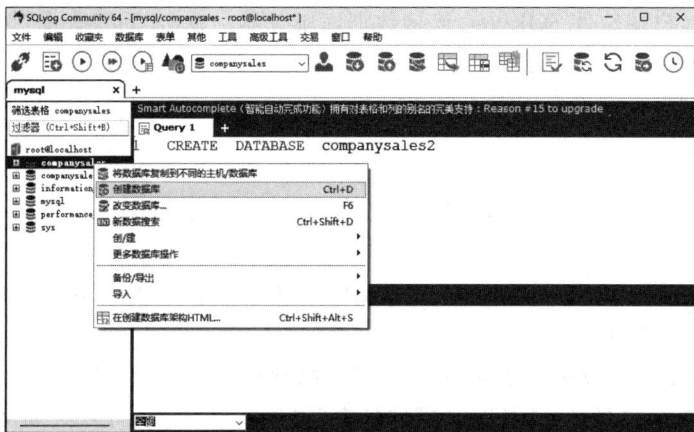

图 3.6　"创建数据库"命令

（2）在弹出的"创建数据库"对话框的"数据库名称"文本框中，输入 sales，然后单击"创建"按钮，如图 3.7 所示。在创建数据库时，除了输入数据库的名称以外，还需设置该数据库的"基字符集"和"数据库排序规则"。在此将"基字符集"设为 uft8mb4，将"数据库排序规则"设置为 utf8mb4_generral_ci。然后单击"创建"按钮创建数据库。

（3）数据库创建成功后，在"对象浏览器"中，就会显示名为 sales 的数据库，如图 3.8 所示。

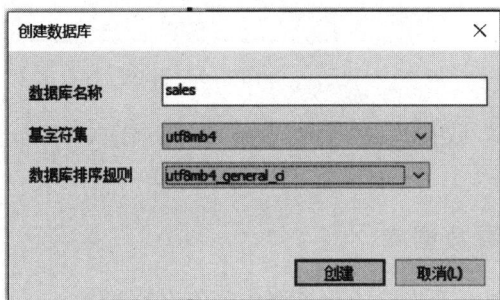

图 3.7　创建数据库

图 3.8　sales 数据库

说明： 在 Windows 操作系统下，对象名不区分大小写。如果要访问 sales 数据库，可以使用 Sales、SALES，它们均表示同一数据库，对于其他的数据对象也是如此。在 UNIX 操作系统下，数据库名称是区分大小写的，必须注意这点。作为惯例，一定要使用与数据库创建时相同的大小写。

任务 3.3　管理和维护销售管理数据库

【任务描述】 销售管理数据库已经创建，在使用的过程中用户将会对数据库进行相应的操作，包括查看所有数据库信息、选择数据库、删除数据库、数据库的导入和导出操作等并检查代码和性能是否符合技术规范，培养学生规范化、标准化的职业素养和工匠精神；培养数据安全意识和法律法规意识；培养精益求精的大国工匠精神。

3.3.1　查看数据库

1. 利用 SHOW DATABASES 语句查看数据库

创建数据库要注意不能出现同名的数据库，在创建数据库前，首先要查看已有的所有数据库。查看数据库语法格式如下。

```
SHOW  DATABASES  [LIKE pattern]
```

其中，LIKE pattern 部分的 pattern 字符串可以是一个使用 SQL 的"％"和"_"通配符的字符串，有关"％"和"_"的含义将在后续章节中介绍。

【例 3.3】 查看当前数据库管理系统中的所有数据库。

利用 MySQL 9.2 Command Line Client 查看数据库。

打开 MySQL 自带的工具 MySQL 9.2 Command Line Client,连接 MySQL 数据库服务器,然后输入以下 SQL 代码。

```
mysql> SHOW  DATABASES;
```

执行结果如图 3.9 所示。

此时数据库服务器上有 5 个数据库,数据库的名称为 companysales、information_schema、mysql、performance_schema 和 sys。

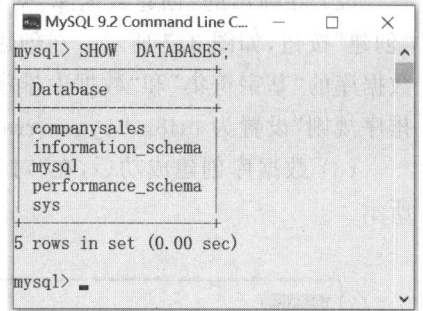

图 3.9   查看所有数据库

2. 利用 SQLyog 客服端软件查看数据库

【例 3.4】 利用 SQLyog 客服端软件查看当前的服务器中所有名称以 company 开头的数据库。

具体操作步骤如下。

首先连接数据库服务器,然后打开"查询编辑器",输入以下 SQL 代码。

```
SHOW DATABASES LIKE 'company%';
```

执行结果如图 3.10 所示,有两个数据库。也可以通过按 F5 键刷新窗体左侧的"对象浏览器",查看当前数据库服务器中符合条件的所有数据库。

图 3.10   查看名称以 company 开头的数据库

3.3.2 选择当前数据库

当用户要操作数据库时,需选择要操作的数据库。选择当前数据库的语法格式如下。

```
USE  db_name
```

其中,db_name 参数为要操作的数据库名称,但是数据库必须是存在的,否则会出错。

【例3.5】 选择 companysales 数据库为当前操作的数据库。

具体操作步骤如下。

打开 MySQL 自带的工具 MySQL 9.2 Command Line Client,连接 MySQL 数据库服务器,然后输入以下 SQL 代码。

```
mysql > USE  companysales;
```

执行结果如图 3.11 所示。执行后给出一条提示 Database changed,表示当前数据库已经改变。

【例3.6】 将 companysales3 数据库(此数据库不存在)设置为当前操作的数据库。

在 MySQL 9.2 Command Line Client 中,输入以下 SQL 代码。

```
mysql > USE  companysales3;
```

执行结果如图 3.12 所示,执行后给出一条提示"ERROR 1049(42000):Unknown database 'companysales3'",表示 companysales3 数据库在当前数据库服务器中不存在。为了确认,可执行"SHOW DATABASES;"语句,查看当前数据库中已有的数据库,确定 companysales3 不存在。

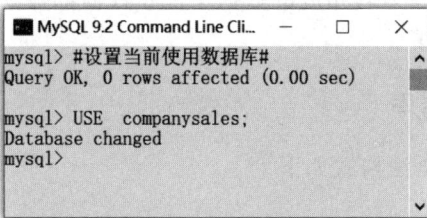

图 3.11 选择当前数据库　　　　　图 3.12 选择不存在的数据库为当前数据库

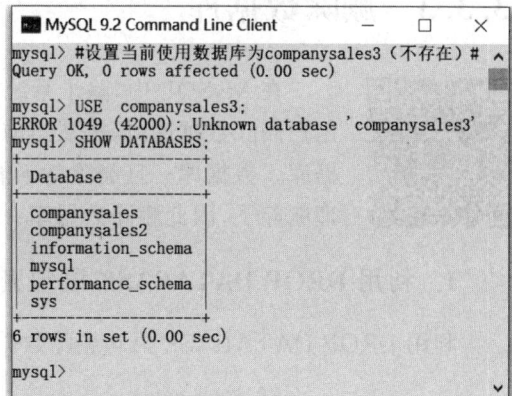

说明：设置当前操作的数据库时,要确保数据库的存在。

【例3.7】 利用 SQLyog 客服端软件将 sales 数据库设置为当前操作的数据库。

具体操作步骤如下。

打开 SQLyog 软件，连接数据库服务器，在"查询编辑器"中，输入以下 SQL 代码。

```
USE sales;
```

执行结果如图 3.13 所示。信息"1 queries executed，1 success，0 errors ，0 warnings"，表示查询执行成功，没有错误，没有警告。在菜单栏中，可以看到当前数据库已经变成了 sales。

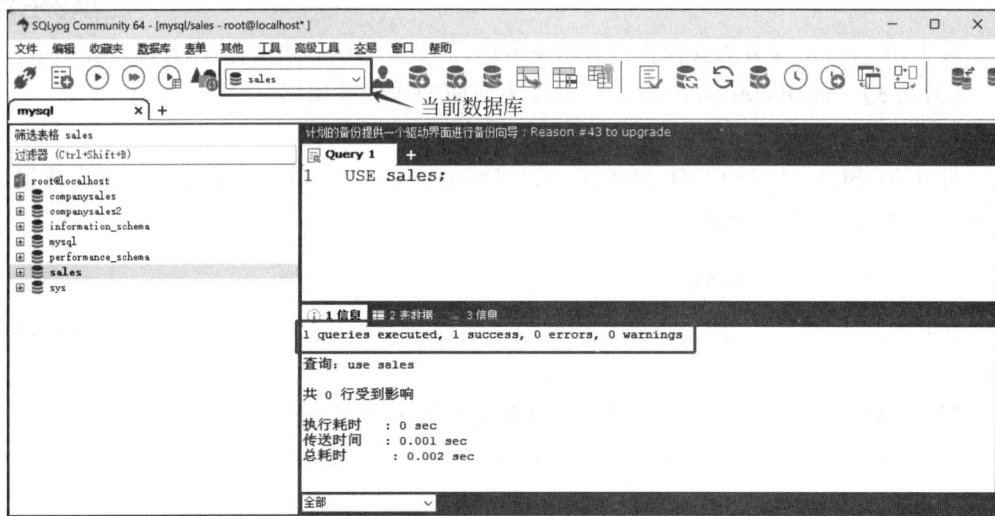

图 3.13　设置当前操作数据库

说明：在 SQLyog 客户端软件中，可在"对象浏览器"中直接单击 sales 数据库，即可将其切换为当前数据库。

3.3.3　删除数据库

在 MySQL 中，除了系统数据库以外，其他的数据库都可以删除。当用户删除数据库时，将从当前服务器或实例上，永久性地、物理地删除该数据库。数据库一旦删除就不能恢复，因为其相应的数据文件和数据都被物理删除了，因此删除数据库一定要谨慎。

1. 利用 DROP DATABASE 语句删除数据库

利用 DROP DATABASE 语句删除数据库，其语法格式如下。

```
DROP  DATABASE  [IF  EXISTS]  db_name
```

其中，db_name 参数为要删除的数据库名称；如果数据库不存在，IF EXISTS 将阻止一个错误的发生。

【例 3.8】　删除 sales 数据库，并参看删除后的所有数据库。

打开 MySQL 9.2 Command Line Client，输入以下 SQL 代码。

```
mysql > DROP  DATABASE  sales;
mysql > SHOW DATABASES;
```

执行结果如图 3.14 所示。Query OK 表示查询执行成功。在 MySQL 中,DROP 语句操作的结果都会显示 0 rows affected。删除 sales 数据库后,再查看所有数据库时,sales 数据库就不存在了。

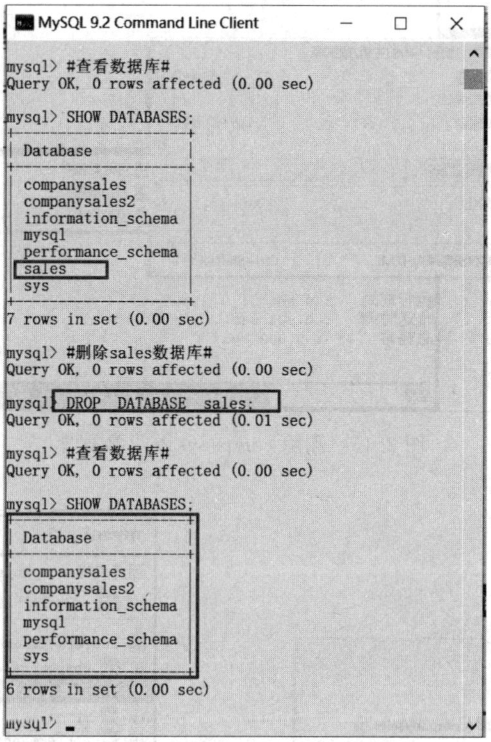

图 3.14　删除 sales 数据库

说明:数据库删除后,其中所有的表都会被删除,所以删除前一定要仔细检查并做好相应备份。

以上代码也可以在 SQLyog 的“查询编辑器”中执行,结果相同。

2. 利用 SQLyog 客户端软件删除数据库

【例 3.9】　删除 companysales2 数据库。

具体操作步骤如下。

(1) 在“对象浏览器”中选择 companysales2 数据库。

(2) 右击 companysales2 数据库,在弹出的快捷菜单中选择“更多数据库操作”|“删除数据库”命令,如图 3.15 所示。弹出删除对象确认对话框,如图 3.16 所示。在此对话框中,提示用户一旦数据库被删除,保存在此数据库中的所有数据都将丢失。

(3) 单击“是”按钮,删除 companysales2 数据库。

(4) 执行成功后,在“对象浏览器”中,companysales2 将不再存在,如图 3.17 所示。

49

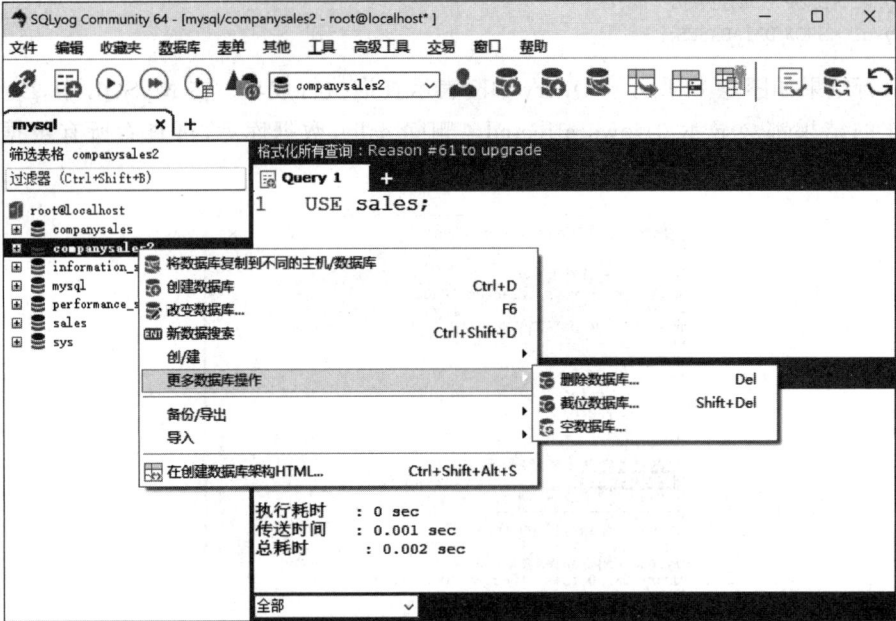

图 3.15　删除 companysales2 数据库

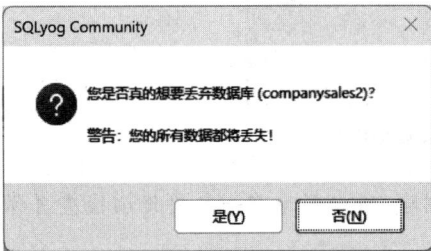

图 3.16　删除提示框

图 3.17　执行删除后的对象浏览器

习　　题

一、填空题

1. MySQL 中的系统数据库有_____、_____、_____和_____。

2. 用户数据库的作用是_____。

3. 创建数据库的语法格式是_____。

4. 删除数据库的语法格式是＿＿＿＿＿＿＿＿＿＿＿＿＿＿。

5. 选择当前数据库的语法格式是＿＿＿＿＿＿＿＿＿＿＿＿＿＿。

6. 查看当前数据库的全部信息的语句是＿＿＿＿＿＿＿＿＿＿＿＿。

二、思考题

1. 常用的系统数据库有哪些？其用途分别是什么？

2. MySQL 提供了哪两种创建数据库的方法？

实　　训

一、实训目的

1. 掌握数据库创建的方法。

2. 掌握查看、修改数据库的属性的方法。

3. 掌握数据库的修改方法。

二、实训内容

1. 创建一个 library 数据库用于存储图书信息。

2. 查看当前实例中的所有数据库信息。

3. 将 library 数据库设置为当前数据库。

4. 查看 library 数据库信息。

5. 删除 library 数据库。

项目 4 认识数据引擎和数据处理

技能目标

能够根据需求选择表的存储引擎；熟练进行 MySQL 数据表中的数据处理。

知识目标

了解 MySQL 的体系结构；了解各种表的存储引擎；掌握默认存储引擎的设置；掌握列的数据类型、列的属性和表的数据完整性。

职业素养

能够检查代码和性能是否符合技术规范，具有规范化、标准化的职业素养和精益求精的工匠精神；具有团结协作、努力实现合作共赢的能力，养成良好的人际关系。

任务 4.1 认识 MySQL 体系结构

【任务描述】 创建销售管理数据库数据表时，要根据实际的应用选择相应的存储引擎。本任务介绍 MySQL 的体系结构、存储引擎的特性；培养学生规范化、标准化的职业素养和精益求精的工匠精神。

4.1.1 数据库和实例

在 MySQL 数据库中，经常会用到两个名词：数据库和实例，有时会混为一谈，实际上数据库和实例是两个不同的概念。数据库是物理操作系统文件或其他形式文件的集合，是以.frm、.myd、.myi 和.ibd 等为扩展名的文件组合；而实例在系统中表现为一个进程，是用于真正操作数据库文件。从概念上来说，数据库是文件的组合，是依照某种数据模型组织起来，并存放在存储器中的数据集合；数据库实例是程序，是位于用户与操作系统之间的一层数据管理软件，用户对于数据库数据的任何操作，包括数据库定义、数据查询、数据维护、数据库运行控制等都是在数据实例下进行的，应用程序只有通过数据库实例才能与数据库操作。

4.1.2　MySQL 体系结构

　　MySQL 数据库管理系统采用客户/服务器体系结构,如图 4.1 所示。通过所支持的各类接口将服务器和客户机连接。数据库服务器监听从网络上传递过来的客户请求,并根据这些请求访问数据库的内容,以便向客户提供所需要的信息。MySQL 服务器由连接池组件、服务和管理组件、SQL 接口组件、查询分析器组件、优化器组件、缓冲组件、插件式存储引擎和物理文件组成。

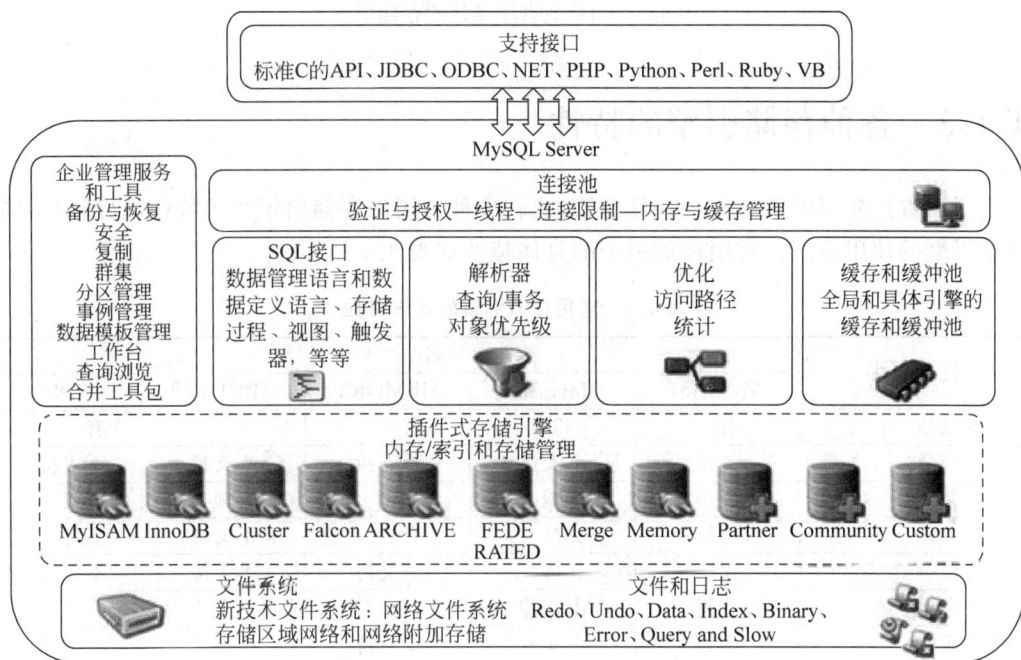

图 4.1　MySQL 体系结构

　　在关系型数据库中,数据以表的形式存储。存储引擎能够为存储的数据建立索引,提供更新数据和查询数据的服务。Oracle 和 SQL Server 等数据库管理系统仅提供一种存储引擎,所有数据管理机制都是一样的。MySQL 提供多种存储引擎,用户可以根据不同的需求选择存储引擎。

　　MySQL 9.2 支持的存储引擎包括 FEDERATED、MRG_MYISAM、MyISAM、BLACKHOLE、CSV、MEMORY、ARCHIVE、InnoDB 和 PERFORMANCE_SCHEMA 等。其中,InnoDB 提供事务安全表,其他存储引擎都是非事务安全表。

　　查看当前的数据库支持的存储引擎,可以使用以下语句。

```
SHOW ENGINES;
```

执行结果如图 4.2 所示,显示当前数据支持的存储引擎。

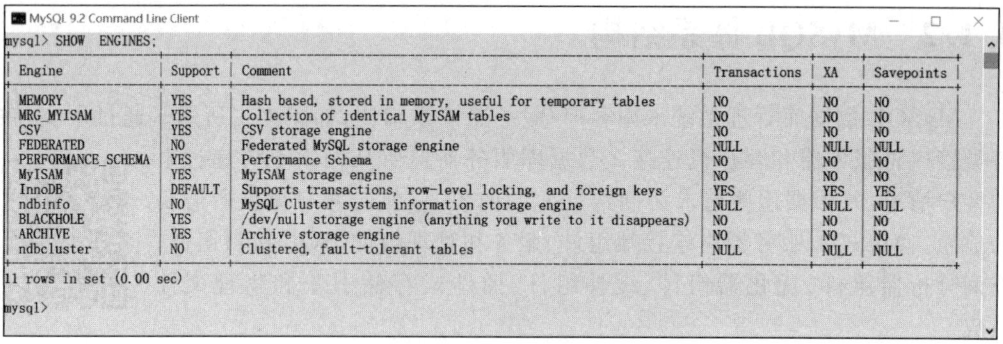

图 4.2 当前数据库支持的存储引擎

4.1.3 各种存储引擎的特性

下面重点介绍常用的几种存储引擎,比较各种常用的存储引擎相关特性,以理解不同存储引擎的使用方法。常用存储引擎的具体特性如表 4.1 所示。

表 4.1 常用存储引擎的具体特性

特　　性	名　　称				
	MyISAM	InnoDB	MEMORY	ARCHIVE	NDB
存储限制	有	64TB	有	无	有
事务安全	支持	不支持	不支持	不支持	不支持
锁机制	表锁	行锁	表锁	行锁	行锁
B 树索引	支持	支持	支持	不支持	支持
哈希索引	支持	支持	不支持	不支持	不支持
全文索引	支持	不支持	不支持	不支持	不支持
集群索引	支持	不支持	不支持	不支持	不支持
数据缓存	支持	支持	支持	不支持	不支持
索引缓存	支持	支持	支持	不支持	支持
数据可压缩	支持	不支持	不支持	支持	不支持
空间使用	低	高	N/A	低	低
内存使用	低	高	中等	低	高
批量插入的速度	高	低	高	高	高
支持外键	支持	不支持	不支持	支持	不支持

最常用的存储引擎有 InnoDB、MyISAM、MEMORY 和 ARCHIVE 4 种。

1. InnoDB 存储引擎

InnoDB 存储引擎支持事务,提供了具有提交、回滚和崩溃恢复能力的事务安全,其设计目标就是面向在线事务处理(OLTP)的应用,其特点是行锁设计和支持外键。从 MySQL 5.5.8 版本开始,InnoDB 存储引擎为默认的存储引擎。与 MyISAM 存储引擎相比,InnoDB 写处理效率较差,并且占用更多的磁盘空间,以保留数据和索引。

InnoDB 存储引擎采用聚集(Clustered)方式,将数据按照组件的顺序存放在一个逻辑的表空间中,如果表中没有显性指定主键,InnoDB 存储引擎会为每一行生成一个 6 字节的 ROWD,并以此作为主键。

InnoDB 存储表和索引有以下两种方式。

(1) 使用共享表空间存储,将创建的表结构保存在.frm 文件中,数据和索引保存在 innodb_data_home_dir 和 innodb_data_file_path 定义的表空间中,并且可以是多个文件。

(2) 使用多表空间存储,创建的表结构仍然保存在.frm 文件中,但是每个表的数据和索引单独保存在.ibd 中。如果是分区表,则每个分区对应单独的.ibd 文件,文件名是"表名+分区名"。可以在创建分区的时候指定每个分区的数据文件的位置,以此来将表的 I/O 均匀分布在多个磁盘上。

InnoDB 存储引擎是 MySQL 数据库最为常用的一种引擎。Facebook、Google、Yahoo 等公司已成功应用 InnoDB 存储引擎,并证明 InnoDB 存储引擎具有高可用性、高性能以及高扩展性。

本书创建销售管理数据库中的数据表主要使用 InnoDB 存储引擎。

2. MyISAM 存储引擎

MyISAM 存储引擎主要面向一些 OLAP 数据应用,其优势是访问的速度快,对事务完整性没有要求,以 SELECT 和 INSERT 为主的应用,基本上都可以使用该引擎来创建表。MyISAM 存储引擎不支持事务、也不支持外键,但支持全文索引。

每个 MyISAM 存储引擎表在磁盘上存储成 3 个文件,其文件名都和表名相同,但扩展名分别如下。

(1) .frm,存储表定义。

(2) .myd(mydata),存储数据。

(3) .myi(myindex),存储索引。

数据文件和索引文件可以放置在不同的目录,平均分布 I/O,获得更快的速度。

3. MEMORY 存储引擎

MEMORY 存储引擎使用内存中的内容来创建表。每个 MEMORY 表实际对应一个磁盘文件,格式是.frm。MEMORY 类型的表的访问速度非常快。由于它的数据是放在内存中,并且默认使用 HASH 索引,但是一旦服务关闭,表中的数据就会丢失。

MEMORY 类型的存储引擎主要用在那些内容变化不频繁的代码表,或者作为统计操作的中间结果表,便于高效地对中间结果进行分析并得到最终的统计结果。对 MEMORY 存储引擎的表进行更新操作要谨慎,因为数据并没有实际写入磁盘中,所以一定要对下次重新启动服务后如何获得这些修改后的数据有所考虑。

4. ARCHIVE 存储引擎

ARCHIVE 存储引擎值只支持 INSERT 和 SELECT 操作。ARCHIVE 存储引擎非

常适合存储归档数据,如日志信息。ARCHIVE 存储引擎使用行锁来实现高并发的插入操作,但是其本身并不是事务安全的存储引擎,其设计目的就是提供高速的插入和压缩功能。

4.1.4 默认存储引擎的操作

1. 查看当前默认的存储引擎

如果要查看当前数据库的默认存储引擎,可以通过 SHOW VARIABLES 语句,语法格式如下。

```
SHOW  VARIABLES  LIKE  'default_storage_engine'
```

其中,default_storage_engine 表示默认存储引擎。

【例 4.1】 查看当前 MySQL 数据库服务器的默认存储引擎。

具体语句如下。

```
mysql > SHOW  VARIABLES  LIKE 'default_storage_engine';
```

执行结果如图 4.3 所示,当前的 MySQL 数据库服务器的默认存储引擎为 InnoDB。

```
MySQL 9.2 Command Line Client                    —    □    ×

mysql> SHOW VARIABLES LIKE 'default_storage_engine';
+------------------------+--------+
| Variable_name          | Value  |
+------------------------+--------+
| default_storage_engine | InnoDB |
+------------------------+--------+
1 row in set, 1 warning (0.01 sec)

mysql>
```

图 4.3 查看默认存储引擎

2. 修改默认存储引擎

如果要修改默认的存储引擎,需手动修改 MySQL 服务器的配置文件。

【例 4.2】 将当前 MySQL 数据库服务器的默认存储引擎改为 MyISAM。

具体方法如下。

(1)打开配置文件 my. ini,找到[mysqld]组,如图 4.4 所示。

(2)修改其中的 default-storage-engine(MySQL 服务器的默认存储引擎)的值。

```
default - storage - engine = MyISAM
```

(3)重启 MySQL 服务。

(4)利用"SHOW VARIABLES LIKE 'default_storage_engine';"语句检查当前的默认存储引擎。

说明:在 MySQL 9.2 中,默认配置文件在 C:\ProgramData\MySQL\MySQL Server 9.2 文件夹中。在修改 MySQL 数据库引擎时,也可以使用 ALTER TABLE 语句

图 4.4　配置文件

更改默认的存储引擎。在修改存储引擎的过程中，可能会遇到一些问题，如表锁定、数据不一致和权限问题等。

任务 4.2　认　识　表

【任务描述】　数据库中的表是组织和管理数据的基本单位，数据库的数据保存在一个个表中，数据库的各种开发和管理都依赖于它。表是由行和列组成的二维结构，表中的一行称为一条记录，表中的一列称为一个字段。表的结构如图 4.5 所示。

列

CustomerID	CompanyName	ContactName	Phone	address	EmailAddress
1	三川实业有限公司	刘明	030-88355547	上海市大崇明路 50 号	guy1@163.com
2	远东科技有限公司	王丽丽	030-88355547	大连市沙河区承德西路 80 号	kevin0@163.com
3	坦森行贸易有限公司	王炫皓	0321-88755539	上海市箕台北路 780 号	roberto0@163.com
4	国顶有限公司	方小峰	0571-87465557	杭州市海淀区天府东街 30 号	rob0@163.com
5	通恒机械有限公司	黄国栋	0921-85791234	天津市南开区东园西甲 30 号	robme@163.com
6	森通科技有限公司	张孔苗	030-88300584	大连市沙河区常保阁东 80 号	yund@163.com
7	国皓科技有限公司	黄雅玲	0671-68788601	杭州市海淀区广发北路 10 号	yalin@163.com
8	迈多贸易科技有限公司	李丽珊	0533-87855522	天津市南开区临翠大街 80 号	lishan@163.com
9	祥通科技有限公司	姚苗波	0678-85912445	大连市沙河区花园东街 90 号	miaopo@163.com

行

图 4.5　客户表

57

任务 4.3　认识列的数据类型

【任务描述】　在 MySQL 数据服务器中,每个列、局部变量、表达式和参数都具有一个相关的数据类型。数据类型是一种列的属性,用于指定对象可保存的数据类型,包括整数类型、浮点数类型、定点数类型、位类型、日期和时间类型以及字符串(字符)类型等。不同的 MySQL 版本支持的数据类型可能会稍有不同,可以通过查询相应版本的帮助文件来获得具体信息。本任务以 MySQL 9.2 为例,使读者认识 MySQL 中的各种数据类型,并能根据需求选择恰当的数据类型。

4.3.1　整数类型

在表 4.2 中列出了 MySQL 支持的整数类型,其中 int 与 integer 是同名词(可以相互替换)。

表 4.2　整数类型

类　型	存储空间/字节	最　小　值	最　大　值
tinyint	1	有符号 $-128(-2^7)$ 无符号 0	有符号 $127(2^7-1)$ 无符号 $255(2^8-1)$
smallint	2	有符号 $-32768(-2^{15})$ 无符号 0	有符号 $32767(2^{15}-1)$ 无符号 $65535(2^{16}-1)$
mediumint	3	有符号 $-8388608(-2^{23})$ 无符号 0	有符号 $8388607(2^{23}-1)$ 无符号 $16777215(2^{24}-1)$
int(integer)	4	有符号 $-2147483648(-2^{31})$ 无符号 0	有符号 $2147483647(2^{31}-1)$ 无符号 $4294967295(2^{32}-1)$
bigint	8	有符号 $-9223372036854775808(-2^{63})$ 无符号 0	有符号 $9223372036854775807(2^{63}-1)$ 无符号 $18446744073709551615(2^{64}-1)$

在整数类型中,按照取值范围和存储方式不同,分为 tinyint、smallint、mediumint、int、bigint 5 种。如果超出类型范围的操作,会发生"Out of range"错误提示。为了避免此类问题发生,在选择数据类型时要根据应用的实际情况确定其取值范围,最后根据确定的结果慎重选择数据类型。

对于各种整型数据,MySQL 还支持在类型名称后面的小括号内指定显示宽度。例如,定义 int 型数据的语法格式如下。

```
int[(m)]  [unsigned] [zerofill]
```

其中各参数说明如下。

(1) m。指定数据的显示宽度。例如,int(5)表示当数值宽度小于 5 位的时候在数字前面填满宽度,如果不显示指定宽度则默认为 int(11)。

(2) unsigned。指定数据为无符号数据。

（3）zerofill。在数字位数不够的空间用字符"0"填满；一般配合 unsigned 参数使用。

【例 4.3】 创建表 t1,有 id1 和 id2 两个列,指定其数值宽度分别为 int 和 int(5);id3 和 id4 指定数值宽度为 int 和 int(5),并都带有 zerofill 参数。

具体操作如下。

```
mysql > CREATE  TABLE  t1(
    -> id1 int, id2 int(5),
    -> id3 int zerofill , id4 int(5) zerofill
    -> );
Query OK, 0 rows affected (0.01 sec)

mysql > DESC t1;
+-------+--------------------+------+-----+---------+-------+
| Field | Type               | Null | Key | Default | Extra |
+-------+--------------------+------+-----+---------+-------+
| id1   | int                | YES  |     | NULL    |       |
| id2   | int                | YES  |     | NULL    |       |
| id3   | int(10)unsigned zerofill| YES  |     | NULL    |       |
| id4   | int(5) unsigned zerofill| YES  |     | NULL    |       |
+-------+--------------------+------+-----+---------+-------+
4 rows in set (0.01 sec)
```

从执行结果也可以看出,id1 列自动设置为默认宽度,有符号;id2 列也设置为默认宽度,实际宽度为 5,有符号;在 id3 和 id4 列,虽然仅指定 zerofill 参数,没有指定 unsigned 参数,但是由于 zerofill 参数与 unsigned 参数搭配使用,所以在 id3 和 id4 列自动增加了 unsigned 参数。id3 列自动设置为无符号的宽度为 10;id4 列自动设置为无符号的宽度为 5。

【例 4.4】 在例 4.3 创建的 t1 表中,将 1 和 2 数值分别插入 id1 和 id2 中;将 3 和 123456 数值分别插入 id3 和 id4 中,并观察结果。

具体操作如下。

```
mysql > INSERT  INTO  t1  VALUES(1,2,3,123456);
Query OK, 1 row affected (0.00 sec)
mysql > SELECT * FROM t1;
+-------+-------+-------------+--------+
| id1   | id2   | id3         | id4    |
+-------+-------+-------------+--------+
|    1  |    2  | 0000000003  |123456  |
+-------+-------+-------------+--------+
1 row in set (0.00 sec)
```

从执行结果可以看出,id1 和 id2 列虽然宽度不够,但是没有自动填充 0;id3 列的插入的列不够 10,在数值前自动填充 0;id4 列的插入的数值为 6 位数,大于设置的宽度,但是没有超过无符号的 int 的宽度,所以没有受宽度的影响,正确显示了 6 位数。

4.3.2　浮点数类型、定点数类型和位类型

浮点数类型用于表示浮点数据,如表 4.3 所示。定点数(decimal 和

dec 是同名词,可以互换)如表 4.4 所示。位类型如表 4.5 所示。

表 4.3 浮点数类型

类 型	存储空间/字节	最 小 值	最 大 值
float(m,d)	4	±1.175494351E−38	±3.402823466E+38
double(m,d)	8	±2.2250738585072014E−308	±1.7976931348623157E+308

表 4.4 定点数类型

类 型	存储空间/字节	描 述
dec(m,d)	m+2	最大取值范围与 double 相同,给定 decimal 的有效取值范围由 m 和 d 决定
decimal(m,d)		

表 4.5 位类型

类 型	存储空间/字节	最小值	最大值
bit(m)	1~8	bit(1)	bit(64)

对于小数的表示,MySQL 分为两种方式:浮点数和定点数。浮点数包括 float(单精度)和 double(双精度),而定点数则只有 decimal 一种表示,其中 dec 和 decimal 同名词,可以互换,取值范围与 double 相同。定点数在 MySQL 内部以字符串形式存放,比浮点数更精确,适合用来表示货币等精度高的数据。

浮点数和定点数都可以用类型名称后加"(m,d)"的方式进行表示。"(m,d)"表示该值一共显示 m 位数字(整数位+小数位),其中 d 表示小数点后面的位数,m 和 d 又称为精度和标度。例如,定义为 float(7,4)的一个列可以显示为−999.9999。MySQL 保存值时进行四舍五入,因此如果在 float(7,4)列内插入 999.00009,则近似结果是 999.0001。值得注意的是,浮点数后面跟"(m,d)"的用法是非标准用法,如果要用于数据库的迁移,则最好不要这么使用。float 和 double 在不指定精度时,默认会按照实际的精度(由实际的硬件和操作系统决定)来显示,而 decimal 在不指定精度时,默认的整数位为 10,默认的小数位为 0。

【例 4.5】 比较 float、double 和 decimal 数据类型的区别。创建 t2 表,将 id1、id2、id3 列设置为 float(5,2)、double(5,2)、decimal(5,2),并将往 id1、id2、id3 列中插入数据 1.234。

具体操作如下。

(1) 创建 t2 数据表。

```
mysql>CREATE  TABLE t2(
  -> id1 float(5,2),
  -> id2 double(5,2),
  -> id3 decimal(5,2));
Query OK, 0 rows affected (0.49 sec)
```

(2) 查看 t2 表的结构。

```
mysql>DESC t2;
```

```
+----+----------+-------+-------+--------+-----+
| Field| Type    | Null  | Key   | Default | Extra |
+----+----------+-------+-------+--------+-----+
| id1 | float(5,2) | YES   |       | NULL   |     |
| id2 | double(5,2) | YES   |       | NULL   |     |
| id3 | decimal(5,2) | YES   |       | NULL   |     |
+----+----------+-------+-------+--------+-----+
3 rows in set (0.09 sec)
```

从执行的结果发现,创建的 t2 表完全符合要求。

（3）插入数据。

```
mysql > INSERT  INTO  t2  VALUES(1.234,1.234,1.234);
Query OK, 1 row affected, 1 warning (0.00 sec)

mysql > SHOW  warnings;
+-------+------+------------------------------------------+
| Level | Code | Message                                  |
+-------+------+------------------------------------------+
| Note  | 1265 | Data truncated for column 'id3' at row 1 |
+-------+------+------------------------------------------+
1 row in set (0.00 sec)
```

从执行结果可以发现,插入数据过程中,有一个 warning,查看 warning 可以发现,id3 列被截断。

（4）查看插入的数据。

```
Mysql > SELECT  *  FROM  t2;
+---+-----+-----+
| id1 | id2  | id3 |
+---+-----+-----+
|1.23| 1.23 | 1.23 |
+---+-----+-----+
1 row in set (0.00 sec)
```

从执行结果可以发现,浮点数如果不写精度和标度,则会按照实际精度值显示,如果有精度和标度,则会自动将四舍五入后的结果插入,系统不会报错;定点数如果不写精度和标度,则按照默认值 decimal(10,0)进行操作,并且如果数据超越了精度值和标度值,系统则会报错。

4.3.3　日期和时间类型

日期和时间类型用于存储日期和时间,用户以字符串或者数字的形式输入日期和时间类型数据,系统也以字符串形式输出日期和时间数据。表 4.6 列出了 MySQL 支持的日期和时间类型。

表 4.6　MySQL 支持的日期和时间类型

类　　型	存储空间/字节	最　小　值	最　大　值
date	3	1000-01-01	9999-12-31
datetime	8	1000-01-01 00:00:00.000000	9999-12-31 23:59:59.499999
timestamp	4	1970-01-01 00:00:0.1.000000	2038-01-19 03:14:07.499999
time	3	−838:59:59.000000	838:59:59.000000
year	1	1901	2155

各种数据类型的使用区别如下。

(1) date 用来表示年月日,以 yyyy-mm-dd 格式显示。

(2) datetime 用来表示年月日时分秒,以 yyyy-mm-dd hh:mm:ss 格式显示。

(3) time 用来表示时分秒,以 hh:mm:ss 格式显示。

(4) timestamp 用于更新日期为当前系统时间。timestamp 值返回后显示为 yyyy-mm-dd hh:mm:ss 格式的字符串,显示宽度固定为 19 个字符。如果想要获得数字值,应在 timestamp 列添加 0。

(5) year 表示年份,MySQL 以 yyyy 格式显示 year 值。默认是 4 位格式,也可以是 2 位格式。在 4 位格式中,允许的值是 1901~2155 和 0000。以 2 位数表示 year 时,允许的值是 00~99。其中 00~69 范围的值被转换为 2000~2069,而 70~99 范围的值被转换为 1970~1999 年。

从表 4.6 中可以看出,每种日期时间类型都有一个有效值范围,如果超出这个范围,系统会给出错误提示,并将其以零值进行存储。不同日期和时间类型的零值表示如表 4.7 所示。

表 4.7　不同日期和时间类型的零值表示

类　　型	零　值　表　示
datetime	0000-00-00 00:00:00
date	0000-00-00
timestamp	00000000000000
time	00:00:00
year	0000

【例 4.6】　比较 date、time、datetime 和 timestamp 数据类型的区别。创建 t3 表,分别将 id1、id2、id3 和 id4 列设置为 date、time、datetime 和 timestamp;并在 id1、id2、id3 和 id4 列中使用 now()函数插入当前日期和时间。

具体操作步骤如下。

(1) 创建 t3 数据表。

```
Mysql > CREATE TABLE t3( id1 date, id2 time, id3 datetime, id4 timestamp);
Query OK, 0 rows affected (0.07 sec)
```

(2) 查看表的结构。

```
Mysql > DESC t3;
```

```
+------+----------+-------+------+---------------+----------+
|Field |Type      | Null  | Key  | Default       | Extra    |
+------+----------+-------+------+---------------+----------+
| id1  | date     | YES   |      | NULL          |          |
| id2  | time     | YES   |      | NULL          |          |
| id3  | datetime | YES   |      | NULL          |          |
| id4  | timestamp| YES   |      | NULL          |          |
+------+----------+-------+------+---------------+----------+
```

4 rows in set (0.02 sec)

（3）插入数据。

```
mysql> INSERT  INTO  t3  VALUES(now(),now(),now(),now());
Query OK, 1 row affected, 1 warning (0.04 sec)
mysql> INSERT  INTO  t3 VALUES(now(),now(),now(),NULL);
Query OK, 1 row affected, 1 warning (0.00 sec)
mysql> SELECT * FROM  t3;
+------------+----------+---------------------+---------------------+
| id1        | id2      | id3                 | id4                 |
+------------+----------+---------------------+---------------------+
| 2025-03-19 | 17:08:26 | 2025-03-19 17:08:26 | 2025-03-19 17:08:26 |
| 2025-03-19 | 17:08:33 | 2025-03-19 17:08:33 | NULL                |
+------------+----------+---------------------+---------------------+
```

2 rows in set (0.00 sec)

从执行结果可以看出，datetime 是 date 和 time 的组合，用户可以根据不同的需要选择不同的日期或时间类型以满足不同的应用。timestamp 也用来表示日期，但是和 datetime 有所不同，系统自动为 timestamp 类型自动创建一个默认值（系统日期时间），所以在第 2 条插入数据中，插入了一个 NULL，因此在 id4 中保存了一个空值 NULL。

4.3.4　字符串类型

字符串是指用单引号(')或双引号(")引起来的字符序列。例如：

```
'a string'
"another string"
```

MySQL 中的字符串类型包括 char、varchar、binary、varbinary、blob、text、enum 和 set。

1. char 和 varchar 字符串类型

表 4.8 列出了 MySQL 支持的 char 和 varchar 字符串类型。

表 4.8　char 和 varchar 字符串类型

类　　型	存储空间/字节	说　　明
char[（m）]	m	固定长度的字符串数据，长度为 m 字节，m 的取值范围为 0～255
varchar[（m）]	1～m+1	可变长度的字符串数据，长度为 m 字节，m 的取值范围为 0～65535

对于一个 char 类型的列,不论用户输入的字符串有多长(不大于 m),长度均为 m 字节。当输入字符串的长度小于 m 时,用空格在右边填补到指定的长度;当输入字符串的长度大于 m 时,MySQL 自动截取 m 个长度的字符串。而变长字符串类型 varchar 的长度为输入的字符串的实际长度,而不一定是 m。varchar 值只存储所需的字符,外加一个字节记录长度,值不被填补。比如表 4.9 所示,相同的 char(4)和 varchar(4)来存储相同的变量,结果却是不同的。

表 4.9　char 和 varchar 字符串类型的比较

变量的值	char(4)	存储需求/字节	varchar(4)	存储需求/字节
''	'　　'	4	''	1
'ab'	'ab　'	4	'ab'	3
'abcd'	'abcd'	4	'abcd'	5
'abcdefgh'	'abcd'	4	'abcd'	5

2. text 和 blob 字符串类型

表 4.10 列出了 MySQL 支持的 text 和 blob 字符串类型。

表 4.10　text 和 blob 字符串类型

类　　型	说　　明
tinytext	允许长度 0~255 字节,占用字符串长度+2 字节
text	允许长度 0~65535 字节,占用字符串长度+2 字节
mediumtext	允许长度 0~167772150 字节,占用字符串长度+3 字节
longtext	允许长度 0~4294967295 字节,占用字符串长度+4 字节
tinyblob	允许长度 0~255 字节,占用字符串长度+1 字节
blob	允许长度 0~65535 字节,占用字符串长度+2 字节
mediumblob	允许长度 0~167772150 字节,占用字符串长度+3 字节
longblob	允许长度 0~4294967295 字节,占用字符串长度+4 字节

blob 是一个能保存可变长的二进制大对象。4 个 blob 字符串类型 tinyblob、blob、mediumblob 和 longblob 仅在保存的字符串的最大长度方面有所不同。

4 个 text 字符串类型 tinytext、text、mediumtext 和 longtext 对应于 4 个 blob 字符串类型,并且有同样的最大长度和存储需求。blob 和 text 字符串类型唯一的差别是对 blob 值的排序和比较以大小写敏感方式执行,而对 text 值是大小写不敏感的。换句话说,text 是一个大小写不敏感的 blob。

如果把一个超过列类型最大长度的值赋给一个 blob 或 text 列,值被截断以适合它。在大多数方面,可以把一个 text 列看作一个大的 varchar 列。同样,可以把一个 blob 列看作一个 varchar binary 列。

3. binary 字符串类型

表 4.11 列出了 MySQL 支持的 binary 和 varbinary 二进制数据类型。它们用于存储

二进制数据,如图形文件、Word 文档或 MP3 文件。

表 4.11 binary 字符串类型

类　　型	存储空间/字节	说　　　　　明
binary［(m)］	m	允许长度 0～m 字节的定长字节字符串
varbinary［(m)］	m	允许长度 0～m 字节的变长字节字符串,占用长度＋1 字节

binary 字符串类型类似于 char 字符串类型,但保存二进制字节字符串而不是非二进制字符串;varbinary 字符串类型类似于 varchar 字符串类型,但保存二进制字节字符串而不是非二进制字符串。

4. enum 和 set 字符串类型

表 4.12 列出了 MySQL 支持的 enum 和 set 字符串类型数据。它们用于存储字符串对象。

表 4.12 enum 和 set 字符串类型

类　　型	存　储　空　间
enum('value1','value2',…)	1 字节或 2 字节,取决于枚举值的个数(最多 65535 个值)
set('value1','value2',…)	1/2/3/4/8 字节,取决于 set 成员的个数(最多 64 个成员)

enum 和 set 类型是两种特殊的字符串类型,它们有很多相似之处,使用方法也相似,就是从一个列表中选择值。它们的主要区别是:enum 列必须是值集合中的一个成员,而 set 列可以包括集合中的任意成员。

【例 4.7】　创建一个 enum 字符串类型的列。

```
sex  enum('男','女')
```

那么,sex 的取值只能是'男',或者'女'。

【例 4.8】　创建以下两个字符串列,比较 enum 和 set 的区别。

```
color  enum('red', 'black','green', 'yellow')
property  set('car', 'house', 'stock') NOT NULL
```

那么 color 可能的值是 NULL、'red'、'black'、'green'和'yellow';而 property 可能的值就复杂得多,可以是''、'car'、'house'、'car, house'、'stock'、'car, stock'、'house, stock'、'car, house, stock'。由于空串可以表示不具备值的集合的任何一个值,所以这也是一个合法的 set 值。

enum 字符串类型可以有 65536 个成员,而 set 字符串类型最多可以有 64 个成员。当创建表时,set 成员值的尾部空格将自动被删除。

任务 4.4　认识列的属性

【任务描述】　在设计数据表时,必须为列指定属性,如名称、数据类型、数据长度和为空性等。

1. 列的为空性

数据表中的列值可以设置为接受空值 NULL,也可以设置为拒绝空值 NOT NULL。如果表的某一列的为空性被指定为 NULL,就允许在插入数据时省略该列的值。反之,如果表的某一列的为空性被指定为 NOT NULL,就不允许在没有指定列默认值的情况下插入省略该列值的数据行。

NULL 是一个特殊值,NULL 不同于空字符或 0。实际上,空字符是一个有效的字符,0 是一个有效的数字。例如,如图 4.6 所示,"会务部"的"部门主管"的值为 NULL,并不是"部门主管"的值为 0 或没有主管,而是"会务部"的"部门主管"未知或尚未确定。

	部门编号	部门名称	部门主管	备注
1	1	销售部	王丽丽	主管销售
2	2	采购部	李嘉明	主管公司的产品采购
3	3	人事部	蒋柯南	主管公司的人事关系
4	4	后勤部	张绵荷	主管公司的后勤工作
5	5	保安部	贺妮玉	主管公司的安全问题
6	6	会务部	NULL	主管公司的所有的展...

图 4.6　部门表

2. 自增

AUTO_INCREMENT 属性可以使表中包含系统自动生成的数值,这种数值在表中可以唯一地标识表的每一行,即表中的每一行数据在指定为 AUTO_INCREMENT 属性的列上的数值均不相同。

一个表只能有一个自增列。插入数据到含有 AUTO_INCREMENT 列的表中时,初始值在插入第一行数据时使用,以后就由 MySQL 根据上一次使用的 AUTO_INCREMENT 值加上增量得到新的 AUTO_INCREMENT 值。

3. 默认值

默认值是指在插入数据时,如果不指定值,则系统会自动赋予一个默认的值。

任务 4.5　数据完整性

【任务描述】　数据完整性分为 3 类:实体完整性(Entity Integrity)、域完整性(Domain Integrity)和参照完整性(Referential Integrity),如图 4.7 所示。本任务介绍数据的完整性;帮助学生理解事物间的联系是普遍存在的,培养学生的团结协作能力,努力实现合作共赢,形成良好的人际关系。

(1) 实体完整性。实体完整性用于保证表中的每一行数据在表中是唯一的。

(2) 域完整性。域完整性是指数据库表中的列必须满足某种特定的数据类型或约束。其中,约束又包括域完整性限制、格式限制和可能值的范围限制。

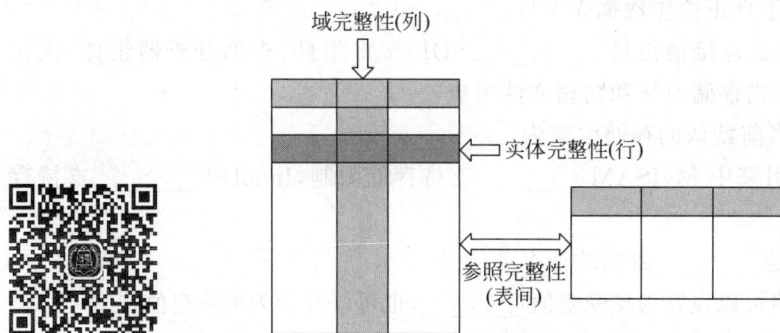

图 4.7　数据完整性

（3）参照完整性。参照完整性是指在输入或删除记录时，包含主关键字的主表和包含外关键字的从表的数据应一致，这样可以保证表之间数据的一致性，防止数据丢失或无意义的数据在数据库中扩散。在 MySQL 中强制实施引用完整性时，MySQL 将防止用户执行下列操作。

① 在主表中没有关联的记录时，将记录添加或更改到相关表中。

② 更改主表中的值，这会导致相关表中生成孤立记录。

③ 从主表中删除记录，但仍存在与该记录匹配的相关记录。

例如，对于 companysales 数据库中的员工表 employee 和部门表 department，引用完整性基于 employee 表中的外键（departmentid）与 department 表中的主键（departmentid）之间的关系。如图 4.8 所示。此关系可以确保员工表部门编号从引用部门表 department 中存在的部门信息。

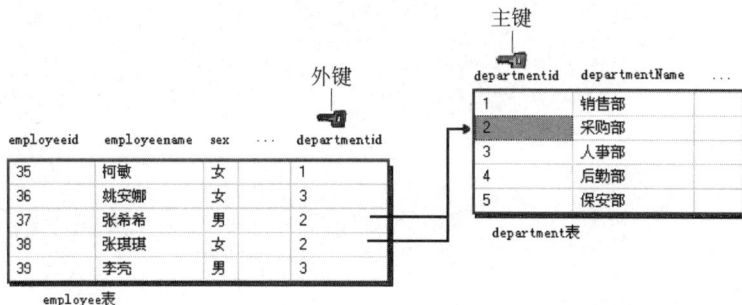

图 4.8　员工表 employee 和部门表 department 间的关系

习　题

一、填空题

1. 数据库和实例是两个不同的概念。数据库是_____的组合；而实例在系统上

67

表现为一个进程,是用于真正操作数据库文件。

2. MySQL 服务器由连接池组件、_____、SQL 接口组件、查询分析器组件、优化器组件、缓冲组件、插件式存储引擎和物理文件组成。

3. 在 MySQL 中当前默认的存储引擎为_____。

4. 在常用的存储引擎中 MyISAM _____支持存储限制,InnoDB _____支持存储限制。

5. 数据库中的表是_____数据的基本单位。

6. 数据表中的列值可以设置为接受空值_____,也可以设置为拒绝空值_____。

7. _____属性可以使表的列包含系统自动生成的数值。

二、思考题

1. 在 MySQL 中数据库和实例有什么区别?

2. 举例说明在哪种情况下使用 enum 类型。

3. 简述 datetime 类型和 timestamp 类型的相同点和不同点。

4. char 类型和 varchar 类型有什么区别?

5. 数据库的完整性有哪些?

项目 5　操作销售管理数据库中的数据表

能够创建和维护数据库中的数据表；能够使用约束来保证数据的完整性；能够操作数据表中的数据。

掌握创建、查看、修改、删除和重命名数据表的方法；掌握使用主键约束和唯一约束保证数据表的完整性，使用默认值保证列的完整性；掌握使用主键和外键来保证数据表之间的完整性；掌握添加、修改和删除数据表中数据的方法。

坚持问题导向，具有一定的分析问题、解决问题的能力；具有团结协作能力，努力实现合作共赢，养成良好的人际关系；提升规范化、标准化的职业素养；增强数据安全意识；具有精益求精的大国工匠精神。

任务 5.1　认识销售管理数据库中数据表的结构

【任务描述】　本书的示例数据库是一个销售管理数据库，是一个小型公司用来管理商品销售信息的数据库。该公司主要从事商品零售贸易业务。即从供应商手中采购商品，并把这些商品销售给需要的客户，以商品服务费赚取利润。由于规划和设计销售管理数据库中的各数据表的过程将在后续章节中介绍，在此给出销售管理数据库的数据表的结构如表 5.1～表 5.7 所示，便于后续操作。完成本任务应坚持问题导向，培养学生分析问题和解决问题的能力；提升规范化、标准化的职业素养。

5.1.1　数据表的结构

1. department（部门）表

department（部门）表保存公司的所有部门信息，包括部门编号、部门名称、部门主管和备注，如表 5.1 所示。

表 5.1　department(部门)表

列　　名	数据类型	长　度	为空性	说　　明
departmentid	int	默认	×	部门编号,主键,自增
departmentname	varchar	30	×	部门名称
manager	varchar	50	√	部门主管
depart_description	varchar	50	√	备注,有关部门的说明

2. employee(员工)表

employee 表保存公司员工的相关信息,包括员工号、员工姓名、员工性别、出生年月、雇用日期、工资和部门编号,如表 5.2 所示。

表 5.2　employee(员工)表

列　　名	数据类型	长　度	为空性	说　　明
employeeid	int	默认	×	员工号,主键,自增
employeename	varchar	50	×	员工姓名
sex	enum	默认	×	员工性别取值只能为"男",或者"女";默认值为"男"
birthdate	date	默认	√	出生年月
hiredate	timestamp	默认	√	雇用日期,默认值为当前的系统时间
salary	decimal(12,4)	默认	√	工资
departmentid	int	默认	×	部门编号,来自"部门"表的外键

3. product(商品)表

product 表保存公司销售的产品信息,包括商品编号、商品名称、商品价格、现有库存量和已经销售的商品量,如表 5.3 所示。

表 5.3　product(商品)表

列　　名	数据类型	长　度	为空性	说　　明
productid	int	默认	×	商品编号,主键,自增
productname	varchar	50	×	商品名称
price	decimal(18,2)	默认	√	商品价格
productstocknumber	int	默认	√	现有库存量,默认值为 0
productsellnumber	int	默认	√	已经销售的商品量,默认值为 0

4. provider(供应商)表

provider 表保存商品的供应商信息,包括供应商编号、供应商名称、联系人姓名、供应商联系电话、供应商地址和供应商 E-mail 地址,如表 5.4 所示。

表 5.4　provider(供应商)表

列　　名	数据类型	长　度	为空性	说　　明
providerid	int	默认	×	供应商编号,主键,自增
providername	varchar	50	×	供应商名称
contactname	varchar	50	×	联系人姓名
providerphone	varchar	20	√	供应商联系电话
provideraddress	varchar	100	√	供应商地址
provideremail	varchar	50	√	供应商 E-mail 地址

5. customer(客户)表

customer 表保存公司的客户信息,包括客户编号、公司名称、联系人姓名、联系电话、客户地址和客户 E-mail 地址,如表 5.5 所示。

表 5.5　customer(客户)表

列　　名	数据类型	长　度	为空性	说　　明
customerid	int	默认	×	客户编号,主键,自增
companyname	varchar	50	×	公司名称
contactname	varchar	50	×	联系人姓名
phone	varchar	20	√	联系电话
address	varchar	100	√	客户地址
email address	varchar	50	√	客户 E-mail 地址

6. sell_order(销售订单)表

sell_order 表保存了公司商品的销售信息,包括销售订单号、商品编号、员工号、客户号、订货数量和订单签订的日期,如表 5.6 所示。

表 5.6　sell_order(销售订单)表

列　　名	数据类型	长　度	为空性	说　　明
sellorderid	int	默认	×	销售订单号,主键,自增
productid	int	默认	×	商品编号,来自"商品"表的外键
employeeid	int	默认	×	员工号,来自"员工"表的外键
customerid	int	默认	×	客户号,来自"客户"表的外键
sellordernumber	int	默认	√	订货数量
sellorderdate	date	默认	√	订单签订的日期

7. purchase_order(采购订单)表

purchase_order 表保存公司采购商品的信息,包括采购订单号、商品编号、员工号、供应商号、采购数量、订单签订的日期等信息,具体如表 5.7 所示。

表 5.7　purchase_order(采购订单)表

列　　名	数据类型	长　度	为空性	说　　明
purchaseorderid	int	默认	×	采购订单号,主键,自增
productid	int	默认	×	商品编号,来自"商品"表的外键
employeeid	int	默认	×	员工号,来自"员工"表的外键
providerid	int	默认	×	供应商号,来自"供应商"表的外键
purchaseordernumber	int	默认	√	采购数量
purchaseorderdate	date	默认	√	订单签订的日期

5.1.2　数据表间的关系

根据表 5.1～表 5.7 所示的表结构,确定各表间的关系,如图 5.1 所示。

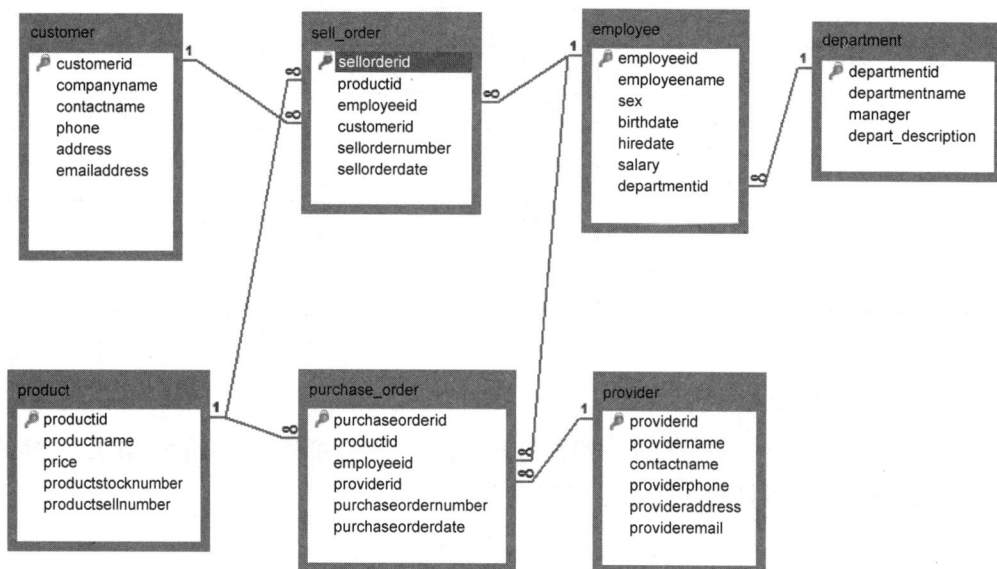

图 5.1　销售管理数据库中各表间的关系

任务 5.2　创建销售管理数据库中的数据表

【任务描述】　按任务 5.1 中各数据表的结构,利用 CREATE TABLE 语句和 SQLyog 客户端软件两种环境,创建销售数据库的各数据表;培养分析问题、解决问题能力;培养学生的团结协作能力和精益求精的工匠精神;提升规范化、标准化的职业素养。

5.2.1　使用 CREATE TABLE 语句创建数据表

在 MySQL 中，使用 CREATE TABLE 语句创建数据表。此语句完整语法相当复杂，包含相当多的可选子句，但在实际中此语句的应用时，相对而言比较简单。CREATE TABLE 的基本语法格式如下。

```
CREATE  TABLE  [IF  NOT  EXISTS] 表名
(   列名1    数据类型和长度1   [列属性1],
    列名2    数据类型和长度2   [列属性2],
     ⋮
    列名n    数据类型和长度n   [列属性n]
) [table_options]
```

其中各参数说明如下。

(1) 表名：要创建的数据表的名称，表的名称不能重复。

(2) 列属性::=[NOT NULL | NULL][DEFAULT default_value]

　　　　　　[VISABLE | INVISABLE]

　　　　　　[AUTO_INCREMENT] [UNIQUE [KEY] | [PRIMARY] KEY]

　　　　　　[COMMENT 'string'] [REFERENCES tbl_name (index_col_name,…)]

　　　　　　[check_constraint_definition]

(3) table_options::={ENGINE|TYPE}=engine_name

　　　　　　　　| AUTO_INCREMENT=value

　　　　　　　　| AVG_ROW_LENGTH=value

【例 5.1】　在销售管理数据库 companysales 中，利用 CREATE TABLE 语句，创建 department(部门)表和 product(商品)表。

分析：由于数据表需要保存在数据库中，所以在创建数据表前，必须保证销售管理数据库 companysales 的存在。因此，首先创建 companysales 数据库，并将 companysales 数据库设置为当前操作的数据库，最后再创建相关的数据表。

具体操作步骤如下。

(1) 利用以下 SQL 语句，创建 companysales 数据库，并将 companysales 数据库设置为操作数据库。

```
mysql> #创建 companysales 数据库#
mysql > CREATE DATABASE  IF NOT EXISTS  companysales;
Query OK, 1 row affected (0.00 sec)

mysql > #设置 companysales 为操作数据库#
mysql > USE companysales;
Database changed
```

说明：本书使用销售管理数据库作为示例数据库，所以在后续的示例中，均需创建 companysales 数据库，并设置 companysales 数据库为当前操作数据库，为简便起见，在后续的示例中将省略此步骤。

从结果中可以看到"Database changed"，表示当前数据库已经发生变化，也就是改变为 companysales 数据库。后续的操作，就在此数据库中进行。

（2）创建 department（部门）表。执行结果如图 5.2 所示。表中有 4 个列，每个列的定义之间使用"，"分隔，最后一个列的属性后面不需要"，"。执行创建语句后，系统给出的提示为"Query OK，0 rows affected（0.01 sec）"，"Query OK"表示语句已经成功执行。创建表的提示均为"0 rows affected"。

```
mysql> USE  companysales;
Database changed
mysql> #创建部门表#
Query OK, 0 rows affected (0.00 sec)

mysql> CREATE  TABLE  department
    -> (  departmentid  int  NOT NULL,
    ->    departmentname  varchar (30)  NOT NULL,
    ->    manager  varchar(50)    NULL,
    ->    depart_description  varchar (50)  NULL  /*此为最后行，没有逗号*/
    -> );
Query OK, 0 rows affected (0.03 sec)

mysql>
```

图 5.2　创建 department（部门）表

（3）创建 product（商品）表。执行结果如图 5.3 所示。

```
mysql> #创建商品表（product）#
Query OK, 0 rows affected (0.00 sec)

mysql> CREATE  TABLE  product
    -> (  productid  int  NOT NULL,
    -> productname  varchar(50)  NOT NULL,
    -> price  decimal(18, 2)  NULL,
    -> productstocknumber  int  NULL,
    -> productsellnumber  int  NULL  /*此为最后行，没有逗号*/
    -> );
Query OK, 0 rows affected (0.05 sec)

mysql>
```

图 5.3　创建 product（商品）表

说明：在此创建的部门表和商品表，没有创建主键、设置自增约束，也没有非空列，不符合数据库设计要求，在后续的内容中将重新创建带约束的数据表。

5.2.2　使用 SQLyog 客户端软件创建数据表

【例 5.2】　利用 SQLyog 客户端软件创建销售管理数据库中的 customer（客户）表，表的结构见表 5.5。

分析：使用 SQLyog 客户端软件创建数据表，即利用 SQLyog 客户端软件中的"新表"窗口创建表的结构。"新表"窗口是 MySQL 提供的可视化创建表的一个工具。用户可以在"新表"窗口中完成对表的名称、存储引擎、数据库、字符集、列设置等。列的设置管理包括创建列、删除列、修改数据类型、设置主键和索引等。

具体操作步骤如下。

（1）在"对象浏览器"窗口中选中 companysales|"表"节点。

（2）右击"表"节点，在弹出的快捷菜单中选择"创建表"命令，出现"新表"窗口，如图 5.4 所示。

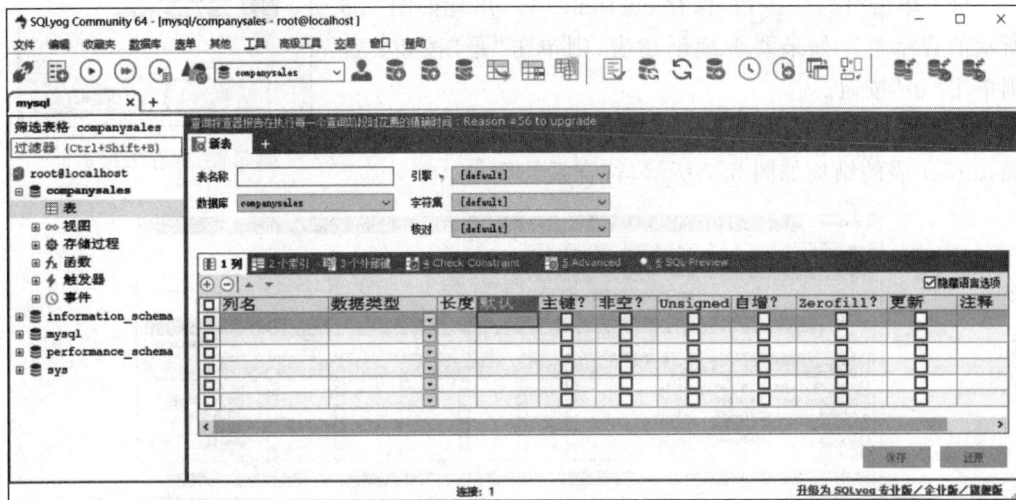

图 5.4 "新表"窗口

（3）在"新表"窗口中，在"表名称"文本框中，输入要创建的表名称 customer。在"数据库"下拉列表框中，选择表所在的数据库 companysales。在"引擎"下拉列表框中选择［default］或者 InnoDB。在"字符集"和"核对"下拉列表框中，按默认设置或者选择 utf8mb4，如图 5.5 所示。

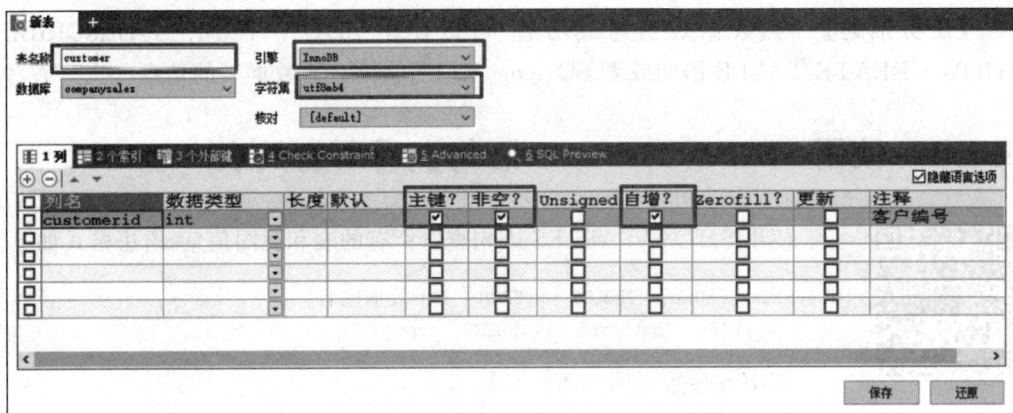

图 5.5 创建 customer 表

（4）在列窗格中，在第一行中设置第一个列。在"列名"中输入列名 customerid。在"数据类型"下拉列表框中设置该列的数据类型 int。数据长度无须设置。该列没有默认值，无须设置"默认"属性。选中"主键"复选框。在"非空？"列，由于选中了"主键"复选框，因此自动选中"非空？"复选框。选中"自增？"复选框。其他的如果允许，则选中复选框；如果不允许，则取消选中复选框。在"注释"中输入"客户编号"，如图 5.5 所示。

75

（5）重复步骤（4）设置 companyname 列、contactname 列、phone 列、address 列和 email 列。

（6）单击"保存"按钮，保存 customer 表，出现如图 5.6 所示的提示框。如果要继续创建表，则单击"是"按钮；否则单击"否"按钮。

（7）刷新"对象浏览器"，新表的相关信息即会出现。customer 表的结构如图 5.7 所示，符合系统要求。

图 5.6　保存表提示框

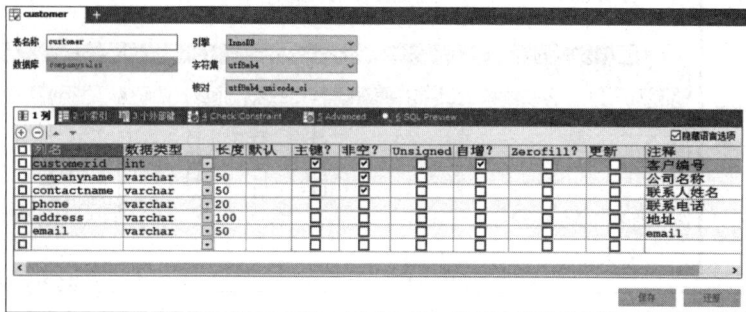

图 5.7　customer 表的结构

任务 5.3　查看销售管理数据库中的数据表

【任务描述】　当数据表创建成功后，可以使用 SHOW TABLES、DESCRIBE、SHOW CREATE TABLE 语句或者 SQLyog 客户端软件查看数据表的信息。

5.3.1　使用 SHOW TABLES 语句查看所有的表

使用 SHOW TABLES 语句查看所有的表和视图信息，语法格式如下。

```
SHOW [FULL] TABLES [{FROM | IN} 数据库名]
    [LIKE 'pattern' | WHERE expr]
```

其中各参数说明如下。

（1）FULL：以完整格式显示表的名称和类型。

（2）TABLES：显示数据库中所有的基本表和视图。

（3）数据库名：要查看的数据库名。

（4）LIKE 子句：查看的名称符合 pattern 的数据表。

（5）WHERE 子句：查看的满足给定条件的数据表。

【例 5.3】　查看 companysales 数据库中所有的数据表的信息。

分析：由于 SHOW TABLES 语句不仅能查看数据表的信息，而且能查看视图的信息，所以选择 FULL 参数，完整显示所有的表和视图的信息，代码如下。

```
SHOW  FULL  TABLES  IN  companysales;
```

代码执行结果如下。

```
MySQL > SHOW FULL TABLES IN companysales;
+-------------------+------------+
| Tables_in_companysales | Table_type |
+-------------------+------------+
| customer          | BASE TABLE |
| department        | BASE TABLE |
| ecount            | BASE TABLE |
| employee          | BASE TABLE |
| product           | BASE TABLE |
| provider          | BASE TABLE |
| purchase_order    | BASE TABLE |
| sell_order        | BASE TABLE |
| view_em_sell_order | VIEW      |
| view_f_employee   | VIEW       |
| view_p_employee   | VIEW       |
+-------------------+------------+
10 rows in set (0.00 sec)
```

在 companysales 数据库中,有 7 个基本表和 3 个视图,其中,有关视图的知识将在后续章节中介绍。

5.3.2　使用 DESCRIBE 语句查看表的结构

使用 DESCRIBE 语句查看数据表结构的语法格式如下。

```
{DESCRIBE | DESC }表名[列名]
```

其中,可以使用 DESCRIBE 作为关键字,也可以选择使用 DESC 作为关键字;表名为要查看的表的名称,列名为要查看的列的名称。

【例 5.4】　查看例 5.3 中在 companysales 数据库中创建的 customer(客户)表的信息。具体操作如下。

```
mysql >#查看 customer(客户)表结构信息#
mysql > DESC customer;
+------------+--------------+------+-----+---------+----------------+
| Field      | Type         | Null | Key | Default | Extra          |
+------------+--------------+------+-----+---------+----------------+
| customerid | int(11)      | NO   | PRI | NULL    | auto_increment |
| companyname| varchar(50)  | NO   |     | NULL    |                |
| contactname| char(50)     | NO   |     | NULL    |                |
| phone      | varchar(20)  | YES  |     | NULL    |                |
| address    | varchar(100) | YES  |     | NULL    |                |
| email      | varchar(50)  | YES  |     | NULL    |                |
+------------+--------------+------+-----+---------+----------------+
6 rows in set (0.01 sec)
```

结果显示,customer 表有 6 个列,同时显示了数据类型和为空性。其中,customerid 列是主键 PRI,并且为自动增长 auto_increment。其他的列没有特殊值。

5.3.3 使用 SHOW CREATE TABLE 语句查看表的详细定义

使用 SHOW CREATE TABLE 语句能够以表的定义语句的形式显示表的结构,语法格式如下。

SHOW CREATE TABLE 表名

【例 5.5】 使用 SHOW CREATE TABLE 查看 customer 表的定义。
具体操作如下。

```
mysql > SHOW CREATE TABLE customer\G
*************************** 1. row ***************************
        Table: customer
Create Table: CREATE TABLE `customer` (
  `customerid` int NOT NULL AUTO_INCREMENT COMMENT '客户编号',
  `companyname` varchar(50) NOT NULL COMMENT '公司名称',
  `contactname` char(50) NOT NULL COMMENT '联系人姓名',
  `phone` varchar(20) DEFAULT NULL COMMENT '联系电话',
  `address` varchar(100) DEFAULT NULL COMMENT '地址',
  `email` varchar(50) DEFAULT NULL COMMENT 'email',
  PRIMARY KEY (`customerid`)
) ENGINE = InnoDB AUTO_INCREMENT = 40 DEFAULT CHARSET = utf8mb4 COLLATE = utf8mb4_unicode_ci
1 row in set (0.01 sec)
```

5.3.4 使用 SQLyog 软件查看表

1. 查看表的结构

【例 5.6】 查看 customer(客户)表的结构、索引等信息。

分析:可以利用"对象浏览器"查看表的结构和索引等信息,也可以利用查询窗口。

选中 customer 数据表,展开"栏位"和"索引"节点,即可看到相关信息,如图 5.8 所示。

说明:图中的"栏位"节点,实际上是表中的列(字段)。选择"工具"|"更改语言"命令,将界面语言设置为 English,然后重启 SQLyog 软件,展开 companysales 数据库中的 customer 数据表,结果如图 5.9 所示。从中可以清楚地看到,数据库由 Tables(数据表)、Columns(列)、Indexes(索引)、Views(视图)、Stored Procs(存储过程)、Functions(函数)、Triggers(触发器)和 Events(事件)等数据库对象组成。

为了适合读者的阅读,本书使用的 SQLyog 软件中的用户界面使用语言为"简体中文"。虽然此版本中将 Columns 翻译为"栏位",但是为了便于表达和阅读方便,本书中仍然使用"列"或者"字段"来表达。

图 5.8　customer 表结构信息(1)

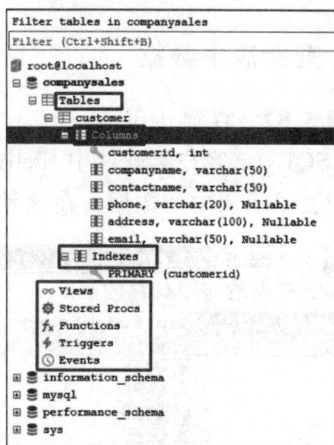

图 5.9　customer 表结构信息(2)

【**例 5.7**】　查看 department(部门)表的结构、索引等信息。

分析：利用查询窗口来查看 department 表的信息。

选中 department 表，选择"文件"|"新查询编辑器"命令，打开一个新的查询编辑器选项卡。打开"信息"选项卡，如图 5.10 所示。其中显示了 department 表的列的信息、索引信息和 DDL 信息。

图 5.10　department 表结构信息

2．查看表中数据

【例 5.8】 查看 department 表中的记录。

在 SQLyog 客户端软件中,选中 department 表节点,在查询窗口中,打开"表数据"选项卡,则会显示表中的数据。在该界面中可以查询和编辑表中的数据,如图 5.11 所示。

	departmentid	departmentname	manager	depart description
☐	1	销售部	王丽丽	主管销售
☐	2	采购部	李嘉明	主管公司的产品采购
☐	3	人事部	蒋柯南	主管公司的人事关系
☐	4	后勤部	张绵荷	主管公司的后勤工作
☐	5	安保部	金杰	主管公司的安保工作
☐	6	会务部	李尚彪	主管公司的会务和接待
*	(Auto)	(NULL)	(NULL)	(NULL)

图 5.11　department 表中的数据信息

利用"表数据"选项卡,可以选择显示指定的记录,默认从第 0 行开始显示,共显示 1000 行记录;也可以对记录进行添加、删除、修改和排序等操作。

任务 5.4　修改销售管理数据库中的数据表

【任务描述】 在创建数据表之后,随着数据库管理系统应用及用户需求的改变,有时还需要修改表的相关属性,如添加列、删除列、修改列的属性、修改主键或索引、更改原有列的类型、重新命名列或表,以及更改表的备注和表的类型等。

ALTER TABLE 语句可以添加或删除表的列约束,也可以禁用或启用已存在的约束或触发器,ALTER TABLE 语句的语法格式较为复杂,因而分为几种不同的修改类型。完成本任务应坚持问题导向,注重实效原则,从而培养学生分析问题、解决问题的能力。

1．添加列

添加列的语法格式如下。

```
ALTER TABLE   表名
    ADD [COLUMN]  列定义 1 [FIRST | AFTER 列名]
    | ADD [COLUMN] (列定义 1[, ...n])
```

其中,FIRST 表示添加的列为第 1 列;AFTER 表示添加列在指定的列后;列定义与创建表时定义列相同,包含列名、列数据类型和列属性。

【例 5.9】 在部门表 department 中,添加两列:部门人数列 personnum,数据类型为 int,允许为空;办公地点列 office,数据类型为 varchar(50),允许为空。

分析:在已有的表中添加列,使用 ALTER TABLE 语句,由于同时添加两个列,所以在列之间用逗号分隔。

执行以下的 SQL 语句。

```
ALTER TABLE department
    ADD(personnum int NULL,
        office varchar(50) NULL);
```

2. 删除列

删除列的语法格式如下。

```
ALTER TABLE 表名
    DROP [COLUMN] 列名
```

在删除列之前,要确保基于该列的所有索引和约束都已删除,否则无法删除列。

【例 5.10】　在部门表 department 中,删除部门人数列 personnum。

分析:删除表中的列,使用 ALTER TABLE 语句。

执行以下的 SQL 语句。

```
ALTER TABLE department
DROP personnum;
```

3. 修改列定义

修改列定义的语法格式如下。

```
ALTER TABLE 表名
    MODIFY [COLUMN] 列名　列属性
```

【例 5.11】　在部门表 department 中,将部门经理列 manager 的数据类型改为 varchar(20)。

在查询编辑器中执行以下 SQL 语句。

```
ALTER TABLE department
    MODIFY  COLUMN manager varchar(20);
```

说明:在修改列的定义时,如果修改后的长度小于原来定义的长度,或者修改数据类型的更改可能导致数据的更改,降低列的精度或减少小数位数可能导致数据截断。

4. 修改列名

修改列名的语法格式如下。

```
ALTER TABLE  表名
    CHANGE  原列名　新列名　列属性
```

其中,重命名时,需要给定原来的列名、新的列名和列当前的属性。

【例 5.12】　在部门表 department 中,将部门经理列 manager 重命名为 managername。

分析:在 manager 列中,虽然只改变列的名称,而没有改变列的属性,但是语法结构

中必须给出列属性。所以首先查看 manager 列的属性,然后修改列的名称。在查询编辑器中执行以下 SQL 语句。

```
DESC department;
ALTER TABLE department
    CHANGE manager   managername varchar(20);
```

具体操作如下。

```
mysql> #查看 manager 列属性#
mysql> DESC department;
+--------+-----------+------+-----+---------+-------+
| Field  | Type      | Null | Key | Default | Extra |
+--------+-----------+------+-----+---------+-------+
| manager|varchar(20)| YES  |     | NULL    |       |
+--------+-----------+------+-----+---------+-------+
1 row in set (0.01 sec)
mysql> #修改 manager 列的名称#
mysql> ALTER TABLE department
    ->   CHANGE manager  managername  varchar(20);
Query OK, 0 rows affected (0.01 sec)
Records: 0  Duplicates: 0  Warnings: 0

mysql> DESC department  managername;
+-----------+-----------+------+-----+---------+-----------+
| Field     | Type      | Null | Key | Default | Extra     |
+-----------+-----------+------+-----+---------+-----------+
| managername|varchar(20)| YES  |     | NULL    |           |
+-----------+-----------+------+-----+---------+-----------+
1 row in set (0.02 sec)
```

说明:

(1) 如果要更改列的类型而不是名称,CHANGE 语法仍然要求旧的和新的列名称,即使旧的和新的列名称是一样的。例如:

```
mysql> ALTER TABLE t1 CHANGE b b BIGINT NOT NULL;
```

(2) 为了销售管理数据库的整体连续性,建议将修改后部门经理列 managername 重命名为 manager。

5. 修改数据表名

1) 使用 ALTER TABLE 语句

修改数据表名的语法格式如下。

```
ALTER TABLE  原表名 RENAME [TO|AS]新表名
```

【例 5.13】 将商品表 product 重命名为 newproduct,然后删除 newproduct 表。

分析:将商品表重命名,使用 ALTER TABLE 语句;删除表,使用 DROP TABLE 语句。在查询编辑器中执行以下 SQL 语句。

```
ALTER TABLE   product   RENAME TO   newproduct;
DROP TABLE newproduct;
```

2）使用 SQLyog 客户端软件重命名表的名称

在指定的数据库中，展开表，右击指定表，在弹出的快捷菜单中选择"更多表操作"|"重命名表"命令，输入新表名即可，如图 5.12 所示。

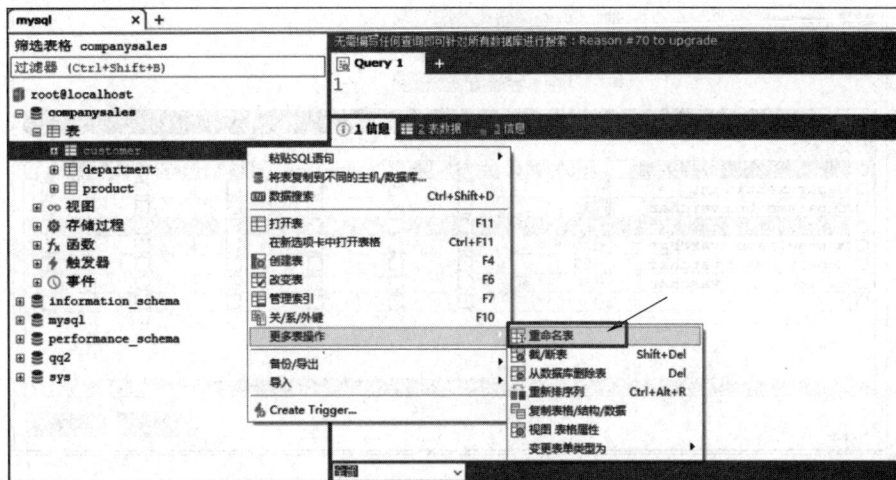

图 5.12　重命名表

任务 5.5　使用 SQLyog 修改数据表的结构

【任务描述】　在 SQLyog 客户端软件中，右击要修改的表，在弹出的快捷菜单中选择"改变表"命令，打开"表设计"窗口。在该窗口，用户可以修改列名、列的数据类型和为空性等属性，可以添加列、删除列，也可以指定表的主关键字约束。完成本任务应坚持问题导向，注重实效原则，以培养学生分析问题、解决问题能力；同时增强数据安全意识；培养精益求精的大国工匠精神。

1．添加列

在表的设计器中，在要添加列的位置，单击 ⊕ 按钮，添加一个空行，然后在添加的空行中，输入列的相关属性。

2．删除列

在表的设计器中，选择要删除的列，单击 ⊖ 按钮。

说明：在删除列之前，要确保基于该列的所有的索引和约束都已删除，否则无法删除。在 MySQL 中，由于删除的列不能恢复，所以删除列时要谨慎。

【例 5.14】　在部门表 department 的部门名称 departmentname 列之后，添加一个部门人数列 personnum，数据类型为 int，允许为空。

具体操作步骤如下。

(1) 在 SQLyog 客户端软件中,展开 companysales|"表"节点。

(2) 右击 department 表节点,在弹出的快捷菜单中选择"改变表"命令,出现如图 5.13 所示的修改表结构的界面。

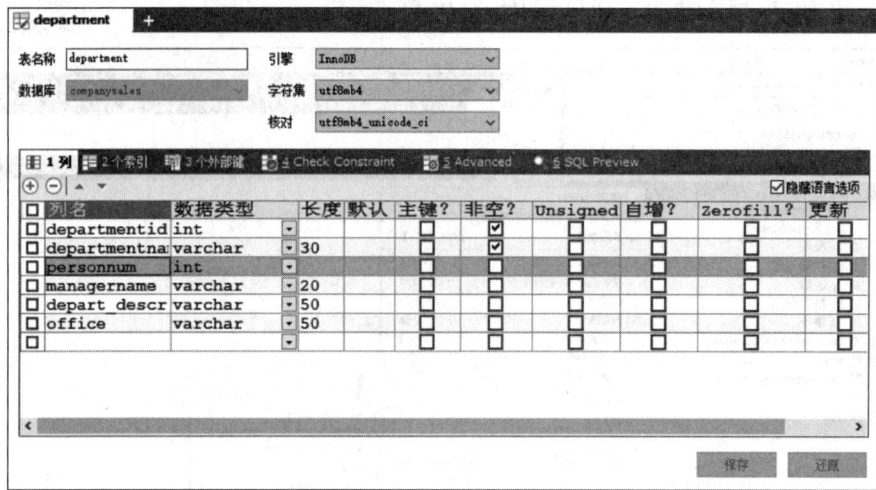

图 5.13　修改 department 表结构

(3) 将 光 标 定 位 到 managername 列,单 击 ⊕ 按 钮,然 后 在"列 名"位 置 输 入 personnum,"数据类型"选择 int,在"注释"列中输入"部门人数"。

(4) 单击"保存"按钮,保存表结构。

3. 修改列的属性

当表中存有记录时,一般不要轻易改变列的属性,尤其不要改变列的数据类型,以免发生错误。当改变列的属性时,要保证原数据类型必须能够转换为新数据类型。

在修改列的属性时,单击"保存"按钮,可能会弹出如图 5.14 所示的警告对话框,提示无法保存表的更改。

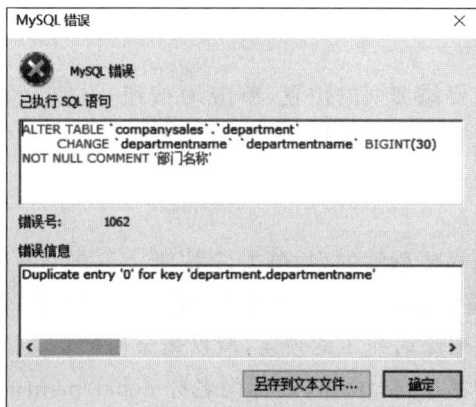

图 5.14　更改表结构的警告对话框

4. 修改表名

在如图 5.13 所示的表设计器中,在"表名称"文本中,输入新的表名称,然后单击"保存"按钮,在弹出的对话框中单击"确定"按钮。

任务 5.6　删除数据表

【任务描述】　本任务删除数据表。完成本任务应具有数据安全意识,不要轻易删除数据表。如果要删除表,必须保证被删除的表与其他表之间没有外键约束存在,否则需要先删除关联,然后删除表。

删除数据表就是将数据库中已经存在的表从数据库中删除。需注意,删除数据表的同时,表的定义和表中的所有数据均会被删除。因此,在删除数据表前,最好对表中的数据进行备份,以免造成无法挽回的后果。

1. 使用 DROP TABLE 语句

使用 DROP TABLE 的语法格式如下。

```
DROP TABLE  [IF  EXISTS] 表名 1,表名 2, … , 表名 n
```

1) 删除没有被关联的表

【例 5.15】　删除部门表 department。

具体操作步骤如下。

(1) 利用 SHOW TABLES 语句,查看 companysales 数据库中所有的数据表。

在查询编辑器中执行以下 SQL 语句。

```
mysql > SHOW TABLES;
+-------------------------------------+
| Tables_in_companysales              |
+-------------------------------------+
| customer                            |
| department                          |
| product                             |
+-------------------------------------+
3 rows in set (0.00 sec)
```

从中可以看到数据库中存在 3 个数据表。

(2) 利用 DROP TABLE　语句,删除 department 数据表。

```
mysql > DROP TABLE IF EXISTS department;
Query OK, 0 rows affected (0.03 sec)
```

(3) 使用 SHOW TALES 查看数据库。

```
mysql > SHOW TABLES;
```

```
+--------------------------------+
| Tables_in_companysales         |
+--------------------------------+
| customer                       |
| product                        |
+--------------------------------+
2 rows in set (0.00 sec)
```

从结果中可以看出,数据库中已经没有 department 表,也表示删除数据表操作成功。

2)删除被其他表关联的主表

在数据库设计中用于保证引用完整性的核心机制,当某个表(主表)被其他表(子表)通过外键(FOREIGN KEY)引用时,MySQL 会禁止删除主表。有关约束的知识在后续章节介绍。

加载教材提供的 companysales 数据库,然后在新的 companysales 数据库中完成例 5.15。

分析:由于 companysales 数据库中的 department 表与 employee 表存在主从表的关系,所以 MySQL 无法直接删除 department 表(主表),需要先在 employee 表(从表)中删除引用的外键,然后才可以删除 department 表(主表)。执行如下代码。

```
mysql> #加载完整的 companysales 数据库,然后删除 department 表#
Query OK, 0 rows affected (0.00 sec)

mysql> DROP  TABLE  IF  EXISTS    department;
ERROR 3730 (HY000): Cannot drop table 'department' referenced by a foreign key constraint 'fr
_deparment_departmentID' on table 'employee'.
```

从以上可以看出,由于 department 表和 employee 表有关联,其中 department 为主表,employee 为子表,在 employee 表中,存在 fr_deparment_departmentID 约束,所以无法直接删除;须解除关联子表的约束,然后进行删除。例 5.15 的具体操作步骤如下。

(1)直接删除 department 数据表。

```
mysql> DROP  TABLE  IF  EXISTS    department;
ERROR 3730 (HY000): Cannot drop table 'department' referenced by a foreign key constraint 'fr
_deparment_departmentID' on table 'employee'.
```

如上所说,存在 fr_deparment_departmentID 约束,主表不能直接删除。

(2)解除关联 employee 子表的外键约束 fr_deparment_departmentID。

```
mysql> ALTER TABLE employee
    -> DROP FOREIGN KEY fr_deparment_departmentID;
Query OK, 0 rows affected (0.02 sec)
Records: 0 Duplicates: 0 Warnings: 0
```

(3)删除 department 数据表,查看数据表。

```
mysql> DROP  TABLE  department;
Query OK, 0 rows affected (0.04 sec)
mysql> SHOW  TABLES  LIKE 'department%';
Empty set (0.00 sec)
```

从结果中可以看出,数据库中已经不存在名称为 department 的表,表示删除操作成功。

2. 使用 SQLyog 客户端软件删除

右击要删除的表,在弹出的快捷菜单中选择"更多表的操作"|"从数据库中删除表"命令,在出现的警告对话框中,单击"确定"按钮,完成删除任务。

任务 5.7　约束销售管理数据库中的数据表

【任务描述】　为了保证销售管理数据的质量,防止数据库中存在不符合语义规定的数据和因错误信息的输入/输出造成无效操作或报错,达到数据的精确性和可靠性。

例如,如果输入了员工编号值为"123"的员工,则该数据库不允许其他员工使用具有相同值的员工编号。比如员工表有一个存储员工部门编号列,则数据库应只允许接受有效的公司部门编号的值。创建销售管理数据库中数据表的约束;理解事物间的联系是普遍存在的;培养学生的团结协作能力,努力实现合作共赢,形成良好的人际关系。

5.7.1　约束概述

1. 约束的定义

约束(Constraint)是 MySQL 提供的自动保持数据库完整性的一种方法。约束就是限制,定义约束就是定义了可输入表或表的单个列中的数据的限制条件。

2. 约束的分类

在 MySQL 中有 6 种约束:非空约束(NOT NULL)、默认约束(DEFAULT CONSTRAINT)、自增约束(AUTO_INCREMENT)、唯一约束(UNIQUE CONSTRAINT)、主键约束(PRIMARY KEY CONSTRAINT)和外键约束(FOREIGN KEY CONSTRAINT)。约束与完整性之间的关系如表 5.8 所示。

表 5.8　约束与完整性之间的关系

完整性类型	约束类型	描　　述	约束对象
列完整性	NOT NULL	列的值不能为空	列
	AUTO_INCREMENT	列的值自动增加	
	DEFAULT	当使用 INSERT 语句插入数据时,若已定义默认值的列没有提供指定值,则将该默认值插入记录中	
	CHECK	强制数据满足特定业务规则,减少数据输入错误,确保据库中的数据始终可靠和一致	

完整性类型	约束类型	描 述	约束对象
实体完整性	PRIMARY KEY	每行记录的唯一标识符,确保用户不能输入重复值,并自动创建索引,提高性能,该列不允许使用空值	行
	UNIQUE	在列集内强制执行值的唯一性,防止出现重复值,表中不允许有两行的同一列包含相同的非空值	
参照完整性	FOREIGN KEY	定义一列或多列,其值与本表或其他表的主键或 UNIQUE 列相匹配	表与表之间

3. 约束名

为了便于管理约束,在创建约束时,必须为约束命名,约束名称必须符合标识符的命名规则。编者建议,使用约束类型和其完成任务的从句组合作为约束名。例如,对客户表的主键,使用 PK_customer。

4. 创建约束的语法格式

创建约束的语法格式如下。

```
CREATE   TABLE 表名
(列定义[{,列定义|表约束}])
```

其中各参数说明如下。

(1) 表名是合法标识符,最多可有 128 个字符,如 S、SC、C 等,不允许重名。

(2) 列定义::=列名   数据类型   [{列约束}]。

在 MySQL 中,对于基本表的约束分为列约束和表约束。

(1) 列约束是对某一个特定列的约束,包含在列定义中,直接跟在该列的其他定义之后,用空格分隔,不必指定列名。

(2) 表约束与列定义相互独立,不包括在列定义中,通常用于对多个列一起进行约束,用逗号分隔表级约束,定义表约束时必须指出要约束的那些列的名称。

5.7.2   非空约束

数据表中列值可以设置为接受空值 NULL,也可以设置为拒绝空值 NOT NULL。如果表的某一列的为空性被指定为 NULL 时,就允许在插入数据时省略该列的值。

1. 创建非空约束

在创建表的同时创建非空约束的语法格式如下。

```
CREATE   TABLE   [IF NOT EXISTS]   表名
(   列名 1   数据类型和长度 1 [NOT NULL｜NULL]   [列其他属性 1],
    列名 2   数据类型和长度 2  [NOT NULL｜NULL]   [列其他属性 2],
```

```
    ⁝，
    列名 n　数据类型和长度 n [NOT NULL | NULL] [其他列属性 n]
) [table_options]
```

2. 增加非空约束

通过修改列的属性增加列的非空约束的语法格式如下。

```
ALTER TABLE　表名
   MODIFY　列名　数据类型和长度 NOT NULL
```

其中，表名为要修改的表的名称；列名为要添加列约束的列的名称。

【例 5.16】 将 department(部门)表中的部门主管 manager 的为空性设置为 NOT NULL。

```
ALTER TABLE department
   MODIFY　manager char(8) NOT　NULL
```

3. 删除非空约束

通过修改列的属性删除列的非空约束的语法格式如下。

```
ALTER TABLE　表名
   MODIFY　列名　数据类型和长度 NULL
```

其中，表名为要修改的表的名称；列名为要删除列约束的列的名称。

5.7.3　主键约束

主键约束(PRIMARY KEY CONSTRAINT)是指通过指定表的一列或多列的组合以唯一标识表的记录，它能在表中唯一地指定一行记录。这样的一列或多列的组合称为表的主键(PK)。定义主键约束的列值不可为空、不可重复；每个表中只能有一个主键；主键分为单列主键和多列主键(组合主键)。创建表的主键的方法如下。

1. 在创建表的同时创建主键约束

(1) 如果要创建的主键为单个列可采用列级约束，它的语法格式如下。

```
CREATE　TABLE　[IF NOT EXISTS ]　表名
(　列名 1　数据类型和长度 1　列属性 1 [CONSTRAINT　约束名]
   PRIMARY　KEY,
   列名 2　数据类型和长度 2　列属性 2,
   ...
) [table_options]
```

(2) 多个列组合的主键约束采用表级约束，它的语法格式如下。

```
[CONSTRAINT　约束名]
PRIMARY　KEY　(列名 1 [,...列名 16])
```

其中,约束名在数据库中必须是唯一的。在 MySQL 中,PRIMARY KEY 的名称为 PRIMARY。对于其他索引,如果没有赋予名称,则索引被赋予的名称与第一个已编入索引的列的名称相同,并自选添加后缀(_2, _3,…),使名称为唯一名称。

【例 5.17】 在销售管理数据库中,创建如表 5.1 所示的部门表。

分析:在例 5.1 创建的部门表中,没有创建表中的主键约束,因此需要重新创建部门表。由于部门表的主键定义在单个列上,所以可以采取在定义列的同时定义约束。在 departmentid 列上,创建一个主键约束,代码为 departmentid int NOT NULL PRIMARY KEY。由于是主键约束,包含了不允许为空性,所以代码改为 departmentid int PRIMARY KEY。数据表的存储引擎、字符集和排序规则与所在的数据库设置的默认值相同,所以数据表不需要设置。

具体操作如下。

```
mysql > ♯创建带主键约束的 department 表♯
mysql > CREATE TABLE  IF NOT EXISTS  department
    -> (   departmentid  int   AUTO_INCRMENT  PRIMARY  KEY,
    ->     departmentname   varchar (30)  NOT NULL,
    ->     manager  varchar(50)   NULL,
    ->     depart_description   varchar (50)  NULL
    -> );
Query OK, 0 rows affected (0.05 sec)
```

说明:列约束包含在列定义中,直接跟在该列的其他定义之后,用空格分隔,不必指定约束名,系统自动给定约束名称。

检查以上创建的 department 表的结果,具体操作如下。

```
mysql > ♯检测 department 表结构♯
mysql > DESC department;
+--------------------+-------------+------+-----+---------+---------------+
| Field              | Type        | Null | Key | Default | Extra         |
+--------------------+-------------+------+-----+---------+---------------+
| departmentid       | int         | NO   | PRI | NULL    | AUTO_INCRMENT |
| departmentname     | varchar(30) | NO   |     | NULL    |               |
| manager            | varchar(50) | YES  |     | NULL    |               |
| depart_description | varchar(50) | YES  |     | NULL    |               |
+--------------------+-------------+------+-----+---------+---------------+
4 rows in set (0.01 sec)
```

从以上的执行结果可以看出,在 departmentid 列创建主键已经成功。

【例 5.18】 在销售管理数据库中,创建如表 5.3 所示的商品表。

分析:在例 5.1 创建的商品表中没有创建表中的主键约束,因此需要重新创建商品表。在 customerid 列上,可以采用表级约束或列级约束,在此采用表级约束,即在所有的列定义后,再定义约束。创建一个名称为 PK_product 的主键约束,代码为 CONSTRAINT PK_product PRIMARY KEY (productid)。数据表的存储引擎、字符集和排序规则与所在的数据库设置的默认值相同,所以数据表不需要设置。

具体操作如下。

```
mysql > CREATE  TABLE  IF NOT EXISTS  product
    -> (   productid  int  NOT NULL,
    ->    productname varchar(50)  AUTO_INCRMENT  NOT NULL,
    ->    price  decimal(18, 2) NULL,
    ->    productstocknumber  int NULL,
    ->    productsellnumber  int NULL,
    ->    CONSTRAINT  PK_product  PRIMARY KEY  (productid)
    -> ) ;
Query OK, 0 rows affected (0.09 sec)
```

说明：采用表约束时，最好指明约束名称，如果不指明，将与列名相同。

检查以上创建主键的结果，具体操作如下。

```
mysql > #查看 product 表结构#
mysql > DESC  product;
+-----------------+--------------+-------+------+---------+---------------+
| Field           | Type         | Null  | Key  | Default | Extra         |
+-----------------+--------------+-------+------+---------+---------------+
| productid       | int          | NO    | PRI  | NULL    | AUTO_INCRMENT |
| productname     | varchar(50)  | NO    |      | NULL    |               |
| price           | decimal(18,2)| YES   |      | NULL    |               |
| productstocknumber | int       | YES   |      | NULL    |               |
| productsellnumber  | int       | YES   |      | NULL    |               |
+-----------------+--------------+-------+------+---------+---------------+
5 rows in set (0.02 sec)
```

从以上的执行结果可以看出，在 productid 列上已经存在主键。

【例 5.19】　在销售管理数据库中，创建一个以商品编号和商品名称为组合主键的新商品表，然后删除此表。

分析：由于创建的是组合主键约束，所以只能采用表级约束，约束代码为 PRIMARY KEY（pid，pname）。

具体操作如下。

```
mysql > CREATE  TABLE  new_product
    -> (   pid  int  NOT NULL,
    ->    pname varchar(50)  NOT NULL,
    ->    price  decimal(18, 2) NULL,
    ->    psnumber  int  NULL,
    ->    PRIMARY  KEY  (pid,pname)
    -> );
Query OK, 0 rows affected (0.03 sec)
```

说明：

(1) 创建多个列组合的约束（如组合主键）时，只能将其定义为表级约束。例如，对于 PRIMARY KEY（pid，pname），不可以将其定义为列级约束 pid int NOT NULL PRIMARY KEY，pname varchar(50) NOT NULL PRIMARY KEY。

(2) 定义约束时必须指出要约束的那些列的名称，与列定义用"，"分隔。

(3) 此表仅用于举例说明组合主键，不属于销售管理数据库中的数据表。

检查以上操作结果的具体操作如下。

```
mysql > DESC new_product;
+---------+-------------+------+-----+---------+-------+
| Field   | Type        | Null | Key | Default | Extra |
+---------+-------------+------+-----+---------+-------+
| pid     | int         | NO   | PRI | NULL    |       |
| pname   | varchar     | NO   | PRI | NULL    |       |
| price   | decimal(18,2)| YES |     | NULL    |       |
| psnumber| int         | YES  |     | NULL    |       |
+---------+-------------+------+-----+---------+-------+
4 rows in set (0.01 sec)
```

从执行结果可以看出,在 pid 列和 pname 列均标注了主键,也就是 pid 列和 pname 列为组合主键。

2. 在现有表中添加主键约束

1) 利用 ALTER TABLE 语句

ALTER TABLE 语句不但可以修改列的定义,而且可以添加和删除约束,语法格式如下。

```
ALTER TABLE 表名
    ADD CONSTRAINT  约束名  PRIMARY KEY (列名[,…n])
```

【例 5.20】 在供应商表 provider 的 providerid 列上添加主键约束。

分析:供应商表不带主键约束,在此添加约束。使用 ALTER TABLE 语句修改表定义。

执行以下 SQL 语句。

```
ALTER TABLE provider
    ADD CONSTRAINT PK_provider PRIMARY KEY (providerid);
```

2) 使用 SQLyog 客户端软件添加约束

在 SQLyog 客户端软件中,右击要添加主键约束的表,在弹出的快捷菜单中选择"改变表"命令,打开"表设计"窗口,选中"主键"复选框,即可添加主键约束。

3. 删除主键约束

删除 PRIMARY KEY 约束的语法格式如下。

```
ALTER TABLE 表名
    DROP PRIMARY KEY
```

【例 5.21】 删除 provider 表上的主键约束。

分析:删除约束使用 ALTER TABLE 语句。

执行以下 SQL 语句。

```
ALTER TABLE provider
    DROP PRIMARY KEY;
```

说明：此处的 provider 表还没有创建外键,否则无法删除主键。

5.7.4　外键约束

两个表中如果有共同列,可以利用外键与主键两个表关联起来。例如,将部门表和员工表利用它们的共同列 departmentid 关联起来,将部门表中的 departmentid 列定义为主关键字,在员工表中也定义 departmentid 列为外关键字。当在定义主关键字约束的部门表中更新列值时,员工表中有与之关联的外关键字约束的表中的外关键字列也将被相应地作相同的更新。当向含有外关键字的员工表插入数据时,如果部门表的列中没有与插入的外关键字列值相同的值,系统会拒绝插入数据。

1. 使用 SQL 语句定义外键

(1) 在 CREATE TABLE 语句中定义列时,同时定义外键列级约束,它的语法格式如下。

```
CREATE  TABLE 表名
(列名  数据类型  列属性
    REFERENCES ref_table(ref_column)
)
```

其中,ref_table 为主键表名,即要建立关联的被参照表的名称；ref_column 为主键列名。

【例 5.22】　在销售管理数据库中,创建销售订单表结构,如表 5.9 所示。

表 5.9　sell_order(销售订单)表

列　　名	数 据 类 型	长度	为空性	说　　明
sellorderid	int	默认	×	销售订单号,主键,自增
productid	int	默认	×	商品编号,来自商品表的外键
employeeid	int	默认	×	员工号,来自员工表的外键
customerid	int	默认	×	客户号,来自客户表的外键
sellordernumber	int	默认	√	订货数量
sellorderdate	date	默认	√	订单签订的日期

分析：销售订单表中,在 sellorderid 列上有主键约束,代码为 sellorderid int AUTO_INCREMNET NOT NULL PRIMARY KEY,有 3 个列上有外键约束。

具体操作如下。

```
mysql> CREATE TABLE  sell_order
    ->(
    -> sellorderid  int  NOT NULL  AUTO_INCREMENT  PRIMARY KEY,
    -> productid  int  NOT NULL  REFERENCES  product(productid),
    -> employeeid  int  NOT NULL  REFERENCES  employee(employeeid),
    -> customerid  int  NOT NULL   REFERENCES  customer(customerid),
    -> sellordernumber  int  NULL,
    -> sellorderdate  date  NULL
```

```
    -> );
Query OK, 0 rows affected (0.01 sec)
```

(2) 在 CREATE TABLE 语句中定义与列定义无关的表级外键约束的语法格式如下。

```
CONSTRAINT   约束名
    FOREIGN KEY column_name1[, column_name2,...,column_name16]
    REFERENCES ref_table [ ref_column1[,ref_column2,..., ref_column16] ]
```

其中,column_name 为外键列名;ref_table 为主键表名,即要建立关联的被参照表的名称;ref_column 为主键列名。

【例 5. 23】 利用表级约束形式,创建例 5.22 中的销售订单表。

具体操作如下。

```
mysql > CREATE TABLE  sell_order
    -> (
    -> sellorderid   int   AUTO_INCREMENT   PRIMARY KEY,
    -> productid   int   NOT NULL,
    -> employeeid   int   NOT NULL,
    -> customerid   int   NOT NULL,
    -> sellordernumber   int   NULL,
    -> sellorderdate   date NULL,
    -> CONSTRAINT  fk_sell_order_customer   FOREIGN KEY  (customerid)
    ->      REFERENCES   customer (customerid),
    -> CONSTRAINT  fk_sell_order_employee  FOREIGN KEY (employeeid)
    ->      REFERENCES   employee (employeeid),
    -> CONSTRAINT  fk_sell_order_product  FOREIGN KEY  (productid)
    ->      REFERENCES   product (productid)
    -> );
Query OK, 0 rows affected (0.01 sec)
```

【例 5. 24】 在销售管理数据库中,创建采购订单表结构,如表 5.10 所示。

表 5.10 purchase_order(采购订单)表

列 名	数 据 类 型	长度	为空性	说 明
purchaseorderid	int	默认	×	采购订单号,主键,自增
productid	int	默认	×	商品编号,来自商品表的外键
employeeid	int	默认	×	员工号,来自员工表的外键
providerid	int	默认	×	供应商号,来自供应商表外键
purchaseordernumber	int	默认	√	采购数量
purchaseorderdate	date	默认	√	订单签订的日期

具体操作如下。

```
mysql > CREATE TABLE   purchase_order
```

```
-> (
->  purchaseorderid   int   AUTO_INCREMENT ,
->  productid       int   NOT NULL,
->  employeeid      int   NOT NULL,
->  providerid      int   NOT NULL,
->  purchaseordernumber  int   NULL,
->  purchaseorderdate    date   NULL,
->  CONSTRAINT  pk_porder   PRIMARY KEY (purchaseorderiD),
->  CONSTRAINT fk_porder_em  FOREIGN KEY (employeeid)
->     REFERENCES  employee (employeeid),
->  CONSTRAINT fk_porder_pr  FOREIGN KEY(productid)
->     REFERENCES   product (productid),
->  CONSTRAINT fk_porder_prv  FOREIGN KEY(providerid)
->     REFERENCES provider (providerid)
-> );
Query OK, 0 rows affected (0.01 sec)
```

2. 在现有表上添加和删除外键约束

（1）利用 ALTER TABLE 语句添加一个外键

ALTER TABLE 语句不仅可以修改列的定义，而且可以添加和删除约束。它的语法格式如下。

```
ALTER TABLE 表名
ADD
    CONSTRAINT 约束名 FOREIGN KEY (列名[,…n])
    REFERENCES ref_table [ ref_column1[, ref_column2,…, ref_column16] ]
```

（2）利用 ALTER TABLE 语句删除一个外键

ALTER TABLE 语句不仅可以修改列的定义，而且可以添加和删除约束。它的语法格式如下。

```
ALTER TABLE 表名
DROP
    FOREIGN KEY 约束名;
```

3. 使用 SQLyog 客户端软件创建外键约束

【例 5.25】　在销售管理数据库中，创建员工表结构，如表 5.2 所示。

分析：在员工表的结构中，有主关键字 employeeid 列，有外关键字 departmentid 列，主要与 department 表中的 departmentid 列相关。

具体操作步骤如下。

（1）在 SQLyog 客户端软件中，选择 companysales 的"表"节点。

（2）右击"表"节点，弹出"新表设计器"窗口；输入"列名""数据类型""长度"和"默认"各项的内容。再设置 employeename 列、sex 列、birthdate 列、hiredate 列、salary 列和 departmentid 列。

（3）将光标定位到 employeeid 行，选中"主键"复选框，设置 employeeid 为主键。

（4）选择"3 个外部键"来设置外键，如图 5.15 所示。

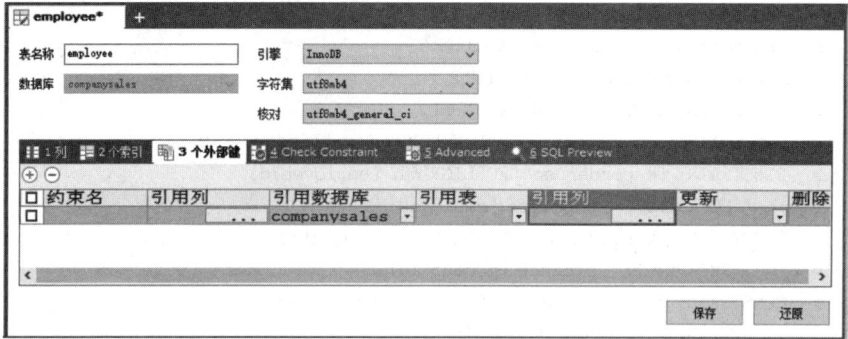

图 5.15　设置外键

（5）单击"引用列"下的 ⬚⬚⬚... 按钮，打开"栏位"对话框，如图 5.16 所示。选择要设置外键的 departmentid 列，单击"确定"按钮返回。

图 5.16　选择外键

（6）单击"引用表"下的 ▾ 按钮，打开引用表的下拉列表，选择 department 作为引用表，如图 5.17 所示。

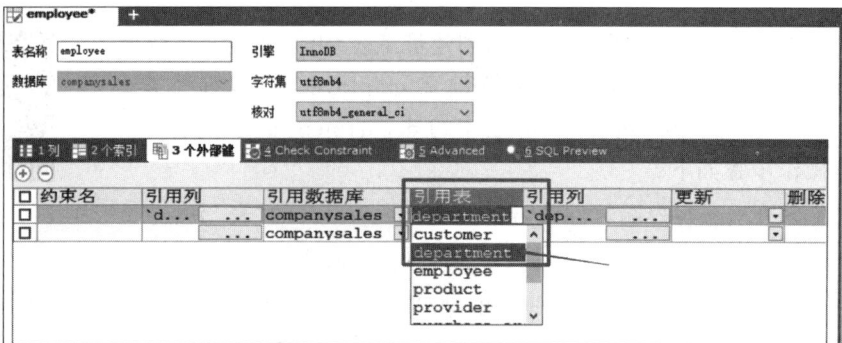

图 5.17　选择引用表

（7）单击第 2 个"引用列"下的 ▭▭▭ 按钮，打开"栏位"对话框，如图 5.18 所示。选择 departmentid 作为外键，单击"确定"按钮返回。

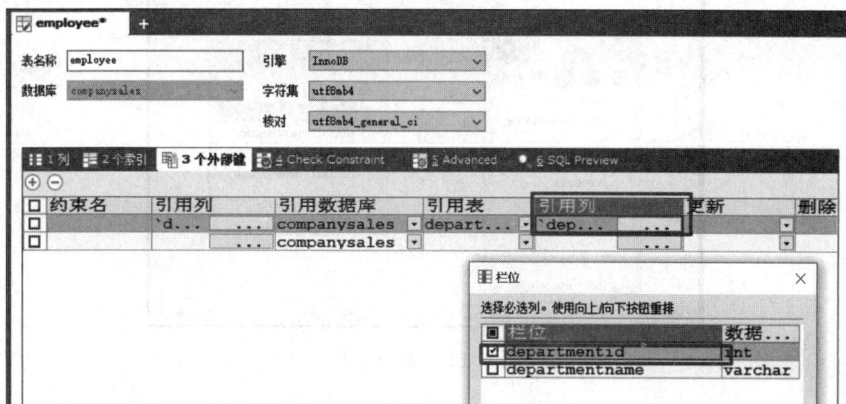

图 5.18   选择引用列

（8）在"约束名"下输入约束名为 fr_employee_department。设置外键约束后，结果如图 5.19 所示，单击"保存"按钮，保存表的设计。

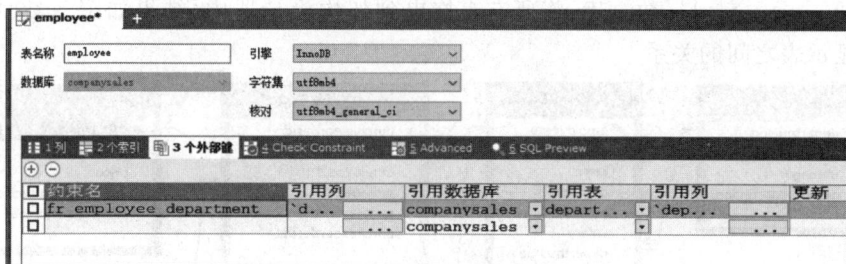

图 5.19   外键设置结果

（9）单击工具栏中的架构设计器图标，出现如图 5.20 所示的界面。

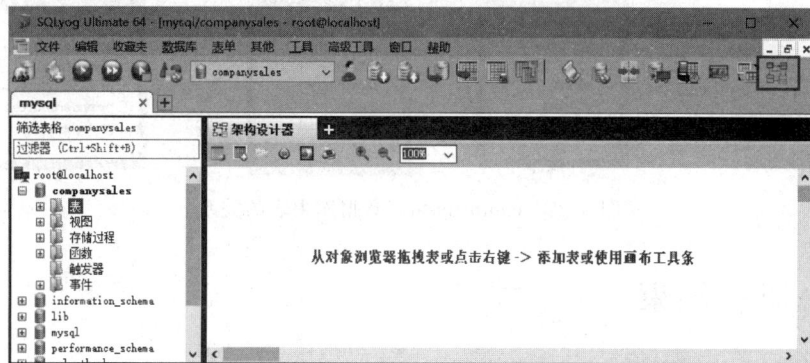

图 5.20   架构设计器

（10）将 employee 表和 department 表拖曳到架构设计器中，结果如图 5.21 所示。

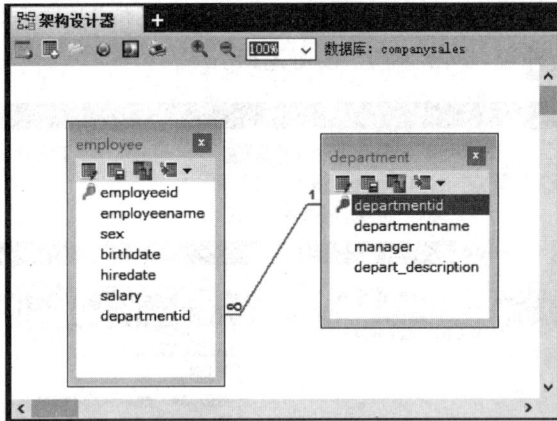

图 5.21　表的关系

employee 表的 departmentid 列是外键,引用了 department 表的主键 departmentid 列。employee 表依赖 department 表。

【**例 5.26**】　查看销售管理数据库各个表之间的关系。

分析:如果表已经创建完成,可以利用架构设计器来查看表之间的关系。

展开 companysales 数据库,将所有表拖曳到架构设计器中,结果如图 5.22 所示,可清楚地显示表之间的关系。

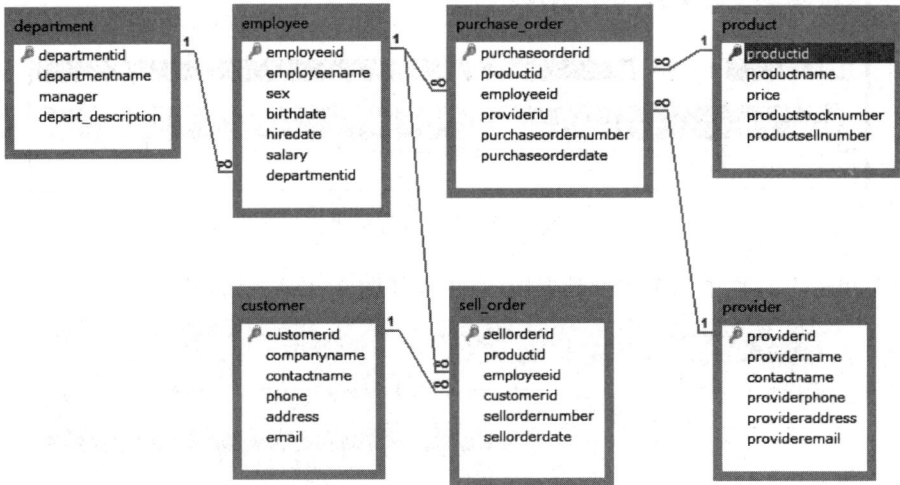

图 5.22　companysales 数据库中表的关系

5.7.5　唯一约束

唯一约束指定在非主键一个列或多个列的组合的值具有唯一性,以防止在列值中输入重复的值。也就是说,如果一个数据表已经设置了主键约束,但该表中还包含其他非主键列,也必须具有唯一性。为避免该列中的值出现重复输入的情况,就必须为该列创建唯一约束(一个数据表不能包含两个或两个以上的主键约束）。

唯一约束与主键约束的区别如下。

（1）唯一约束指定的列可以有 NULL 属性，但主键约束所在的列则不允许。

（2）一个表中可以包含多个唯一约束，而主键约束则只能有一个。

1. 创建表的同时创建 UNIQUE 约束

语法格式一：

```
CREATE TABLE 表名
(  列名  数据类型  列属性  UNIQUE  [KEY]  )
```

语法格式二：

定义唯一约束的语法如下。

```
[CONSTRAINT 约束名]  UNIQUE
(  column_name1[, column_name2,...,column_name16])
```

其中，如果没有设置约束名，则约束名与列名相同。

2. 增加唯一约束

使用 ALTER TABLE 语句来添加唯一约束。

语法格式一：

```
ALTER  TABLE  表名
    ADD
      [CONSTRAINT 约束名]
      UNIQUE  (column_name1[,column_name2, ..., column_name16])
```

语法格式二：

```
ALTER TABLE  表名
    MODIFY  列名  列属性  UNIQUE
```

【例 5.27】　在销售管理数据库的部门表中，为部门名称列添加唯一约束，保证部门名称不重复。

在查询编辑器中执行以下 SQL 语句。

方法一：

```
ALTER  TABLE  department
    ADD
      CONSTRAINT  un_departmentname  UNIQUE  (departmentname )
```

方法二：

```
ALTER TABLE department
    MODIFY  departmentname  VARCHAR(30)  UNIQUE;
```

3. 删除唯一约束

删除唯一约束的语法格式如下。

```
ALTER  TABLE  表名
   DROP  INDEX│KEY  约束名
```

【**例 5.28**】 在销售管理数据库的部门表中,删除例 5.27 中为部门名称列添加唯一约束。
具体操作如下。

```
mysql > ALTER TABLE department
    -> DROP  KEY   UN_departmentname;
Query OK, 0 rows affected (0.01 sec)
Records: 0  Duplicates: 0  Warnings: 0
mysql > DESC department;
+--------------------+-------------+------+-----+---------+----------------+
| Field              | Type        | Null | Key | Default | Extra          |
+--------------------+-------------+------+-----+---------+----------------+
| departmentid       | int         | NO   | PRI | NULL    | auto_increment |
| departmentname     | varchar(30) | YES  |     | NULL    |                |
| manager            | varchar(50) | YES  |     | NULL    |                |
| depart_description | varchar(50) | YES  |     | NULL    |                |
+--------------------+-------------+------+-----+---------+----------------+
4 rows in set (0.01 sec)
```

4. 使用 SQLyog 客户端软件来操作唯一约束

【**例 5.29**】 利用 SQLyog 软件在销售管理数据库的部门表中,为部门名称列添加唯
一约束,保证部门名称不重复。

具体操作步骤如下。

(1) 启动 SQLyog 客户端软件,在“对象浏览器”窗口中,展开 companysales│“表”节点。

(2) 右击 department“表”节点,在弹出的快捷菜单中选择“改变表”命令,出现“表设
计器”窗口。

(3) 单击“索引”项,在“栏位”项(也就是字段列项),打开“栏位”对话框,如图 5.23 所
示。选择 departmentname 列,然后单击“确定”按钮返回。

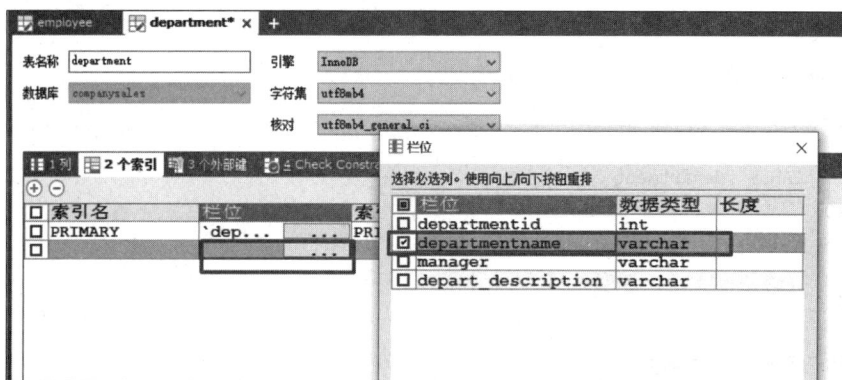

图 5.23 选择唯一约束列

（4）在"索引类型"下拉列表框中选择 UNIQUE，如图 5.24 所示。

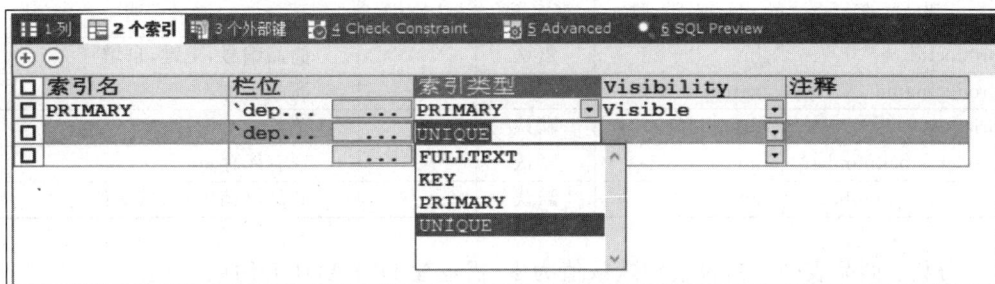

图 5.24　选择索引类型

（5）输入索引名，如果不输入，系统默认给出默认的索引名，与列名相同。

（6）单击"保存"按钮，保存设置。

5.7.6　默认值约束

默认值约束（DEFAULT）用于确保域完整性，它提供了一种为数据表中任何一列提供默认值的手段。默认值是指使用 INSERT 语句向数据表插入数据时，如果没有为某一列指定数据，DEFAULT 约束提供随新记录一起存储到数据表中该列的默认值。例如，在员工信息表 employee 的性别列定义了一个 DEFAULT 约束为"男"，则每当添加新员工时，如果没有为其指定性别，则默认为"男"。

在使用 DEFAULT 约束时，用户需注意以下几点。

（1）DEFAULT 约束只能应用于 INSERT 语句，且定义的值必须与该列的数据类型和精度一致。

（2）每一列上只能有一个 DEFAULT 约束。如果有多个 DEFAULT 约束，系统将无法确定在该列上使用哪个约束。

（3）DEFAULT 约束不能定义在数据类型为 timestamp 的列上，系统会自动提供数据，使用 DEFAULT 约束是没有意义的。

1. 使用 SQL 语句创建默认值约束

创建列级默认值约束的语法格式如下。

```
CREATE  TABLE  表名
(列名  数据类型和长度  列属性  DEFAULT  constant_expression)
```

其中，DEFAULT 为默认值；constant_expression 是用作列的默认值的常量。

说明：如果在创建表时创建默认值约束，只能采用列级约束，不能采用表级约束的形式。这是默认值约束特殊的地方，其他形式的约束在创建表时定义，采用表级约束和列级约束均可。

【**例 5.30**】　在销售管理数据库中创建商品表，表结构如表 5.11 所示。

表 5.11　product(商品)表

列　　名	数据类型	长　度	为空性	说　　明
productid	int	默认	×	商品编号,主键,自增
productname	varchar	50	×	商品名称
price	decimal(18,2)	默认	√	单价
productstocknumber	int	默认	√	现有库存量
productsellnumber	int	默认	√	商品已销售量,默认值为 0

分析：商品表的已销售量的默认值为零,需创建 DEFAULT 约束。

具体操作如下。

```
mysql > CREATE TABLE product
    -> (
    -> productid  int  auto_increment  PRIMARY KEY,
    -> productname  varchar(50)  NOT NULL,
    -> price  int  null ,
    -> productstocknumber  int  NULL ,
    -> productsellnumber  int  NULL  DEFAULT 0
    -> )
    -> ;
Query OK, 0 rows affected (0.01 sec)
```

说明：由于在以前的例题中,对商品表已经操作多次,所以在此处创建 product 时,必须先删除 product 表。

2. 修改默认值约束

通过修改列的属性来修改默认值的语法格式如下。

```
ALTER TABLE  表名
    MODIFY  列名  数据类型和长度  DEFAULT  constant_expression
```

其中,DEFAULT 为默认值;constant_expression 是用作列的默认值的常量。

【例 5.31】　在销售管理数据库的员工表中,新员工如果不到特定部门工作,则全部到"销售部"工作。

分析：在部门表中,"销售部"的部门编号值为 1。新员工如果不到特定部门工作的话,则全部到"销售部"工作,也就是说,输入新员工数据时,部门编号 departmentid 列的默认值为 1。为员工表的部门编号 departmentid 列添加一个默认值约束。约束代码为 MODIFY departmentid int DEFAULT 1。

在查询编辑器中执行以下 SQL 语句。

```
ALTER TABLE employee
    MODIFY departmentid  int  DEFAULT 1
```

3. 删除默认约束

删除默认约束的语法格式如下。

```
ALTER TABLE　表名
    ALTER [column] 列名　DROP　DEFAULT
```

【例 5.32】　删除 employee(员工)表中的部门编号的默认值。

```
ALTER TABLE employee
    ALTER departmentid  DROP  DEFAULT;
```

4. 使用 SQLyog 客户端软件创建默认值

【例 5.33】　在销售管理数据库的员工表中,为"性别"列设定默认值"男";将雇用时间列的默认值设置为系统当前时间。

具体操作步骤如下。

(1) 启动 SQLyog 客户端软件,在"对象浏览器"窗口中,展开 companysales|"表"节点。

(2) 右击 employee 表节点,在弹出的快捷菜单中选择"改变表"选项,出现"表设计器"窗口。

(3) 将光标定位到 sex 列,在"默认"列中输入"男"。在 hiredate 列,在默认值中输入 CURRENT_TIMESTAMP,如图 5.25 所示。

图 5.25　创建 DEFAULT 约束

(4) 单击工具栏中的 ■(保存)按钮,保存设置。

任务 5.8　操作销售管理数据库数据表中的数据

【任务描述】　在确定销售管理数据库各数据表的基本结构以后,就可以进行表中的数据处理:添加、修改和删除。完成本任务应坚持问题导向,培养分析问题、解决问题能力;分析代码的规范性,提升规范化、标准化的职业素养。

数据操作有两种方法:①使用 SQL 语句操作数据行;②使用 SQLyog 客户端软件的可视化工具。

5.8.1　使用 SQLyog 向表中添加数据

【例 5.34】　在销售管理数据库中,向部门表 department 中插入一条记录。

具体操作步骤如下。

展开 companysales|"表"节点。右击 department 节点,在弹出的快捷菜单中选择"打开表"命令。出现如图 5.26 所示的界面。将光标定位到当前表尾的下一行,输入相关信息。由于 departmentid 为自增列,所以无须输入。

图 5.26 编辑 department 表数据行

说明:

(1) 没有输入数据的列显示为 NULL。

(2) 已经输入内容的列系统显示"!"。

(3) 若表中某些列不允许为空值,则必须输入值。

(4) 自增列无须输入数据。

(5) 主键列不能输入重复值。

(6) bit 类型数据,用户需要输入 1 或者 0,系统对应显示 True 或 False。

5.8.2 使用 SQL 语句插入一条记录

1. 插入记录

INSERT 语句提供添加数据的功能。INSERT 语句通常有两种形式:①插入一条记录;②插入查询的结果,一次可以插入多条记录。

INSERT 语句的语法格式如下。

```
INSERT [INTO]  表名  [(column_list)]
{VALUES|VALUE}  ({DEFAULT|NULL|expression}[,...n])
```

其中各参数说明如下。

(1) INTO:用在 INSERT 关键字和目标表之间的可选关键字。

(2) column_list:指定要插入数据的列,列名之间用逗号隔开。

(3) DEFAULT:为此列指定默认值。

(4) expression:指定一个常量或表达式。

【例 5.35】 在销售管理数据库中,向员工表 employee 中插入一条记录。

在查询编辑器中执行以下 SQL 语句。

```
INSERT  INTO  employee(employeename, sex, birthdate, hiredate, salary,departmentid)
   VALUES ( '南存慧 ', '男 ', '1980-02-01 ', '2016-08-09 ',3400,1)
```

执行结果如图 5.27 所示。

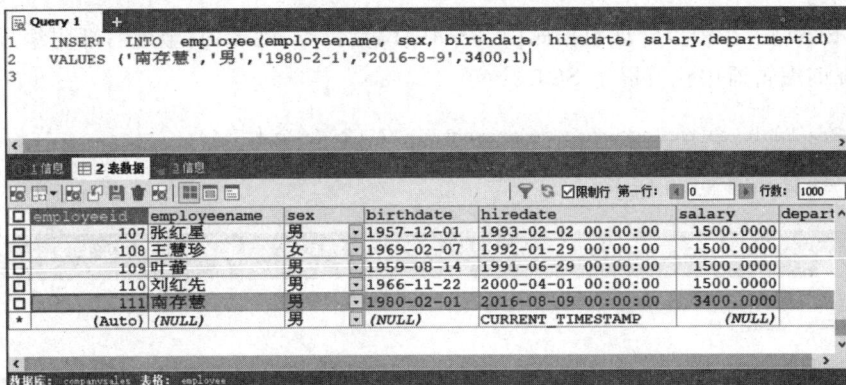

图 5.27　插入一条记录执行结果

说明：

（1）输入值为字符型数据和日期型数据时，要添加单引号。

（2）自增列无须输入数据，自动编号。

（3）插入数据的列列表与值列表的数据类型和顺序要保持一致。

（4）如果列定义了默认值，可以在值中以 DEFAULT 来代替具体的值。

2. 插入记录时仅指定部分列的值

如果创建的数据表列允许为空，则在用 INSERT 语句插入数据时，可以不指定该数据列的值。

【例 5.36】　在销售管理数据库中，向客户表 customer 中添加一条记录：公司名称为"奥康集团"，联系人为"项宜行"。

分析：要添加一条记录，可使用 INSERT INTO 语句。由于客户表 customer 有 6 个列，customerid 列为自增，无须给出值，但仍需给出其他 5 个列的值，其中 3 个列为 NULL 值。

在查询编辑器中执行以下 SQL 语句。

```
INSERT customer (companyname, contactname, phone, address, email)
    VALUES ( '奥康集团 ', '项宜行 ', NULL,NULL,NULL)
```

执行结果如图 5.28 所示。

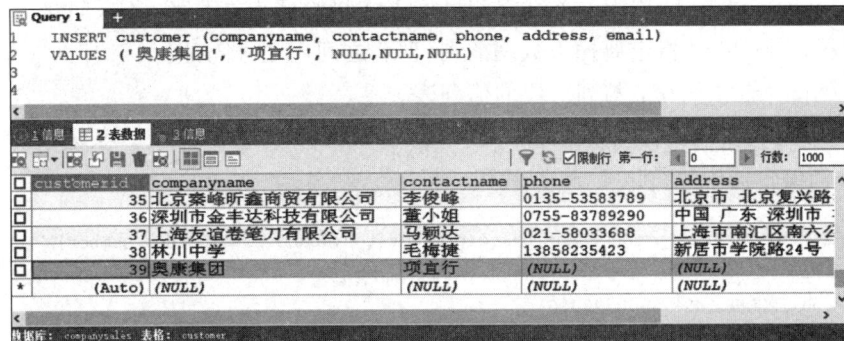

图 5.28　插入 NULL 值的执行结果

【例 5.37】 在销售管理数据库中,添加一位新员工,姓名为"金米",部门编号为 1。在查询编辑器中执行以下 SQL 语句。

```
INSERT  Employee(employeename,departmentid) VALUES ( '金米 ',1)
```

执行结果如图 5.29 所示。

图 5.29　插入部分列和默认值执行结果

由于 employeeid 为自增列,sex 列和 hiredate 列均设有默认值,所以虽然只插入一个列的值,但是在插入的记录中 employeeid 列、employeename 列、sex 列、hiredate 列和 departmentid 列均有值。

5.8.3　插入多条记录

1. 利用 VALUES 子句插入多行数据记录

利用 VALUES 子句插入多行数据的语法格式如下。

```
INSERT  [INTO]  表名[(column_list)]
VALUES(expression_list1),(expression_list2),...,(expression_listn)
```

其中各参数说明如下。

(1) INTO:用在 INSERT 关键字和目标表之间的可选关键字。

(2) column_list:指定要插入数据的列,列名之间用逗号隔开。

(3) expression_listn:与列对应的值列表。

【例 5.38】 在销售管理数据库中,向产品表 product 中连续插入 3 条记录。在查询编辑器中执行以下 SQL 代码。

```
INSERT INTO product (productname,price,productstocknumber,productsellnumber)
  VALUES
    ( 'IPHONE 14S',5800,200,0),
    ( 'IPHONE 15',4800,200,0),
    ( 'KINDLE',4480,100,0)
```

执行结果如图 5.30 所示。

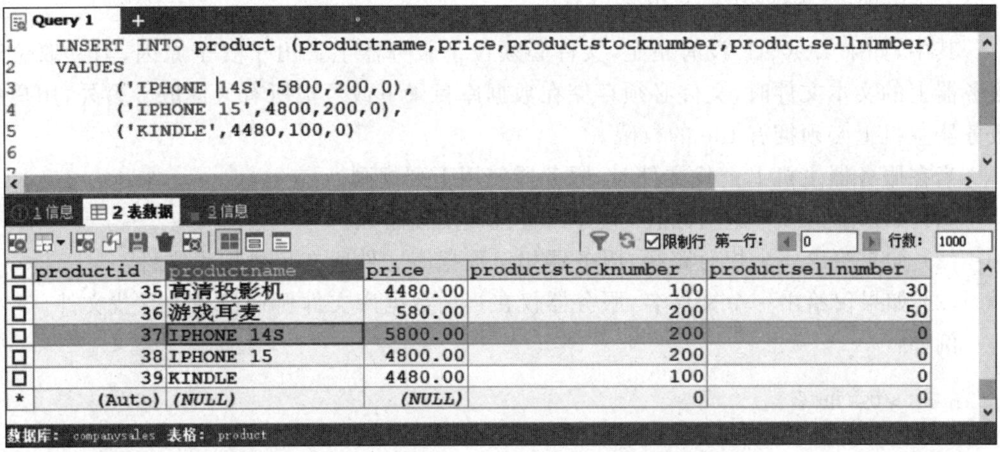

图 5.30　利用 VALUES 子句插入多行数据结果

2. 利用 SELECT 子查询插入多行数据

在 INSERT 语句中使用 SELECT 子查询可以同时插入多行。INSERT 语句结合 SELECT 子查询可将一个或多个表或视图中的值添加到另一个表中，语法格式如下。

```
INSERT [IGNORE][INTO]　表名　[(column_list)]
  [SELECT column_list　FROM　table_list　WHERE search_condition]
```

其中，IGNORE 参数用于忽略会导致重复关键字错误的记录。

【例 5.39】　在销售管理数据库中，对每日销售数据进行统计，并存储在统计表中。

分析：在销售管理数据库中没有统计。为了在此处练习，创建一个统计表。代码为 "CREATE TABLE　day_total（sellorderdate date，sellordernumber int）"，然后将销售表的销售数据统计插入统计表中。

在查询编辑器中执行以下 SQL 代码。

```
CREATE TABLE　day_total(sellorderdate　date，sellordernumber int)
INSERT INTO　day_total
    SELECT sellorderdate，count( * ) TOTAL
        FROM sell_order
        GROUP BY sellorderdate
```

说明：此处创建一个统计表，仅为练习，练习结束后删除 day_total 表。

3. 使用 LOAD 子句批量录入数据

如果需要向一个表中添加大量的记录，使用 SQL 语句输入数据很不方便。MySQL 提供了 LOAD DATA INFILE 语句，用于高速地从一个文本文件中读取行，并装入一个表中，其语法格式如下。

```
LOAD DATA [LOCAL] INFILE 'file_name.txt '
    [REPLACE | IGNORE] INTO TABLE 表名
```

其中,如果 LOCAL 没有指定,文件必须位于服务器上。出于安全原因,当读取位于服务器上的文本文件时,文件必须存储在数据库目录下或可被所有人读取。另外,用户在服务器主机上必须拥有 file 的权限。

当在服务器主机上查找文件时,服务器使用下列规则。

(1) 如果给出一个绝对路径,服务器直接使用该路径。

(2) 如果给出一个相对路径,服务器相对数据库文件所在目录搜索文件。

(3) 如果仅给出一个文件名,服务器仅在当前数据库文件所在目录中寻找文件。

例如:

```
mysql > USE db1;
mysql > LOAD DATA INFILE "./data.txt" INTO TABLE  my_table;
```

当读取输入值时,默认值会使 LOAD DATA INFILE 按以下方式运行。

(1) 在新行处寻找行的边界。

(2) 不跳过任何行前缀。

(3) 在制表符处把行分解为列。

(4) 不希望列被包含在任何引号字符之中。

(5) 出现制表符(\t)、新行(\n)、或\\时,将其视为文本字符作为值的一部分。

5.8.4 更新记录

在表中更新数据时,可以用 UPDATE 语句来实现,其语法格式如下。

```
UPDATE   表名|视图名
    SET    列名 1 = 表达式[,列名 2 = 表达式]
    [FROM   表源]
    [WHERE   查找条件]
    [ORDER BY...]
    [LIMIT row_count]
```

其中各参数说明如下。

(1) SET 子句:用于指定修改的列或者变量名以及新值。

(2) FROM 子句:指出 UPDATE 语句使用的表。

(3) WHERE 子句:指定修改行的条件,满足该条件的行进行修改,若省略此子句,则对表中所有行进行修改。

【例 5.40】 在销售管理数据库中,将商品表中所有商品的价格上调 20%。

分析:要调整价格即为修改数据。使用 UPDATE 语句实现。

在查询编辑器中执行以下 SQL 语句。

```
UPDATE   product   SET   price = price * 1.2
```

【例 5.41】 将商品表 product 中所有库存量小于 10 商品的库存量设置为 0。

分析：要修改商品表的数据,使用 UPDATE 语句。

在查询编辑器中执行以下 SQL 语句。

```
UPDATE   product
   SET   productstocknumber = 0
   WHERE    productstocknumber < 10
```

5.8.5　删除记录

在表中删除数据时,可以用 DELETE 语句,其语法格式如下。

```
DELETE   FROM   表名|视图名
   [WHERE   查找条件]
```

【例 5.42】 在商品表 product 中,删除所有库存量为 0 的商品。

在查询编辑器中执行以下 SQL 语句。

```
DELETE FROM product
WHERE DELETE FROM product productstocknumber = 0
```

习　　题

一、选择题

1. MySQL 中,创建表的语句是(　　)。

　A. CREATE　　　　B. DROP　　　　　　C. CLEAR　　　　D. REMOVE

2. MySQL 中,修改结构的语句是(　　)。

　A. DELETE　　　　B. DROP　　　　　　C. ALTER　　　　D. MODIFY

3. MySQL 中,删除表的语句是(　　)。

　A. DELETE　　　　B. DROP　　　　　　C. CLEAR　　　　D. REMOVE

4. MySQL 中,删除表中数据的语句是(　　)。

　A. DELETE　　　　B. DROP　　　　　　C. CLEAR　　　　D. REMOVE

5. MySQL 中,更新表数据的语句是(　　)。

　A. USE　　　　　　B. SELECT　　　　　C. UPDATE　　　D. DROP

6. MySQL 中,向表中插入数据的语句是(　　)。

　A. INSERT　　　　B. SELECT　　　　　C. UPDATE　　　D. DROP

7. 以下关于外键和相应的主键之间的关系,正确的是(　　)。

　A. 外键并不一定要与相应的主键同名

　B. 外键一定要与相应的主键同名

C. 外键一定要与相应的主键同名而且唯一

D. 外键一定要与相应的主键同名,但并不一定唯一

8. 限制输入列的值的范围,应使用( )约束。

A. CHECK   B. PRIMARY KEY

C. FOREIGN KEY   D. UNIQUE

二、思考题

1. 什么是数据的完整性? 数据完整性有哪些分类?

2. 数据约束有哪几种? 分别实现何种数据的完整性?

3. 什么是 NULL 值? 它与数值 0 有何区别?

实　　训

一、实训目的

1. 掌握数据表的创建方法。

2. 掌握数据表的约束的使用。

3. 掌握数据表的数据操作。

二、实训内容

1. 创建数据库 library。

2. 在 library 数据库中创建读者信息表(readers),该表的结构如表 5.12 所示。

表 5.12　读者信息表(readers)的结构

列　名	数 据 类 型	长　度	为空性	说　明
borrowerid	int	默认	×	借阅卡编号,主键,自增
gradeid	int	默认	√	年级编号,默认值为 1
readername	varchar	50	√	借阅者姓名
studentnum	char	10	×	借阅者学号
sex	enum	默认	√	借阅者性别,默认值为"男",取值为"男"或"女"
telenum	char	20	√	借阅者电话
borrowbooknum	int		√	已借书数目,默认值为 0

3. 在 library 数据库中创建图书信息表(books),该表的结构如表 5.13 所示。

表 5.13　图书信息表(books)的结构

列　名	数 据 类 型	长　度	为空性	说　明
bookid	int	默认	×	书刊编号,主键,自增
title	varchar	50	√	书名

列　　名	数 据 类 型	长　度	为空性	说　　　明
author	varchar	100	√	作者
typeid	varchar	50	√	该书所属的类型
kuchunliang	int	默认	√	该书的库存量,默认值为5本

4. 在 library 数据库中创建图书借阅信息表(borrow),该表的结构如表 5.14 所示。

表 5.14　图书借阅信息表(borrow)的结构

列　　名	数 据 类 型	长　度	为空性	说　　　明
bookid	int	默认	×	借阅书刊编号,组合主键,外键
borrowerid	int	默认	×	借该书的借阅卡 ID,组合主键,外键
loan	char	4	√	状态,默认值为借出
borrowerdate	date	默认	√	该书被借阅的时间

5. 在图书信息表(books)中增加一个书的价格(price)和书的出版社信息(publisher)列,列的属性如表 5.15 所示。

表 5.15　列的属性

列　　名	数 据 类 型	长　度	为空性	说　　　明
price	decimal(18,2)	默认	√	书的价格
publisher	varchar	50	√	书的出版社信息

6. 将 readers 表的 readername 列的所属数据类型改为 varchar(30),并且加上 NOT NULL 约束。

7. 在读者信息表中添加一个默认约束,年级编号默认值为1。

8. 在读者信息表(readers)中添加一个唯一约束,读者学号为唯一。

项目 6　运用 MySQL 的运算符

任务 6.1　认识运算符

【任务描述】　本任务通过了解 MySQL 数据库中的算术运算符、比较运算符、逻辑运算符以及位运算符这 4 种运算符,培养学生事前做好周全的计划,做到井井有条的良好习惯。

一旦确认数据库中的表结构,也就明确了表中数据所代表的意义。通过 MySQL 运算符进行运算,就可以获得除表结构以外的另一种数据。例如,在销售管理数据库中的 employee 表的 salary 列,这个列代表了员工的月工资。如果要获取某个员工的年薪,而该表中又没有相应列,就可利用 salary 列乘以 12 得到该员工的年薪。这就是 MySQL 的运算符,所以熟悉并掌握运算符的使用非常重要。

任务 6.2　运用算术运算符

【任务描述】　算术运算符是 MySQL 中最常用的一类运算符,包含加、减、乘、除以及求余运算,如表 6.1 所示。

表 6.1　算术运算符

运　算　符	作　用
＋	加法操作
－	减法操作
*	乘法操作
/（DIV）	除法操作
％（MOD）	求余操作

【例 6.1】　获取算术运算符的执行结果,具体操作如下。

```
mysql> SELECT  2 + 4  AS 加法,
    ->2 - 4  AS 减法,
    ->2 * 4  AS 乘法,
    ->4 / 2  AS 除法,
    ->4 DIV 2  AS 除法,
    ->4 MOD 2  AS 取余,
    ->4 % 2  AS 取余
    ->\g
+-----+-----+-----+-----+-----+-----+-----+
| 加法 | 减法 | 乘法 | 除法 | 除法 | 取余 | 取余 |
+-----+-----+-----+-----+-----+-----+-----+
|   6 | -2 |   8 |2.0000| 2 |   0 |   0 |
+-----+-----+-----+-----+-----+-----+-----+
1 row in set (0.01 sec)
```

【例 6.2】　DIV 和操作符"/"有区别。DIV 为整数除法,取商值为结果,并且在 0 除的时候,结果为 NULL 值。

具体操作如下。

```
mysql> SELECT  5 / 2 AS  "/操作",
    -> -5 / 2 AS '/操作',
    ->5 DIV 2 AS  'DIV 操作',
    -> -5 DIV 2 AS 'DIV 操作';
+---------+---------+-----------+-----------+
|/操作     |/操作     |DIV 操作    |DIV 操作    |
+---------+---------+-----------+-----------+
| 2.5000 | -2.5000 |        2 |       -2 |
+---------+---------+-----------+-----------+
1 row in set (0.00 sec)
```

【例 6.3】　使用算术运算符对数据库表中的数据进行操作,查询 employee 表中前 10 名雇员的年薪。

具体操作如下。

```
mysql> SELECT  employeename  AS 姓名,
    -> salary * 12 AS  年薪
    -> FROM  employee
    -> LIMIT 10\g
```

113

```
+-----------+-------------+
| 姓名      | 年薪        |
+-----------+-------------+
| 章宏      | 37200.0000  |
| 李立三    | 41522.4000  |
| 王孔若    | 45609.6000  |
| 余杰      | 39780.0000  |
| 蔡慧敏    | 41444.4000  |
| 孔高铁    | 43206.0000  |
| 姚晓力    | 39765.6000  |
| 宋振辉    | 40519.2000  |
| 刘丽      | 41062.8000  |
| 姜玲娜    | 38400.0000  |
+-----------+-------------+
```

10 rows in set (0.00 sec)

任务 6.3   运用比较运算符

【任务描述】   本任务通过了解 MySQL 数据库中的比较运算符,包括大于、小于、等于、不等于、小于或等于、大于或等于以及其他的运算符,培养学生严谨的工作态度,明白万事要分轻重缓急,学会比较和取舍。

不同于算术运算符,比较运算符并不涉及数字的运算,而是用于判断它们之间的关系,并根据它们之间的关系返回 1、0 或者 NULL。比较运算符包括大于(>)、小于(<)、等于(=)、安全的等于(<=>)、大于或等于(>=)、小于或等于(<=)、不等于(!=)、安全的不等于(<>)以及 IN、BETWEEN...AND、IS NULL、LIKE、REGEXP 等,如表 6.2 所示。

表 6.2   比较运算符

运 算 符	作 用
=	等于
<=>	安全的等于
!=	不等于
<>	安全的不等于
<=	小于或等于
>=	大于或等于
>	大于
<	小于
IS NULL	判断一个值是否为 NULL
IS NOT NULL	判断一个值是否不为 NULL
BETWEEN...AND	判断一个值是否落在两个值之间
IN	判断一个值是否落在两个值之内
NOT IN	判断一个值不是 IN 列表中的任意一个值
LIKE	通配符匹配
REGEXP	正则表达式匹配

比较运算符＝、＜＞、＜＝＞、!＝、＜＝、＞＝、＜以及＞用于判断数字、字符串以及表达式之间的关系。如果条件成立,返回 1;否则返回 0。其中,需要注意的是,只有＜＞和＜＝＞可以用于 NULL 值的关系判断。

【例 6.4】 执行带“＝”的比较运算符的 SQL 语句,查看执行效果。具体操作如下。

```
mysql> SELECT  1 = 1  AS 数字比较,
    -> 'ABC' = 'ABC'  AS 字符比较,
    -> 1 + 2 = 4 - 1  AS 表达式比较,
    -> 1 = 2  AS 数字比较
    -> ;
+--------------+--------------+----------------+--------------+
| 数字比较     | 字符比较     | 表达式比较     | 数字比较     |
+--------------+--------------+----------------+--------------+
|            1 |            1 |              1 |            0 |
+--------------+--------------+----------------+--------------+
1 row in set (0.00 sec)
```

可以看出,＝比较运算符可以用于判断数字、字符串以及表达式之间的相等关系,如果条件成立,返回 1;否则返回 0。

【例 6.5】 执行＝以及＜＝＞比较操作符,查看实际运行效果,具体操作如下。

```
mysql> SELECT 1 = 1 AS '= 数字比较',
    -> 1 <=> 1 AS '<>数字比较',
    -> 1 = NULL AS '= NULL 值比较',
    -> 1 <=> NULL AS '<>NULL 值比较',
    -> NULL = NULL AS 'NULL 值比较',
    -> NULL <=> NULL AS 'NULL 值比较'\g
+---------+---------+------------+-------------+------------+------------+
| = 数字比较| <>数字比较| = NULL 值比较| <> NULL 值比较| NULL 值比较| NULL 值比较|
+---------+---------+------------+-------------+------------+------------+
|       1 |       1 |       NULL |           0 |       NULL |          1 |
+---------+---------+------------+-------------+------------+------------+
1 row in set (0.00 sec)
```

从实际的查询结果可以看出,＝不可以用来判断是否与 NULL 值相等,但是＜＝＞可用于判断两个操作数之间的所有值是否相等。

【例 6.6】 使用比较运算符对数据库表中的数据进行操作。查询销售管理数据库 employee 表中姓名为“章宏”的员工的所有信息。具体操作如下。

```
mysql> SELECT *
    -> FROM employee
    -> WHERE employeename = '章宏'\g
+-----------+--------------+-----+-----------+---------------------+-----------+--------------+
|employeeid|employeename| sex | birthdate | hiredate            | salary    | departmentid|
+-----------+--------------+-----+-----------+---------------------+-----------+--------------+
|         1 | 章宏         | 男  |1969-10-28 |1993-10-28 00:00:00  | 3100.0000 |            1 |
+-----------+--------------+-----+-----------+---------------------+-----------+--------------+
1 row in set (0.00 sec)
```

【例 6.7】 使用比较运算符对数据库表中的数据进行操作。查询示例数据库 employee 表中工资大于 5000 元的员工的所有信息。具体操作如下。

```
mysql > SELECT *
    - > FROM employee
    - > WHERE salary > 5000\g
+----------+-------------+-----+-------------+------------------------+-----------+--------------+
|employeeid|employeename| sex | birthdate   | hiredate               | salary    |departmentid |
+----------+-------------+-----+-------------+------------------------+-----------+--------------+
|44        |李利明       | 男  |1964 - 03 - 03|1988 - 03 - 03 00:00:00 | 5300.0000 |      1       |
|47        |吴剑波       | 男  |1965 - 04 - 30|2008 - 02 - 02 00:00:00 | 6443.0000 |      1       |
+----------+-------------+-----+-------------+------------------------+-----------+--------------+
2 rows in set (0.00 sec)
```

任务 6.4 运用逻辑运算符

【任务描述】 本任务通过了解 MySQL 数据库中的逻辑运算符(主要有与、或、非以及异或),培养学生良好的逻辑思维,学会从事物的两面去看待生活和工作中的事情。

逻辑运算包含与、或、非和异或 4 种,运算符如表 6.3 所示。在 MySQL 中的逻辑判断中,数字 0 表示假,非零且非 NULL 表示真。

表 6.3 逻辑运算符

运 算 符	作 用	运 算 符	作 用
AND(&&)	与	NOT(!)	非
OR(||)	或	XOR	异或

【例 6.8】 执行进行 && 运算的 SQL 语句,理解逻辑运算符的作用,具体操作如下。

```
mysql > SELECT 3 && 3,
    - > 3 && 0,
    - > 0 && 0,
    - > 0 && NULL,
    - > 3 && NULL\g
+--------+--------+--------+-----------+-----------+
| 3 && 3 | 3 && 0 | 0 && 0 | 0 && NULL | 3 && NULL |
+--------+--------+--------+-----------+-----------+
|   1    |   0    |   0    |     0     |    NULL   |
+--------+--------+--------+-----------+-----------+
1 row in set (0.00 sec)
```

从结果中可以看出,与 0 的与运算结果为 0;运算结果非零且不是 NULL 的情况下返回 1;如果一个操作数非零,另外一个操作数为 NULL,则返回 NULL。

AND、OR 及 XOR 的逻辑运算是针对两个数的,其真值表如表 6.4 所示。

表 6.4　逻辑运算符真值表

操作数 A	操作数 B	AND	OR	XOR
0	0	0	0	0
0	非零	0	1	1
0	NULL	0	NULL	NULL
非零	非零	1	1	0
非零	NULL	NULL	1	NULL

【例 6.9】　"!"是非操作,是对当前的逻辑值取相反的结果,其应用示例如下。

```
mysql> SELECT !3,
    -> !0,
    -> !NULL\g
+----+----+-------+
| !3 | !0 | !NULL |
+----+----+-------+
|  0 |  1 | NULL  |
+----+----+-------+
1 row in set (0.00 sec)
```

任务 6.5　运用位运算符

【任务描述】　本任务通过了解 MySQL 数据库中的位运算符(主要有按位与、按位或、按位取反、按位异或、按位左移和按位右移),培养学生做事需要按照规律、探索规律的精神。

MySQL 的位运算包括按位与、按位或、按位取反、按位异或、按位左移和按位右移,运算符如表 6.5 所示。

表 6.5　位运算符

运算符	作　　用	运算符	作　　用
&	按位与	^	按位异或
|	按位或	<<	按位左移
~	按位取反	>>	按位右移

【例 6.10】　位运算符针对整型数字的运算。要理解位运算首先要理解整数的二进制表达形式,在 SQL 中,可以通过函数 BIN 获取整数的二进制表达形式。具体操作如下。

```
mysql> SELECT  BIN(2) AS '2 的二进制格式',
    -> BIN(4) AS '4 的二进制格式',
    -> BIN(2｜4) AS '2 && 4 的二进制格式',
    -> 4｜2 AS '2 && 4'\g
+------------------+------------------+----------------------+---------+
| 2的二进制格式     | 4的二进制格式     | 2 && 4 的二进制格式    | 2 && 4  |
+------------------+------------------+----------------------+---------+
| 10               | 100              | 110                  |       6 |
+------------------+------------------+----------------------+---------+
```

1 row in set (0.00 sec)

从结果可以看出,2 的二进制表达为 10,4 的二进制表达为 100。按位求或("|")运算之后,结果是 110,也就是在每一位上,1 与任何数字进行或运算的结果都为 1,其余为 0,得到的实际对应的十进制数为 6。

MySQL 在执行位运算的时候,首先会将数字转换为二进制,然后进行按位的运算,得到结果之后,再将二进制结果转换为十进制数输出。&、|以及^的逻辑运算是针对两个数的,其真值表如表 6.6 所示。

表 6.6　位运算符真值表

操作数 A	操作数 B	&			^
0	0	0	0	0
0	1	0	1	1
1	1	1	1	0

【例 6.11】　～是取反操作,其应用示例如下。

```
mysql > SELECT BIN(8) AS '8 的二进制格式',
    -> BIN(～8) AS '8 的二进制格式取反',
    -> ～8 AS '～8'\g
+----------+-------------------------------------------------+---------------------+
|8的二进制格式|        8的二进制格式取反                           |～8                  |
+----------+-------------------------------------------------+---------------------+
|1000      |1111111111111111111111111111111111111111111111111111111111110111|18446744073709551607|
+----------+-------------------------------------------------+---------------------+
```

1 row in set (0.00 sec)

需要注意的是,在 MySQL 中存储 8 的时候,实际使用的 64 位数据长度,也就是 1000 前面还有 60 个 0,进行取反运算的时候,前面 60 个 0 全部取反成为 1。

【例 6.12】　<<和>>操作,其应用示例如下。

```
mysql > SELECT BIN(4) AS '4 的二进制格式',
    -> BIN(4 << 2) AS '4 << 2 的二进制格式',
    -> 4 << 2 '4 << 2',
    -> BIN(4 >> 2) '4 >> 2 的二进制格式',
    -> 4 >> 2 '4 >> 2'\g
+--------------+--------------+-------+---------------+-------+
| 4 的二进制格式  |4 << 2 的二进制格式| 4 << 2 |4 >> 2 的二进制格式| 4 >> 2 |
+--------------+--------------+-------+---------------+-------+
| 100          | 10000        | 16    |1              | 1     |
+--------------+--------------+-------+---------------+-------+
```

1 row in set (0.00 sec)

从结果可以看出,在进行移位操作的时候,MySQL 首先将操作数转换为二进制数,如果左移则右边补 0;如果右移则左边补 0,最后将结果转换为十进制数输出。

118

实　　训

一、实训目的

1. 掌握算术运算符的运用。
2. 掌握比较运算符的运用。
3. 掌握逻辑运算符的运用。
4. 掌握位运算符的运用。

二、实训内容

1. 实训准备,执行以下代码。

```
CREATE   TABLE   t1(a   INT, s CHAR(10));
INSERT   INTO t1 VALUE(20,'beijing');
```

2. 执行以下代码,并分析结果。

(1) SELECT a, a＋5, a＊2　FROM t1;

(2) SELECT a, a/3, a DIV 3, a％5, MOD(a,5) FROM t1;

(3) SELECT a, a＝24, a＜12, a＞40, a＞＝24, a＜＝24, a!＝24, a＜＞24, a＜＝＞24 FROM t1;

(4) SELECT a, a＝'24', 'ha'＜＞'ha', 'xa'＝'xa', 'b'!＝'b' FROM t1;

(5) SELECT a, a IS NULL, a IS NOT NULL FROM t1;

(6) SELECT a, a BETWEEN 15 AND 30, a NOT BETWEEN 15 AND 30 FROM t1;

(7) SELECT a, a IN(1,2,23), a IN(24,12,22) FROM t1;

(8) SELECT s, s LIKE 'beijing', s LIKE 'b％g', s LIKE 'bei_', s LIKE '％jing' FROM t1;

(9) SELECT 2＆＆2, 2＆＆NULL, 2 AND 3, 2 AND 2;

(10) SELECT 2||2, 2||NULL, 2 OR 3, 2 OR 0;

(11) SELECT !1, !2, !NULL;

项目 7 查询销售管理数据库中的数据

在销售管理系统数据库中,能按照指定的要求灵活、快速地查询相关信息。

掌握 SELECT 语句语法格式;掌握最基本的查询技术;掌握条件查询技术;掌握多重条件查询技术;掌握连接查询技术;掌握嵌套查询技术。

使用多表连接查询、子查询、多条件查询等方式实现同一查询任务,尝试从不同角度解决问题,培养学生利用多种思路解决问题的能力。引导学生检查代码和性能是否符合技术规范,提升规范化、标准化的职业素养。

任务 7.1 认识 SELECT 语句

【任务描述】 使用数据库的主要目的是存储数据,以便在需要时进行检索、统计或组织输出。通过 SQL 语句可以从表或视图中迅速、方便地检索数据。在众多的 SQL 语句中,SELECT 语句的使用频率最高。

SELECT 语句按照用户给定的条件从 MySQL 数据库中取出数据,并将一个或多个数据结果集返回给用户。SELECT 语句的语法格式如下。

```
SELECT <输出列表>[ALL | DISTINCT | DISTINCTROW]
    [ INTO OUTFILE 文件名 export_options]|[INTO DUMPFILE 文件名]
    [ FROM 数据源列表]
    [ WHERE <查询条件表达式>]
    [ GROUP BY <分组表达式> [HAVING <过滤条件>]]
    [ ORDER BY <排序表达式> [ASC | DESC] ]
    [ LIMIT 表达式]
```

其中,查询子句的顺序为 FROM→WHERE→SELECT→GROUP BY→HAVING→INTO→ORDER BY→LIMIT。其中,SELECT 子句和 FROM 子句是必需的,其余的子句均为可选项,而 HAVING 子句只能和 GROUP BY 子句搭配使用才有意义。

每个子句都有各自的用法和功能,具体功能如下。

(1) SELECT 子句:指定查询返回的列。

(2) INTO 子句:将检索结果存储到文件中。

(3) FROM 子句:指定查询列所在的表和视图。

(4) WHERE 子句:指定限制返回的行的搜索条件。

(5) GROUP BY 子句:指定用来放置输出行的组。如果输出列表中包含聚合函数,则计算每组的汇总值。

(6) HAVING 子句:指定组或聚合的搜索条件。HAVING 通常与 GROUP BY 子句一起使用。

(7) ORDER BY 子句:对指定结果集进行排序。

(8) LIMIT 子句:取出指定行的记录产生虚表,并返回给查询用户。

说明:

(1) SELECT 语句中的子句必须按规定的顺序书写。

(2) 对数据库对象的每个引用都不得引起歧义,必要时在被引用对象名称前标示其对象。

(3) SELECT 语句的执行过程:①根据 WHERE 子句中的条件,从 FROM 子句指定的源表中选择满足条件的行,再按 SELECT 子句中指定的列及其顺序排列;②若有 GROUP BY 子句,则将查询结果按列值分组;③若 GROUP BY 子句后有 HAVING 子句,则只保留满足 HAVING 条件的行;④若有 ORDER BY 子句,则将查询结果按列值排序;⑤若有 LIMIT 子句,则按照指定的行数输出。

由于 SELECT 语句都是以命令的方式执行,能借助第三方客户端软件的功能较少,所以本章的 SQL 代码主要在 MySQL 9.2 Command Client 环境中运行。少部分由于记录过多,为了便于表达利用 SQLyog 客户端软件。当然读者可以自主选择运行的环境,两者皆可。

任务 7.2　进行简单查询

【任务描述】　数据的简单查询是指在一个表或一个视图中查看信息。本任务介绍在单表中查看数据、带条件查询数据、对查询结果进行排序和分组、按要求输出查询结果等方法。

7.2.1　SELECT 子句

SELECT 子句指定查询返回的列。SELECT 子句是 SELECT 语句中不可或缺的部分。SELECT 子句的语法格式如下。

```
SELECT [ALL|DISTINCT|DISTINCTROW] 列名 1[,列名 2,…列名 n]
    FROM 表名或视图名
```

1. 查询数据表中的所有数据

SELECT 子句中,在选择列表处使用通配符" * ",表示选择指定表或视图中所有的列。服务器会按用户创建表格时声明列的顺序来显示所有的列。

【例 7.1】 从部门表中查询所有部门的信息。

分析:商品表名称为 department,要查询所有的信息,也就是查询所有的列的信息,有以下两种方法。

方法一:列出所有的列的信息,即写出所有的列名,SELECT 子句为 SELECT departmentid, departmentname, manager, depart_description,FROM 子句为 FROM department。具体步骤如下。

(1) 执行以下 SQL 语句,将 companysales 数据库设置为当前要操作的数据库。

```
USE  companysales
```

说明:后续的操作中,由于都是在 companysales 数据库中进行操作,所以在后续例题的操作步骤中将省略本语句。

(2) 输入 SQL 语句进行查询。

```
mysql > SELECT departmentid, departmentname, manager, depart_description
    - > FROM department
```

departmentid	departmentname	manager	depart_description
1	销售部	王丽丽	主管销售
2	采购部	李嘉明	主管公司的商品采购
...			
6	会务部	李尚彪	主管公司的会务和接待

6 rows in set (0.00 sec)

方法二:使用" * "来表示数据表中所有的列。SELECT 子句为 SELECT * ,FROM 子句为 FROM department,SQL 语句如下。

```
SELECT  *   FROM department
```

执行结果相同。

相比较而言,方法二比较方便,不用列出表中所有列的名称,但不能改变输出列的顺序。方法一比较灵活,在 SELECT 子句中,可以调换输出列的顺序,比如执行以下代码。

```
mysql > SELECT  departmentid,manager,departmentname,depart_description
    - > FROM  department;
```

departmentid	manager	departmentname	depart_description
1	王丽丽	销售部	主管销售
2	李嘉明	采购部	主管公司的商品采购
...			

6 rows in set (0.00 sec)

2. 查询特定的数据

【例 7.2】 从部门表中查询所有部门名称和部门主管信息。

分析：部门表名为 product；部门名称列名为 departmentname；主管列名为 manager。SELECT 子句为 SELECT departmentname, manager，FROM 子句为 FROM department。具体操作如下。

```
mysql > SELECT  departmentname, manager   / * 列名之间用半角英文的逗号隔开 * /
   - > FROM  department;
+-----------------+---------+
| departmentname  | manager |
+-----------------+---------+
| 销售部          | 王丽丽  |
| 采购部          | 李嘉明  |
...
| 会务部          | 李尚彪  |
+-----------------+---------+
6 rows in set (0.00 sec)
```

3. 去掉重复记录

在查询中经常会出现重复的记录,使用 ALL、DISTINCT、DISTINCTROW 关键字可以去掉查询结果中重复出现的行。

(1) ALL：允许重复行的出现,为默认的关键字。

(2) DISTINCT：消去结果中的重复行(仅限于输出列表)。

(3) DISTINCTROW：功能与 DISTINCT 相同,但它判断所有的列。

【例 7.3】 从员工表中查询所有员工的部门编号信息,并删除重复记录。

分析：员工表为 employee,与部门相关的列名为部门编号 departmentid,SELECT 子句为 SELECT departmentid,FROM 子句为 FROM employee。由于本题要求删除重复的行,所以 SELECT 子句增加 DISTINCT 关键字,改为 SELECT DISTINCT departmentid。具体操作如下。

```
mysql > SELECT  DISTINCT  departmentid   FROM  employee;
+--------------+
| departmentid |
+--------------+
|            1 |
|            2 |
|            3 |
|            4 |
|            5 |
|            6 |
+--------------+
6 rows in set (0.05 sec)
```

从结果集中可以看到,重复的数据已经被过滤掉,结果集中包含了表 employee 中所有有效部门编号的数据,只显示不同部门编号。

4. 更改列标题

若没有特别指定,使用 SELECT 语句返回结果中的列标题与表或视图中的列名相同,而有些数据表设计经常使用英文,为了增加结果的可读性,可以为每个列指定列标题。可以采用以下两种方法来改变列标题。

(1)采用"列名　列标题"的格式。

(2)采用"列名 AS　列标题"的格式。

说明:改变的只是查询结果列标题,并没有改变数据表中的列名。

【**例 7.4**】 查询每个员工的姓名和性别信息;并将姓名列标题显示为"员工姓名",性别列标题显示为"性别"。

分析:本题与例 7.3 基本类似,只是修改姓名和性别列的标题,所以 SELECT 子句改为"SELECT employeename 员工姓名,sex　性别"。SQL 语句如下。

```
SELECT   employeename 员工姓名, sex 性别
    FROM   employee
```

执行结果,将同时更改员工的姓名和性别列的标题。

【**例 7.5**】 查询每个员工的姓名和性别,并在每人的姓名列标题上显示"员工姓名",性别列标题上显示为"性别"。

分析:与例 7.4 相同,可以采用不同的语句表达。

执行以下 SQL 语句。

```
SELECT   employeename  AS 员工姓名, sex AS 性别
FROM   employee
```

执行结果相同。

5. 查询的列为表达式

在查询中经常需要对查询结果中的数据进行再次计算处理。MySQL 允许直接在SELECT 子句中使用表达式运算符号,包括+(加)、-(减)、×(乘)、/(除)和%(求余),对某些列的数据进行运算。

【**例 7.6**】 查询所有员工的姓名和年薪。

分析:在 employee 表中保存每个员工的月薪,要得到年薪,通过月薪乘以 12 计算得到。所以 SELECT 子句为 SELECT employeename,salary * 12。为了便于阅读,为这两个列修改列标题。具体操作如下。

```
mysql > SELECT   employeename 员工姓名, salary * 12   年薪
    -> FROM employee
    -> LIMIT 10
    -> ;
```

```
+-----------+------------+
| 员工姓名   | 年薪        |
+-----------+------------+
| 章宏       | 37200.0000 |
| 李立三     | 41522.4000 |
...
| 姜玲娜     | 38400.0000 |
+-----------+------------+
10 rows in set (0.00 sec)
```

说明：

（1）如果没有为计算列指定列标题，则返回的结果集中将以计算的表达式为列标题，所以为了便于阅读，需修改列标题。

（2）由于员工表的记录较多，不便全部显示，所以使用 LIMIT 子句，只显示部分记录。此处显示 10 条记录。如果需要查看所有信息，在 SQL 代码中去掉 LIMIT 子句，然后再次运行。LIMIT 子句将在后续的内容中进行介绍。

【例 7.7】　查询所有员工的姓名和年龄。

分析：所有员工的信息保存在员工表 employee 中。员工姓名的列名为 employeename；没有年龄列，可以通过出生年月列 birthdate 计算得到年龄。因而 SELECT 子句为 SELECT employeename，YEAR(NOW())−YEAR(birthdate)，FROM 子句为 FROM employee。具体操作如下。

```
MySQL> SELECT  employeename 员工姓名, YEAR(NOW())−YEAR(birthdate) 年龄
    −> FROM employee
    −> LIMIT 10;
+-----------+------+
| 员工姓名   | 年龄  |
+-----------+------+
| 章宏       |  48  |
| 李立三     |  47  |
...
| 姜玲娜     |  37  |
+-----------+------+
10 rows in set (0.00 sec)
```

说明：此处使用 NOW() 和 YEAR() 函数，NOW() 函数表示当前系统时间；YEAR() 函数表示取出日期中的年份，具体的应用将在后续的章节中进行介绍。

6. 使用聚合函数查询

在 SELECT 子句中可以使用聚合函数进行查询，结果作为新列出现在结果集中。在聚合运算的表达式中，可以包括列名、常量以及由算术运算符连接起来的函数。常用的聚合函数如表 7.1 所示。

表 7.1　常用的聚合函数

函　数　名	具　体　用　法	功　　能
AVG	AVG([ALL|DISTINCT]<列名>)	计算组中各值的平均值
SUM	SUM([ALL|DISTINCT]<列名>)	计算表达式中所有值的和
COUNT	COUNT([ALL|DISTINCT] *)	计算表中的总行数
	COUNT([ALL|DISTINCT]<列名>)	统计满足条件的记录数
MIN	MIN([ALL|DISTINCT]<列名>)	计算表达式的最小值
MAX	MAX([ALL|DISTINCT]<列名>)	计算表达式的最大值

使用聚合函数的语法格式如下。

函数名([ALL｜DISTINCT]<表达式>)

其中各参数说明如下。

(1) ALL：对所有的值进行聚合函数运算。ALL 是默认值。

(2) DISTINCT：只在每个值的唯一实例上执行，而不管该值出现了多少次。

【例 7.8】　统计公司员工人数。

分析：员工信息保存在 employee 中。统计员工数即统计表中的记录数，SELECT 子句为 SELECT COUNT(employeeid)。具体操作如下。

```
MySQL> SELECT  COUNT(employeeid) 员工人数 FROM  employee;
+----------+
| 员工人数 |
+----------+
|      109 |
+----------+
1 row in set (0.02 sec)
```

说明：COUNT(*)为统计行数，不管某个列的值是否为 NULL；而 COUNT(列名)则为统计列值不为 NULL 的行数，所以在使用过程中，要注意 COUNT(*)和 COUNT(列名)的区别。

【例 7.9】　在员工表中统计部门数量。

分析：员工信息保存在 employee 中。表示每个员工部门信息列为 departmentid，统计员工所在部门数即统计表中的 departmentid 列不重复数量，SELECT 子句为 SELECT COUNT(DISTINCT departmentid)。具体操作如下。

```
mysql> SELECT COUNT(DISTINCT departmentid)  部门数量   FROM employee;
+----------+
| 部门数量 |
+----------+
|        6 |
+----------+
1 row in set (0.02 sec)
```

结果分析：COUNT(DISTINCT departmentid)计算该列除 NULL 之外的不重复行数。如果使用 COUNT(DISTINCT col1，col2)其中一列为 NULL，那么即使另一列有不同的值，也返回为 0。

【例 7.10】　查询所有员工的最高工资和最低工资。

分析：员工信息保存在 employee 中。员工的工资列名为 salary，使用 MAX()和 MIN()函数查询最高工资和最低工资，SELECT 子句为"SELECT MAX(salary)最高工资，MIN(salary)最低工资"。具体操作如下。

```
mysql> SELECT   MAX(salary) 最高工资,MIN(salary) 最低工资
    -> FROM   employee ;
+-----------+-----------+
| 最高工资  | 最低工资   |
+-----------+-----------+
| 6443.0000 | 1500.0000 |
+-----------+-----------+
1 row in set (0.04 sec)
```

7.2.2　WHERE 子句

使用 WHERE 子句的目的是以特定的条件从查询结果中筛选出符合条件的行。常用的查询条件如表 7.2 所示。

表 7.2　常用的查询条件

查 询 条 件	运 算 符 号
比较	=、>、<、>=、<=、<>、!=、!>、!<
范围	BETWEEN...AND、NOT BETWEEN...AND
列表	IN、NOT IN
字符串匹配	LIKE、NOT LIKE
空值	IS NULL、IS NOT NULL
逻辑运算条件	AND(&&)、OR(||)、NOT(!)、XOR

1. 使用算术表达式查询

【例 7.11】　查询员工"蔡慧敏"的工资。

分析：员工的所有信息都保存在员工表 employee 中。工资列的列名为 salary，为了增加可读性，更改列标题为"工资"，所以 SELECT 子句为"SELECT salary 工资"；FROM 子句为 FROM employee。本题指定姓名为"蔡慧敏"的员工，姓名列名为 employeename，WHERE 子句为"WHERE employeename = '蔡慧敏'"。具体操作如下。

```
mysql> SELECT   salary   工资
    -> FROM   employee
    -> WHERE   employeename = '蔡慧敏';
+-----------+
| 工资      |
+-----------+
| 3453.7000 |
+-----------+
1 row in set (0.00 sec)
```

127

说明：对于 CHAR、VARCHAR、TEXT、DATE 和 SMALLDATATIME 类型的值，要用单引号引起来。

【例 7.12】 在 companysales 数据库的员工表(employee)中，查询工资高于 5000 元的员工姓名和所在部门信息。

分析：所有员工的信息保存在员工表 employee 中。指定查询工资和部门信息，所以 SELECT 子句为 SELECT employeename，departmentid，salary，FROM 子句为 FROM employee。本题指定过滤的条件为工资高于 5000 元的员工，工资列名为 salary，WHERE 子句为 WHERE salary>5000。具体操作如下。

```
mysql> SELECT   employeename, departmentid ,salary
    -> FROM   employee
    -> WHERE   salary>5000;
+---------------+--------------+-----------+
| employeename  | departmentid | salary    |
+---------------+--------------+-----------+
| 李利明        |            1 | 5300.0000 |
| 吴剑波        |            1 | 6443.0000 |
+---------------+--------------+-----------+
2 rows in set (0.00 sec)
```

2. 使用逻辑表达式查询

【例 7.13】 在 companysales 数据库的员工表 employee 中，查询工资超过 3500 元的女员工姓名和工资信息。

分析：与例 7.12 要求相近，本题的条件有两个，其一为女性员工；其二为工资在 3500 元以上。两个条件同时满足，采用 AND 连接两个条件。性别列名为 sex，所以 WHERE 子句改为"WHERE sex='女' AND salary>=3500"。具体操作如下。

```
mysql> SELECT   employeename 姓名,salary 工资
    -> FROM   employee
    -> WHERE sex = '女'   AND salary > = 3500;
+-----------+-----------+
| 姓名      | 工资      |
+-----------+-----------+
| 王孔若    | 3800.8000 |
| 张琪琪    | 4000.0000 |
| 贾振旺    | 5000.0000 |
+-----------+-----------+
3 rows in set (0.00 sec)
```

3. 使用搜索范围查询

MySQL 支持范围搜索，使用关键字 BETWEEN…AND，即查询介于两个值之间的记录信息。如果给定的值在指定的范围中，则满足条件，该记录被查询出；如果给定的值

不在指定的范围内,则不满足条件,该记录查询不出。其语法格式如下。

```
<表达式> [NOT] BETWEEN <表达式 1> AND <表达式 2>
```

其中,NOT 为可选项。加上 NOT 则表示给定的值不在指定的范围内,满足条件;给定的值在指定的范围内,则不满足条件。

【例 7.14】 查询 companysales 数据库的员工表 employee 中,工资为 5000～7000 元的员工信息。

分析:与例 7.12 要求相近,本题的过滤条件改为工资为 5000～7000 元,属于范围搜索,也就是工资大于或等于 5000 元,且小于或等于 7000 元,所以 WHERE 子句改为 WHERE salary BETWEEN 5000 AND 7000。具体操作如下。

```
MySQL > SELECT  employeeid, employeename,salary, departmentid
    -> FROM  employee
    -> WHERE salary  BETWEEN  5000  AND  7000;
+------------+--------------+-----------+--------------+
| employeeid | employeename | salary    | departmentid |
+------------+--------------+-----------+--------------+
|         44 | 李利明       | 5300.0000 |            1 |
|         45 | 贾振旺       | 5000.0000 |            2 |
|         46 | 王百静       | 5000.0000 |            1 |
|         47 | 吴剑波       | 6443.0000 |            1 |
+------------+--------------+-----------+--------------+
4 rows in set (0.00 sec)
```

salary 的取值范围为大于或等于 5000 且小于或等于 7000。也就是表示,BETWEEN…AND 语句中的取值范围为大于或等于"表达式 1"且小于或等于"表达式 2"。

NOT BETWEEN…AND 的取值范围则为小于或等于"表达式 1",或者大于或等于"表达式 2"。

说明:也可以使用 WHERE 子句 WHERE salary≥5000 AND salary≤7000。

【例 7.15】 查询库存量为 1000～3000 的商品信息。

分析:有关库存量的信息保存在商品表 product 中。由于没有指定显示的列信息,SELECT 子句为 SELECT *,FROM 子句为 FROM product。查询条件为范围条件,库存量列名为 productstocknumber,所以 WHERE 子句为 WHERE productstocknumber BETWEEN 1000 AND 3000。具体操作如下。

```
mysql > SELECT  *
    -> FROM  product
    -> WHERE  productstocknumber BETWEEN 1000 AND 3000;
+-----------+-------------+-------+-------------------+------------------+
| productid | productname | price | productstocknumber | productsellnumber |
+-----------+-------------+-------+-------------------+------------------+
|         2 | 果冻        | 1.00  |              2000 |             1000 |
+-----------+-------------+-------+-------------------+------------------+
1 row in set (0.04 sec)
```

4. 使用 IN 关键字查询

同 BETWEEN…AND 一样,IN 的引入也是为了更方便地限制检索数据的范围。灵活使用 IN 关键字,可以用简洁的语句实现结构复杂的查询。IN 关键字给出表达式的取值范围。如果表达式的值在给出的值的集合中,则满足条件,该记录被查询出来;如果不在值的集合中,则不满足条件。其语法格式如下。

表达式 [NOT] IN (值 1,值 2,…,值 n)

其中,NOT 为可选项,加上 NOT,表示表达式的值不在值集合中为满足条件;否则为不满足条件。

【例 7.16】 在 companysales 数据库的销售订单表 sell_order 中,查询员工编号为 1、15 和 26 的员工接收的订单的订单编号和订购数量。

分析:订单信息保存在 sell_order 表中。员工编号列名为 employeeid,订单编号列名为 sellorderid,订购数量列名为 sellordernumber,所以 SELECT 子句为 SELECT employeeid, sellorderid,sellordernumber;FROM 子句为 FROM sell_order。本题只查询员工编号为 1、15 和 26 的员工,也就是员工编号在(1,15,26)集合中,满足查询条件;WHERE 子句为 WHERE employeeid IN (1,15,26)。具体操作如下。

```
mysql > SELECT  employeeid, sellorderid,sellordernumber
    -> FROM   sell_order
    -> WHERE  employeeid  IN (1,15,26);
+-------------+-------------+-----------------+
| employeeid  | sellorderid | sellordernumber |
+-------------+-------------+-----------------+
|           1 |          17 |              67 |
|           1 |          35 |             100 |
|          15 |           5 |             100 |
+-------------+-------------+-----------------+
3 rows in set (0.00 sec)
```

说明:也可以使用 WHERE 子句 WHERE (employeeid=1) OR (employeeid =15) OR (employeeid=26),使用 IN 关键字可使代码更加简单和可读。

【例 7.17】 在 companysales 数据库的销售订单表(sell_order)中,查询员工编号不是 1、15 和 26 的员工接收订单的订单编号和订购数量。

分析:SELECT 子句和 FROM 子句与例 7.16 相同,条件改为员工编号不是 1、15 和 26 的员工,也就是 NOT IN (1,15,26),所以 WHERE 子句改为 WHERE employeeid NOT IN (1,15,26)。具体操作如下。

```
mysql > SELECT  employeeid, sellorderid,sellordernumber
    -> FROM sell_order
    -> WHERE employeeid NOT  IN (1,15,26)
    -> LIMIT 10
    -> ;
```

```
+------------+------------+------------------+
| employeeid | sellorderid | sellordernumber  |
+------------+------------+------------------+
|          2 |         18 |               89 |
|          2 |         21 |               30 |
...
|          3 |         42 |               87 |
+------------+------------+------------------+
10 rows in set (0.00 sec)
```

说明：也可以使用 WHERE 子句 WHERE（employeeid<>1）AND（employeeid<>15）AND（employeeid<>26）。

5. 使用模糊匹配查询

在对数据库中的数据进行查询时，往往需要使用到模糊查询。所谓模糊查询，就是查找数据库中与用户输入关键字相近或相似的所有记录。在 MySQL 中，可使用 LIKE 关键字，其语法格式如下。

<表达式> [NOT] LIKE <模式字符串>

其中，模式字符串指定表达式中的检索模式字符串。LIKE 子句通常与通配符一起使用。使用通配符可以检索任何被视为文本字符串的列。使用 NOT LIKE 表示查询不匹配的字符串。模式字符串可以包含表 7.3 所示的两种通配符。

表 7.3　通配符的含义

符　号	含　义
%（百分号）	表示零或多个任意字符
_（下画线）	表示单个任意字符

例如：

（1）LIKE 'AB%' 匹配以"AB"开始的任意字符串。

（2）LIKE '%AB' 匹配以"AB"结束的任意字符串。

（3）LIKE '%AB%' 匹配包含"AB"的任意字符串。

（4）LIKE '_AB' 匹配以"AB"结束的 3 个字符的字符串。

【例 7.18】　找出所有姓"章"的员工姓名和工资信息。

分析：SELECT 子句和 FROM 子句为 SELECT employeename,salary FROM employee。因为条件为姓"章"的员工，也就是姓名的第一个汉字为"章"的员工，后面的字符不定，所以匹配字符串为"章%"，姓名列名为 employeename，WHERE 子句为"WHERE employeename LIKE '章%'"。具体操作如下。

```
mysql> SELECT   employeename, salary
    -> FROM    employee
    -> WHERE   employeename  LIKE   '章%'
    -> ;
```

```
+--------------+------------+
| employeename | salary     |
+--------------+------------+
| 章宏         | 3100.0000  |
| 章明铁       | 3400.0000  |
+--------------+------------+
2 rows in set (0.00 sec)
```

【例 7.19】 找出所有姓"李"且名字为一个汉字的员工的工资信息。

分析：与例 7.18 相似，姓名的第一个汉字为"李"，名为一个汉字，所以匹配字符串为"李_"。姓名列名为 employeename，WHERE 子句为"WHERE employeename LIKE '李_'"。具体操作如下。

```
mysql> SELECT   employeename, salary
    -> FROM   employee
    -> WHERE   employeename   LIKE   '李_'
    -> ;
+--------------+------------+
| employeename | salary     |
+--------------+------------+
| 李央         | 3000.0000  |
| 李鑫         | 1500.0000  |
+--------------+------------+
2 rows in set (0.00 sec)
```

【例 7.20】 找出所有不姓"章"的员工的工资信息。

分析：与例 7.19 相似，条件为不姓"章"，所以匹配字符串为"章％"。姓名列名为 employeename，由于要查找姓名的第一个汉字为不是"章"的员工，也就是不匹配查询，所以 WHERE 子句为"WHERE employeename NOT LIKE '章％'"。具体操作如下。

```
mysql> SELECT   employeename, salary
    -> FROM   employee
    -> WHERE   employeename   NOT   LIKE   '章 %'
    -> LIMIT 10
    -> ;
+--------------+------------+
| employeename | salary     |
+--------------+------------+
| 李立三       | 3460.2000  |
| 王孔若       | 3800.8000  |
...
| 崔军利       | 3392.0000  |
+--------------+------------+
10 rows in set (0.00 sec)
```

6. 空或非空性

空是 NULL，非空是 NOT NULL。空和非空的判断准则是 IS NULL 和 IS NOT NULL。二者可以在任意类型的列中使用。

【例 7. 21】   在销售管理数据库中,查找目前有哪些主管位置是空缺的。

分析:有关部门主管的信息保存在部门表 department 中,要查找部门主管位置是否空缺,只须判断部门表中对应的主管列 manage 列值是否为空即可。判断是否为空使用 IS NULL,WHERE 子句为 WHERE manager IS NULL。具体操作如下。

```
mysql> SELECT   departmentname 部门名称, manager    部门主管
    -> FROM    department
    -> WHERE manager   IS NULL
    -> ;
Empty set (0.14 sec)
```

Empty set 表示结果集为空,没有符合条件的记录,也就是说,所有部门的主管没有空缺。

7.2.3   ORDER BY 子句

用 SELECT 语句获得的数据一般是没有排序的。为了方便阅读和使用,最好对查询的结果进行一次排序操作。MySQL 中,使用 ORDER BY 子句对结果进行排序,它的语法格式如下。

```
ORDER BY   <排序项> [ ASC|DESC] [,<排序项> [ ASC|DESC][,...n]]
```

其中各参数说明如下。

(1) 排序项。它是指用于排序的列,可以是一个或多个表达式。通常表达式为列名,也可以是计算列。如果是多个表达式,彼此之间用逗号分隔。排序时首先按第一个表达式值的升序或降序进行排列,在值相同时再按第二个表达式值的升序或降序进行排列,以此类推直至整个排列完成。

(2) ASC | DESC。ASC 是升序,DESC 是降序。省略排序方式则按升序(ASC)排列。

【例 7. 22】   查询工资最高的前 3 名员工的姓名和工资信息。

分析:员工的姓名和工资信息保存在员工表 employee 中,经过分析 SELECT 子句为"SELECT employeename 姓名, salary 工资"。由于没有查询条件,也就没有 WHERE 子句。排序条件为按工资降序,所以 ORDER BY 子句为 ORDER BY salary DESC。然后限制显示前 3 名员工,LIMIT 子句为 LIMIT 3。具体操作如下。

```
mysql> SELECT   employeename 姓名, salary   工资
    -> FROM    employee
    -> ORDER BY   salary   DESC
    -> LIMIT 3
    -> ;
+----------+-----------+
| 姓名     | 工资      |
+----------+-----------+
| 吴剑波   | 6443.0000 |
| 李利明   | 5300.0000 |
| 贾振旺   | 5000.0000 |
+----------+-----------+
3 rows in set (0.00 sec)
```

7.2.4 GROUP BY 子句

在大多数情况下,使用统计函数返回的是所有行数据的统计结果。如果需要按某一列数据的值进行分类,在分类的基础上再进行查询,就要使用 GROUP BY 子句,它的语法格式如下。

```
GROUP  BY  <组合表达式>
```

其中,组合表达式可以是普通列名或一个包含 SQL 函数的计算列,但不能是列表达式。当指定 GROUP BY 时,输出列表中任一非聚合表达式内的所有列都应包含在组合列表中,或与输出列表表达式完全匹配。

1. 单个列分组

【例 7.23】 分别查询男、女员工的平均工资。

分析:本例是按员工的性别分组查询,所以需在查询前对员工按性别进行分组,然后计算各组的平均值。SELECT 子句为"SELECT AVG(salary)平均工资"。GROUP BY 分组子句为 GROUP BY sex。具体操作如下。

```
mysql> SELECT  sex 性别,  AVG(salary)  平均工资
    -> FROM   employee
    -> GROUP BY sex
    -> ;
+------+----------------+
| 性别  | 平均工资          |
+------+----------------+
| 男   | 2608.38867925  |
| 女   | 2318.71636364  |
+------+----------------+
2 rows in set (0.00 sec)
```

从执行结果可以看出,先对数据按 sex 列的值进行分组,分为男、女两组,然后计算平均值。

【例 7.24】 在销售表 sell_order 中统计目前各种商品的订单总数。

分析:本例是查询各种商品的订单总数,需在查询前对商品按商品编号进行分组,然后计算各组的总和。SELECT 子句为 SELECT productid, SUM(sellordernumber)。GROUP BY 分组子句为 GROUP BY productid。具体操作如下。

```
mysql> SELECT  productid  商品编号,  SUM(sellordernumber) 订单总数
    -> FROM  sell_order
    -> GROUP  BY  productid
    -> ;
+----------+----------+
| 商品编号   | 订单总数   |
+----------+----------+
|        1 |      500 |
|        2 |      100 |
...
|       32 |      760 |
+----------+----------+
16 rows in set (0.06 sec)
```

2. 按多个列分组

在 MySQL 中,还可以按照多个列进行分组。其语法格式如下。

```
GROUP  BY  列名 1,列名 2,...,列名 n
```

在分组过程中,首先按照列名 1 对所有记录进行第 1 次分组;然后在各组内按照列名 2 进行第 2 次分组;如果还有第 3 分组的列名,以此类推,继续分组。

【例 7.25】　查询每个部门男、女员工的平均工资。

分析:员工的工资保存在员工表中,要查询每个部门的不同性别员工的平均工资,需将员工的记录按照部门和性别两个列进行分组,GROUP BY 子句为 GROUP BY departmentid,sex。计算平均工资的话,SELECT 子句为 SELECT AVG(salary)。具体操作如下。

(1) 执行按照单个 departmentid 对记录进行分组。为了便于理解,首先对所有记录按照 departmentid 分组。执行结果如下。

```
mysql > SELECT   departmentid
    -> FROM   employee
    -> GROUP  BY departmentid;
+--------------+
| departmentid |
+--------------+
|            1 |
|            2 |
...
|            6 |
+--------------+
6 rows in set (0.00 sec)
```

从以上的执行结果可以看出,在员工表中共分为 6 个部门。

(2) 对所有记录按照 departmentid 和 sex 两个列分组,执行结果如下。

```
mysql > SELECT   departmentid,sex ,AVG(salary) 平均工资
    -> FROM   employee
    -> GROUP  BY departmentid,sex
    -> ;
+--------------+-----+---------------+
| departmentid | sex | 平均工资      |
+--------------+-----+---------------+
|            1 | 男  | 3160.00000000 |
|            1 | 女  | 2520.80909091 |
|            2 | 男  | 2264.03529412 |
|            2 | 女  | 2230.67826087 |
...
|            6 | 男  | 1500.00000000 |
|            6 | 女  | 1500.00000000 |
+--------------+-----+---------------+
12 rows in set (0.00 sec)
```

在本例的步骤(1)中得到部门编号 departmentid 的值有 6 个,所以按照 departmentid 对记录进行第 1 次分组,得到 6 个小组。然后在这 6 个小组内,按照男、女的性别进行第 2 次分组。由于在各小组均按照男、女员工分组,所以得到最大的记录数为 6×2=12(条)记录。最后在各组内,利用聚合函数 AVG 计算平均工资。

通常情况下,GROUP BY 关键字与聚合函数一起使用,包括 COUNT、SUM、AVG、MAX 和 MIN 等。通常使用 GROUP BY 关键字将记录分组,然后每组使用聚合函数进行计算。有时 GROUP BY 关键字与 GROUP_CONCAT 函数一起使用,每个分组中指定列值都显示出来。

【例 7.26】 查询每个部门男、女员工的平均工资,并显示每组人员的姓名和统计人数。

分析:按照例 7.25 对记录进行部门和性别两个列分组,GROUP BY 子句为 GROUP BY departmentid,sex。要显示每个组人员的姓名,可以利用 GROUP_CONCAT 函数,统计人数可以利用 COUNT 函数,所以 SELECT 子句为 SELECT departmentid,sex,COUNT(*),AVG(salary),GROUP_CONCAT(employeename)。为了便于阅读,可以适当修改列标题。具体操作如下。

```
mysql> SELECT departmentid 部门编号,sex 性别 ,COUNT(*)人数,AVG(salary)平均工资, GROUP_
CONCAT(employeename)  姓名
    -> FROM  employee
    -> GROUP  BY departmentid,sex
    -> \G
*************************** 1. row ***************************
部门编号: 1
    性别:男
    人数: 25
平均工资: 3160.00000000
姓名:王智,吴晓松,李丽丽,李鑫,金米,邓小抗,赵腾,童金星,李利明,王百静,吴剑波,田大海,孙
文超,任开义,李郁剑,宋广科,孔高铁,蔡慧敏,金林皎,余杰,南存慧,崔军利,刘启芬,章宏,吴昊
*************************** 2. row ***************************
部门编号: 1
    性别:女
    人数: 22
平均工资: 2520.80909091
      姓名:房好,曾琳琳,方倩,林圆,姚晓力,李央,杨雪,何思婧,王孔若   ,李立三    ,马晶
晶,赵娜,黄文文,罗耀祖,钱其娜,章明铁,郑阿齐,陈晓东,金恰亦,芮红燕,何文华,柯敏
…
部门编号: 6
    性别:男
    人数: 2
平均工资: 1500.00000000
    姓名:黄兵,夏文强
*************************** 12. row ***************************
部门编号: 6
    性别:女
    人数: 2
```

平均工资：1500.00000000
        姓名：陈枝,杨秀云
12 rows in set (0.00 sec)

说明：由于各组的员工较多,如果以表格方式显示的话,效果较差,所以利用"\G"作为结束符。

3. GROUP BY 与 WITH ROLLUP 一起使用

GROUP BY 与 WITH ROLLUP 一起使用将会在所有记录的最后加上一条记录,对以上的记录进行汇总。

【例 7.27】 统计每个部门员工人数。

分析：与例 7.26 一样,按照部门编号 departmentid 进行分组,然后使用 WITH ROLLUP 关键字进行记录的统计。具体操作如下。

```
mysql > SELECT   departmentid,sex,COUNT( * )
    - > FROM   employee
    - > GROUP   BY departmentid,sex   WITH ROLLUP
    - > ;
+---------------+-------+----------+
| departmentid  | sex   | COUNT( * )|
+---------------+-------+----------+
|             1 | 男    |       25 |
|             1 | 女    |       22 |
|             1 | NULL  |       47 |
|             2 | 男    |       17 |
|             2 | 女    |       23 |
|             2 | NULL  |       40 |
...
|             6 | 男    |        2 |
|             6 | 女    |        2 |
|             6 | NULL  |        4 |
|          NULL | NULL  |      109 |
+---------------+-------+----------+
19 rows in set (0.00 sec)
```

从执行结果可以看出,在每个分组下都有记录数的统计,整个数据的最后还增加一个全部数据的统计。

7.2.5 HAVING 子句

HAVING 子句用于指定组或聚合的搜索条件。HAVING 只能与 SELECT 语句一起使用。HAVING 通常在 GROUP BY 子句中使用。如果不使用 GROUP BY 子句,则 HAVING 的行为与 WHERE 子句一样。

【例 7.28】 在销售表 sell_order 中,查询目前订单总数超过 1000 的商品订单信息。

分析：查询各种商品的订单总数,须在查询前,对商品按商品编号进行分组,然后计算各组商品的订单总数。SELECT 子句为 SELECT productid,SUM(sellordernumber)。GROUP BY 分组子句为 GROUP BY productid。本题的搜索条件为订单总数超过1000,WHERE 子句为 WHERE SUM(sellordernumber)>1000。具体操作如下。

```
mysql> SELECT  productid  商品编号, SUM(sellordernumber) 订单总数
    -> FROM  sell_order
    -> WHERE  SUM(sellordernumber)>1000
    -> GROUP  BY  productid
    -> HAVING  SUM(sellordernumber)>1000
    -> ;
ERROR 1111 (HY000): Invalid use of group function
```

错误分析：此处为聚合的搜索条件,聚合不应出现在 WHERE 子句中。采用 HAVING 子句为 HAVING SUM(sellordernumber)>1000。

执行以下修改后的 SQL 语句。

```
mysql> SELECT   productid  商品编号, SUM(sellordernumber) 订单总数
    -> FROM sell_order
    -> GROUP BY productid
    -> HAVING SUM(sellordernumber)>1000
    -> ;
+-----------+-----------+
| 商品编号   | 订单总数   |
+-----------+-----------+
|         3 |      2042 |
|         4 |      1606 |
|         5 |      1211 |
|         7 |      1142 |
|        10 |      3190 |
|        15 |      8000 |
|        29 |      2000 |
+-----------+-----------+
7 rows in set (0.04 sec)
```

从逻辑上来看,执行顺序如下。

(1) 执行 FROM sell_order 子句,把 sell_order 表中的数据全部检索出来。

(2) 对上一步中的数据进行按 GROUP BY productid 分组,计算每一组的统计订单总额。

(3) 执行 HAVING SUM(sellordernumber)>1000 子句,对上一步中的分组数据进行过滤,只有商品订单总额超过 1000 的数据才能出现在最终的结果集中。

(4) 按照 SELECT 子句指定的样式显示结果集。

说明：WHERE 子句用于对表中的原始数据进行过滤,而 HAVING 则是对查询结果按照聚合的条件进行过滤。

【**例 7.29**】 在销售表 sell_order 表中,查询订购 3 种以上商品的客户编号。

分析：SELECT 子句为"SELECT customerid 客户编号"。有关订单的相关信息均在 sell_order 表中,FROM 子句为 FROM sell_order。要确定客户订购商品的种类,要用

GROUP BY 子句按照客户编号进行分组,再用聚合函数 COUNT 对每一组中不同种类的商品编号进行计数,然后进行数据过滤处理,所以 GROUP BY 子句为 GROUP BY customerid。数据结果分组后,进行商品种类统计,使用 COUNT 函数,由于不同种类,所以 COUNT 函数为 COUNT(DISTINCT productid)。最后筛选,只有满足条件的组才会被筛选出来,所以采用 HAVING 子句,HAVING 子句为 HAVING COUNT(DISTINCT productid)>=3。具体操作如下。

```
mysql> SELECT customerid 客户编号,COUNT(DISTINCT  productid) 订购商品种类
    -> FROM   sell_order
    -> GROUP BY  customerid
    -> HAVING COUNT(DISTINCT  productid)>= 3
    -> ;
+-----------+---------------+
| 客户编号  | 订购商品种类   |
+-----------+---------------+
|         1 |             6 |
|         2 |             3 |
|         3 |             3 |
|         4 |             5 |
|         5 |             5 |
|         7 |             3 |
|        20 |             3 |
|        24 |             3 |
+-----------+---------------+
8 rows in set (0.00 sec)
```

7.2.6 LIMIT 子句

LIMIT 子句的作用是从查询结果集中选出从指定位置开始的指定行的数据,对于没有应用 ORDER BY 的 LIMIT 子句,结果同样也是无序的,因此 LIMIT 子句通常与 ORDER BY 子句一起使用。LIMIT 子句分为两种方式:不指定初始位置和指定初始位置。

1. 不指定初始位置

LIMIT 子句不指定初始位置时,从第 1 条记录开始显示,显示记录的条数由 LIMIT 关键字指定,其语法格式如下。

```
LIMIT  m
```

其中,m 参数表示从第 1 条记录开始显示 m 条记录。如果 m 小于总记录数,则显示 m 条记录;如果 m 大于总记录数,则显示查询出来的全部记录数。

【例 7.30】 在员工表中,查询年龄最大的 3 位员工的姓名。

分析:在员工表中,存储了员工的出生年月,所以需要查询年龄最大的员工也就是要

查询出生年月最小的员工,所以按照出生年月进行排序,ORDER BY 子句为 ORDER BY birthdate。如果只需要 3 条记录,则 LIMIT 子句为 LIMIT 3。具体操作如下。

```
MySQL > SELECT employeename, birthdate
    -> FROM employee
    -> ORDER BY birthdate
    -> LIMIT 3
    -> ;
+--------------+------------+
| employeename | birthdate  |
+--------------+------------+
| 吴康         | 1950-01-07 |
| 谷珂珂       | 1950-06-28 |
| 姚安娜       | 1953-04-26 |
+--------------+------------+
3 rows in set (0.00 sec)
```

【例 7.31】 在部门表中,查询所有的记录,但是只显示 10 条记录。具体操作如下。

```
mysql > SELECT  *  FROM  department  LIMIT 10;
+--------------+----------------+----------+------------------------+
| departmentid | departmentname | manager  | depart_description     |
+--------------+----------------+----------+------------------------+
|            1 | 销售部         | 王丽丽   | 主管销售               |
|            2 | 采购部         | 李嘉明   | 主管公司的商品采购     |
|            3 | 人事部         | 蒋柯南   | 主管公司的人事关系     |
|            4 | 后勤部         | 张绵荷   | 主管公司的后勤工作     |
|            5 | 安保部         | 金杰     | 主管公司的安保工作     |
|            6 | 会务部         | 李尚彪   | 主管公司的会务和接待   |
+--------------+----------------+----------+------------------------+
6 rows in set (0.00 sec)
```

虽然在 LIMIT 子句中,要显示 10 条记录,但是查询结果只有 6 条记录,因此将这 6 条记录全部被显示出来。

2. 指定初始位置

LIMIT 子句可以指定从哪条记录开始显示,并可以指定显示多少条记录。LIMIT 子句的语法格式如下。

```
LIMIT n, m
```

其中,n 表示初始位置,即从第 n 条记录开始;m 表示记录数,即共显示 m 条记录。第 1 条记录的位置为 0,第 2 条记录的位置为 1,后面以此类推。例如,LIMIT 1,5 表示从第 2 条记录开始显示 5 条记录。

【例 7.32】 在部门表中,查询所有的记录,从第 2 条记录开始显示 3 条记录。

分析:从第 1 条记录开始显示 3 条记录,实参 1 表示初始为第 2 条,LIMIT 子句为

LIMIT 1,3。

具体操作如下。

```
mysql > SELECT  *
   -> FROM department
   -> LIMIT 1,3
   -> ;
+--------------+----------------+---------+----------------------+
| departmentid | departmentname | manager | depart_description   |
+--------------+----------------+---------+----------------------+
|            2 | 采购部         | 李嘉明  | 主管公司的商品采购   |
|            3 | 人事部         | 蒋柯南  | 主管公司的人事关系   |
|            4 | 后勤部         | 张绵荷  | 主管公司的后勤工作   |
+--------------+----------------+---------+----------------------+
3 rows in set (0.00 sec)
```

从查询结果可以看出,LIMIT 1,3 和 LIMIT 3 的结果是不一样的。

任务 7.3　连 接 查 询

【任务描述】　简单查询是指在一个表或一个视图中进行查询。在实际查询中,如查询各个客户订购商品的明细表,包括商品名称、商品的数量、价格、客户名称和客户地址等信息,就需要在两个或两个以上的表之间进行查询,这就需要连接查询。本任务需要在多个表中按照要求查询数据,使用多表连接查询等方式实现同一查询任务,尝试从不同角度解决问题。

7.3.1　连接概述

连接的类型分为内连接、外连接和交叉连接。其中外连接包括左外连接和右外连接。连接的格式有以下两种。

格式一:

```
SELECT <选择列表>
   FROM  <表 1>  <连接类型>  <表 2>  [ON  (<连接条件>)]
```

格式二:

```
SELECT  <选择列表>
   FROM    <表 1> , <表 2>
[WHERE  <表 1>.<列名>  <连接操作符>  <表 2>.<列名>]
```

其中各参数说明如下。

(1)选择列表。使用多个数据表来源且有同名列时,必须明确定义列所在的数据表名称。

(2)连接操作符。连接操作符可以是 = 、>、<、>=、<=、!=、<>、!>、!<。

当连接操作符是＝时表示等值连接。

（3）连接类型。指定所执行的连接类型为内连接（［INNER］JOIN）、外连接（OUTER JOIN）或交叉连接（CROSS JOIN）。

7.3.2 交叉连接

交叉连接又称为笛卡儿积。例如，表 A 有 10 行数据，表 B 有 20 行数据，那么表 A 和表 B 交叉连接的结果记录集有 200 行（10×20）数据。交叉连接使用 CROSS JOIN 关键字来创建，语法见 7.3.1 小节。交叉连接只是用于测试一个数据库的执行效率，在实际应用中是无意义的。交叉连接的使用比较少，不需要连接条件。

【例 7.33】 查询员工表与部门表的数据所有组合。

分析：员工表为 employee，部门表为 department。查询所有组合的 SELECT 子句为 SELECT employee. *，department. *，FROM 子句为 FROM employee CROSS JOIN department。SQL 语句如下。

```
SELECT  employee. * , department. *
    FROM  employee  CROSS JOIN  department
```

执行结果如图 7.1 所示。employee 表中有 109 条记录，department 表中有 6 条记录，查询结果有 109×6＝654（行）。即 employee 表中的每一条记录与 department 表中的 6 条记录组合得到如图 7.1 所示的结果。employee 表的第一条记录与 department 表中的所有记录进行组合，显而易见，CROSS JOIN 有数学上的含义。但是在实际应用过程中，其中的大部分记录是没有实际意义的。所以本小节主要介绍内连接和外连接。

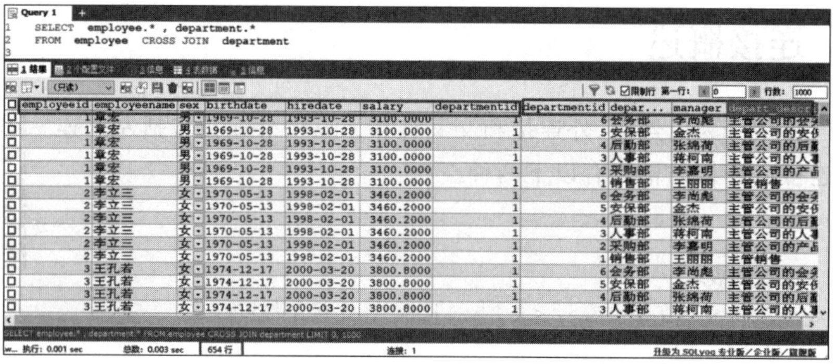

图 7.1　交叉连接的结果

7.3.3 内连接

两个表组合最常用的方法是内连接（［INNER］JOIN）。通过内连接，用户可以设置过滤条件来匹配表间的数据。在逻辑查询的前 3 个处理阶段中，内连接应用于前两个阶段，即首先产生笛卡儿积的虚拟表，再按照 ON 过滤条件进行数据的匹配操作。内连接没有第三步操作，即不添加外部行，这是与外连接最大的区别。内连接分为等值连接、非等值连接和自然连接。

当连接操作符为"＝"时，该连接操作称为等值连接；使用其他操作符的连接称为非等值连接。若等值连接中的连接列相同，且在 SELECT 语句中去除了重复列，则该连接操作为自然连接。内连接的语法见 7.3.1 小节。

【例 7.34】　查询已订购了商品的客户的公司名称、所订商品编号和订购数量。

分析：在连接查询中，操作步骤如下。

（1）确定需要查询的表即查询列的来源。有关客户的公司名称信息存放在客户表 customer 中，销售订单信息保存在 sell_order 表中，本题的查询涉及客户表 customer 和销售订单表 sell_order。

（2）确定关联匹配的条件。这两个表间通过共同的属性——客户编号 customerid 连接起来，匹配条件如下。

customer. customerid = sell_order. customerid

本例中，由于查询的列表来自不同的表，为了加以区别，在列名前需冠以表名。所以 SELECT 子句为 SELECT customer. customerid customer. companyname，sell_order. productid，sell_order. sellordernumber。根据连接的语法格式，SQL 语句有以下两种格式。

格式一：

```
SELECT customer.customerid ,customer.companyname, sell_order.productid, sell_order.sellordernumber
    FROM customer INNER JOIN sell_order
    ON customer. customerid = sell_order. customerid
```

格式二：

```
SELECT customer.customerid ,customer.companyname, sell_order.productid, sell_order.sellordernumber
    FROM   customer,sell_order
    WHRER  customer. customerid = sell_order. customerid
```

使用格式一的具体操作如下。

```
mysql > SELECT customer. customerid,customer. companyname, sell_order. productid, sell_order.
sellordernumber
    -> FROM customer INNER JOIN sell_order
    -> ON customer. customerid = sell_order. customerid
    -> LIMIT 10;
+------------+----------------------+-----------+------------------+
| customerid | companyname          | productid | sellordernumber  |
+------------+----------------------+-----------+------------------+
|          1 | 三川实业有限公司      |         8 |              200 |
|          2 | 远东科技有限公司      |         7 |              200 |
...
|          4 | 国顶有限公司          |         3 |              100 |
|          5 | 通恒机械有限公司      |         4 |               20 |
+------------+----------------------+-----------+------------------+
10 rows in set (0.00 sec)
```

从逻辑上讲,执行该连接查询的过程如下。

(1) 在 customer 表中找到第 1 条记录,然后从头开始扫描 sell_order 表,从中找到与 customerid 值相同的记录,然后与 customer 表中的第 1 条记录拼接起来,形成查询结果中的第 1 条记录。继续扫描 sell_order 表,组合记录,直至扫描完成。

(2) 在 customer 表中找到第 2 条记录,然后从头开始扫描 sell_order 表,从中找到与 customerid 值相同的记录,再与 customer 表中的第 2 条记录拼接起来,形成查询结果中的第 2 条记录。

(3) 以此类推,重复执行,直到处理完 customer 表中的所有记录。

(4) 按照 SELECT 子句的要求,显示列表。

说明:

(1) 在多表查询中,SELECT 子句或 WHERE 子句中的列名前都加上了表名作为前缀,这样可避免来自不同表中的相同属性名发生混淆。

(2) 在内连接中,格式一和格式二的表达方式不一样,但是执行结果是一样的。此处不再演示格式二的执行结果。

【例 7.35】 查询客户国皓科技有限公司订购的商品编号和数量信息。

分析:

(1) 确定数据表和查询信息来源。有关国皓科技有限公司的客户信息在客户表 customer 中,而要查询订购的商品编号和数量保存在 sell_order 表中,所以数据源为 customer 表和 sell_order 表。

(2) 确定连接匹配条件。本例中的查询涉及两个表,所以要利用表的连接技术。两个表的共同属性为 customerid,利用 customerid 作等值连接,连接条件如下。

customer. customerid = sell_order. customerid

具体操作如下。

```
mysql > SELECT  customer.companyname, sell_order.productid, sell_order. sellordernumber
    -> FROM  customer  INNER JOIN  sell_order
    -> ON customer. customerid = sell_order. customerid
    -> WHERE customer.companyname = '国皓科技有限公司';
+--------------------+-----------+------------------+
| companyname        | productid | sellordernumber  |
+--------------------+-----------+------------------+
| 国皓科技有限公司   |     4     |      400         |
| 国皓科技有限公司   |     4     |      500         |
| 国皓科技有限公司   |    29     |      2000        |
| 国皓科技有限公司   |     3     |      344         |
+--------------------+-----------+------------------+
4 rows in set (0.00 sec)
```

【例 7.36】 查询客户国皓科技有限公司订购的商品信息,包括商品名称、商品价格和订购的数量。

分析：

（1）确定数据表和查询信息来源。有关国皓科技有限公司的客户信息在客户表 customer 中，商品订购的信息在 sell_order 表中，有关商品名称和商品价格信息保存在商品表 product 中，本例查询数据源涉及 3 个表：customer、sell_order 和 product。

（2）确定连接的条件。利用表的连接技术，首先连接两个表 customer 和 sell_order，它们的共同属性为 customerid，构成新表；然后将新表与 product 表连接，它们的共同属性为 productid。

连接条件如下。

```
customer    INNER  JOIN  sell_order
      ON customer.customerid = sell_order.customerid          /＊两个表连接＊/
INNER  JOIN  product
      ON sell_order.productid = product.productid             /＊连接第 3 个表＊/
```

具体操作如下。

```
mysql > SELECT product.productname,product.price, sell_order. sellordernumber
    -> FROM   customer INNER JOIN sell_order
    -> ON customer.customerid = sell_order.customerid          /＊两个表连接＊/
    -> INNER   JOIN product
    -> ON sell_order.productid = product.productid             /＊连接第 3 个表＊/
    -> WHERE customer.companyname = '国皓科技有限公司'
    -> ;
+-------------+--------+-----------------+
| productname | price  | sellordernumber |
+-------------+--------+-----------------+
| 打印纸      |  20.00 |             344 |
| 墨盒        | 200.00 |             400 |
| 墨盒        | 200.00 |             500 |
| 白板        | 100.00 |            2000 |
+-------------+--------+-----------------+
4 rows in set (0.00 sec)
```

说明： 如果需要多次使用表的名称，为了便于阅读和书写，可以利用表的别名形式。如果某个属性在数据库的所有表中是唯一的，不会产生歧义，则可以不用表名。本例修改后的 SQL 语句如下。

```
SELECT   P.productname,price,S.sellordernumber
    FROM    customer  C
    INNER  JOIN  sell_order  AS  S ON C.customerid = S.customerid
    INNER  JOIN  product  P ON S.productid = P.productid
    WHERE C.companyname = '国皓科技有限公司'
```

其中，customer C 表示 customer 表的别名为 C；sell_order AS S 表示 sell_order 表的别名为 S，这是别名的另外一种定义法；product P 表示 product 表的别名为 P。另外，由于 price 属性在数据库中是唯一的，所以可以不加表名。

7.3.4　外连接

在内连接中,只有在两个表中匹配的记录才能在结果集中出现。而在外连接中可以只限定一个表,而对另外一个表不加限定(即所有的行都出现在结果集中)。外连接分为左外连接和右外连接。只包括左表的所有行,不包括右表的不匹配行的外连接叫左外连接;只包括右表的所有行,不包括左表的不匹配行的外连接叫右外连接。在 MySQL 中,没有全外连接方式。

在实际运用中,使用最多的是内连接查询,外连接使用的频率比较低。

1. 左外连接

左外连接的语法格式如下。

```
SELECT <输出列表>
FROM  左表名  LEFT  [OUTER]  JOIN 右表名
   ON 连接条件
```

左外连接的结果包括左表(在 LEFT JOIN 子句的最左边)中的所有行,不包括右表中的不匹配行。

【**例 7.37**】　查询各位员工接收的订单信息。

分析:

(1) 确定数据表和查询信息来源。所有员工的信息在员工表 employee 中,销售订单的信息在 sell_order 表中,有关员工接收的销售订单情况,涉及两个表 employee 和 sell_order。

(2) 确定连接方式。由于要查询所有员工的信息,所以所有员工的信息都要显示在结果中,所以采用左连接,左表为 employee。

(3) 确定连接条件。

```
employee.employeeid = sell_order.employeeid
```

使用的左外连接的 FROM 子句为 FROM employee LEFT JOIN sell_order ON employee.employeeid＝sell_order.employeeid。SQL 语句如下。

```
SELECT  employee.employeename , sell_order.*
FROM  employee  LEFT JOIN sell_order
   ON  employee.employeeid = sell_order.employeeid
```

为了更好地表述效果,将 SQL 语句在 SQLyog 中执行,执行结果如图 7.2 所示。

结果集中包含了 7 个列,employeename 列来自左表 employee,其他的 6 个列来自 sell_order 表。由于是左外连接,查询结果中包含左表中所有的记录。如果左表中的记录与右表有不匹配时,将右表中列值赋值为 NULL,共有 141 行。从结果中可以看出部分员工没有接收到订单,例如宋振辉、刘丽和唐军芳,有关订单的信息为 NULL。

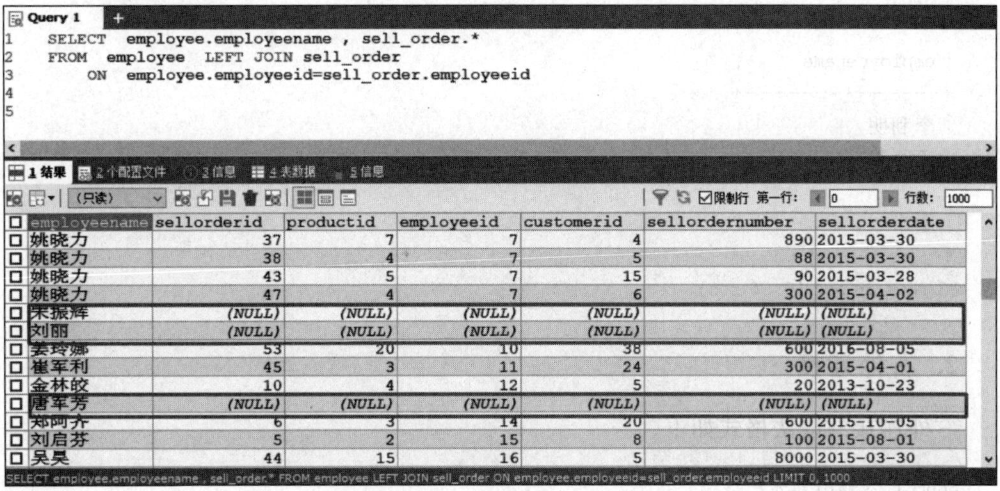

图 7.2　查询员工接收的订单信息

【例 7.38】　查询目前销售部没有接收订单的员工姓名。

分析：

（1）确定数据表和查询信息来源。有关员工的个人信息保存在员工表 employee 中，部门的信息保存在部门表 department 中，而有关订单的信息保存在订单表 sell_order 中，本例涉及 3 个表进行连接查询。3 个表为 employee、department 和 sell_order。

（2）确定连接方式。由于要查询所有员工的订单信息，所以需要使用外连接方式，其中员工表 employee 与部门表 department 进行左外连接时，左表为 employee；连接第 3 个表 sell_order 时，sell_order 表作为右表。

（3）确定匹配条件。employee 表和 department 表有共同的列 departmentid，employee 表和 sell_order 表有共同的列 employeeid。所以 FROM 子句如下。

```
FROM   empoyee  LEFT JOIN  department
ON   employee.deparmentid = department.departmentid
LEFT  JOIN  sell_order
ON   employee.employeeid = sell_order.employeeid
```

（4）确定筛选条件。由于要查询的是没有接收订单的员工姓名信息，且是在销售部的员工，所以筛选的条件为"WHERE sell_order.sellorderid IS NULL AND department.departmentname＝'销售部'"。

具体操作如下。

```
mysql > SELECT   employee.employeename
   -> FROM   employee  LEFT JOIN  department
   -> ON   employee.departmentid = department.departmentid
   -> LEFT   JOIN   sell_order
   -> ON   employee.employeeid = sell_order.employeeid
   -> WHERE   sell_order.sellorderid  IS  NULL
   ->       AND   department.departmentname = '销售部'
   -> ;
```

147

```
+---------------+
| employeename  |
+---------------+
| 李利明        |
| 王百静        |
...
| 金米          |
+---------------+
```
23 rows in set (0.00 sec)

2. 右外连接

右外连接的语法格式如下。

```
SELECT   <输出列表>
    FROM   左表名   RIGHT [OUTER] JOIN 右表名
    ON    连接条件
```

右外连接的结果包括右表(出现在 JOIN 子句的最右边)中的所有行,不包括左表中的不匹配行。右外连接和左外连接类似,只是表的位置不同。

【例 7.39】 使用右外连接方式,查询所有商品的销售情况。

分析:

(1)确定数据表和查询信息来源。商品的信息保存在 product 表中,销售情况保存在 sell_order 表中,所以本例涉及 product 和 sell_order 两个表。

(2)确定连接方式和数据表位置。为了在结果集中显示所有商品的信息,也就是不管商品是否被销售,都要出现在结果中,所以本题需要使用外连接方式。按照要求采用右外连接,所以右表为 product,左表为 sell_order。

(3)确定匹配条件。sell_order. productid=product. productid。FROM 子句为"FROM sell_order RIGHT JOIN product ON sell_order. productid=product. productid"。

SQL 语句如下。

```
SELECT product. productname, sell_order. sellordernumber
    FROM sell_order  RIGHT  JOIN  product
    ON sell_order. productid = product. productid
```

执行结果如图 7.3 所示,共 80 条记录,部分商品被订购,比如"圆珠笔""水彩笔"等;也有部分商品没有被订购,比如"水笔""蜡笔"等,sellordernumber 为 NULL。

【例 7.40】 查询所有供应商提供的商品情况。

分析:采购订单的信息在 purchase_order 表中,所有供应商的信息在 provider 中,有关供应商供应商品信息,涉及两个表。由于要查询所有供应商的信息,采用右连接,左表为供应商表 provider。SQL 语句如下。

```
SELECT   purchase_order. * , provider. providername
    FROM   purchase_order  RIGHT  JOIN  provider
    ON   purchase_order. providerid = provider. providerid
```

图 7.3　查询商品的销售情况

7.3.5　复合条件连接

在连接查询中,也可以增加其他的限制条件。通过多个条件的复合查询,可以使查询的结果更加精确。比如,在 employee 表和 department 表中进行查询时,增加限制 departmentname 为"销售部",可以更加准确地查询到销售部的员工的信息。

【例 7.41】　查询人事部所有员工信息。

分析:

(1) 确定数据表和查询信息来源。员工信息保存在员工表 employee 中,而部门信息保存在部门表 department 中,所以本例中涉及两个表 employee 和 department。

(2) 确定匹配条件。在员工表 employee 和 department 表中有共同的列 departmentid,所以可以利用 departmentid 进行。由于只查询"人事部",所以在匹配条件中直接增加"departmentname＝'人事部'",所以匹配条件如下。

employee. departmentid = department. departmentid AND　departmentname = '人事部'

具体操作如下。

```
mysql> SELECT employee. employeeid, employeename, salary, departmentname
    -> FROM  employee,department
    -> WHERE  employee. departmentid = department. departmentid
    -> AND  departmentname = '人事部'
    -> ;
+------------+--------------+-----------+----------------+
| employeeid | employeename | salary    | departmentname |
+------------+--------------+-----------+----------------+
```

	29	王辉	3450.0000	人事部	
	30	柯小於	3566.0000	人事部	
	31	吴玲	3410.0000	人事部	
	36	姚安娜	3456.0000	人事部	
	40	高思修	3400.0000	人事部	

5 rows in set (0.00 sec)

【例 7.42】 查询已经接收"打印纸"订单的员工的姓名和订购数量。

分析:

(1)确定数据表和查询信息来源。保存"打印纸"信息的是商品表 product,保存员工信息的是员工表 employee,保存订单信息的是 sell_order 表,所以本例涉及 3 个表 product、employee 和 sell_order。

(2)确定匹配条件。在员工表 employee 和订单表 sell_order 中有相同的列 employeeid;在商品表 product 和订单表 sell_order 中有相同的列 productid。由于要查询已经接收的"打印纸"订单,所以匹配条件如下。

```
        employee. employeeid = sell_order. employeeid
AND     product. productid = sell_order. productid
AND     productname = '打印纸'
```

具体操作如下。

```
mysql > SELECT employeename, productname, sellordernumber
    -> FROM    employee, sell_order, product
    -> WHERE employee. employeeid = sell_order. employeeid
    -> AND product. productid = sell_order. productid
    -> AND    productname = '打印纸';
+--------------+-------------+-----------------+
| employeename | productname | sellordernumber |
+--------------+-------------+-----------------+
| 郑阿齐       | 打印纸      |             600 |
| 吴晓松       | 打印纸      |             100 |
...
| 余杰         | 打印纸      |             200 |
| 余杰         | 打印纸      |             200 |
| 余杰         | 打印纸      |             200 |
+--------------+-------------+-----------------+
```

8 rows in set (0.00 sec)

从执行结果中可以看出,余杰接收到 3 条"打印纸"订单,所以对查询的结果按照员工编号进行合计计算。具体操作如下。

```
mysql > SELECT employeename, productname, SUM(sellordernumber)
    -> FROM    employee, sell_order, product
    -> WHERE employee. employeeid = sell_order. employeeid
    -> AND product. productid = sell_order. productid
    -> AND    productname = '打印纸'
    -> GROUP BY employee. employeeid;
```

```
+---------------+---------------+-----------------------+
| employeename  | productname   | SUM(sellordernumber)  |
+---------------+---------------+-----------------------+
| 王孔若        | 打印纸        |                    98 |
| 余杰          | 打印纸        |                   600 |
...
| 吴晓松        | 打印纸        |                   100 |
+---------------+---------------+-----------------------+
```
6 rows in set (0.00 sec)

任务 7.4　嵌 套 查 询

【任务描述】　在实际应用中,虽然可以通过多表的连接来实现多表查询,但是由于查询性能较差,建议尽量少使用。必须使用时,也建议最多不要超过 3 个表。在实际开发中,通常使用嵌套查询来代替连接查询,实现多表查询。本任务使用嵌套查询在销售管理数据库中按照要求完成查询。

在 SQL 中,将一条 SELECT 语句作为另一条 SELECT 语句的一部分称为嵌套查询或子查询。外层的 SELECT 语句称为外部查询或父查询,内层的 SELECT 语句称为内部查询或子查询。通过子查询可以实现多表之间的联合查询。嵌套查询可能用到 IN、NOT IN、ANY、ALL、EXISTS 和 NOT EXISTS 等关键字。嵌套查询中还可能包括比较运算符,如 =、! =、>、< 等。

嵌套查询的语法格式如下。

```
SELECT   <语句>                    /* 外部查询或父查询 */
    FROM     <语句>
    WHERE    <表达式>  IN
       (SELECT <语句>               /* 内部查询或子查询 */
        FROM <语句>
        WHERE <条件> )
```

嵌套查询的执行步骤是由里向外处理,即先处理子查询,然后将结果用于父查询的查询条件。SQL 允许使用多层嵌套查询,即子查询中还可以嵌套其他子查询。

7.4.1　单值嵌套

单值嵌套就是通过子查询返回一个单一的数据。若子查询返回的是单值,可以使用 >、<、=、<=、>=、! = 或 <> 等比较运算符参加相关表达式的运算。

【例 7.43】　查找员工姚安娜所在的部门名称。

分析:员工的相关信息在员工表 employee 中,但是 employee 表中仅保存部门编号,没有部门名称;有关部门信息保存在部门表 department 中。利用 employee 表和 department 表的共同属性即部门编号 departmentid,来完成查询工作。

（1）查询员工姚安娜所在的部门编号,具体操作如下。

```
mysql> SELECT    departmentid
    -> FROM    employee
    -> WHERE employeename = '姚安娜'
    -> ;
+--------------+
| departmentid |
+--------------+
|            3 |
+--------------+
1 row in set (0.00 sec)
```

从查询结果可知,其部门编号为 3。

（2）查询部门编号为 3 的部门名称。具体操作如下。

```
mysql> SELECT    departmentname
    -> FROM    department
    -> WHERE   departmentid = 3
    -> ;
+----------------+
| departmentname |
+----------------+
| 人事部         |
+----------------+
1 row in set (0.00 sec)
```

得到结果为“人事部”。

利用嵌套查询原理,组合以上的两个步骤,形成一条查询语句。将步骤(1)作为步骤(2)的子查询,具体操作如下。

```
mysql> SELECT    departmentname
    -> FROM    department
    -> WHERE   departmentid = (SELECT    departmentid
    ->                         FROM    employee
    ->                         WHERE employeename = '姚安娜')
    -> ;
+----------------+
| departmentname |
+----------------+
| 人事部         |
+----------------+
1 row in set (0.01 sec)
```

说明:在进行子查询时,如果子查询后面的操作符为＞、＜、＝、＜＝、＞＝、!＝或＜＞或者子查询使用了表达式,那么子查询取得的数据必须是唯一的,不能返回多值;否则运行将会出现错误。

【**例 7.44**】 查找年龄最小的员工的姓名、性别和工资。

分析:本例的 SELECT 子句为 SELECT employeename 姓名, sex 性别, birthdate

出生年月,salary 工资;FROM 子句为 FROM employee。条件语句较为复杂:年龄最小就意味着出生年月最大。利用嵌套查询,查询最大出生年月,作为 WHERE 子句的子查询。查询最大出生年月的语句为 SELECT MAX(birthdate) FROM employee。

具体操作如下。

```
mysql> SELECT employeename 姓名, sex 性别,birthdate 出生年月,salary 工资
    -> FROM  employee
    -> WHERE birthdate = (SELECT  MAX(birthdate) FROM  employee )
    -> ;
+--------+------+------------+-----------+
| 姓名    | 性别  | 出生年月     | 工资       |
+--------+------+------------+-----------+
| 涂米明   | 女    | 1989-09-02 | 3200.0000 |
+--------+------+------------+-----------+
1 row in set (0.00 sec)
```

【例 7.45】 查询比平均工资高的员工的姓名和工资。

分析:要查询比平均工资高的员工,首先要查询平均工资,然后将平均工资作为条件再查询员工的姓名和工资。SQL 语句如下。

```
SELECT employeename 姓名, salary 工资
    FROM  employee
    WHERE  salary >(SELECT  AVG(salary)  FROM  employee)
```

7.4.2　单列多值嵌套

子查询的返回结果是一列值的嵌套查询称为多值嵌套查询。多值嵌套查询经常使用 IN、ANY、SOME 和 ALL 操作符。

1. 使用 IN 操作符嵌套

IN 操作符可以测试表达式的值是否与子查询返回集中的某一个相等,NOT IN 恰好与其相反。IN 操作符的语法格式如下。

```
<表达式> [NOT]  IN (子查询)
```

【例 7.46】 查询在后勤部和安保部员工的姓名和工资信息。

分析:

(1)确定要查询的信息和数据来源。要查询员工的姓名和工资信息,这些信息保存在员工表 employee 中,所以 SELECT 子句和 FROM 子句比较简单:SELECT employeename, salary FROM employee。

(2)确定筛选条件。筛选条件比较复杂。部门名称信息保存在部门表 department 中,而在表 employee 中只保存了部门编号 departmentid,所以先在部门表 department 中查询后勤部和安保部的部门编号。

具体操作如下。

```
mysql > SELECT departmentid
    -> FROM department
    -> WHERE departmentname IN('后勤部', '安保部');
+--------------+
| departmentid |
+--------------+
|            4 |
|            5 |
+--------------+
2 rows in set (0.00 sec)
```

经查询可知,后勤部和安保部的部门编号分别为 4 和 5。由于返回的结果为单列多行值,所以利用嵌套查询构成筛选条件的时候使用 IN 为关键字,筛选条件如下。

```
WHERE   departmentid   IN(SELECT departmentid
                          FROM department
                          WHERE departmentname IN('后勤部', '安保部'))
```

具体操作如下。

```
mysql > SELECT   employeename ,departmentid   FROM employee
    -> WHERE   departmentid IN(SELECT departmentid
    ->                         FROM department
    ->                         HERE departmentname IN('后勤部', '安保部'));
+--------------+--------------+
| employeename | departmentid |
+--------------+--------------+
| 苏林         |            4 |
| 吴康         |            4 |
...
| 方卉         |            5 |
| 施超         |            5 |
+--------------+--------------+
13 rows in set (0.00 sec)
```

【例 7.47】 查询已经接收销售订单的员工姓名和工资信息。

分析:

(1)确定要查询的信息和数据来源。要查询员工的姓名和工资信息,这些信息保存在员工表 employee 中,所以 SELECT 子句和 FROM 子句比较简单: SELECT employeename, salary FROM employee。

(2)确定筛选条件。在销售订单表 sell_order 中保存有关员工接收订单的信息。sell_order 表和 employee 表有相同的列 employeeid。若该员工接收订单,则此员工编号就会出现在 sell_order 表中。由于员工可能会多次接收到订单,所以在 sell_order 表中的 employeeid 会出现重复数据,所以利用 DISTINCT 关键字去掉重复。在订单表中查询 employeeid 的 SQL 语句如下。

```
SELECT  DISTINCT  employeeid
   FROM sell_order
```

执行结果如图 7.4 所示,得到的结果集为单列 25 行数据。

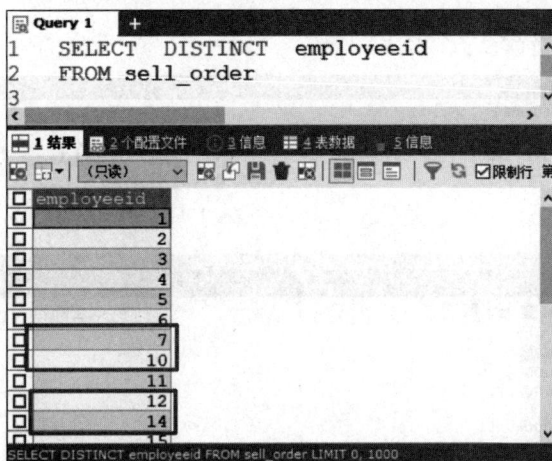

图 7.4   查询员工编号

利用嵌套查询,在 sell_order 表中查询所有的已经接收销售订单的员工编号,然后利用员工编号在 employee 表中查询对应的姓名和工资信息。由于返回的结果为单列多行的数据,所以使用 IN 关键字进行筛选。筛选代码如下。

```
WHERE   employeeid  IN (SELECT  DISTINCT employeeid
                        FROM sell_order)
```

具体操作如下。

```
mysql> SELECT   employeename ,salary
    -> FROM      employee
    -> WHERE    employeeid  IN (SELECT   DISTINCT employeeid
    ->                         FROM sell_order)
    -> ;
+--------------+-----------+
| employeename | salary    |
+--------------+-----------+
| 章宏         | 3100.0000 |
| 李立三       | 3460.2000 |
...
| 童金星       | 3300.2000 |
| 田大海       | 4800.0000 |
+--------------+-----------+
25 rows in set (0.00 sec)
```

【例 7.48】   查询目前没有接收销售订单的员工姓名和工资信息。

分析:与例 7.41 相反,只要员工编号不出现在销售订单表中即可。

SQL 语句如下。

155

```
SELECT   employeename , salary
    FROM   employee
    WHERE   employeeid  NOT  IN  (SELECT  DISTINCT employeeid
                                       FROM sell_order)
```

执行结果如图 7.5 所示，共有 84 行。

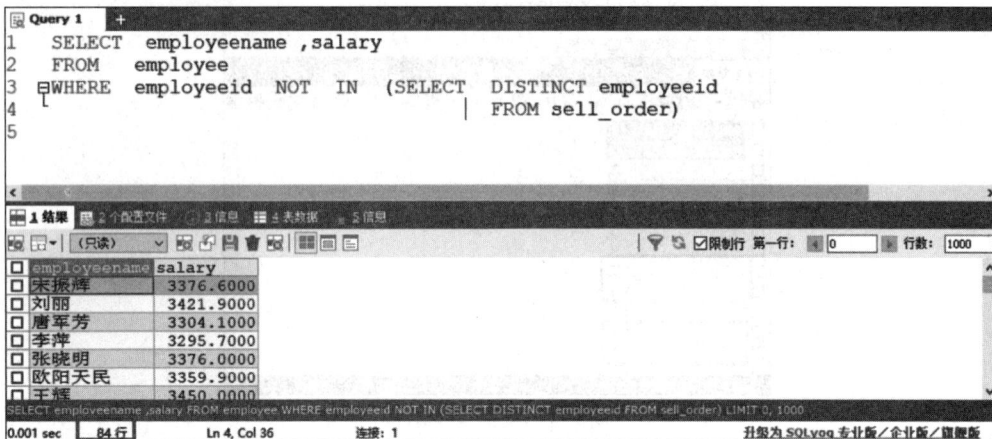

图 7.5 查询没有接收销售订单的员工信息

【例 7.49】 查询订购牛奶的客户名称和联系地址。

分析：有关客户的信息存放在客户表 customer 中，有关客户订购商品的信息保存在 sell_order 销售订单表中。在 sell_order 表没有保存商品名称，仅保存商品编号，所以要利用子查询，到保存商品信息的 product 表中查询"牛奶"的商品编号；然后利用商品编号到销售订单表中查询订购了"牛奶"的客户编号；最后利用查到的客户编号，到客户表中查询其名称和联系地址。在此，利用三层嵌套查询。

（1）在 product 表中，查询"牛奶"的商品编号。

具体操作如下，得到商品编号为"32"，单行单列。

```
mysql > SELECT   productid
    -> FROM   product
    -> WHERE productname = '牛奶'
    -> ;
+-----------+
| productid |
+-----------+
|        32 |
+-----------+
1 row in set (0.00 sec)
```

（2）利用销售订单表 sell_order，查询订购"牛奶"的客户编号。由于"牛奶"的商品编号返回的是单行单列的值，所以在此处可利用"="作为筛选条件。具体操作如下。

```
mysql > SELECT   DISTINCT   customerid
    -> FROM   sell_order
```

```
   -> WHERE productid = (SELECT   productid
   ->                      FROM   product
   ->                      WHERE productname = '牛奶'
   ->                   );
+------------+
| customerid |
+------------+
|         11 |
|         33 |
|          1 |
+------------+
3 rows in set (0.01 sec)
```

（3）利用已经得到的客户编号，查询客户的名称和地址。由于得到的客户编号为单列多行的数据，客户编号为 11、33 和 1，所以此处筛选条件的关键字为 IN。

具体操作如下。

```
mysql > SELECT   companyname , address
   -> FROM   customer
   -> WHERE   customerid IN  (SELECT  DISTINCT  customerid
   ->                           FROM   sell_order
   ->                           WHERE productid = (SELECT   productid
   ->                                               FROM   product
   ->                                               WHERE productname = '牛奶'
   ->                                             )
   ->                        )
   -> ;
+------------------+----------------------+
| companyname      | address              |
+------------------+----------------------+
| 光明杂志社        | 上海市黄石路 50 号    |
| 清华大学出版社    | 北京市双清路 23 号    |
| 三川实业有限公司  | 上海市大崇明路 50 号  |
+------------------+----------------------+
3 rows in set (0.00 sec)
```

说明：大部分的嵌套查询可以改为连接查询，例 7.48 的嵌套查询可以改为以下的连接查询。

```
SELECT companyname, address
    FROM   customer
        JOIN  sell_order ON customer.customerid = sell_order.customerid
        JOIN product  ON   product.productid = sell_order.productid
    WHERE   product.productname = '牛奶'
```

2. 使用 ANY、SOME 和 ALL 操作符嵌套

ANY、SOME 和 ALL 操作符使用时必须与比较运算符一起使用，其语法格式如下。

<列名>　<比较运算符> [ANY ｜ SOME ｜ ALL]　<子查询>

其中,ANY 和 SOME 是等效的。ANY 和 ALL 操作符的用法与具体含义如表 7.4 所示。

表 7.4　ANY 和 ALL 操作符的用法与具体含义

用　　法	含　　义
＝ANY	功能与关键字 IN 一样
＞ANY(＞＝ANY)	大于(大于或等于)子查询结果中最小的值
＜ANY(＜＝ANY)	小于(小于或等于)子查询结果中最大的值
＞ALL(＞＝ALL)	大于(大于或等于)子查询结果中的所有值
＜ALL(＜＝ALL)	小于(小于或等于)子查询结果中的所有值
!＝ANY 或＜＞ANY	不等于子查询结果中的某个值
!＝ALL 或＜＞ALL	不等于子查询结果中的任何一个值

ANY 关键字和 ALL 关键字的使用方式是一样的,但是两者有很大的区别。使用 ANY 关键字时,只要满足内层子查询语句返回结果中的任何一个就可以通过该条件来执行外层查询。而 ALL 关键字刚好相反,只有满足内层子查询语句返回的所有结果,才可以执行外层查询语句。

【例 7.50】　查询其他部门工资不低于 3 号部门的员工的姓名和工资。

分析:

(1) 确定数据表和查询来源数据。员工姓名和工资信息存放在员工表 employee 中,本例涉及的表仅有 employee 表。

(2) 确定子查询。子查询为 3 号部门所有员工的工资,具体操作如下。

```
mysql > SELECT salary
    -> FROM   employee
    -> WHERE departmentid = 3
    -> ;
+-----------+
| salary    |
+-----------+
| 3450.0000 |
| 3566.0000 |
...
| 3400.0000 |
+-----------+
5 rows in set (0.00 sec)
```

(3) 确定筛选条件。从步骤(2)可以看到 3 号部门员工的最低工资为 3400 元。利用关键字 ANY,查询工资大于或等于 3400 元,并且不属于 3 号部门的员工信息,所以筛选条件如下。

```
salary > ANY (SELECT   salary
              FROM     employee
              WHERE    departmentid = 3)
AND   departmentid <> 3
```

具体操作如下。

```
mysql> SELECT   employeename, salary, departmentid
    -> FROM      employee
    -> WHERE     salary>ANY(SELECT   salary
    ->                        FROM     employee
    ->                        WHERE    departmentid=3)
    ->           AND   departmentid<>3
    -> ;
+---------------+-----------+---------------+
| employeename  | salary    | departmentid  |
+---------------+-----------+---------------+
| 李立三        | 3460.2000 |             1 |
| 王孔若        | 3800.8000 |             1 |
| 蔡慧敏        | 3453.7000 |             1 |
...
| 王百静        | 5000.0000 |             1 |
| 吴剑波        | 6443.0000 |             1 |
| 田大海        | 4800.0000 |             1 |
+---------------+-----------+---------------+
17 rows in set (0.00 sec)
```

【例 7.51】　查询其他部门中比 3 号部门的所有员工工资都低的员工的姓名和工资信息,并按照工资从高到低进行排序。

分析:

(1) 确定数据表和查询来源数据。有关员工姓名和工资信息存放在员工表 employee 中,本例涉及的表仅有 employee 表。

(2) 确定子查询。子查询为 3 号部门所有员工的工资,具体操作如下。

```
MySQL> SELECT salary
    -> FROM   employee
    -> WHERE departmentid=3
    -> ;
+-----------+
| salary    |
+-----------+
| 3450.0000 |
| 3566.0000 |
| 3410.0000 |
| 3456.0000 |
| 3400.0000 |
+-----------+
5 rows in set (0.00 sec)
```

(3) 确定筛选条件。由于要查询的其他部门员工的工资比 3 号部门的所有员工都低,所以使用关键字<ALL,筛选条件如下。

```
salary<ALL(SELECT   salary
           FROM employee
           WHERE departmentid=3)
```

AND　departmentid<>3

（4）排序要求。

ORDER BY salary　DESC

完整的 SQL 代码如下。

```
SELECT   employeename , salary ,departmentid
    FROM      employee
    WHERE    salary < ALL(SELECT   salary
                             FROM    employee
                             WHERE   departmentid = 3)
            AND   departmentid <> 3
    ORDER BY   salary   DESC
```

执行结果如图 7.6 所示。从结果集中可以看到,最高的工资为 3392 元,比 3 号部门的 3400 元要低。

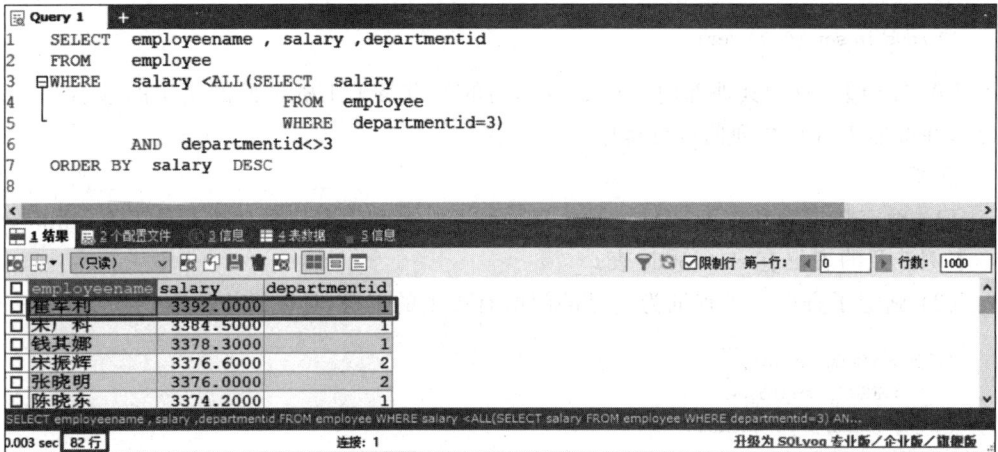

图 7.6　查询员工的姓名和工资信息(1)

本例也可以使用其他代码,比如使用聚合函数查询 3 号部门的最低工资,返回单行单列的值,然后利用单值嵌套,完整的 SQL 代码如下。

```
SELECT   employeename , salary ,departmentid
    FROM      employee
    WHERE    salary <(SELECT   MIN( salary)
                          FROM   employee
                          WHERE   departmentid = 3)
            AND   departmentid <> 3
    ORDER BY salary   DESC
```

执行结果如图 7.7 所示,与以上相同。

说明：用聚合函数实现子查询通常比直接用 ALL 或 ANY 的效率高。

图 7.7　查询员工的姓名和工资信息(2)

7.4.3　多行多列值嵌套

当子查询的返回结果为多行多列时,该子查询语句一般会在主查询语句的 FROM 子句中当作一个临时表来处理。

【例 7.52】　查询各部门的部门编号、部门名称、员工人数和平均工资。

分析:

(1) 确定数据表和查询数据来源。要查询的部门编号和部门名称保存在部门表 department 中,而员工的相关信息保存在员工表 cmployee 中。

(2) 在员工表 employee 中,查询各部门的员工人数和平均工资。

具体操作如下,查询的结果集为 6 行 3 列的数据记录。

```
mysql > SELECT departmentid,COUNT(employeeid) AS count_em,AVG(salary) AS avg_sl
    -> FROM employee
    -> GROUP BY departmentid
    -> ;
+--------------+----------+----------------+
| departmentid | count_em | avg_sl         |
+--------------+----------+----------------+
|            1 |       47 | 2854.30000000  |
|            2 |       40 | 2244.85500000  |
|            3 |        5 | 3456.40000000  |
|            4 |        8 | 1500.00000000  |
|            5 |        5 | 1880.00000000  |
|            6 |        4 | 1500.00000000  |
+--------------+----------+----------------+
6 rows in set (0.00 sec)
```

161

（3）通过内连接实现本例的要求。将步骤（2）产生的结果作为临时表与 department 表进行内连接查询。为了简化表达，department 的别名为 d，临时表的别名为 c。具体操作如下。

```
mysql > SELECT   d.departmentid,d.departmentname,c.count_em,c.avg_sl
    -> FROM department d INNER JOIN
    ->    (SELECT departmentid,COUNT(employeeid)
    ->    AS count_em,AVG(salary) AS avg_sl
    ->    FROM employee
    ->    GROUP BY departmentid
    ->    ) c
    -> ON d.departmentid = c.departmentid
    -> ORDER BY   d.departmentid
    -> ;
```

departmentid	departmentname	count_em	avg_sl
1	销售部	47	2854.30000000
2	采购部	40	2244.85500000
3	人事部	5	3456.40000000
4	后勤部	8	1500.00000000
5	安保部	5	1880.00000000
6	会务部	4	1500.00000000

6 rows in set (0.00 sec)

7.4.4　相关子查询(EXISTS)

相关子查询不同于嵌套子查询，其查询条件依赖于外层查询的某个值。其执行过程如下。

（1）先取外层表中的第 1 行。

（2）根据取出的行与内层查询相关的列值进行内层查询，若内层子查询的任何一行与外层行的相关值匹配，外层查询就返回这一行。

（3）取外层查询的下一行。

（4）重复步骤（2），直到处理完所有外层查询的行。

（5）得到一个数据记录集，再对这个数据记录集进行输出操作。

在相关子查询中会用到关键字 EXISTS 引出子查询。EXISTS 用于测试子查询的结果集中是否存在行。如果 EXISTS 操作符后查询的结果集不为空，则产生逻辑真值True；否则产生逻辑假值 False。它的语法格式如下。

```
[NOT]  EXISTS  (子查询)
```

EXISTS 前无列名、常量和表达式，在子查询的输出列表中通常用 * 号。

【例 7.53】　利用相关子查询，查询已经接收销售订单的员工姓名和工资信息。

分析：在销售订单表 sell_order 中保存有关员工接收订单的信息，若该员工接收了订

单,则此员工编号就会出现在 sell_order 表中。利用相关子查询,在 sell_order 表中查询所有已经接收销售订单的员工编号,然后利用员工编号到员工表 employee 中查询对应信息。SQL 语句如下。

```
SELECT  employeename,salary
    FROM   employee
    WHERE   EXISTS ( SELECT employeeid
                     FROM sell_order
                     WHERE sell_order.employeeid = employee.employeeid )
```

执行结果如图 7.8 所示。

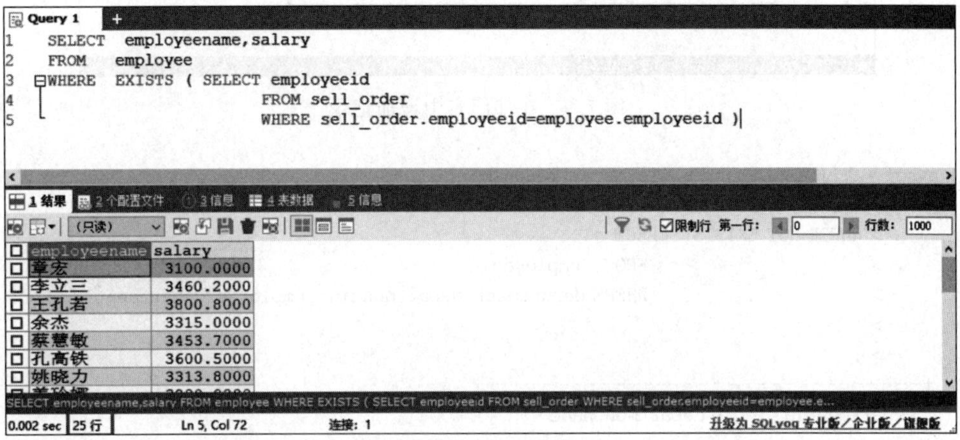

图 7.8　相关子查询

【例 7.54】　在部门表 department 中增加一个部门"信息部",然后在部门表中查询,如果某部门没有员工,则显示该部门的部门编号和部门名称。

分析:

(1) 增加一条记录的 SQL 代码如下。

```
INSERT   INTO   department(departmentname)VALUES ('信息部')
```

执行结果如图 7.9 所示。在部门表中插入了一条新的记录。

(2) 查询各部门信息。

```
SELECT  departmentid,employeename
    FROM   employee
```

(3) 确定筛选条件。如果该部门没有员工,那么该部门的编号就不会出现在员工表中,所以使用 NOT EXISTS 关键字来筛选,代码如下。

```
NOT EXISTS(SELECT *
           FROM employee
           WHERE department.departmentid = employee.departmentid
          )
```

(4) 执行以下查询,从结果可以看到,只有一条在步骤(1)中添加的记录。

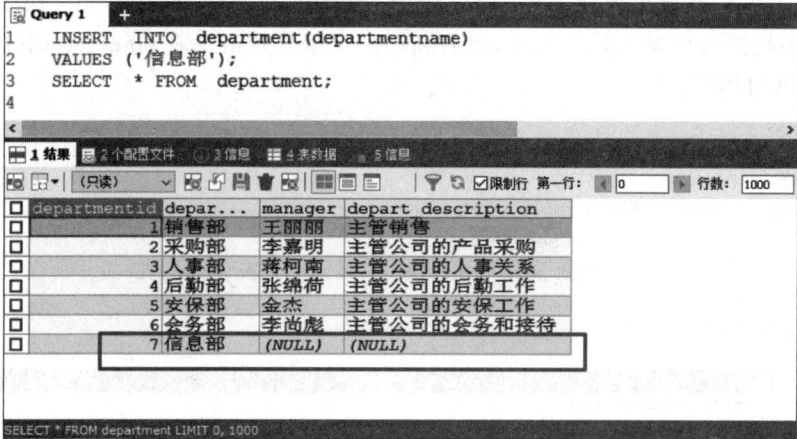

图 7.9 在部门表中增加记录

```
mysql> SELECT   departmentid,departmentname
    -> FROM    department
    -> WHERE NOT EXISTS(SELECT  *
    ->                   FROM   employee
    ->                   WHERE department.departmentid = employee.departmentid
    ->                   )
    -> ;
+--------------+----------------+
| departmentid | departmentname |
+--------------+----------------+
|            7 | 信息部         |
+--------------+----------------+
1 row in set (0.00 sec)
```

EXISTS 关键字与其他的关键字有很大区别。使用 EXISTS 关键字时,内层查询语句返回 True 或 False。如果内层查询语句查到了记录,返回 True;否则,返回 False。如果返回 True,则执行外层查询。

任务 7.5 集 合 查 询

【任务描述】 在实际查询过程中,经常利用集合运算,本任务介绍集合查询。

MySQL 支持集合的并运算(UNION)、交运算(INTERSECT)和差运算(EXCEPT),即可以将两个 SELECT 语句的查询结果通过并、交和差运算合并成一个查询结果。其语法结构如下。

```
SELECT   列名 1  FROM   表 1
操作符
SELECT   列名 2  FROM   表 2
```

其中各参数说明如下。

（1）列名 1 表示查询表 1 中的数据列。

（2）列名 2 表示查询表 2 中的数据列。

（3）操作符可以为 UNION、INTERSECT 和 EXCEPT。

使用集合查询时需要注意以下几点。

（1）两个查询语句具有相同的列数，并且对应列的值要具有同一值域，即具有相同的数据类型和取值范围。

（2）最后结果集中的列名来自第一个 SELECT 语句的列名。

（3）在需要对集合查询结果进行排序时，必须使用第一个查询语句中的列名。

1. 集合的并运算查询

UNION 是集合查询中应用最多的一种操作符。使用 UNION 操作符可以从多个表中将多个查询的结果组合为单个结果集，同时去掉重复记录。如果使用 UNION ALL 则该结果集中包含集合查询中所有查询的全部行。

【例 7.55】 在部门表 department 中有部门编号 departmentid 列，在员工表 employee 中也有部门编号 departmentid 列，通过 UNION 关键字将两个结果合并。

分析：

（1）查询 department 表中的 departmentid 列，具体操作如下。

```
mysql > SELECT departmentid  FROM  department;
+--------------+
| departmentid |
+--------------+
|            3 |
|            6 |
|            4 |
|            5 |
|            2 |
|            1 |
+--------------+
6 rows in set (0.00 sec)
```

（2）查询 employee 表中的 departmentid 列，具体操作如下。

```
mysql > SELECT  DISTINCT  departmentid  FROM  employee
+--------------+
| departmentid |
+--------------+
|            1 |
|            2 |
|            3 |
|            4 |
|            5 |
|            6 |
+--------------+
6 rows in set (0.00 sec)
```

（3）合并两个查询结果，具体操作如下。

```
mysql > SELECT departmentid  FROM  department
   -> UNION
   -> SELECT  DISTINCT  departmentid  FROM  employee
   -> ;
+--------------+
| departmentid |
+--------------+
|            3 |
|            6 |
|            4 |
|            5 |
|            2 |
|            1 |
+--------------+
6 rows in set (0.00 sec)
```

从执行结果可以看出,去掉了其中重复的记录,共 6 条记录。

【例 7.56】 在部门表 department 中有部门编号 departmentid 列,在员工表 employee 中也有部门编号 departmentid 列,通过 UNION ALL 关键字将两个结果合并。

分析:直接合并两个查询结果,具体操作如下。

```
mysql > SELECT departmentid  FROM  department
   -> UNION  ALL
   -> SELECT  DISTINCT  departmentid  FROM  employee
   -> ;
+--------------+
| departmentid |
+--------------+
|            3 |
|            6 |
|            4 |
|            5 |
|            2 |
|            1 |
|            1 |
|            2 |
|            3 |
|            4 |
|            5 |
|            6 |
+--------------+
12 rows in set (0.01 sec)
```

从执行结果可以看出,共 12 条记录,直接合并,没有去掉重复记录。

【例 7.57】 查询各部门的主管信息,具体操作如下。

```
mysql > SELECT departmentid,  departmentname
   -> FROM  department
   -> UNION
   -> SELECT departmentid, Manager
```

```
    -> FROM   department
    -> ;
+---------------+------------------+
| departmentid  | departmentname   |
+---------------+------------------+
|             3 | 人事部           |
|             6 | 会务部           |
|             4 | 后勤部           |
...
|             4 | 张绵荷           |
|             5 | 金杰             |
|             6 | 李尚彪           |
+---------------+------------------+
12 rows in set (0.07 sec)
```

2. 利用 INTERSECT 语句查询

INTERSECT 语句的作用是查询两个数据表的公共数据。INTERSECT 语句返回 INTERSECT 操作符左侧和右侧查询结果中的所有非重复的值。

3. 利用 EXCEPT 语句查询

EXCEPT 语句的作用是查询两个数据表中除公共数据以外的数据信息，即查询两个数据表中的"除外"数据信息。

任务 7.6　使用正则表达式查询

【任务描述】　本任务使用正则表达式查询销售管理数据。培养学生利用多种思路解决问题的能力。

在 MySQL 中，用 LIKE 进行模糊匹配查询。正则表达式是用来匹配文本的特殊的串（字符集合），将一个模式（正则表达式）与一个文本串进行比较。所有种类的程序设计语言、文本编辑器、操作系统等都支持正则表达式，正则表达式用正则表达式语言来建立，MySQL 仅支持多数正则表达式实现的一个很小的子集。

7.6.1　MySQL 的正则表达式

在 MySQL 中，使用 REGEXP 关键字来应用正则表达式，其语法格式如下。

列名　REGEXP　'匹配模式'

其中各参数的含义如下。

（1）列名：表示要查询的列名称。

（2）匹配模式：表示以哪种方式进行匹配查询。匹配模式具体如表 7.5 所示。

表 7.5　正则表达式的匹配模式

匹配模式	描　　述
^	匹配输入字符串的开始位置
$	匹配输入字符串的结束位置
.	匹配除\n 之外的任何单个字符。包括回车和换行
[...]	负值字符集合。匹配未包含的任意字符。例如,'[^abc]'可以匹配 plain 中的 p
p1|p2|p3	匹配 p1 或 p2 或 p3。例如,'z|food'能匹配 z 或 food。'(z|f)ood'则匹配 zood 或 food
*	匹配前面的子表达式零次或多次。例如,zo＊能匹配 z 以及 zoo
＋	匹配前面的子表达式一次或多次。例如,'zo＋'能匹配 zo 以及 zoo,但不能匹配 z。＋等价于{1,}
{n}	n 是一个非负整数。匹配确定的 n 次。例如,'o{2}'不能匹配 Bob 中的'o',但是能匹配 food 中的 oo
{n,m}	m 和 n 均为非负整数,其中 n 小于或等于 m。最少匹配 n 次且最多匹配 m 次

7.6.2　查询以特定字符或字符串开头的记录

使用字符"^",可以匹配以特定字符或字符串开头的记录。

【例 7.58】　在员工表中查询姓"金"的员工的姓名和工资信息。

分析:姓"金"就是姓名字符串以"金"开始,所以匹配的正则表达式为'^金'。

具体操作如下。

```
mysql> SELECT employeename,salary
    -> FROM    employee
    -> WHERE employeename  REGEXP   '^金';
+--------------+-----------+
| employeename | salary    |
+--------------+-----------+
| 金林皎        | 3366.0000 |
| 金恰亦        | 3318.5000 |
...
| 金米          |      NULL |
+--------------+-----------+
5 rows in set (0.01 sec)
```

结果查到 5 位姓"金"的员工。

【例 7.59】　在商品表中查询名称以 IPHONE 开头的商品名称和价格信息。

分析:以 IPHONE 开头,匹配的正则表达式为'^IPHONE'。

具体操作如下。

```
mysql> SELECT productname,price
    -> FROM    product
    -> WHERE productname  REGEXP   '^IPHONE';
+--------------+----------+
| productname  | price    |
+--------------+----------+
| IPHONE 6S    | 5800.00  |
```

```
| IPHONE 6        | 4800.00  |
+---------------+--------+
2 rows in set (0.00 sec)
```

查询结果为包含 IPHONE 的 2 条记录。

7.6.3 查询以特定字符或字符串结尾的记录

使用字符"＄",可以匹配以特定字符或字符串结尾的记录。

【例 7.60】 在商品表中查询产品名中以"笔"结尾的商品名称和价格信息。

分析：以"笔"结尾,匹配的正则表达式为'笔＄'。

具体操作如下。

```
mysql> SELECT productname,price
    -> FROM   product
    -> WHERE productname  REGEXP  '笔＄'
    -> ;
+-------------+-------+
| productname | price |
+-------------+-------+
| 圆珠笔      |  6.00 |
| 水笔        | 13.00 |
...
| 得力钢笔    | 40.00 |
+-------------+-------+
6 rows in set (0.00 sec)
```

查询到 6 种笔。

【例 7.61】 在客户表中查询当前客户有哪些是中学。

分析：有哪些是中学,也就是查询客户名称以中学结尾的客户信息,所以匹配的正则表达式为'中学＄'。

具体操作如下,得到了 2 条中学记录。

```
mysql> SELECT companyname
    -> FROM   customer
    -> WHERE  companyname  REGEXP  '中学＄';
+-------------+
| companyname |
+-------------+
| 温州中学    |
| 林川中学    |
+-------------+
2 rows in set (0.00 sec)
```

7.6.4 用符号"."代替字符串中的任意一个字符

在正则表达式中,使用"."代替任意一个字符。

【例 7.62】 在员工表中查询姓"金",名字的最后一个字为"亦"的员工的姓名和工资信息。

分析：本例实际上是查询以"金"开始以"亦"结尾的字符串,中间为任意字符,匹配的正则表达式为'^金.亦$'。

具体操作如下。查到了一条,姓名为"金恰亦",姓"金",最后一个字为"亦",符合要求。

```
mysql> SELECT employeename, salary
    ->  FROM   employee
    ->  WHERE   employeename REGEXP '^金.亦$'
    ->;
+--------------+-----------+
| employeename | salary    |
+--------------+-----------+
| 金恰亦        | 3318.5000 |
+--------------+-----------+
1 row in set (0.00 sec)
```

7.6.5　匹配指定字符串查询

在正则表达式中,如果要匹配指定字符串,直接表达即可。如果要匹配多个指定的字符串,使用"|"来分隔。比如"牛奶|果冻",表示匹配"牛奶"或者"果冻"其中一个。

【例 7.63】 在产品表中查询相关"笔"的产品名称和价格信息。

分析：要查询"笔",匹配的正则表达式为'笔'。

具体操作如下。查到了在产品名称中包含"笔"的产品,符合要求。

```
mysql> SELECT productname, price
    -> FROM   product
    -> WHERE   productname  REGEXP  '笔';
+-------------+-------+
| productname | price |
+-------------+-------+
| 圆珠笔       |  6.00 |
| 水笔         | 13.00 |
...
| 实木笔筒     | 50.00 |
| 得力钢笔     | 40.00 |
+-------------+-------+
7 rows in set (0.00 sec)
```

【例 7.64】 在产品表中查询"牛奶"和"果冻"的产品价格信息。

分析：要查询"牛奶"和"果冻",匹配的正则表达式为'牛奶|果冻'。

具体操作如下。查到了"牛奶"和"果冻"的信息,符合要求。

```
mysql> SELECT productname, price
```

```
    -> FROM    product
    -> WHERE   productname   REGEXP   '牛奶|果冻'
    -> ;
+-------------+--------+
| productname | price  |
+-------------+--------+
| 果冻        |  1.00  |
| 牛奶        |  5.00  |
+-------------+--------+
2 rows in set (0.00 sec)
```

说明：在指定多个字符串时，需要使用"|"将这些字符串分隔，每个字符串与"|"之间不能有空格。因为，在查询过程中，数据库系统会将空格也视为一个字符。

7.6.6　匹配指定字符串中的任意一个字符

在正则表达式中，"[]"是另一种形式的"|"，其作用是匹配指定的（其中之一）字符。例如，正则表达式'[XYZ]test'，即为'[X|Y|Z]test'的缩写。意思为匹配 X 或者 Y 或者 Z。字符集合也可以被否定，即匹配除指定字符外的任何内容，为否定一个字符集，可以在集合开始处设置一个"^"，如[^XYZ]，匹配不在字符串中的任意一个字符，即匹配除了 X、Y 和 Z 以外的任何一个字符。

如果集合表达式较长，也可以使用"-"定义一个范围来简化。比如[0123456789]，可简化为[0-9]。范围不局限于数值，还可以使用字母等。[0-9]匹配数字 0～9；[a-z]匹配 a～z；[A-Z]匹配 A～Z；[^0-9]即匹配不是数字 0～9。后面的必须比前面的大。

【例 7.65】　在员工表中查询姓"唐""罗"或"欧阳"的员工的姓名和工资信息。

分析：查询姓"唐""罗"或"欧阳"的员工，也就是查询以"唐""罗"和"欧阳"为开始的字符串，所以匹配的正则表达式为"^[唐,罗,欧阳]"。

具体操作如下。查到了 3 条记录，符合要求。

```
mysql> SELECT employeename,salary
    -> FROM    employee
    -> WHERE   employeename   REGEXP   '^[唐,罗,欧阳]'
    -> ;
+--------------+-----------+
| employeename | salary    |
+--------------+-----------+
| 唐军芳       | 3304.1000 |
| 罗耀祖       | 3286.0000 |
| 欧阳天民     | 3359.9000 |
+--------------+-----------+
3 rows in set (0.00 sec)
```

7.6.7　匹配特殊字符

如果正则表达式中包含一些特定含义的特殊字符；如-、\等。如果要匹配这些特殊字符,就需要用"\\"为前导,如"\\-"表示查找"-","\\."表示查找"."。这种处理方式就是所谓的转义。正则表达式内具有特殊意义的所有字符都必须以这种方式转义。

7.6.8 匹配多个实例

有时候需要对匹配的数目进行更强的控制,例如,寻找所有的数,不管数中包含多少数字;或寻找一个单词并尾随一个 s 等情况。这可以利用正则表达式中的重复元字符来完成,具体的元字符如表 7.6 所示。

表 7.6　元字符

元　字　符	说　　明
*	0 个或多个匹配
+	1 个或多个匹配
?	0 个或 1 个匹配
{n}	指定数目的匹配
{n,}	不少于指定数目的匹配
{n,m}	m 和 n 均为非负整数,其中 n <= m。最少匹配 n 次且最多匹配 m 次

【例 7.66】　在客户表中检查客户的 E-mail 地址的正确性。如果有错误,则显示该客户名称。

分析:通常 E-mail 地址由邮箱名称和域名两部分组成。

(1) 邮箱名称的正则表达式。在邮箱名称部分一般只允许由字母、数字、下画线和连字符组成。这部分匹配字符串如下。

① 26 个大小写英文字母表示为 a-zA-Z。

② 数字表示为 0-9。

③ 下画线表示为_。

④ 连字符表示为-。

由于名称是由若干个字母、数字、下画线和连字符组成的,所以需要用到"+"表示多次出现。根据以上条件得出邮箱名称的正则表达式:[a-zA-Z0-9_-]+。

(2) 域名部分的正则表达式。一般域名的规律为"[N 级域名.][...][三级域名.]二级域名.顶级域名",比如 qq. com、www. qq. com、mp. weixin. qq. com、12-34. com. cn,分析可得域名类似"** . ** . ** . **"。这部分匹配字符串如下。

• "**"部分:表示为[a-zA-Z0-9_--]+。

• ". **"部分:表示为\.[a-zA-Z0-9_-]+。

• 多个". **":表示为(\.[a-zA-Z0-9_-]+)+。

综上所述,域名部分的正则表达式为[a-zA-Z0-9_-]+(\.[a-zA-Z0-9_-]+)+。

(3) E-mail 正则表达式。由于邮箱的基本格式为"名称@域名",需要使用"^"匹配邮箱的开始部分,用"$"匹配邮箱结束部分以保证邮箱前后不能有其他字符,所以最终邮箱的正则表达式如下。

^[a-zA-Z0-9_-]+@[a-zA-Z0-9_-]+(\.[a-zA-Z0-9_-]+)+$

具体操作如下。查询结果集为空,表示每个客户的 E-mail 地址格式都是正确的。

```
mysql > SELECT   companyname
    -> FROM   customer
    -> WHERE   NOT   EXISTS(SELECT *
    ->                 FROM   customer
    ->                 WHERE email   REGEXP
    ->                 '^[a-zA-Z0-9_-]+@[a-zA-Z0-9_-]+(\.[a-zA-Z0-9_-]+)+$'
    ->                 )
    -> ;
Empty set (0.00 sec)
```

说明:正则表达式的功能非常强大,使用正则表达式可以灵活地设置字符串匹配条件。在 Java 语言、C♯语言、PHP 语言和 JavaScript 语言中都使用正则表达式。因此,读者可以查阅有关正则表达式的资料,进一步了解正则表达式的知识。

习　　题

一、选择题

1. SQL 中,条件为"年龄 BETWEEN 15 AND 35"表示年龄在 15～35 岁,且(　　)。

    A. 包括 15 岁和 35 岁　　　　　　　　B. 不包括 15 岁和 35 岁

    C. 包括 15 岁但不包括 35 岁　　　　　D. 包括 35 岁但不包括 15 岁

2. 下列聚合函数中正确的是(　　)。

    A. SUM（＊）　　　B. MAX（＊）　　　C. COUNT（＊）　　D. AVG（＊）

3. 查询员工工资信息时,结果按工资降序排列,正确的是(　　)。

    A. ORDER BY 工资　　　　　　　　　B. ORDER BY 工资 DESC

    C. ORDER BY 工资 ASC　　　　　　　D. ORDER BY 工资 DISTINCT

4. SQL 中,下列涉及通配符的操作,范围最大的是(　　)。

    A. name LIKE 'abc'　　　　　　　　　B. name LIKE 'abc_d％'

    C. name LIKE 'abc％'　　　　　　　　D. name LIKE '％abc％'

5. 语句"SELECT　工号　FROM　员工表　WHERE　工资＞1250"的功能是(　　)。

    A. 查询工资大于 1250 元的记录

    B. 查询 1250 号记录后的记录

    C. 检索所有的职工号

    D. 从员工表中检索工资大于 1250 元的职工号

6. 相关子查询使用的关键字为(　　)。

    A. EXISTS　　　　　B. EXIST　　　　　C. LIMIT　　　　　D. REGEXP

7. 使用正则表达式查询的关键字为(　　　)。

    A. EXISTS   B. EXIST   C. LIMIT   D. REGEXP

二、思考题

1. SELECT 语句中可以存在哪几个子句？它们的作用分别是什么？

2. LIKE 匹配字符有哪几个？

3. 有几种连接表的方法？它们之间有什么区别？

4. GROUP BY 子句的作用是什么？HAVING 子句与 WHERE 子句中的条件有什么不同？

5. 嵌套查询与相关子查询有何区别？

6. 相关子查询的逻辑执行过程是怎样的？

实　　训

一、实训目的

1. 掌握 SELECT 语句的语法格式。

2. 掌握简单查询和多表查询。

二、实训内容

在图书管理数据库 library 中完成下列的查询操作。

(1) 目前图书馆中所有馆藏书籍的信息。

(2) 在图书馆中的"清华大学出版社""中国发展出版社"和"科学出版社"三大出版社的馆藏图书。

(3) 查询书刊的书名和作者的信息。

(4) 查询价格为 20～50 元的图书的书名和作者。

(5) 查询"周旭"同学的借阅卡号。

(6) 查询所有姓"张"的作者编写的图书信息。

(7) 查询目前图书馆中有哪些出版社(去掉重复出版社记录)。

(8) 所有馆藏图书的价格,并从高到低排列。

(9) 按出版社分别统计出版社当前馆藏图书的单价的平均值、最大值和最小值。

(10) 查询一下《计算机基础》的借出日期。

(11) 查询"信息系"所有学生的借阅书籍情况。

(12) 查询"周旭"同学的借书情况。

(13) 查询所有借阅了王益全编著书籍的读者的姓名和借阅证号(外连接)。

(14) 查询最高单价和最低单价的图书信息,包括书名、作者和价格。

项目 8 使用 MySQL 的常用函数

熟练掌握 MySQL 中几类常用函数的使用方法;理解并在查询语句中熟练使用常用函数对数据进行二次处理。

掌握 MySQL 常用函数的使用方法以及参数传递方式。

树立诚信的敬业精神;提升数据安全意识,培养工匠精神。

任务 8.1 了解 MySQL 函数

【任务描述】 MySQL 提供了丰富的函数,这些函数主要提供数学计算、字符串操作、日期运算、获取系统信息以及加密等功能。通过这些函数可以简化用户的操作,让用户将注意力集中在自己的业务逻辑上。

任务 8.2 认识数学函数

【任务描述】 本任务介绍 MySQL 中数学函数的功能、使用方法和应用场景,重点介绍圆周率函数、数值操作函数以及数值计算函数的使用方法。

数学函数主要用于数值处理,包括整型、浮点数等。常用的数学函数如表 8.1 所示。

表 8.1 常用的数学函数

函　　数	功　　能
ABS(x)	返回 x 的绝对值
CEIL(x)/CEILING(x)	返回不小于 x 的最小整数
FLOOR(x)	返回不大于 x 的最大整数
RAND()	返回 0~1 的随机数

函　　数	功　　能
ROUND(x,y)	返回 x 四舍五入到小数点后 y 位的结果
POW(x,y)	返回 x 的 y 次幂
POWER(x,y)	
SQRT(x)	返回 x 的平方根值
TRUNCATE(x,y)	返回 x 截断为 y 位小数的值
PI()	获取圆周率

下面通过具体例子详细介绍常用的数学函数的使用方法。

8.2.1　获取随机数以及圆周率

【例 8.1】　随机函数 RAND 的使用。

SQL 代码及执行结果如图 8.1 所示。

```
mysql> SELECT RAND(), RAND(), RAND(4), RAND(4)\g
+--------------------+--------------------+---------------------+---------------------+
| RAND()             | RAND()             | RAND(4)             | RAND(4)             |
+--------------------+--------------------+---------------------+---------------------+
| 0.2927952998250679 | 0.8407256322360837 | 0.15595286540310166 | 0.15595286540310166 |
+--------------------+--------------------+---------------------+---------------------+
1 row in set (0.00 sec)
```

图 8.1　RAND 函数执行结果

从结果中可以看出,如果 RAND 函数不传入任何值,每次都会随机获取 0~1 的随机数。如果使用参数,那么相同的参数将获取到相同的随机值。

【例 8.2】　圆周率函数 PI 的使用。

SQL 代码及执行结果如图 8.2 所示。从结果中可以看出,如果单独使用 PI 函数,则圆周率的精度为小数点后 6 位。如果需要获取更高精度的圆周率值,需要加上对应精度的 0 值即可。

```
mysql> SELECT PI(), PI() + 0.0000000000\g
+----------+---------------------+
| PI()     | PI() + 0.0000000000 |
+----------+---------------------+
| 3.141593 |        3.1415926536 |
+----------+---------------------+
1 row in set (0.00 sec)
```

图 8.2　PI 函数执行结果

8.2.2　数学计算函数

数学计算函数主要是对数值进行一些数学计算,主要有 ABS、CEIL(CEILING)、FLOOR、ROUND 以及 TRUNCATE 函数。

【例 8.3】　求绝对值函数 ABS 的使用。

SQL 代码及执行结果如图 8.3 所示。

```
mysql> SELECT ABS(1), ABS(-1)\g
+--------+---------+
| ABS(1) | ABS(-1) |
+--------+---------+
|      1 |       1 |
+--------+---------+
1 row in set (0.00 sec)
```

图 8.3 ABS 函数执行结果

【例 8.4】 函数 CEIL 的使用(CEILING 和 CEIL 是同一个函数,因此,接下来以 CEIL 为例演示)。

SQL 代码及执行结果如图 8.4 所示。从结果中可以看出,无论是正数还是负数,返回的都是该数值的整数部分,也就是说 CEIL 返回的值是不小于传入参数的最小整数。

```
mysql> SELECT CEIL(5.3), CEIL(5.5), CEIL(5.0), CEIL(-5.3), CEIL(-5.5), CEIL(-5)\g
+-----------+-----------+-----------+------------+------------+----------+
| CEIL(5.3) | CEIL(5.5) | CEIL(5.0) | CEIL(-5.3) | CEIL(-5.5) | CEIL(-5) |
+-----------+-----------+-----------+------------+------------+----------+
|         6 |         6 |         5 |         -5 |         -5 |       -5 |
+-----------+-----------+-----------+------------+------------+----------+
1 row in set (0.00 sec)
```

图 8.4 CEIL 函数执行结果

【例 8.5】 函数 FLOOR 的使用。

SQL 代码及执行结果如图 8.5 所示。从结果中可以看出,FLOOR 返回的值是不大于传入参数的最大整数。

```
mysql> SELECT FLOOR(5.3), FLOOR(5.5), FLOOR(5.0), FLOOR(-5.3), FLOOR(-5.5), FLOOR(-5)\g
+------------+------------+------------+-------------+-------------+-----------+
| FLOOR(5.3) | FLOOR(5.5) | FLOOR(5.0) | FLOOR(-5.3) | FLOOR(-5.5) | FLOOR(-5) |
+------------+------------+------------+-------------+-------------+-----------+
|          5 |          5 |          5 |          -6 |          -6 |        -5 |
+------------+------------+------------+-------------+-------------+-----------+
1 row in set (0.00 sec)
```

图 8.5 FLOOR 函数执行结果

【例 8.6】 四舍五入函数 ROUND 的使用。

SQL 代码及执行结果如图 8.6 所示。

```
mysql> SELECT ROUND(1.3), ROUND(1.5), ROUND(-1.3), ROUND(-1.5), ROUND(100.345, 2), ROUND(123.345, -2)\g
+------------+------------+-------------+-------------+-------------------+--------------------+
| ROUND(1.3) | ROUND(1.5) | ROUND(-1.3) | ROUND(-1.5) | ROUND(100.345, 2) | ROUND(123.345, -2) |
+------------+------------+-------------+-------------+-------------------+--------------------+
|          1 |          2 |          -1 |          -2 |            100.35 |                100 |
+------------+------------+-------------+-------------+-------------------+--------------------+
1 row in set (0.00 sec)
```

图 8.6 ROUND 函数执行结果

从结果可以看出,默认使用 ROUND 是四舍五入到个位。但是如果加上参数,就可以根据该参数四舍五入到小数点后的 n 位。如 ROUND(100.345,2)就是将结果四舍五入到小数点后第 2 位,而 ROUND(123.345,−2)就是将结果四舍五入到小数点后的−2位,也就是百位。

【例 8.7】 截取函数 TRUNCATE 的使用。

SQL 代码及执行结果如图 8.7 所示。和 ROUND 函数类似,第 2 个参数表示截取的位置。

```
mysql> SELECT TRUNCATE(123.456, 2), TRUNCATE(123.456, -1)\g
+----------------------+-----------------------+
| TRUNCATE(123.456, 2) | TRUNCATE(123.456, -1) |
+----------------------+-----------------------+
|               123.45 |                   120 |
+----------------------+-----------------------+
1 row in set (0.00 sec)
```

图 8.7　TRUNCATE 函数执行结果

8.2.3　幂与开平方计算函数

【例 8.8】　POWER 函数和 SQRT 函数的使用。

SQL 代码及执行结果如图 8.8 所示。从结果中可以看出,SQRT 函数用于计算数值的平方根,POWER 函数用于计算数值的 n 次幂。

```
mysql> SELECT SQRT(4), SQRT(6), POWER(2,2), POWER(2,-1)\g
+---------+------------------+------------+-------------+
| SQRT(4) | SQRT(6)          | POWER(2,2) | POWER(2,-1) |
+---------+------------------+------------+-------------+
|       2 | 2.449489742783178|          4 |         0.5 |
+---------+------------------+------------+-------------+
1 row in set (0.00 sec)
```

图 8.8　数学计算函数执行结果

任务 8.3　认识字符串函数

【任务描述】　本任务介绍 MySQL 中字符串函数的功能、使用方法和应用场景,重点介绍字符串长度函数、拼接函数,以及字符串操作函数,培养和训练用户严谨的科学思维以及坚持不懈、不畏挫折的精神。

字符串函数主要用于字符串的处理,常用的字符串函数如表 8.2 所示。

表 8.2　常用的字符串函数

函　　　数	功　　　能
CHAR_LENGTH(s1)/ CHARACTER_LENGTH(s1)	返回字符串 s1 中的字符个数
CONCAT(s1,s2,...)	返回字符串 s1,s2,...的拼接结果
CONCAT_WS(o,s1,s2,...)	返回字符串 s1,s2,...以符号 o 为间隔的拼接的结果
INSERT(s1,x,y,s2)	使用字符串 s2 替换字符串 s1 从 x 位置开始的 y 个字符
REPLACE(s1,x,y)	使用字符串 y 替换字符串 s1 中出现的所有 x 字符
SUBSTRING(s1,x,y)	返回字符串 s1 中从 x 开始的 y 个长度的字符串
STRCMP(s1,s2)	比较字符串 s1 和 s2 是否相同

函　　数	功　　能
LOWER(s1)	返回字符串 s1 的小写格式
UPPER(s1)	返回字符串 s1 的大写格式
LEFT(s1,n)	返回字符串 s1 的左边 n 个字符
RIGHT(s1,n)	返回字符串 s1 的右边 n 个字符
LTRIM(s1)	去除字符串 s1 左边的空格
RTRIM(s1)	去除字符串 s1 右边的空格
TRIM(s1)	去除字符串 s1 两边的空格
LOCATE(s1,s2)	返回字符串 s1 在字符串 s2 中的位置

下面通过具体例子详细介绍常用的字符串函数的使用方法。

8.3.1　字符串长度函数

【例 8.9】　函数 CHAR_LENGTH 与 CHARACTER_LENGTH 是同一函数,用于获得字符串的长度。以 CHAR_LENGTH 为例演示使用方法,SQL 代码及执行结果如图 8.9 所示。

```
mysql> SELECT CHAR_LENGTH('123'), CHAR_LENGTH('ABC'), CHAR_LENGTH('你好')\g
+--------------------+--------------------+--------------------+
| CHAR_LENGTH('123') | CHAR_LENGTH('ABC') | CHAR_LENGTH('你好') |
+--------------------+--------------------+--------------------+
|                  3 |                  3 |                  2 |
+--------------------+--------------------+--------------------+
1 row in set (0.01 sec)
```

图 8.9　字符串长度函数执行结果

从结果中可以看出,无论是数字、英文或者中文字符,函数的结果都是按照字符的个数进行计算的。

8.3.2　字符串拼接函数

【例 8.10】　字符串拼接函数 CONCAT 的使用。

SQL 代码及执行结果如图 8.10 所示。

```
mysql> SELECT CONCAT('1','2','3'), CONCAT('My', 'SQL', ' ', '1.3')\g
+---------------------+--------------------------------+
| CONCAT('1','2','3') | CONCAT('My', 'SQL', ' ', '1.3') |
+---------------------+--------------------------------+
| 123                 | MySQL 1.3                      |
+---------------------+--------------------------------+
1 row in set (0.00 sec)
```

图 8.10　CONCAT 函数执行结果

从结果中可以看出,CONCAT 函数可以将任意数量的字符(参数可以是任意数量,每个参数之间使用","隔开)拼接成一个字符串。

【例 8.11】 字符串拼接函数 CONCAT_WS 的使用。

SQL 代码及执行结果如图 8.11 所示。从结果中可以看出,与 CONCAT 函数不同的是,该函数第 1 个参数是字符拼接时的分隔符。

```
mysql> SELECT CONCAT_WS('-', '0577', '88898643')\g
| CONCAT_WS('-', '0577', '88898643') |
| 0577-88898643                       |
1 row in set (0.00 sec)
```

图 8.11 CONCAT_WS 函数执行结果

8.3.3 字符串操作函数

字符串操作函数用于对现有的字符进行操作,然后获取新的字符,常用的函数有 INSERT、REPLACE、SUBSTRING、STRCMP、LOWER、UPPER、LEFT、RIGHT、LTRIM、RTRIM 以及 TRIM。接下来就对这些函数一一进行演示。

1. 大小写转换函数

【例 8.12】 LOWER 和 UPPER 函数可以对现有字符串进行大小写的转换。

SQL 代码及执行结果如图 8.12 所示。

2. 去除空格函数

【例 8.13】 去除空格函数主要有 3 个,分别是 LTRIM、RTRIM 以及 TRIM,其功能分别是去除字符串左侧的空格、去除字符串右侧的空格和去除字符串两边的空格。接下来以 LTRIM 函数为例,演示其使用方法。

SQL 代码及执行结果如图 8.13 所示。

```
mysql> SELECT LOWER('ABC'), UPPER('abc')\g
| LOWER('ABC') | UPPER('abc') |
| abc          | ABC          |
1 row in set (0.00 sec)
```

图 8.12 大小写转换函数执行结果

```
mysql> SELECT ' ABC', LTRIM(' ABC'), LTRIM('AB CD  ')\g
| ABC  | LTRIM(' ABC') | LTRIM('AB CD  ') |
|  ABC | ABC           | AB CD            |
1 row in set (0.00 sec)
```

图 8.13 LTRIM 函数执行结果

第 1 列是对比数据,字符串'ABC'左侧有空格;第 2 列中经过 LTRIM 函数的操作,左侧空格被去除;第 3 列则显示该函数对右侧以及字符串中间的空格无效。

3. 截取函数

【例 8.14】 简单的字符串截取函数有 LEFT 和 RIGHT 两个,它们的功能分别是获取字符串左侧和右侧的 n 个字符。下面以 LEFT 函数为例,演示函数的用法。

SQL 代码及执行结果如图 8.14 所示。从结果中可以看出，LEFT 函数根据用户传入的参数截取字符串左侧的 n 个字符。

```
mysql> SELECT LEFT('张三', 1), LEFT("王五七", 2)\g
| LEFT('张三', 1) | LEFT("王五七", 2) |
| 张             | 王五                |
1 row in set (0.00 sec)
```

图 8.14   LEFT 函数执行结果

【例 8.15】   复杂的字符串截取函数为 SUBSTRING(str，x，y)，该函数会返回字符串 str 从 x 位置开始的 y 个字符。

SQL 代码及执行结果如图 8.15 所示。

```
mysql> SELECT SUBSTRING('ABCDEFG', 1, 1), SUBSTRING('ABCDEFG', 2, 4)\g
| SUBSTRING('ABCDEFG', 1, 1) | SUBSTRING('ABCDEFG', 2, 4) |
| A                           | BCDE                        |
1 row in set (0.00 sec)
```

图 8.15   SUBSTRING 函数执行结果

4. 替换字符串函数

【例 8.16】   函数 INSERT(s1，x，y，s2) 可以用字符串 s2 替换 s1 字符串中从位置 x 开始的 y 个字符。

SQL 代码及执行结果如图 8.16 所示。从结果中可以看出，INSERT 函数的第 1 个字母的索引是从 1 开始的。

【例 8.17】   替换字符串函数 REPLACE(s1，x，y) 可以将字符串 s1 中出现的所有字符串 x 替换成字符串 y。

SQL 代码及执行结果如图 8.17 所示。示例中将字符串中出现的所有字符串'A'替换成字符串'CB'。

```
mysql> SELECT INSERT('ABCD', 1, 2, 'EEEEE')\g
| INSERT('ABCD', 1, 2, 'EEEEE') |
| EEEEECD                        |
1 row in set (0.00 sec)
```

图 8.16   INSERT 函数执行结果

```
mysql> SELECT REPLACE('ABCDEFAAA', 'A', 'CB')\g
| REPLACE('ABCDEFAAA', 'A', 'CB') |
| CBBCDEFCBCBCB                    |
1 row in set (0.00 sec)
```

图 8.17   REPLACE 函数执行结果

5. 字符串比较函数

【例 8.18】   字符串比较函数 STRCMP 用于比较两个字符串是否相同。

SQL 代码及执行结果如图 8.18 所示。

从结果中可以看出，比较函数并不区分大小写。如果两个字符相同则返回 0；不相同则返回 1。

```
mysql> SELECT STRCMP('A', 'A'), STRCMP('A', 'a'), STRCMP('abc', 'ab')\g
| STRCMP('A', 'A') | STRCMP('A', 'a') | STRCMP('abc', 'ab') |
|                0 |                0 |                   1 |
1 row in set (0.00 sec)
```

图 8.18　STRCMP 函数执行结果

6. 字符串定位函数

【**例 8.19**】　字符串定位函数 LOCATE（s1,s2)用于查找 s2 字符串中的子字符串 s1 的起始位置。

SQL 代码及执行结果如图 8.19 所示。

```
mysql> SELECT LOCATE('ABC', 'ABCDEF'), LOCATE('CD', 'ABCDFE'), LOCATE('FG', 'ABCDEF')\g
| LOCATE('ABC', 'ABCDEF') | LOCATE('CD', 'ABCDFE') | LOCATE('FG', 'ABCDEF') |
|                       1 |                      3 |                      0 |
1 row in set (0.00 sec)
```

图 8.19　LOCATE 函数执行结果

从结果中可以看出，该函数返回的索引值是从 1 开始的，如果无法匹配正确的字符串，函数返回 0。

任务 8.4　认识日期和时间函数

【**任务描述**】　本任务介绍 MySQL 中时间函数的功能、使用方法和应用场景，重点介绍时间获取函数、时间提取函数以及时间修改函数，从而培养学生养成珍惜时间、努力奋进的生活态度。

日期和时间函数主要用于处理 MySQL 中的日期和时间类型的数据，常用的日期和时间函数如表 8.3 所示。

表 8.3　常用的日期和时间函数

函　　数	功　　能
CURDATE()	获取当前日期
NOW()	获取当前日期和时间
CURTIME()	获取当前时间
YEAR(date)	获取日期 date 的年份
MONTH(date)	获取日期 date 的月份
DAY(date)	获取日期 date 是当月的第几日
HOUR(time)	获取当前时间的小时值
MINUTE(time)	获取当前时间的分钟值
SECOND(time)	获取当前时间的秒数值
DAYOFWEEK(date)	获取当前日期 date 的星期值
DAYOFYEAR(date)	获取当前日期 date 是当年的第几日

函　　　　数	功　　能
UTC_TIME()	获取当前的 UTC 时间
UTC_DATE()	获取当前的 UTC 日期
UTC_TIMESTAMP()	获取当前的 UTC 时间戳
FROM_UNIXTIME（unix_time stamp，format）	将 MySQL 中以 INT(11)格式存储的日期以 format 指定的格式显示
UNIX_TIMESTAMP(date,time)	将指定的日期和时间转换为 UNIX 时间戳
DATE_ADD()	日期加法
DATE_SUB()	日期减法

下面通过具体例子详细介绍常用的日期和时间函数的使用方法。

8.4.1　日期和时间获取函数

1. 日期和时间函数

【例 8.20】　获取当前的时间和日期的函数有 CURDATE、NOW 以及 CURTIME。
SQL 代码及执行结果如图 8.20 所示。

```
mysql> SELECT CURDATE(), NOW(), CURTIME()\g
+------------+---------------------+-----------+
| CURDATE()  | NOW()               | CURTIME() |
+------------+---------------------+-----------+
| 2017-08-21 | 2017-08-21 10:54:57 | 10:54:57  |
+------------+---------------------+-----------+
1 row in set (0.00 sec)
```

图 8.20　日期和时间的获取

从结果中可以看出，CURDATE 函数获取当前日期，CURTIME 函数获取当前时间，NOW 函数可以同时获取日期和时间。

2. UTC 日期和时间函数

【例 8.21】　获取 UTC(世界协调时间)的函数有 UTC_TIME、UTC_DATE 及 UTC_TIMESTAMP。

SQL 代码及执行结果如图 8.21 所示。

```
mysql> SELECT UTC_TIME(), UTC_DATE(), UTC_TIMESTAMP()\g
+------------+------------+---------------------+
| UTC_TIME() | UTC_DATE() | UTC_TIMESTAMP()     |
+------------+------------+---------------------+
| 04:11:24   | 2017-08-21 | 2017-08-21 04:11:24 |
+------------+------------+---------------------+
1 row in set (0.00 sec)
```

图 8.21　UTC 日期和时间的获取

从结果中可以看出，UTC_TIME 函数获取 UTC 当前时间，UTC_DATE 函数获取 UTC 当前日期，UTC_TIMESTAMP 函数获取 UTC 日期和时间。

3. 日期和时间转化函数

【例 8.22】 UNIX 时间戳和当前时间的转化。

SQL 代码及执行结果如图 8.22 所示。

```
mysql> SELECT FROM_UNIXTIME(1), UNIX_TIMESTAMP(NOW())\g
+---------------------+-----------------------+
| FROM_UNIXTIME(1)    | UNIX_TIMESTAMP(NOW()) |
+---------------------+-----------------------+
| 1970-01-01 08:00:01 |            1503288970 |
+---------------------+-----------------------+
1 row in set (0.00 sec)
```

图 8.22 日期和时间的转化

从结果中可以看出,UNIX 时间戳表示的是距离 1970 年 1 月 1 日 0 点 0 分 0 秒的毫秒数,现在测试案例位于东 8 区,因此将 1 转化为 UNIX 时间戳的话对应的是 1970-01-01 08:00:01,而 UNIX_TIMESTAMP 是将当前时间转化为时间戳。

8.4.2 日期和时间提取函数

【例 8.23】 对于日期和时间,有时候需要提取相应的列,函数 YEAR、MONTH、DAY、HOUR、MINUTE、SECOND 就提供了这样的功能。

SQL 代码及执行结果如图 8.23 所示。

```
+---------------------+------+----+----+------+----+----+
| NOW()               | 年   | 月 | 日 | 小时 | 分 | 秒 |
+---------------------+------+----+----+------+----+----+
| 2024-08-22 09:59:18 | 2024 | 8  | 22 |    9 | 59 | 18 |
+---------------------+------+----+----+------+----+----+
1 row in set (0.02 sec)
```

图 8.23 日期和时间的提取(1)

【例 8.24】 DAYOFWEEK 函数用于获取当前日期是一周的第几天,而 DAYOFYEAR 函数用于获取当前日期是一年的第几天。

SQL 代码及执行结果如图 8.24 所示。

```
+---------------------+-----------------+-----------------+
| NOW()               | DAYOFWEEK(NOW())| DAYOFYEAR(NOW())|
+---------------------+-----------------+-----------------+
| 2024-08-22 10:03:01 |               3 |             234 |
+---------------------+-----------------+-----------------+
1 row in set (0.00 sec)
```

图 8.24 日期和时间的提取(2)

首先,当前日期是 2024-08-22,刚好是周二,此时使用 DAYOFWEEK 获取的日期为 3,也就是说,该函数是从周日开始计算的,DAYOFYEAR 返回的是一年的第几天。

8.4.3 日期和时间加减函数

【例 8.25】 对日期和时间的加减操作涉及两个函数,分别是 DATE_ADD 和 DATE_SUB。

SQL 代码及执行结果如图 8.25 所示。

```
mysql> SELECT NOW(),
    -> DATE_ADD(NOW(), INTERVAL 1 SECOND),
    -> DATE_ADD(NOW(), INTERVAL 2 DAY)\g
+---------------------+------------------------------------+---------------------------------+
| NOW()               | DATE_ADD(NOW(), INTERVAL 1 SECOND)  | DATE_ADD(NOW(), INTERVAL 2 DAY) |
+---------------------+------------------------------------+---------------------------------+
| 2024-08-22 10:28:50 | 2024-08-22 10:28:51                | 2024-08-24 10:28:50             |
+---------------------+------------------------------------+---------------------------------+
1 row in set (0.00 sec)
```

图 8.25　日期和时间的加减

该函数的格式为 DATE_ADD(date，INTERVAL expr unit)。其中，date 为需要修改的日期；INTERVAL 是固定值；expr 为表达式；unit 为单位。从例 8.25 中可以看出增加 1 秒和 2 天的方法。

任务 8.5　认识条件判断函数

【任务描述】　本任务介绍 MySQL 中条件判断函数的功能、使用方法和应用场景，重点介绍 IF 函数、IFNULL 函数以及 CASE WHEN 函数，使学生明白"鱼与熊掌不可兼得"，在生活中要学会取舍。

常用的条件判断函数如表 8.4 所示。

表 8.4　常用的条件判断函数

函　　数	功　　能
IF(expr,v1,v2)	当表达式 expr 为真,返回 v1；否则返回 v2
IFNULL(v1,v2)	当 v1 不为 NULL 时返回 v1；否则返回 v2
CASE expr 　WHEN v1 THEN r1 　［WHEN v2 THEN r2］ 　⋮ 　［WHEN vn THEN rn］ 　［ELSE re］ END	如果表达式 expr 满足 WHEN 中的一个 vn,那么就返回对应的 rn 值,如果都不满足,则返回 ELSE 后面的 re 值

8.5.1　IF 函数

【例 8.26】　对于 IF(expr,v1,v2)函数,如果表达式 expr 条件成立,那么函数就返回 v1;否则,就返回 v2。

SQL 代码及执行结果如图 8.26 所示。

```
mysql> SELECT IF(1 > 2, 2, 1), IF (1 = 1, 0, -1)\g
+-----------------+-------------------+
| IF(1 > 2, 2, 1) | IF (1 = 1, 0, -1) |
+-----------------+-------------------+
|               1 |                 0 |
+-----------------+-------------------+
1 row in set (0.00 sec)
```

图 8.26　IF 函数执行结果

185

从结果中可以看出，第 1 个 IF 函数中，1 ＞ 2 不成立，函数返回的结果是 1；而第 2 个 IF 函数中的条件成立，因此返回的结果是 0。

8.5.2 IFNULL 函数

【例 8.27】 对于 IFNULL(v1,v2)，如果表达式中 v1 的值为 NULL，那么就返回 v2；否则就返回 v1。

SQL 代码及执行结果如图 8.27 所示。

```
mysql> SELECT IFNULL(NULL, 1), IFNULL(1/0, 1), IFNULL(0, 1)\g
+-----------------+----------------+--------------+
| IFNULL(NULL, 1) | IFNULL(1/0, 1) | IFNULL(0, 1) |
+-----------------+----------------+--------------+
|               1 |         1.0000 |            0 |
+-----------------+----------------+--------------+
1 row in set (0.00 sec)
```

图 8.27 IFNULL 函数执行结果

从结果 2 中可以看出 1/0 的结果是 NULL，因此返回了 1.0000。

8.5.3 CASE WHEN 函数

CASE WHEN 函数有以下两种用法。

1. CASE WHEN 函数用法 1

```
CASE
    WHEN v1 THEN r1
    WHEN v2 THEN r2
    ⋮
    WHEN vx THEN rn
    ELSE re
END;
```

语句会从上到下依次检测条件是否成立，如果成立，就返回对应的值，不再继续向下执行。

【例 8.28】 CASE WHEN 函数用法 1。SQL 代码及执行结果如图 8.28 所示。从结果中可以看出，4＞3 条件成立，函数返回了 2。

```
mysql> SELECT
    -> CASE
    -> WHEN 1 > 2 THEN 1
    -> WHEN 4 > 3 THEN 2
    -> ELSE 3
    -> END\g
+------------------+
| CASE
WHEN 1 > 2 THEN 1
WHEN 4 > 3 THEN 2
ELSE 3
END |
+------------------+
|                2 |
+------------------+
1 row in set (0.00 sec)
```

图 8.28 CASE WHEN 函数用法 1

2. CASE WHEN 函数用法 2

```
CASE expr
    WHEN [v1] THEN RESULT_1
    WHEN [v2] THEN RESULT_2
    ⋮
    WHEN vn THEN rn
    ELSE re
END;
```

语句会从上到下依次检测 value 值和哪个值相等，如果相等，就返回对应的值，不再继续向下执行。

【例 8.29】 CASE WHEN 函数用法 2。SQL 代码及执行结果如图 8.29 所示。从结果中可以看出，和 1 相等返回 4。

```
mysql> SELECT
    -> CASE 1
    -> WHEN 2 THEN 3
    -> WHEN 1 THEN 4
    -> ELSE 5
    -> END\g
+------------------------------------------+
| CASE 1
WHEN 2 THEN 3
WHEN 1 THEN 4
ELSE 5
END |
+------------------------------------------+
|                                        4 |
+------------------------------------------+
1 row in set (0.00 sec)
```

图 8.29　CASE WHEN 函数用法 2

任务 8.6　认识系统函数

【任务描述】 本任务介绍 MySQL 中系统函数的功能、使用方法和应用场景，重点介绍系统版本、数据库名以及用户名的查询。

常用的系统函数如表 8.5 所示。

表 8.5　常用的系统函数

函　　数	功　　能
VERSION()	返回当前数据库的版本号
DATABASE()	返回当前数据库名
USER()	返回当前用户名

【例 8.30】 查询 MySQL 的系统信息主要使用到 VERSION、DATABASE 以及 USER 3 个函数。

SQL 代码及执行结果如图 8.30 所示。

从结果中可以看出，VERSION 函数返回了当前数据库的版本，DATABASE 函数返回的是数据库的名称，而 USER 函数返回的是当前用户名。

图 8.30　MySQL 的系统信息获取

任务 8.7　认识加密函数

【任务描述】　本任务介绍 MySQL 中加密函数的功能、使用方法和应用场景,重点介绍哈希函数以及加密函数的使用,培养和提升用户数据安全的意识。

常用的加密函数如表 8.6 所示。

表 8.6　常用的加密函数

函　　　　数	功　　　能
MD5(s1)	计算字符串 s1 的 MD5 值
SHA(s1)	返回字符串 s1 的 SHA 值

【例 8.31】　数据在存储的过程中,可能需要加密进行保存,以防止数据外泄造成的严重后果。在 MySQL 数据库中自带了一部分的加密函数,本例演示 MD5 和 SHA 函数。

SQL 代码及执行结果如图 8.31 所示。

图 8.31　加密函数执行结果

字符串'Hello'经过加密函数加密后变成了一串完全不同的字符串,并且应用不同的加密函数的结果是截然不同的。

任务 8.8　认识其他函数

【任务描述】　本任务介绍 MySQL 中其他函数的功能、使用方法和应用场景,重点介绍数据化格式函数、IP 地址转换函数的使用。

MySQL 中除了以上讲述的常用函数以外,还有提供了许多其他函数,这些函数这里不再提供详细的介绍,如果需要使用可查阅 MySQL 的帮助手册。其他的常用函数如图 8.7 所示。

表 8.7 其他函数

函　　　数	功　　　能
FORMAT(x,n)	实现将数据 x 进行格式化,保留 n 位小数
INET_ATON(ip)	实现将 IP 地址转化位数字
INET_NTOA(x)	实现将数字转化位 IP 地址
LAST_INSERT_ID()	返回最近生成的 AUTO_INCREMENT 值

任务 8.9 销售管理数据库中函数的应用

【任务描述】 本任务中,用户要自己创建数据表,并通过函数的调用进行数据的加密存储和读取,以提升数据库安全意识。

【例 8.32】 在销售管理数据库中,建用户表 sys_user,该表的结构如表 8.8 所示。

表 8.8 用户表 sys_user 的结构

列　　名	数据类型	长　度	为空性	说　　明
Id	int	默认	×	主键,自增,编号
Username	varchar	50	×	用户名
password	Varchar	50	×	密码
Icon	Varchar	500		用户头像,默认值为"images/iocn.jpg"
status	Enum(1,0)			账号状态(1:正常,0:禁用),默认值:正常

然后向该表中输入表 8.9 所示的用户数据。

表 8.9 向 sys_user 表中输入的数据

编号	用户名	密　码	头　　像	状态
1	zj_mpy	123456		正常
2	zjgm	123456	images/icon2.jpg	正常
3	dorry	abcdefg	images/icon3.jpg	正常
4	zjgm_rengong	zjgm_rengong	images//itgp0.jpg	正常

输入以上数据的 SQL 语句如下。

```
INSERT INTO sys_user ( username, password, icon)
VALUES
  ( 'zjgm', MD5('123456'), 'images/icon2.jpg'),
  ( 'zjgm1', SHA('123456'), 'images/icon2.jpg'),
```

('zjgm3', PASSWORD('123456'),' images//itgp0.jpg ');

SELECT * FROM sys_user
WHERE pd = MD5('123456')

实　　训

一、实训目的

1. 掌握数学函数的用法。

2. 掌握字符串函数的用法。

3. 掌握日期和时间函数的用法。

4. 掌握条件判断函数的用法。

5. 掌握系统函数的用法。

6. 掌握加密函数的用法。

二、实训内容

1. 执行以下 SQL 语句,并分析结果。

(1) SELECT ABS(0.5), ABS(−0.5), PI();

(2) SELECT SQRT(16), SQRT(3), MOD(13,4);

(3) SELECT CEIL(2.3), CEIL(−2.3), CEILING(2.3), CEILING(−2.3);

(4) SELECT FLOOR(2.3), FLOOR(−2.3);

(5) SELECT RAND(), RAND(2), RAND(2);

(6) SELECT ROUND(2.3), ROUND(2.5), ROUND(2.53,1), ROUND(2.55,1);

(7) SELECT TRUNCATE(2.53,1), TRUNCATE(2.55,1);

(8) SELECT SIGN(−2), SIGN(0), SIGN(2);

(9) SELECT POW(3,2), POWER(3,2);

(10) SELECT RIGHT('nihao',3);

(11) SELECT SUBSTRING_INDEX('HH,MM,SS',',',2);

(12) SELECT SUBSTRING('helloworld',1,5);

(13) SELECT UPPER('hello');

(14) SELECT LOWER('HELLO');

(15) SELECT REVERSE('hello');

(16) SELECT LTRIM(' hello');

(17) SELECT LENGTH('helo');

(18) SELECT VERSION();

(19) SELECT CONNECTION_ID();

(20) SELECT DATABASE(), SCHEMA()

(21) SELECT USER(), SYSTEM_USER(), SESSION_USER();

(22) SELECT CURRENT_USER(), CURRENT_USER;

(23) SELECT CHARSET('张三');

(24) SELECT COLLATION('张三');

2. 在销售管理数据库中查询以下的信息。

(1) 查询示例数据库中的 employee 表中姓"刘"的员工的所有信息。

(2) 查询示例数据库中的 employee 表中入职年龄大于 25 岁的员工的信息。

(3) 查询示例数据库中的 employee 表中员工的工资水平,要求四舍五入到个位进行输出。

(4) 查询示例数据库中的 customer 表中所有员工的邮箱用户名(例: guyl@163.com,其用户名为 guyl)。

(5) 查询示例数据库中的 provider 表中的所有电话号码信息,要求对数据进行 MD5 加密后输出。

项目 9 销售管理数据库中视图的应用

任务 9.1 认 识 视 图

【任务描述】 视图是从一个或者多个基本表中导出来的表，是一种虚拟存在的表。视图就像一个开出的窗口，用户通过这个窗口可以看到系统专门为该用户提供的数据，而不用查看整个数据库数据表中全部的数据。视图使用户的操作更加便捷，同时有保障数据库系统安全性的作用。本任务介绍视图的定义和作用，培养学生利用先进思维方法解决问题的理念。

9.1.1 视图的定义

视图是一种常用的数据库对象。视图看上去同表一模一样，但在物理上它并不真实存在。视图相当于把对表的查询保存起来。如图 9.1 所示，view_1 视图中的数据来自 employee 表和 department 表的列。对其中所引用的基础表来说，视图的作用类似于筛选。定义视图的筛选可以来自当前或其他数据库的一个或多个表，或者其他视图。

数据库中只存放视图的定义，而不存放视图对应的数据，数据存放在原来的基本表中，若基本表中的数据发生变化，从视图中查询出的数据也会随之改变。

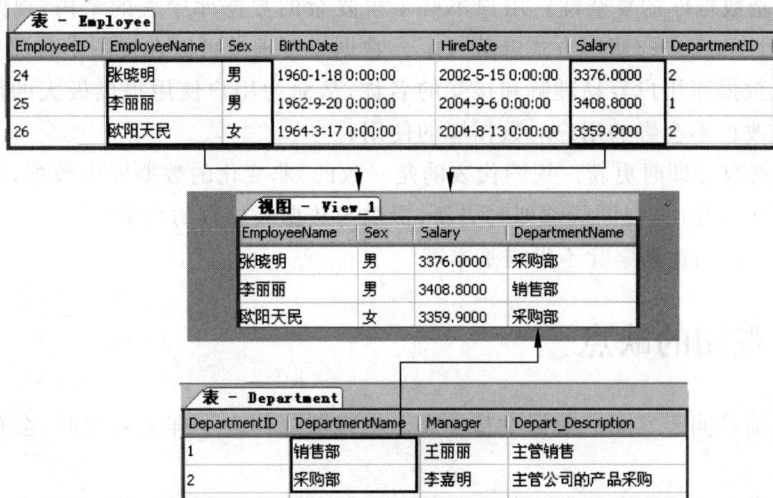

图 9.1 在 employee 表和 department 表上创建的 view_1 视图

9.1.2 视图的优点

视图一经定义,就可以像基本表一样被查询、删除和修改。视图为查看和存取数据提供了另外一种途径。视图具有如下优点。

(1) 关注特定数据。视图创建了一种可以控制的环境,对不同用户定义不同视图,使每个用户只能看到他有权看到的数据。视图让用户能够关注他们所感兴趣的特定数据和所负责的特定任务。不必要的数据可以不出现在视图中,这同时增强了数据的安全性,因为用户只能看到视图中所定义的数据,而不是基础表中的数据。

(2) 简化操作。视图大大简化了用户对数据的操作。如果一个查询非常复杂,跨越多个数据表,那么可以通过将这个复杂查询定义为视图,这样在每一次执行相同的查询时,只要一条简单的查询视图语句即可,可见视图向用户隐藏了表与表之间的复杂的连接操作。

例如,如图 9.1 所示,如果要查询员工"张晓明"所在的部门名称。利用基本表查询语句如下。

```
SELECT   employeename '姓名',departmentname '部门名称'
    FROM   employee JOIN department
    ON   employee.departmentid = department.departmentid
    WHERE   employee.employeename = '张晓明'
```

利用视图 view_1 查询语句如下。

```
SELECT   employeename '姓名',departmentname '部门名称'
    FROM   view_1
    WHERE   employeename = '张晓明'
```

（3）屏蔽数据库的复杂性。用户不必了解复杂的数据库中表的结构,视图将数据库设计的复杂性和用户的使用方式屏蔽开了。数据库管理员可以在视图中将那些难以理解的列替换成数据库用户容易理解和接受的名称,从而为用户使用提供极大的便利。数据库中表的更改也不会影响用户对数据库的使用。

（4）实现数据即时更新。视图代表的是一致的、非变化的数据库中数据,当它所基于的数据表发生变化时,视图能够即时更新,提供与数据表一致的数据。

（5）视图的创建和删除不影响基本表。

9.1.3　视图的缺点

视图不能等同于实际的数据库基本表。把视图当作表一样来处理时,会存在以下的问题。

（1）性能不高。虽然视图一经定义就可以像基本表一样被查询,但是 MySQL 必须把视图的查询转化成对基本表的查询,如果这个视图是由一个复杂的多表查询所定义,那么,即使是对视图的一个简单查询,MySQL 也要把它变成一个复杂的结合体,需要花费一定的时间。

（2）数据修改限制。对视图中的数据进行插入、更新和操作时,MySQL 必须把它转化为对基本表的某些行的修改。对于来自单表的视图来说很方便;但是,对于来自多表的复杂视图,不可以添加和删除数据,所以一般作为查询使用。

任务 9.2　创 建 视 图

【任务描述】　为了让用户无须了解复杂的表结构和安全性问题,系统为不同的用户提供不同的视图。本任务在客户端软件 SQLyog 和 MySQL 自带的工具 MySQL Command Line Client 两种环境中创建视图;引导学生坚持问题导向、注重实效的原则。

创建视图就是在数据库的数据表上建立视图,可以在一个表或者多个表上创建视图。创建视图需要有 CREATE VIEW 的权限,并且对于查询涉及的列有 SELECT 权限。如果使用 CREATE、REPLACE 或 ALTER 修改视图,那么还需要该视图的 DROP 权限。有关权限的问题将在后续的项目中介绍。

9.2.1　使用 CREATE VIEW 创建视图

在 MySQL 中,使用 CREATE VIEW 语句创建视图,它的语法格式如下。

```
CREATE VIEW   视图名   [(column [ ,...n ])]
AS
   select_statement
   [WITH  [CASCADED | LOCAL] CHECK OPTION]
```

其中各参数说明如下。

（1）视图名：要创建的视图的名称。由于视图是虚拟表，创建的视图名不能与已有的数据表同名。

（2）column：视图中的列名。如果未指定列名，则视图中的列名将与 SELECT 语句中的列名相同。在下列情况下，必须为 CREATE VIEW 子句中的列命名。

① 当列是从算术表达式、函数或常量派生的。

② 两个或更多的列可能会具有相同的名称（通常是因为连接），视图中的某列被赋予不同于派生来源列的名称。也可以在 SELECT 语句中指定列名。

（3）AS：视图要执行的操作。

（4）select_statement：定义视图的 SELECT 语句。该语句可以使用多个表和其他视图。

（5）WITH　［CASCADED｜LOCAL］CHECK OPTION：决定了是否允许更新数据使记录不再满足视图的条件。

① LOCAL：只要满足本视图的条件就可以更新。

② CASCADED：必须满足针对该视图的所有条件才可以更新。

如果没有明确是 LOCAL 还是 CASCADED，则默认是 CASCADED。在使用 CREATE VIEW 创建视图时，最好添加 WITH CHECK OPTION 参数，选择 CASCADED 参数。这样，从视图派生出来的新视图，在更新时必须考虑其父视图的约束条件，严格保证数据的安全性。

【例 9.1】　在销售管理数据库中，创建一个女员工的视图。

分析：创建视图时，首先要保证 SELECT 查询语句的正确性，所以执行以下操作，查找女员工。

```
mysql> CREATE  VIEW view_f_employee
    -> AS
    -> SELECT * FROM employee  WHERE sex = '女'
    -> ;
Query OK, 0 rows affected (0.00 sec)
```

显示 Query OK 表示执行成功；0 rows affected 表示创建视图不影响以前的数据，因为视图只是虚拟表。可以使用 DESC 语句查看一下视图的结构，具体操作如下。

```
mysql> DESC  view_f_employee;
```

Field	Type	Null	Key	Default	Extra
employeeid	int	NO		0	
employeename	varchar(50)	NO		NULL	
sex	enum('男','女')	NO		男	
birthdate	date	YES		NULL	
hiredate	timestamp	YES		NULL	
salary	decimal(12,4) unsigned	YES		NULL	
departmentid	int	NO		NULL	

```
7 rows in set (0.01 sec)
```

结果显示,视图 view_f_employee 和表 employee 的结构一样。因为在视图创建时未指定列名,因此视图中的列名与 SELECT 语句的列名相同,SELECT 语句查询 employee 表中所有的列,所以视图 view_f_employee 就包含了 employee 表的所有列。

说明:在创建视图前,建议首先测试 SELECT 语句(语法中 AS 后面的部分)是否能正确执行。测试成功后,再创建视图。

【例 9.2】 创建人事部员工的视图,包含员工编号、姓名、性别和工资等信息。

分析:

(1)有关员工的信息包含在员工表中,有关部门的信息保存在部门表中,员工表 employee 和部门表 department 有相同的列的 departmentid。首先保证查询语句正确,执以下行查询语句。

```
SELECT   employeeid,employeename,sex,salary
    FROM employee
    WHERE departmentid = (SELECT departmentid FROM department
                            WHERE   departmentname = '人事部')
```

(2)利用已经成功执行查询语句,创建视图,具体操作如下。

```
mysql > CREATE  VIEW  view_p_employee
    -> AS
    -> SELECT  employeeid,employeename,sex,salary,departmentid
    >  FROM  employee
    -> WHERE departmentid = (SELECT departmentid FROM department
    ->                          WHERE departmentname = '人事部')
    -> ;
Query OK, 0 rows affected (0.00 sec)
```

【例 9.3】 在销售管理数据库中,统计各部门的员工数,创建一个统计员工数信息视图,包括部门名称、部门员工总人数。

分析:统计各部门的员工总人数,不管该部门是否有员工都要显示相关信息,所以利用外连接,左表为 department 表。查询语句如下。

```
SELECT   department.departmentname,COUNT( * )
    FROM department LEFT JOIN employee
    ON department.departmentid = employee.departmentid
    GROUP BY department.departmentname
```

在查询编辑器中,执行以下 SQL 语句,创建视图。

```
CREATE VIEW view_de_co
AS
  SELECT department.departmentname, COUNT( * )
    FROM department LEFT JOIN employee
    ON department.departmentid = employee.departmentid
    GROUP BY department.departmentname
```

由于 COUNT(*)为聚合函数,必须给出列名,同时为了便于阅读,将创建视图的代码改为如下。

修改方案一：在 SELECT 语句中添加列的别名。

```
CREATE VIEW view_de_co
AS
    SELECT department.departmentname, COUNT( * ) tol
        FROM department LEFT JOIN employee
        ON department.departmentid = employee.departmentid
        GROUP BY department.departmentname
```

修改方案二：在视图定义中添加列名。

```
CREATE VIEW view_de_co(departmentname,tol)
AS
SELECT department.departmentname,
    COUNT(employee.departmentid)
    FROM department LEFT JOIN employee
    ON department.departmentid = employee.departmentid
    GROUP BY department.departmentname
```

【例 9.4】 创建有关员工实发工资的视图。实发工资由 3 部分组成：工资、奖金、所得税。其中，奖金为工资的 10%；所得税为工资扣除 900 元后金额的 15%。

分析：

(1) 保证查询语句的正确性，SELECT 语句如下。

```
SELECT   employeename   姓名,salary * 0.1 AS 奖金,
    (salary - 900) * 0.15 AS 所得税,
    (salary + (salary * 0.1)) - ((salary - 900) * 0.15)) AS 实发工资
    FROM   employee
```

(2) 利用已经成功执行的查询语句创建视图，具体操作如下。

```
mysql > CREATE VIEW view_s_employee
    -> As
    -> SELECT employeename 姓名,salary * 0.1 AS 奖金,(salary - 900) * 0.15 AS 所得税,(salary +
(salary * 0.1)) - ((salary - 900) * 0.15)) AS 实发工资
    -> FROM employee
    -> ;
query OK, 0 rows affected (0.01 sec)
```

由于实发工资中包含奖金、所得税等信息，而这些列要通过计算得到，所以计算列要指定别名。

【例 9.5】 在销售管理数据库中，经常要查询有关客户的订单情况。创建一个客户订单信息视图，包括客户名称、订购的商品、单价和订购日期等信息。

分析：视图中的信息为客户订单信息，包含在 customer 表、sell_order 表和 product 表中。利用 3 个表的连接即可正确地查询相关信息，查询语句如下。

```
SELECT CU.companyname AS 公司名称, PD.productname AS 商品名,
    SO.sellordernumber AS 订购数量, PD.price AS 单价,
```

197

```
              SO.sellorderdate AS 订购日期
    FROM   customer AS CU INNER JOIN sell_order AS SO
    ON CU.customerid = SO.customerid
    INNER JOIN product AS PD
    ON SO.productid = PD.productid
```

在保证查询语句正确后,创建视图,执行以下 SQL 语句。

```
CREATE VIEW view_cu_order
As
  SELECT CU.companyname AS 公司名称, PD.productname AS 商品名,
         SO.sellordernumber AS 订购数量, PD.price AS 单价,
         SO.sellorderdate AS 订购日期
     FROM   customer AS CU INNER JOIN sell_order  AS SO
     ON CU.customerid = SO.customerid
     INNER JOIN product AS PD
     ON SO.productid = PD.productid
```

在创建或使用视图时,必须注意以下限制情况。

(1) 只能在当前数据库中创建视图,在视图中最多只能引用 1024 列。

(2) 不能在默认值、触发器的定义中引用视图。

(3) 不能在视图上创建索引。

(4) 如果视图引用的表被删除,则当使用该视图时将返回一条错误信息;如果创建具有相同表的结构的新表来代替已删除的表,视图可以使用,否则必须重新创建视图。

(5) 如果视图中某一列是函数、数学表达式、常量或来自多个表的列名相同,则必须为列定义名字。

(6) 当通过视图查询数据时,MySQL 不仅要检查视图引用的表是否存在,是否有效,而且要验证对数据的修改是否违反了数据的完整性约束。如果失败将返回错误信息;若正确,则把对视图的查询转换成对引用表的查询。

说明：由于视图的查询最终要转化成对基本表的查询,如果这个视图是由一个复杂的多表查询所定义,将影响查询的速度,所以建议作为视图来源的基本表最多不要超过 3 个。

9.2.2　使用 SQLyog 客户端软件创建视图

【例 9.6】　使用 SQLyog 创建一个员工视图 view_v_employee,包含员工编号、姓名、性别、工资和部门名称等信息。

分析：在员工视图 view_v_employee 中,要显示的员工编号、姓名、性别和工资信息在员工表 employee 中,部门名称信息保存在部门表 department 中,所以 view_v_employee 视图来自两个基本表 employee 和 department。

操作步骤如下。

(1) 启动 SQLyog 客户端软件。

（2）在"对象资源管理器"中，展开 companysales|"视图"节点。

（3）在"视图"节点上右击，在弹出的快捷菜单中选择"创建视图"命令，出现如图 9.2 所示的对话框。输入新视图的名称 view_v_employee，单击"创建"按钮。

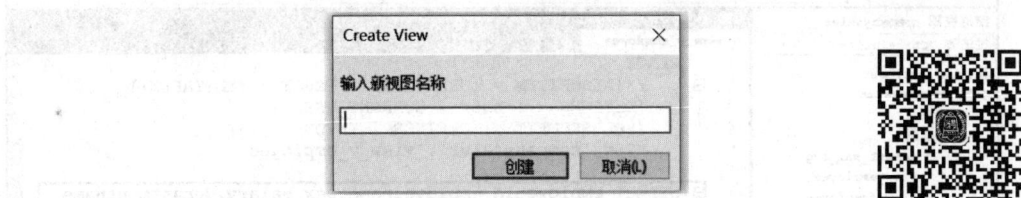

图 9.2　创建视图（1）

（4）出现如图 9.3 所示的代码模板。

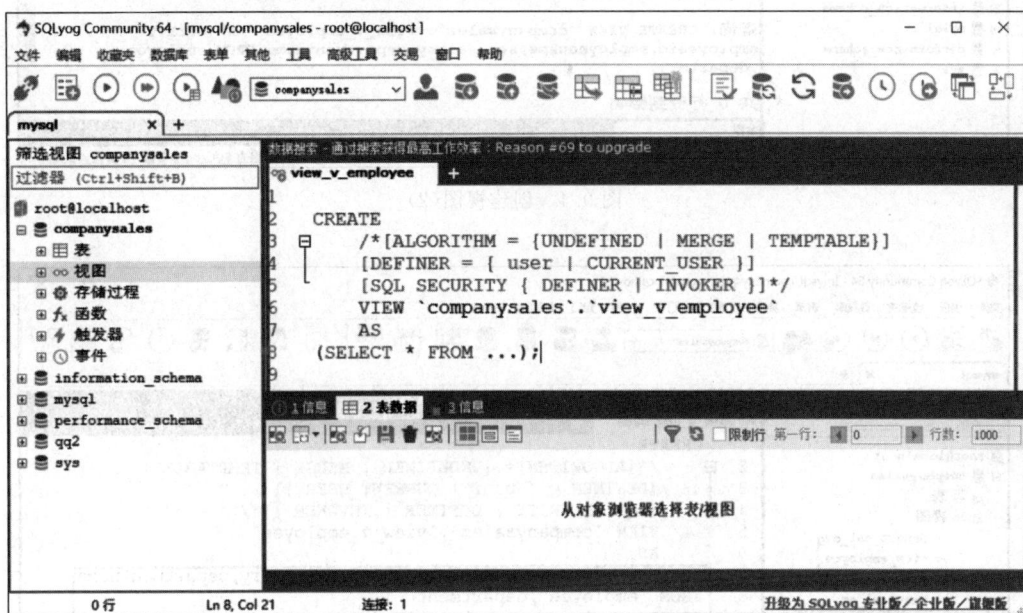

图 9.3　创建视图模板

（5）在创建视图模板的 SELECT 语句处，输入以下 SQL 语句。

```
SELECT employeeid, employeename, sex, salary, departmentname
    FROM employee, department
    WHERE employee.departmentid = department.departmentid
```

（6）执行以上语句，在对象浏览器中就会出现创建名为 view_v_employee 的视图，如图 9.4 所示。

（7）单击结果视图中的"表数据"，即可看到创建的 view_v_employee 视图中的数据，如图 9.5 所示。

【例 9.7】　创建一个部门平均工资视图，该视图包含部门名称和部门平均工资，并按平均工资升序排列。

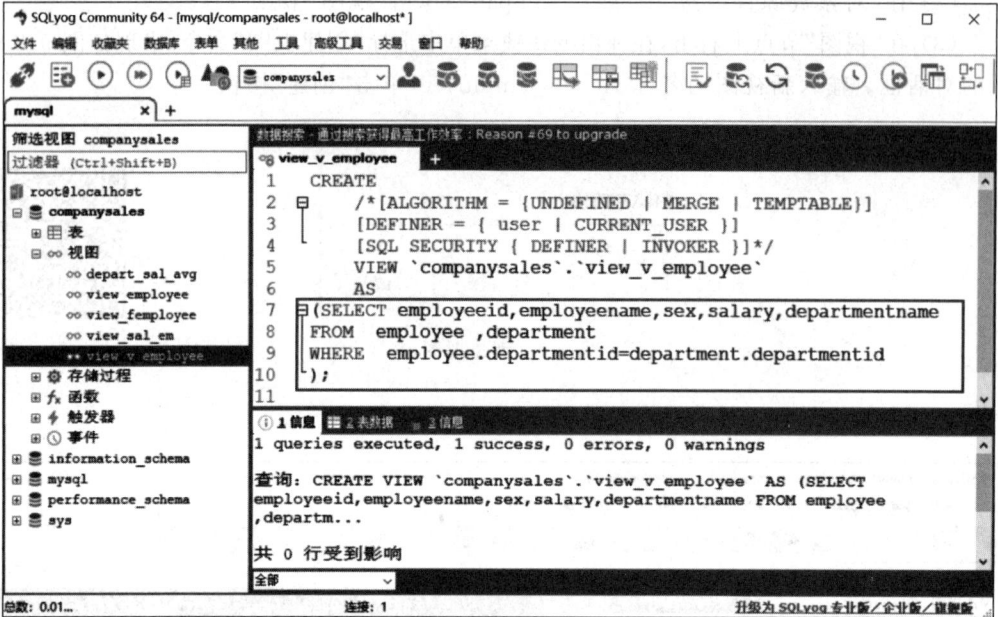

图 9.4　创建视图(2)

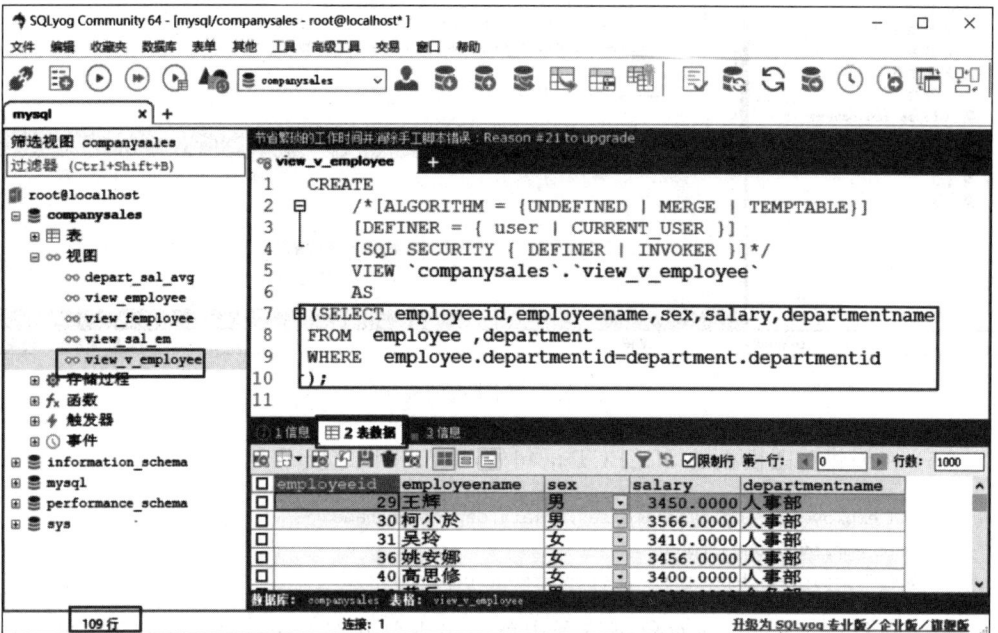

图 9.5　view_v_employee 视图中的数据

　　分析：在员工视图 view_v_employee 中，已经包含了员工的姓名、工资和部门信息。因此利用例 9.6 中创建的 view_v_employee 视图来创建部门平均工资视图。

　　操作步骤如下。

（1）启动 SQLyog 客户端软件。

（2）在"对象资源管理器"中，展开 companysales|"视图"节点。

（3）右击"视图"节点，在弹出的快捷菜单中选择"创建视图"命令，输入视图名 view_s_department，单击"创建"按钮，如图 9.6 所示。

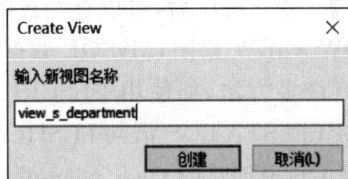

图 9.6 利用 SQLyog 创建视图

（4）在创建视图模板的 SELECT 语句处，输入以下 SQL 语句。

```
SELECT departmentname,AVG(salary) a_salary
    FROM  view_v_employee
    GROUP BY departmentname
```

（5）执行以上语句，在对象浏览器中就会出现创建名为 view_s_department 的视图。单击结果视图中的"表数据"，即可看到创建的 view_s_department 视图中的数据，如图 9.7 所示。

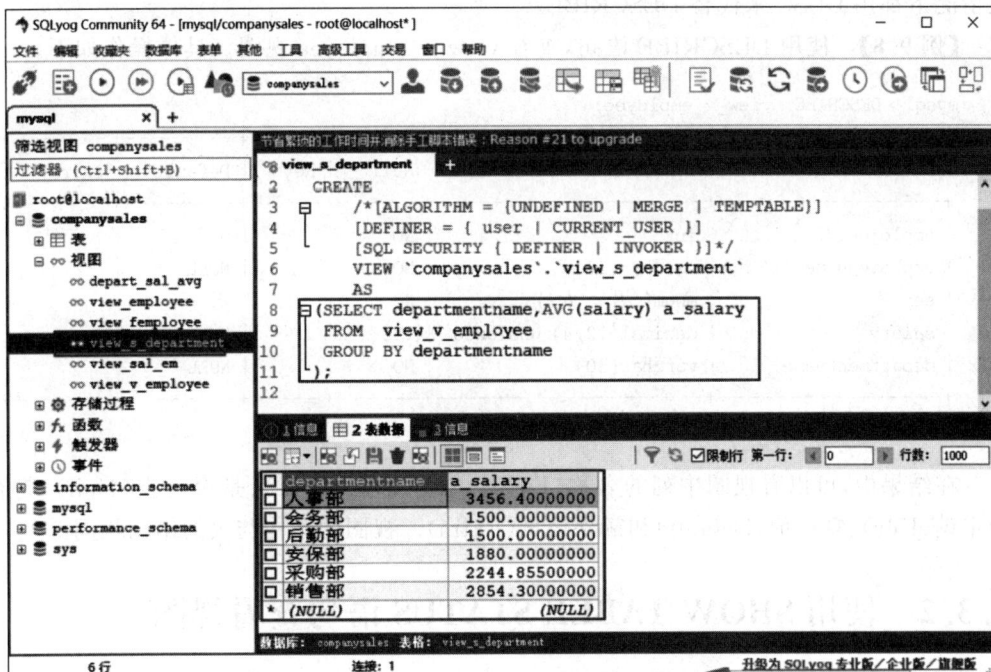

图 9.7 view_s_department 视图中的数据

任务 9.3 查看视图

【任务描述】 创建视图后,可以查看视图的定义信息。查看视图定义必须拥有 SHOW VIEW 权限,MySQL 数据库下的 user 表中保存这个信息。查看视图有许多方法,如使用 DESCRIBE 语句、SHOW TABLES 语句、SHOW TABLE STATUS 语句和 SHOW CREATE VIEW 语句等。本任务使用不同的语句查看例 9.6 中创建的 view_v_employee 视图。本任务培养学生分析问题、解决问题的能力。

9.3.1 使用 DESCRIBE 语句查看视图

由于视图是一种虚拟的表,所以可以使用 DESCRIBE 语句来查看视图。具体的语法格式如下。

DESCRIBE｜DESC 视图名

其中,参数"视图名"就是要查看的视图名称;DESCRIBE 可以缩写为 DESC。大多数情况下都用 DESC 来代替 DESCRIBE。

【例 9.8】 使用 DESCRIBE 语句,查看 view_v_employee 视图。具体操作如下。

```
mysql > DESCRIBE   view_v_employee;
+----------------+------------------------+------+-----+---------+-------+
| Field          | Type                   | Null | Key | Default | Extra |
+----------------+------------------------+------+-----+---------+-------+
| employeeid     | int                    | NO   |     | 0       |       |
| employeename   | varchar(50)            | NO   |     | NULL    |       |
| sex            | enum('男','女')        | NO   |     | 男      |       |
| salary         | decimal(12,4) unsigned | YES  |     | NULL    |       |
| departmentname | varchar(30)            | NO   |     | NULL    |       |
+----------------+------------------------+------+-----+---------+-------+
5 rows in set (0.01 sec)
```

在结果中,可以看视图中列的名称(Field)、数据类型(Type)、是否为空(Null)、是否为主键(Key)、默认值(Default)和额外信息(Extra)。视图的结构与表的结构相同。

9.3.2 使用 SHOW TABLE STATUS 语句查看视图

也可以使用 SHOW TABLE STATUS 语句来查看视图的信息,具体的语法格式如下。

SHOW TABLE STATUS LIKE '视图名'

其中,LIKE 表示后面匹配的是字符串;参数"视图名"指的是要查询的视图名称。

【例 9.9】　使用 SHOW TABLE STATUS 语句，查看 view_v_employee 视图。具体操作如下。

```
mysql > SHOW TABLE STATUS LIKE 'view_v_employee'\G
*************************** 1. row ***************************
           Name: view_v_employee
         Engine: NULL
        Version: NULL
     Row_format: NULL
           Rows: NULL
 Avg_row_length: NULL
    Data_length: NULL
Max_data_length: NULL
   Index_length: NULL
      Data_free: NULL
 Auto_increment: NULL
    Create_time: NULL
    Update_time: NULL
     Check_time: NULL
      Collation: NULL
       Checksum: NULL
 Create_options: NULL
        Comment: VIEW
1 row in set (0.00 sec)
```

从执行结果可以看出，表的说明 Comment 项的值为 VIEW，表示该表为视图。该表的存储引擎（Engine）、数据长度（Data_length）的值均为 NULL，说明视图为虚拟表，并未真正存在，与普通表还是有差别的。使用 SHOW TABLE STATUS 语句查看 employee 表，执行结果如下。

```
mysql > SHOW TABLE STATUS LIKE 'employee'\G
*************************** 1. row ***************************
           Name: employee
         Engine: InnoDB
        Version: 10
     Row_format: Compact
           Rows: 107
 Avg_row_length: 153
    Data_length: 16384
Max_data_length: 0
   Index_length: 16384
      Data_free: 0
 Auto_increment: 115
    Create_time: 2024 - 07 - 17 10:58:55
    Update_time: NULL
     Check_time: NULL
      Collation: utf8mb4_general_ci
       Checksum: NULL
 Create_options:
```

203

```
Comment:
1 row in set (0.01 sec)
```

从执行结果可以看出,employee 表的基本信息都显示出来了,包括数据表的存储引擎、数据表的记录数、数据长度、索引长度和数据表创建时间等。SHOW TABLE STATUS 返回数据的各项含义如表 9.1 所示。

表 9.1　SHOW TABLE STATUS 返回数据的各项含义

列　　名	含　　义
Name	表或者视图名称
Engine	表的存储引擎
Version	表的.frm 文件的版本号
Row_format	行存储格式。InnoDB 表格式被报告为 Redundant 或 Compact
Rows	行的数目
Avg_row_length	平均的行长度
Data_length	数据文件的长度
Max_data_length	数据文件的最大长度
Index_length	索引文件的长度
Data_free	表空间的碎片字节数
Auto_increment	下一个 AUTO_INCREMENT 值
Create_time	表的创建时间
Update_time	最后一次更新数据的时间
Check_time	最后一次被检查的时间
Collation	字符集
Checksum	校验和
Create_options	和 CREATE TABLE 同时使用的额外选项
Comment	创建表时使用的注释

说明:一般情况下,较少使用 SHOW TABLE STATUS 来查看视图,因为得到的信息实在太少,大部分的属性值为 NULL,只有 Comment 属性值为 VIEW。

9.3.3　使用 SHOW CREATE VIEW 语句查看视图

在 MySQL 中,可以使用 SHOW CREATE VIEW 来查看视图的详细信息。其语法格式如下。

```
SHOW CREATE VIEW 视图名
```

【例 9.10】　使用 SHOW CREATE VIEW 语句,查看 view_v_employee 视图。具体操作如下。

```
mysql > SHOW CREATE VIEW view_v_employee\G
*************************** 1. row ***************************
        View: view_v_employee
    Create View: CREATE ALGORITHM = UNDEFINED DEFINER = 'root'@'localhost' SQL SECURITY
```

```
DEFINER VIEW 'view_v_employee' AS (select 'employee'.'employeeid' AS 'employeeid','employee'.
'employeename' AS 'employeename','employee'.'sex' AS 'sex','employee'.'salary' AS 'salary',
'department'.'departmentname' AS 'departmentname' from ('employee' join 'department') where
('employee'.'departmentid' = 'department'.'departmentid'))
character_set_client: utf8mb4
collation_connection: utf8mb4_0900_ai_ci
1 row in set (0.00 sec)
```

执行结果显示了视图的详细信息。包括视图的各个属性和字符编码等信息。

9.3.4　在 views 表中查看视图详细信息

当 MySQL 数据库管理系统创建成功后，自动创建一个系统数据库 information_schema，在该数据库中有一个数据表 views，保存所有视图的定义，所以可以通过查看 views 表来查看所有视图的定义。其语法格式如下。

```
SELECT *  FROM information_schema.views
```

【例 9.11】　查看 companysales 数据库下所有的视图定义的信息。具体操作如下。

```
mysql > SELECT * FROM information_schema.views LIMIT 2\G
*************************** 1. row ***************************
        TABLE_CATALOG: def
         TABLE_SCHEMA: companysales
           TABLE_NAME: view_s_department
      VIEW_DEFINITION: (select 'view_v_employee'.'departmentname' AS 'departmentname',avg
('view_v_employee'.'salary') AS 'a_salary' from 'companysales'.'view_v_employee' gro
    up by 'view_v_employee'.'departmentname')
         CHECK_OPTION: NONE
         IS_UPDATABLE: NO
              DEFINER: root@localhost
        SECURITY_TYPE: DEFINER
  CHARACTER_SET_CLIENT: utf8mb4
   OLLATION_CONNECTION: utf8mb4_0900_ai_ci
            ALGORITHM: UNDEFINED
*************************** 2. row ***************************
        TABLE_CATALOG: def
         TABLE_SCHEMA: companysales
           TABLE_NAME: view_v_employee
      VIEW_DEFINITION: (select 'companysales'.'employee'.'employeeid' AS 'employeeid',
'companysales'.'employee'.'employeename' AS 'employeename','companysales'.'employee'.'s
    ex' AS 'sex','companysales'.'employee'.'salary' AS 'salary','companysales'.'department'.
'departmentname' AS 'departmentname' from 'companysales'.'employee' join 'companysal
    es'.'department' where ('companysales'.'employee'.'departmentid' = 'companysales'.
'department'.'departmentid'))
         CHECK_OPTION: NONE
         IS_UPDATABLE: YES
```

```
         DEFINER: root@localhost
     SECURITY_TYPE: DEFINER
CHARACTER_SET_CLIENT: utf8mb4
COLLATION_CONNECTION: utf8mb4_0900_ai_ci
        ALGORITHM: UNDEFINED
4 rows in set, 1 warning (0.05 sec)
```

由于篇幅有限,本例中增加了 LIMIT 2 子句,执行结果仅显示 2 条记录。删除 LIMIT 2 子句即可查看所有的记录。

9.3.5 使用 SQLyog 客户端软件查看视图

利用客户端软件 SQLyog,可更加方便地查看视图的各种信息。

【例 9.12】 利用客户端软件 SQLyog 查看 companysales 数据库下视图 view_v_ employee 信息。

分析:在客户端软件 SQLyog 中,不仅可以利用查询编辑器中运行各种查看视图的语句来查看视图的信息,还可以运用图形方式查看视图的信息,具体操作步骤如下。

(1)在对象浏览器中,展开数据库 companysales|"视图"节点。

(2)选择 view_v_employee 视图,选择"工具"|"信息"命令,结果如图 9.8 所示。在默认情况下,在该窗口中默认以 HTML 格式显示 view_v_employee 视图的相关信息,可以看到视图结构和定义的详细信息。

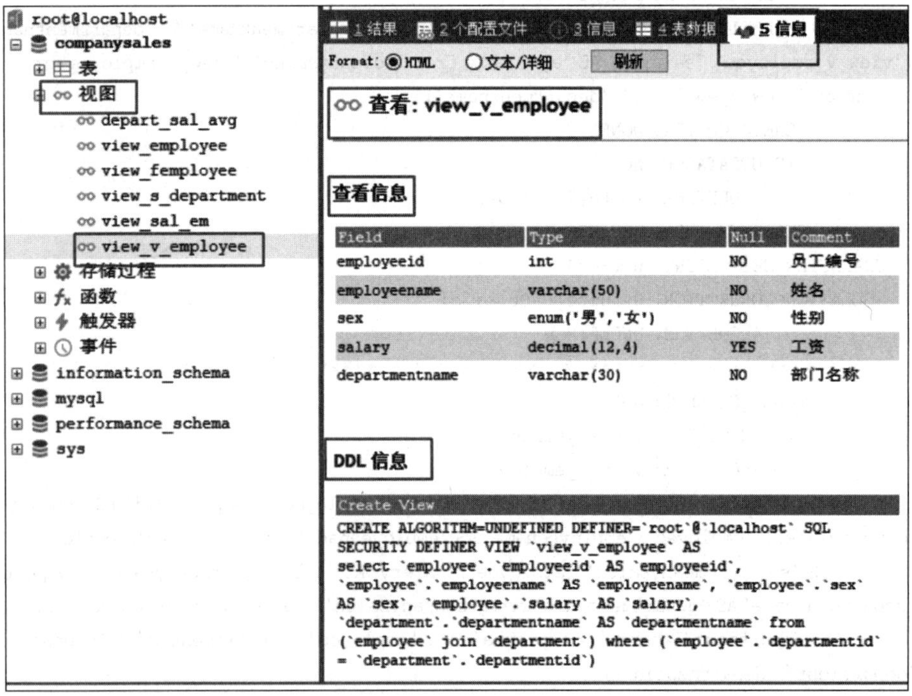

图 9.8 使用 SQLyog 查看 view_v_employee 视图

任务 9.4　修 改 视 图

【任务描述】　视图在运用的过程中可能需要修改,本任务使用 ALTER VIEW 语句或者 CREATE OR REPLACE VIEW 语句来修改视图,提升学生规范化、标准化的职业素养。

9.4.1　使用 ALTER VIEW 语句修改视图

与修改表类似,可以使用 ALTER VIEW 语句修改视图,其语法格式如下。

```
ALTER VIEW 视图名 [(column [ ,...n ])]
AS
  select_statement
[WITH [CASCADED | LOCAL] CHECK OPTION]
```

其中,参数与 CREATE VIEW 中参数一样,此处不再赘述。

【例 9.13】　将例 9.2 中创建的人事部员工信息视图 view_p_employee 视图改为有关会务部员工的视图。

(1) 用 SELECT 语句查看 view_p_employee 的数据,具体操作如下。

```
mysql > SELECT * FROM view_p_employee ;
+------------+--------------+-----+-----------+--------------+
| employeeid | employeename | sex | salary    | departmentid |
+------------+--------------+-----+-----------+--------------+
|         29 | 王辉         | 男  | 3450.0000 |            3 |
|         30 | 柯小於       | 男  | 3566.0000 |            3 |
|         31 | 吴玲         | 女  | 3410.0000 |            3 |
|         36 | 姚安娜       | 女  | 3456.0000 |            3 |
|         40 | 高思修       | 女  | 3400.0000 |            3 |
+------------+--------------+-----+-----------+--------------+
5 rows in set (0.00 sec)
```

结果显示部门编号为 3,有 5 条记录。

(2) 执行修改视图的具体操作如下。

```
mysql > ALTER VIEW view_p_employee
    -> AS
    -> SELECT employeeid, employeename, sex, salary, departmentid
    -> FROM employee
    -> WHERE   departmentid = (SELECT departmentid FROM department
    ->                            WHERE   departmentname = '会务部')
    -> ;
Query OK, 0 rows affected (0.01 sec)
```

结果显示执行成功。

（3）打开新的 view_p_employee 视图，查看数据，具体操作如下。

```
mysql > SELECT * FROM view_p_employee;
+------------+--------------+-----+-----------+--------------+
| employeeid | employeename | sex | salary    | departmentid |
+------------+--------------+-----+-----------+--------------+
|         79 | 黄兵         | 男  | 1500.0000 |            6 |
|         82 | 夏文强       | 男  | 1500.0000 |            6 |
|         92 | 杨秀云       | 女  | 1500.0000 |            6 |
|        101 | 陈枝         | 女  | 1500.0000 |            6 |
+------------+--------------+-----+-----------+--------------+
4 rows in set (0.00 sec)
```

执行结果显示，部门编号变为 6，有 4 条记录。

9.4.2 使用 CREATE OR REPLACE VIEW 语句修改视图

在 MySQL 中，可以使用 CREATE OR REPLACE VIEW 语句修改视图。该语句的使用比较灵活。若视图已经存在，则该语句对视图进行修改；若视图不存在，则该语句创建视图。该语句的语法格式如下。

```
CREATE [OR REPLACE] VIEW 视图名 [(column [ ,...n ])]
AS
  select_statement
[WITH  [CASCADED | LOCAL] CHECK OPTION]
```

其中，各参数与创建视图相同，此处不再赘述。

【例 9.14】 将在例 9.5 中创建的客户订单信息视图修改为包括客户名称、订购的商品和单价等信息。

（1）使用 DESC 查看 view_cu_order 的结果，以便于修改后进行比较。具体操作如下。

```
mysql > DESC  view_cu_order;
+----------+---------------+------+-----+---------+-------+
| Field    | Type          | Null | Key | Default | Extra |
+----------+---------------+------+-----+---------+-------+
| 公司名称 | varchar(50)   | NO   |     | NULL    |       |
| 商品名   | varchar(50)   | YES  |     | NULL    |       |
| 订购数量 | int           | YES  |     | NULL    |       |
| 单价     | decimal(18,2) | NO   |     | NULL    |       |
| 订购日期 | date          | YES  |     | NULL    |       |
+----------+---------------+------+-----+---------+-------+
5 rows in set (0.01 sec)
```

由结果可以看出 view_cu_order 视图有 5 个列。

（2）使用 CREATE OR REPLACE VIEW 修改视图，具体操作如下。

```
mysql > CREATE OR REPLACE VIEW view_cu_order
```

```
    -> AS
    -> SELECT CU.companyname AS 公司名称, PD.productname AS 商品名,
    ->        PD.price AS 单价
    -> FROM  customer AS CU INNER JOIN sell_order  AS SO
    -> ON CU.customerid = SO.customerid
    -> INNER JOIN product AS PD
    -> ON SO.productid = PD.productid;
Query OK, 0 rows affected (0.01 sec)
```

结果显示执行成功。

（3）使用 DESC view_cu_order 查看视图的结构,具体操作如下。

```
mysql> DESC  view_cu_order;
+-----------+---------------+------+-----+---------+-------+
| Field     | Type          | Null | Key | Default | Extra |
+-----------+---------------+------+-----+---------+-------+
| 公司名称   | varchar(50)   | NO   |     | NULL    |       |
| 商品名     | varchar(50)   | YES  |     | NULL    |       |
| 单价       | decimal(18,2) | NO   |     | NULL    |       |
+-----------+---------------+------+-----+---------+-------+
3 rows in set (0.01 sec)
```

结果显示,view_cu_order 视图结构已经有了变化。

9.4.3 通过 SQLyog 客户端软件修改视图

右击要修改的视图节点,在弹出的快捷菜单中,选择"改变视图"命令,即可以修改视图。

【例 9.15】 由于经常要查询有关客户的订单和联系人情况,将例 9.12 中修改的客户订单信息视图 view_cu_order 修改为包含客户名称、联系人、订购的商品和单价的信息。

分析：使用 SQLyog 修改视图。

（1）启动 SQLyog 客户端软件。

（2）在"对象资源管理器"中,展开 companysales|"视图"节点,此时在对象浏览器窗格中显示当前数据库的所有视图。

（3）右击 view_cu_order 视图节点,在弹出的快捷菜单中选择"改变视图"命令,出现对应的视图编辑器,如图 9.9 所示。

（4）单击"表数据"选项卡,查看修改前的 view_cu_order 视图数据,如图 9.10 所示。

（5）在编辑器中修改视图代码,如图 9.11 所示。

（6）单击工具栏中的"执行"按钮,执行 SQL 语句,在"信息"窗格中将显示修改视图执行成功,如图 9.12 所示。

（7）单击"表数据"选项卡,可以查看修改后的 view_cu_order 视图数据,如图 9.13 所示,在视图中增加了"联系人"列。

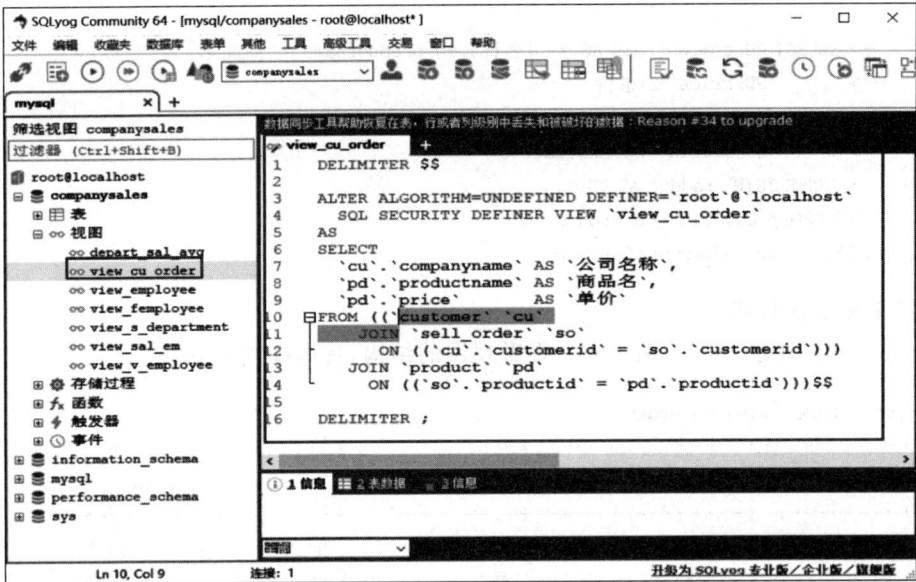

图 9.9　view_cu_order 视图信息

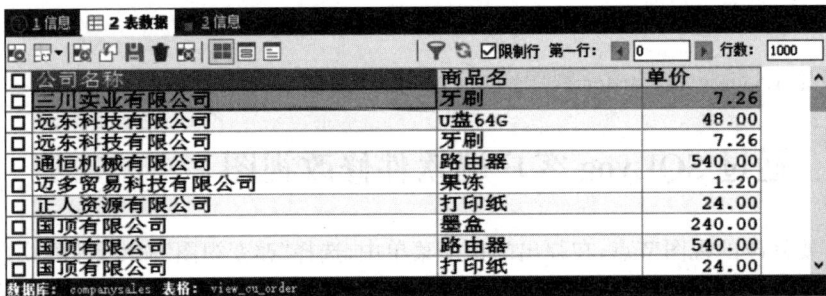

图 9.10　修改前的 view_cu_order 视图数据

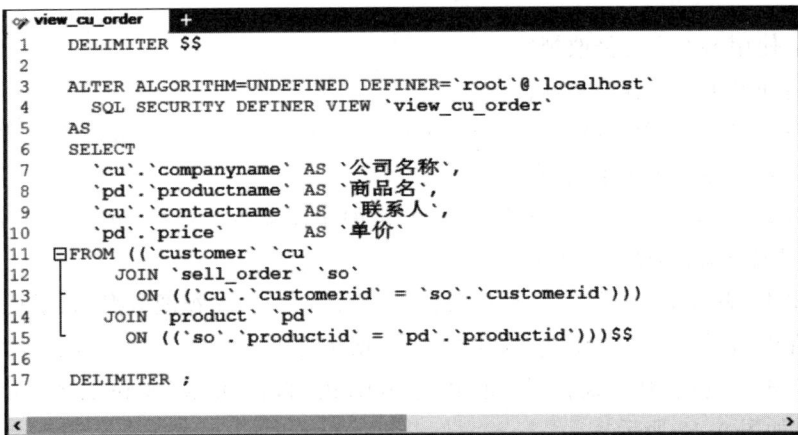

图 9.11　修改视图代码

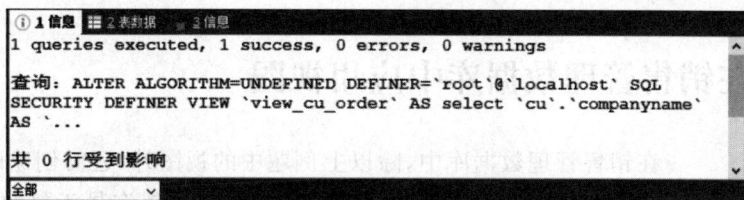

图 9.12　修改视图执行成功

图 9.13　修改后的 view_cu_order 视图数据

任务 9.5　删 除 视 图

【任务描述】　本任务介绍删除指定视图的方法。

1. 使用 DROP VIEW 删除视图

在 MySQL 中，使用 DROP VIEW 来删除视图。其语法格式如下。

```
DROP  VIEW 视图名[,…n]
```

【例 9.16】　删除 view_cu_order 视图，具体操作如下。

```
mysql > DROP VIEW view_cu_order;
Query OK, 0 rows affected (0.00 sec)
```

2. 使用 SQLyog 客户端软件删除视图

如果要删除视图，在"对象浏览器"中，展开"视图"节点，右击要删除的视图名，在出现的快捷菜单中选择"删除视图"命令，出现确认对话框，单击"确定"按钮，即可成功删除选定视图。

任务 9.6　视图的应用

【任务描述】　在销售管理数据库中应用视图，屏蔽数据的复杂性和安全性；针对不同的用户创建不同的视图；培养利用先进思维方法解决问题的理念；检查代码和性能是否符合技术规范，提升学生规范化、标准化的职业素养。

9.6.1 在销售管理数据库中应用视图

在销售管理数据库中,除以上例题中的视图外,还需创建以下的视图。

【**例 9.17**】 在销售管理数据库中,经常要查询员工接收的订单详细情况。创建一个订单详细信息视图,包括员工编号、员工姓名、客户信息、订购商品名称、订购数量、单价和订购日期。

分析:查询各员工接收的订单情况,包括在 4 个表中,利用 4 个表的连接,可以查询相关信息。执行以下 SQL 语句。

```
CREATE VIEW view_em_sell_order
As
  SELECT   EM.employeeid AS 员工编号,EM.employeename AS 员工姓名,
  CU.companyname AS 客户名称,PD.productname AS 商品名,
  SO.sellordernumber AS 订购数量, PD.price AS 单价,
  SO.sellorderdate AS 订购日期
  FROM    employee AS EM
    INNER JOIN sell_order   AS SO
      ON EM.employeeid = SO.employeeid
    INNER JOIN product AS PD
      ON SO.productid = PD.productid
    INNER JOIN customer AS CU
      ON SO.customerid = CU.customerid
  ORDER BY EM.employeeid
```

说明:此视图包含了 4 个基本表,此处仅是为了练习示范作用。在实际运用中,不建议超过 3 个基本表。

【**例 9.18**】 在销售管理数据库中,经常要统计各员工接收的订单情况。创建一个员工统计订单信息视图,包括员工编号、员工姓名、订单数目和订单总金额。

分析:查询各员工接收的订单情况包含在 view_em_sell_order 视图中。通过 COUNT(员工编号)聚合函数统计,便可查询各员工的订单数目;订单总金额通过 SUM (单价 * 订购数量)计算。查询语句如下。

```
SELECT 员工编号,员工姓名, COUNT(员工编号) 订单数目,
     SUM(单价 * 订购数量) 总金额
  FROM view_em_sell_order
  GROUP BY 员工编号, 员工姓名
```

如果不利用视图,而直接利用 3 个基本表的查询语句较为复杂,语句如下。

```
SELECT EM.employeeid 员工编号,EM.employeename AS 员工姓名, COUNT(EM.employeename) 订单数目,
     sum(pd.price * so.SellOrderNumber) AS 总金额
  FROM    employee AS EM INNER JOIN Sell_Order   AS SO
  ON EM.employeeid = SO.employeeid
  INNER JOIN product AS PD
  ON SO.productid = PD.productid
  GROUP BY EM.employeeid,EM.employeename
```

相比较而言,利用视图操作比较简便。

在查询编辑器中执行以下 SQL 语句。

```
CREATE VIEW view_total_em_sell
AS
  SELECT 员工编号, COUNT(员工编号) 订单数目,员工姓名,
         UM(单价 * 订购数量) 总金额
  FROM view_em_sell_order
  GROUP BY 员工编号,员工姓名
```

【例 9.19】 在销售管理数据库中,经常要统计商品销售情况。创建一个统计商品销售信息视图,包括商品名称、订购总数量。

分析:在例 9.18 中创建的 view_em_sell_order 视图中,已经包含了订购商品的名称和订购数量,所以利用 view_em_sell_order 视图创建 view_pro_sell 视图。

在查询编辑器中执行以下 SQL 语句。

```
CREATE VIEW view_pro_sell
AS
  SELECT 商品名,SUM(订购数量) 总数量
  FROM view_em_sell_order
  GROUP BY 商品名
```

说明:可以利用视图和基本表来创建视图。

9.6.2 利用视图操作数据

1. 查询数据

【例 9.20】 在销售管理数据库中,查询"牛奶"的订购总数量。

分析:view_pro_sell 视图中包含各类商品的订购总数量。

具体操作如下。

```
mysql > SELECT * FROM view_pro_sell WHERE 商品名 = '牛奶';
+--------+--------+
| 商品名 | 总数量 |
+--------+--------+
| 牛奶   |   760  |
+--------+--------+
1 row in set (0.00 sec)
```

【例 9.21】 在销售管理数据库中,查询员工姜玲娜接收的订单信息。

分析:所有员工接收订单的详细信息,均包含在 view_em_sell_order 视图中,所以利用此视图可以直接查询员工接收销售订单的情况。

具体操作如下。

```
mysql > SELECT * FROM view_em_sell_order WHERE  员工姓名 ='姜玲娜';
+--------+--------+----------+-----------+--------+--------+------------+
| 员工编号| 员工姓名| 客户名称 | 商品名    |订购数量| 单价   | 订购日期   |
+--------+--------+----------+-----------+--------+--------+------------+
|     10 | 姜玲娜 | 林川中学 | DELL 显示器|   600  | 700.00 |2024－08－05 |
```

```
+-------+--------+---------+---------+-------+--------+----------+
```
1 row in set (0.00 sec)

2. 利用视图更新数据

由于视图是一个虚表,所以对视图的更新,最终还要转化成对基本表的更新。其更新操作包括插入、修改和删除数据。其语法格式如同对基本表的更新操作一样。在关系数据库中,并不是所有的视图都是可更新的。

【例 9.22】 在销售管理数据库中,雇用一名新女员工,姓名为"毛景明",工资为 1500 元,部门编号为 3。利用例 9.1 中创建的职工视图 view_f_employee,添加员工信息。

分析:利用视图插入数据与操作基本表相同。

具体操作如下。

```
mysql> INSERT INTO view_f_employee(employeename,sex,salary, departmentid)
    -> VALUES ('毛景明','女', 1500,3);
Query OK, 1 row affected (0.01 sec)
```

结果显示执行成功。为了检查输入数据的结果,在 employee 表中查询最后一条记录。为了便于显示,在 SQLyog 软件中,SQL 语句及执行结果如图 9.14 所示。

图 9.14 利用视图插入数据

结果显示"毛景明"员工的记录已经插入,employeename、sex、salary 和 departmentid 都有值。employeeid 和 hiredate 也都已经有值,那是因为在 employee 表中,相应的列有默认值。

【例 9.23】 在销售管理数据库中,员工姜玲娜接收到一个"牛奶"订单,利用视图添加订单信息。

具体操作如下(由于更新多个基本表的信息,所以无法更新)。

```
mysql> INSERT INTO view_em_sell_order(员工姓名,商品名,订购数量,单价,订购日期)
    -> VALUES('姜玲娜','牛奶',20,9.6,'2025-02-01')
    -> ;
ERROR 1393 (HY000): Can not modify more than one base table through a join view 'companysales.
view_em_sell_order'
```

说明:不能同时修改两个或者多个基本表,可以对基于两个或多个基本表或视图的视图进行修改,但是每次修改都只能影响一个基本表。不能修改那些通过计算得到的列。如果指定了 WITH CHECK OPTION 选项,必须保证修改后的数据满足视图定义的范围。

214

习　题

一、填空题

1. 视图是一种常用的_____。

2. 视图可以看作从一个或几个_____导出的虚表或存储在数据库中的查询。

3. 数据库中只存放视图的_____,而不存放视图对应的_____,数据存放在原来的_____中,当基本表中的数据发生变化,从视图中查询出的数据_____。

4. 在实际应用过程中,一般建议视图的来源基本表不超过_____个。

二、思考题

1. 视图与数据表有何区别?

2. 视图有哪些优点?

3. 创建视图的方法和注意事项有哪些?

4. 如何查看创建视图的定义?

实　训

一、实训目的

1. 掌握视图的创建和修改。

2. 掌握视图中数据的操作。

二、实训内容

1. 在销售管理数据库系统中,创建有关所有男员工的视图 employee_mal。

2. 创建有关客户订购产品的订单的信息视图,并命名为 customer_order,查询有关通恒机械公司所订购产品的信息。

3. 创建有关员工接收订单的信息视图,并命名为 em_order,按员工计算接收订单中订购产品的数量平均值、最大值和最小值。

4. 有关订购打印纸的信息视图,并命名为 paper_order。

5. 修改 employee_mal 视图,改为有关女员工的资料,并利用视图查询工资超过 3000 元的女员工的平均工资。

6. 修改 paper_order 的定义,改为有关苹果汁的订购信息。

7. 将 paper_order 视图的名称改为 apple_order。

8. 在 employee_mal 视图中,插入一行数据。姓名:章秒亦;性别:女;出生年月:1990-12-09;工资:4500 元。然后查看执行的结果。

项目 10   销售管理数据库中索引的应用

技能目标

能够根据实际需求设计销售管理数据库中的数据表的索引,提高数据检索的速度。

知识目标

理解索引的优点和缺点;掌握普通索引、唯一索引、全文索引、单列索引、多列索引和空间索引的定义与作用;掌握创建索引的多种方法;掌握查看、删除和修改索引的方法;掌握分析和维护索引的方法。

职业素养

增强辩证思维、战略思维和系统性思维能力;能够检查代码和性能是否符合技术规范,树立规范化、标准化的职业素养和工匠精神。

任务 10.1   认 识 索 引

【任务描述】   在数据库中,索引是表中数据和相应存储位置的列表。利用索引可以迅速找到表中指定的数据,而不必扫描整个数据库,提升效率。本任务介绍数据库中应用索引的方法,培养学生探索新知识的能力。

10.1.1   索引的作用

如果要在一本书中快速找到所需的信息,可利用目录。根据目录中给出的章节页码,就可快速地查找到其对应的内容,而不是一页一页地查找。数据库的索引与书籍的目录类似,也允许数据库应用程序利用索引,迅速找到表中指定的数据,而不必扫描整个数据库。在图书中,目录就是内容和相应页码的列表清单。在数据库中,索引就是表中数据和相应存储位置的列表。

例如,销售管理数据库中的员工表保存员工的信息,包含了员工的编号、姓名、性别和出生年月等信息。在实际的应用过程中,经常要根据员工的姓名查找指定员工的信息,所以利用员工姓名(employeename)列创建索引,如图 10.1 所示。如果要查找姓名为"吴剑波"的员工信息,若不利用索引,则必须在数据页中逐记录逐列地查找,直到扫描到第 47

条记录找到为止。如果利用员工姓名创建索引表就可以快速地找到。创建索引的目的就是提高查找的效率。

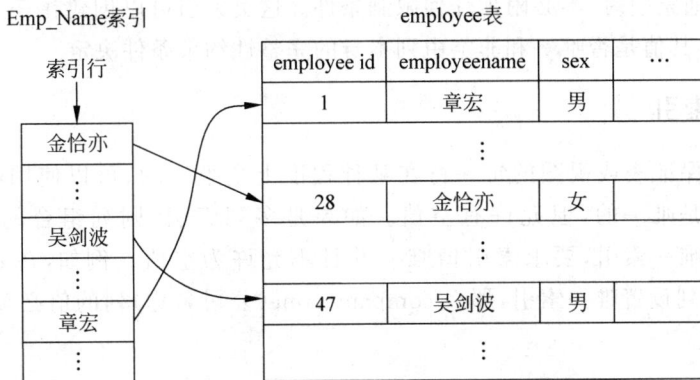

图 10.1   系统默认创建的聚集索引

在 MySQL 中,索引是一个单独的、物理的数据库结构,是为了对表中的数据行进行检索而创建的一种分散存储结构。索引是依赖于表建立的,是某个表中一列或者若干列的集合以及相应的标识这些值所在的数据页的逻辑指针清单,提供了数据库中编排表中数据的内部方法。表的存储由两部分组成,一部分是表的数据页面;另一部分是索引页面。索引页面相对于数据页面小得多。当进行数据检索时,系统先搜索索引页面,从中找到所需数据的指针,再直接通过指针从数据页面中读取数据。

存储引擎可以定义每个表的最大索引数和最大索引长度,每种存储引擎(如 InnoDB、MyISAM、BDB、MEMORY 等)对每个表至少支持 16 个索引,总索引长度至少为 256 字节,大多数存储引擎支持有更多的索引数和更大的索引长度。

索引主要有两种存储类型:BTree 和 Hash 索引。由 MyISAM 和 InnoDB 存储引擎的表默认创建的都是 BTree 索引。默认情况下,MEMORY 存储引擎使用 Hash 索引,也支持BTree 索引。MySQL 目前还不支持函数索引,但是支持前缀索引,即对索引列的前 N 个字符创建索引。前缀索引的长度跟存储引擎相关,对于由 MyISAM 存储引擎创建的表,索引的前缀长度可以达到 1000 字节;而对于由 InnoDB 存储引擎创建的表,索引的前缀长度最长是 767 字节。前缀的限制应以字节为单位进行测量,而 CREATE TABLE 语句中的前缀长度被解释为字符数。在为使用多字节字符集的列指定前缀长度时一定要加以考虑。

索引有明显的优点,但是也存在不可避免的缺点。索引的缺点在于创建和维护都需要耗费时间,并且耗费的时间随着记录数量级的增加而增加。索引一旦创建,将由数据库自动管理和维护。例如,向表中插入、更新和删除一条记录时,数据库会自动在索引中做出相应的修改,造成数据库维护速度的降低。在编写 SQL 查询语句时,具有索引的表与不具有索引的表没有任何区别,索引只是提供一种快速访问指定记录的方法。

10.1.2   索引的分类

MySQL 支持 6 种索引:普通索引、唯一索引、全文索引、单列索引、多列索引和空间索引。

1. 普通索引

在创建普通索引时,不必附加任何限制条件。这类索引可以创建在任何数据类型上,其值是否唯一和非空由列本身的完整性约束条件决定。

2. 唯一索引

如果为了保证表或视图的每一行在某种程度上是唯一的,可以使用唯一索引。唯一索引值必须是唯一的,但允许有空值。如果是多列索引,则列组合的值必须唯一。主键是特殊的唯一索引,要求索引值唯一并且不允许为空值。例如,在 customer 表的 companyname 列设置唯一索引,那么 companyname(公司名称)列的值必须是唯一的,而且不允许为空。

3. 全文索引

全文索引(也称全文检索)是目前搜索引擎使用的一种关键技术。利用算法智能分析出文本中关键字词的频率及重要性,然后按照一定的算法规则智能地筛选出搜索结果。在 MySQL 的 MyISAM 存储引擎和 InnoDB 存储引擎(5.6 及以上)支持全文索引,如果是其他数据存储引擎,则全文索引不会生效。全文索引适合的数据类型为 char、varchar 和 text。此外,MySQL 自带的全文索引功能只能对英文进行全文检索,目前无法对中文进行全文检索。如果需要对包含中文在内的文本数据进行全文检索,需要采用 Sphinx/Coreseek 技术来处理中文。

4. 单列索引

单列索引只是针对创建索引所在的列,是指在表的单个列上创建的索引。单列索引可以是普通索引、唯一索引或者全文索引,只要保证索引对应一个列即可。

5. 多列索引

多列索引是在一个表的多个列上创建一个索引。该索引指向创建时的多个列。多列索引可以是普通索引、唯一索引和全文索引。一个索引可以对应多个列。

6. 空间索引

空间索引只能创建在空间数据类型上,这样可以提高系统获取的空间数据的效率。MySQL 中的空间数据类型包括 GEOMENTRY、POINT、LINESTRING 和 POLYGON 等。目前只有 MyISAM 存储引擎支持空间索引,而且检索的索引值不能为空。

10.1.3 索引文件的存储

MySQL 将行数据和索引数据保存在不同的文件中。MySQL 通过数据库目录中的 .frm 文件表示每个表。表的存储引擎也可能会创建其他文件。对于 MyISAM 表,存储引擎可以创建数据文件和索引文件。比如,MyISAM 存储引擎表 tbl_name,有 3 个磁盘文件,如表 10.1 所示。

表 10.1　索引文件的存储

文　　件	作　　用
tbl_name.frm	表格式(定义)文件
tbl_name.myd	数据文件
tbl_name.myi	索引文件

任务 10.2　创 建 索 引

【任务描述】　本任务使用 3 种方法创建索引:在创建表的时候创建索引、在已有表上创建索引和使用 ALTER TABLE 语句创建索引。

10.2.1　在创建表的时候创建索引

1. 创建索引的方法

在创建表的时候直接创建索引,是最直接、简单和方便的方法。创建索引的方法有两种:在创建所有的列之后创建索引和在定义列时,同时定义该列的索引。

(1) 在创建所有的列之后创建索引。此方法适合创建各类索引。其语法格式如下。

```
CREATE  TABLE  [ IF NOT EXISTS] 表名
(   列名1    数据类型和长度1  [列属性1],
    列名2    数据类型和长度2  [列属性2],
    ⋮
    列名n    数据类型和长度n  [列属性n],
    [UNIQUE │ FULLTEXT │ SPATIAL] INDEX [PRIMARY] KEY
        [索引名]  (列名[(长度)] [ASC] │[DESC])
    [VISIBLE │ INVISIBLE]
) [table_options]
```

其中各参数说明如下。

① 表名:要创建的数据表的名称,表的名称不能重复。

② UNIQUE│FULLTEXT│SPATIAL:UNIQUE 表示该索引为唯一索引;FULLTEXT 表示该索引为全文索引;SPATIAL 表示该索引为空间索引。

③ INDEX │[PRIMARY] KEY:指定索引,两者选择其一即可,作用一样的。其中的 PRIMARY 为可选项,表示为主键索引。

④ 索引名：新创建的索引的名称。

⑤ 列名：索引对应的列的名称，该名称必须事先定义。

⑥ 长度：索引的长度，只有字符串类型才可以使用。

⑦ ［ASC］｜［DESC］：ASC 表示升序；DESC 表示降序。

⑧ ［VISIBLE ｜ INVISIBLE］：可选项参数，VISIBLE 表示可见；INVISIBLE 表示不可见。

⑨ table_options∷＝{ENGINE｜TYPE}＝engine_name

　　　　　　　　　　｜ AUTO_INCREMENT＝value

　　　　　　　　　　｜ AVG_ROW_LENGTH＝value

在所有的列定义之后定义索引，可以操作单列索引也可以操作多列索引。

（2）在定义列时，同时定义该列的索引。此方法只能创建单列索引。其语法格式如下。

```
CREATE  TABLE  [ IF NOT EXISTS ] 表名
(  列名1  数据类型和长度1  [列属性1],
   列名2  数据类型和长度2  [列属性2],
    ⋮
   列名n  数据类型和长度n  [列属性n]
) [table_options]
```

其中：

```
列属性∷＝ [NOT NULL | NULL] [DEFAULT  default_value]
          [AUTO_INCREMENT] [UNIQUE |FULLTEXT | SPATIAL] [PRIMARY] KEY
          [COMMENT 'string'] [REFERENCES  tbl_name (index_col_name,...)]
```

2. 创建普通索引

在创建索引时，不选择 UNIQUE、FULLTEXT 和 SPATIAL 参数，就是创建普通索引。

【例 10.1】 创建 t_user1 表，在表的 id 列上创建一个普通索引。具体操作步骤如下。

（1）创建数据表。

```
mysql > CREATE  TABLE  t_user1
    -> (
    ->    id int,
    ->    username varchar(20) ,
    ->    password  varchar(20),
    ->    INDEX (id)
    -> );
Query OK, 0 rows affected (0.02 sec)
```

（2）查看表的结构。

```
mysql > DESC t_user1;
+----------+-------------+------+-----+---------+-------+
| Field    | Type        | Null | Key | Default | Extra |
```

```
+----------+-------------+------+-----+----------+-------+
| id       | int         | YES  | MUL | NULL     |       |
| username | varchar(20) | YES  |     | NULL     |       |
| password | varchar(20) | YES  |     | NULL     |       |
+----------+-------------+------+-----+----------+-------+
3 rows in set (0.01 sec)
```

从结果中可以看出,在 id 列上有一个普通索引。

(3) 使用 EXPLAIN 语句检查索引的使用情况。

```
mysql > EXPLAIN SELECT * FROM t_user1  WHERE id = 1;
+--+-----------+-------+------------+------+---------------+------+---------+-------+------+----------+-------+
|id|select_type|table  |partitions  |type  |possible_keys  |key   |key_len  |ref    |rows  |filtered  |Extra  |
+--+-----------+-------+------------+------+---------------+------+---------+-------+------+----------+-------+
| 1|SIMPLE     |t_user1|NULL        |ref   |id             |id    |5        |const1 |100.00|          |NULL   |
+--+-----------+-------+------------+------+---------------+------+---------+-------+------+----------+-------+
```

从结果中可以看出,possible_keys(可能应用的索引)和 key(实际应用的索引)为 id,所以在利用 id 为条件查询时,id 列上的索引得到应用。

说明:

(1) EXPLAIN 的作用。如果在 SELECT 语句前加上关键词 EXPLAIN,MySQL 将解释它如何处理 SELECT,提供有关表如何连接、连接的次序和应用哪些索引等。

(2) EXPLAIN 的使用方法。在 SELECT 语句前加上 EXPLAIN 就可以了。例如:

EXPLAIN SELECT surname, first_name FROM a, b WHERE a. id = b. id

(3) EXPLAIN 列的解释。

① table:显示这一行的数据是关于哪个表的。

② partitions:显示与分区表(partitioned table)相关的执行计划信息。

③ type:显示连接使用了何种类型。

④ possible_keys:显示可能应用在这个表中的索引。如果为空,没有可能的索引。可以为相关的域从 WHERE 语句中选择一条合适的语句。

⑤ key:实际使用的索引。如果为 NULL,则没有使用索引。只有在很少的情况下,MySQL 才会选择优化不足的索引。这种情况下,可以在 SELECT 语句中使用 USE INDEX(indexname)来强制使用一个索引,或者用 IGNORE INDEX(indexname)来强制 MySQL 忽略索引。

⑥ key_len:索引的长度。在不损失精确性的情况下,长度越短越好。

⑦ ref:显示索引的哪一列被使用了,如果可能的话,是一个常数。

⑧ rows:MySQL 认为必须检查的用来返回请求数据的行数。

⑨ Extra:关于 MySQL 如何解析查询的额外信息。

3. 创建唯一索引

选择 UNIQUE 参数,就可以创建唯一索引。

【例 10. 2】　创建 t_user2 表,在表的 id 列上创建一个主键索引,在 username 列上创

221

建一个唯一索引。具体操作步骤如下。

（1）创建数据表。

```
mysql > CREATE   TABLE   t_user2
   -> (
   ->  id int   PRIMARY KEY,
   ->  username varchar(20)   UNIQUE KEY ,
   ->  password  varchar(20)
   ->);
Query OK, 0 rows affected (0.08 sec)
```

（2）查看表的结构。

```
mysql > DESC   t_user2;
+----------+-------------+------+-----+---------+-------+
| Field    | Type        | Null | Key | Default | Extra |
+----------+-------------+------+-----+---------+-------+
| id       | int         | NO   | PRI | NULL    |       |
| username | varchar(20) | YES  | UNI | NULL    |       |
| password | varchar(20) | YES  |     | NULL    |       |
+----------+-------------+------+-----+---------+-------+
3 rows in set (0.01 sec)
```

从结果中可以看出，在 id 列上有一个主键索引；在 username 列上有一个唯一索引。

4. 创建全文索引

创建全文索引只能创建在 char、varchar 和 text 类型的列上，并且只有 InnoDB 存储引擎和 MyISAM 存储引擎支持全文索引。

【例 10.3】 创建 t_user3 表，在表的 id 列上创建一个主键索引，在 username 列上创建一个唯一索引，在 memo 列上创建一个全文索引。具体操作步骤如下。

（1）创建数据表。

```
mysql > CREATE   TABLE   t_user3
   -> (
   ->   id   int   PRIMARY KEY,                 / * 利用属性创建主键 * /
   ->   username  varchar(20)   UNIQUE KEY ,    / * 创建唯一约束 * /
   ->   password  varchar(20),
   ->   memo  varchar(200),
   ->   FULLTEXT KEY(memo)                      / * 创建全文约束 * /
   -> )ENGINE = InnoDB   DEFAULT CHARSET = utf8;  / * 设定存储引擎 * /
Query OK, 0 rows affected (0.08 sec)
```

说明：由于 MySQL 9.2 默认的存储引擎为 InnoDB，所以在创建数据表时，不必设置存储引擎。

（2）查看表的结构。

```
mysql > DESC t_user3;
+----------+-------------+------+-----+---------+-------+
| Field    | Type        | Null | Key | Default | Extra |
+----------+-------------+------+-----+---------+-------+
```

```
| id       | int          | NO  | PRI | NULL |     |     |
| username | varchar(20)  | YES | UNI | NULL |     |     |
| PASSWORD | varchar(20)  | YES |     | NULL |     |     |
| memo     | varchar(200) | YES | MUL | NULL |     |     |
+----------+--------------+-----+-----+------+-----+-----+
4 rows in set (0.01 sec)
```

从结果中可以看到,有 3 个索引已经成功创建。同样也可以利用 SHOW CREATE TABLE 语句查看数据表的结构。执行 SQL 语句结果如下。

```
mysql> SHOW CREATE TABLE   t_user3\G
*************************** 1. row ***************************
        Table: t_user3
  Create Table: CREATE TABLE 't_user3'(
    'id' int NOT NULL,
    'username' varchar(20) DEFAULT NULL,
    'password' varchar(20) DEFAULT NULL,
    'memo' varchar(200) DEFAULT NULL,
    PRIMARY KEY ('id'),
    UNIQUE KEY 'username' ('username'),
    FULLTEXT KEY 'memo' ('memo')
) ENGINE = InnoDB DEFAULT CHARSET = utf8mb4 COLLATE = utf8mb4_general_ci
1 row in set (0.00 sec)
```

5. 创建单列索引

单列索引就是在表的单个列上创建索引,以上示例创建的都是单列索引,此处不再赘述。

6. 创建多列索引

创建多列索引就是在一个表的多个列上,创建一个复合多列索引。

【例 10.4】 创建 t_user4 表,由于对 username 列和 password 列的查询比较频繁,故在 username 列和 password 列创建一个多列索引。具体操作步骤如下。

(1) 创建数据表。

```
mysql> CREATE   TABLE   t_user4
    -> (   id   INT,
    ->     username   VARCHAR(20),
    ->     password   VARCHAR(20),
    ->     memo   VARCHAR(200),
    ->     INDEX   index_up (username,password)
    -> );
Query OK, 0 rows affected (0.01 sec)
```

(2) 查看表的结构。

```
mysql> SHOW CREATE TABLE t_user4\G
*************************** 1. row ***************************
```

```
        Table: t_user4
Create Table: CREATE TABLE 't_user4' (
  'id' int DEFAULT NULL,
  'username' varchar(20) COLLATE utf8mb4_general_ci DEFAULT NULL,
  'password' varchar(20) COLLATE utf8mb4_general_ci DEFAULT NULL,
  'memo' varchar(200) COLLATE utf8mb4_general_ci DEFAULT NULL,
  KEY 'index_up' ('username', 'password')
) ENGINE = InnoDB DEFAULT CHARSET = utf8mb4 COLLATE utf8mb4_general_ci
1 row in set (0.00 sec)
```

从结果中可以看到,有一个索引名为 index_up 的多列索引。

(3)检查多列索引的应用。在多列索引中,只有在查询条件中使用这些列中的第一个列时,索引才会被使用。用 EXPLAIN 语句检查 index_up 索引。如果使用 username 为查询条件,执行结果如下。

```
mysql > EXPLAIN
    ->    SELECT  *  FROM  t_user4  WHERE  username = 'aa'
    -> \G
*************************** 1. row ***************************
           id: 1
  select_type: SIMPLE
        table: t_user4
   partitions: NULL
         type: ref
possible_keys: index_up
          key: index_up
      key_len: 83
          ref: const
         rows: 2
        Extra: NULL
1 row in set (0.05 sec)
```

从结果中可以看出,使用的 possible_keys 和 key 均为 index_up。额外信息 Extra 显示在使用索引,这说明在使用 username 为查询条件时,多列索引 index_up 起了作用。如果仅使用 password 为查询条件,检查索引的作用,执行结果如下。

```
mysql > EXPLAIN
    -> SELECT  *  FROM  t_user4  WHERE  password = 'bb'
    -> \G
*************************** 1. row ***************************
           id: 1
  select_type: SIMPLE
        table: t_user4
   partitions: NULL
         type: ALL
possible_keys: NULL
          key: NULL
      key_len: NULL
          ref: NULL
         rows: 3
        Extra: Using where
1 row in set (0.00 sec)
```

从结果中可以看出,possible_keys 和 key 的值均为 NULL。额外信息 Extra 显示正在使用 WHERE 条件查询,而未使用索引。也就是说,如果以多列索引除第一个列外的其他列作为查询条件,那么这个多列索引在查询中将不起作用。

7. 创建空间索引

使用 SPATIAL 参数可以创建空间索引,索引列必须为非空约束。

【例 10.5】 创建 t_user5 表,并在 spacename 列创建一个空间索引。具体操作步骤如下。

(1) 创建数据表。

```
mysql > CREATE   TABLE     t_user5
    -> (
    ->    id   INT,
    ->    spacename   GEOMETRY   NOT NULL,
    ->      SPATIAL   INDEX   index5_sp(spacename)
    -> ) ENGINE = MYISAM;
query OK, 0 rows affected (0.01 sec)
```

(2) 查看表的结构。

```
mysql > SHOW   CREATE   TABLE t_user5\G
    *************************** 1. row ***************************
           Table: t_user5
    Create Table: CREATE TABLE 't_user5' (
      'id' int DEFAULT NULL,
      'spacename' geometry NOT NULL,
       SPATIAL   KEY   'index5_sp' ('spacename')
) ENGINE = InnoDB DEFAULT CHARSET = utf8mb4 COLLATE = utf8mb4_general_ci
1 row in set (0.00 sec)
```

该结果显示,在数据表中已经创建了空间索引 index5_sp。

10.2.2 在已有表上创建索引

使用 CREATE INDEX 语句,可以在已经存在的数据表上创建索引,其语法格式如下。

```
CREATE   [UNIQUE |FULLTEXT |SPATIAL] INDEX 索引名
[USING BTREE | HASH]
ON   {表名|视图名 }(列名 [(长度)][ ASC |DESC ] [,...n])
```

其中各参数说明如下。

(1) UNIQUE |FULLTEXT |SPATIAL。UNIQUE 表示该索引为唯一索引;FULLTEXT 表示该索引为全文索引;SPATIAL 表示该索引为空间索引。

(2) 索引名。新创建的索引的名称。

(3) USING {BTREE | HASH}:参数表示索引类型,使用 B 树索引还是使用 HASH 索引。

(4) 长度。表示索引的长度,只有字符串类型才可以使用。

【例 10.6】 在销售管理数据库系统中,在 employee 表中的 employeename(员工姓名)列上创建普通索引。

分析:在 employee 表中,经常以姓名作为查询的条件,所以在 employeename 列创建索引,有助于提升检索速度。SQL 代码如下。

```
CREATE INDEX index_em_name
ON employee (employeename)
```

【例 10.7】 在销售管理数据库系统中,经常要按照产品名称查询信息,创建索引以提高查询速度。

分析:产品名称在 companysales 数据库的 product 表中,列名为 productname,但是该列不是主键列,并且产品名称一般为唯一,所以在此列创建唯一索引。

执行以下 SQL 语句,创建索引。

```
CREATE  UNIQUE  INDEX  index_pro_name
ON  product (productname)
```

说明:如果表中已有数据,在创建 UNIQUE 索引时,MySQL 将自动检验是否存在重复的值,若存在重复值,则创建 UNIQUE 索引失败。

检查一下创建后的 product 表的结构,具体操作如下。

```
mysql > DESC  product;
+------------------+-------------+------+-----+---------+----------------+
| Field            | Type        | Null | Key | Default | Extra          |
+------------------+-------------+------+-----+---------+----------------+
| productid        | int         | NO   | PRI | NULL    | auto_increment |
| productname      | varchar(50) | YES  | UNI | NULL    |                |
| price            | decimal(18,2)| NO  |     | NULL    |                |
| productstocknumber| int        | YES  |     | 0       |                |
| productsellnumber | int        | YES  |     | 0       |                |
+------------------+-------------+------+-----+---------+----------------+
5 rows in set (0.01 sec)
```

从结果中可以看到,在 productname 上有一个 UNIQUE 索引。

【例 10.8】 在 department 表的 depart_description 列上,创建全文索引。

分析:department 表已经创建,depart_description 列为 varchar 类型,所以可以使用 CREATE INDEX 创建索引,SQL 代码如下。

```
CREATE  FULLTEXT  INDEX  index_dscrip
ON  department (depart_description)
```

【例 10.9】 在 provider 表的 contactname 列上,创建单列索引。

分析:provider 表已经创建,可以使用 CREATE INDEX 创建索引,SQL 代码如下。

```
CREATE INDEX index_contact
ON provider (contactname)
```

10.2.3　使用 ALTER TABLE 语句创建索引

在已经存在的表上，可以通过 ALTER TABLE 语句为表添加索引。其语法格式如下。

```
ALTER  TABLE  表名
ADD  [UNIQUE │FULLTEXT │SPATIAL ] INDEX
索引名(列名[(长度)][ ASC │DESC ] [,...n])[VISIBLE │ INVISIBLE]
```

【例 10.10】　在 customer 表的 contactname 列上，创建全文索引。SQL 代码如下。

```
ALTER TABLE customer
ADD FULLTEXT   INDEX index_contact(contactname)
```

【例 10.11】　在 department 表的 departmentname 和 manager 列上，创建唯一多列索引。SQL 代码如下。

```
ALTER   TABLE department
ADD UNIQUE INDEX index_dep_ma (departmentname,manager)
```

10.2.4　使用 SQLyog 客户端软件创建索引

【例 10.12】　在 provider 表上创建 providername 列的唯一索引，具体操作步骤如下。

（1）启动 SQLyog 客户端软件。

（2）在"对象资源管理器"中，展开 companysales 节点。右击 provider 表节点，如图 10.2 所示，选择"管理索引"命令。

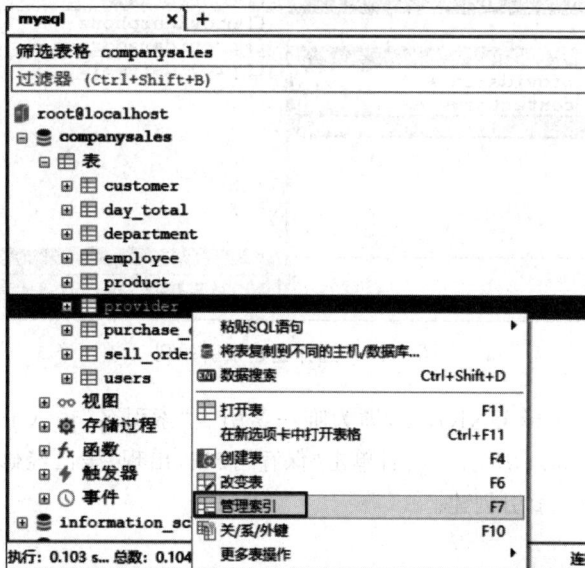

图 10.2　管理索引

（3）在窗格的空白处右击，弹出快捷菜单，选择"创建索引"命令，出现如图 10.3 所示界面，其中的两个索引为前面示例创建的。

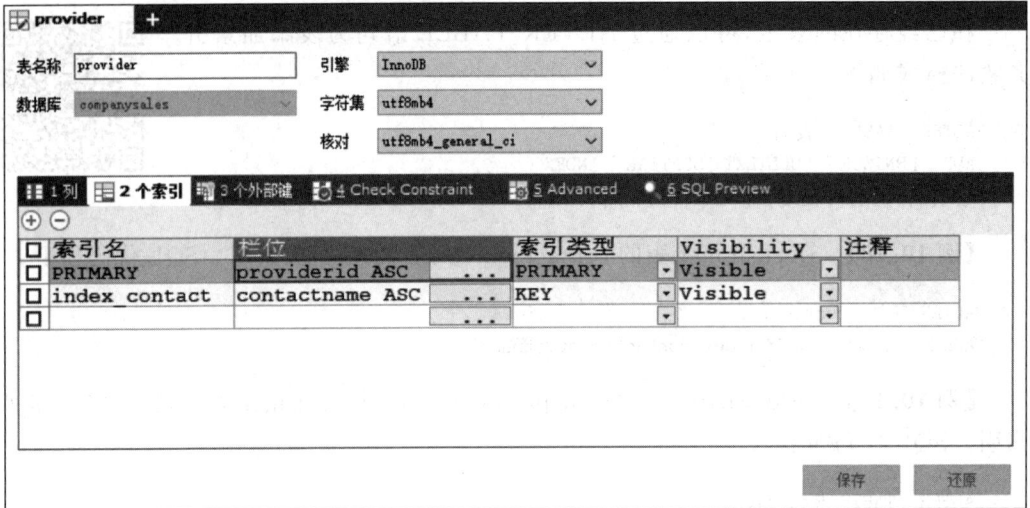

图 10.3　已有 2 个索引

（4）在"索引"选项卡中，在第 3 行，单击"栏位"对应的按钮，将显示当前数据表 provider 中的所有列。勾选 providername 列，单击"确定"按钮，如图 10.4 所示。

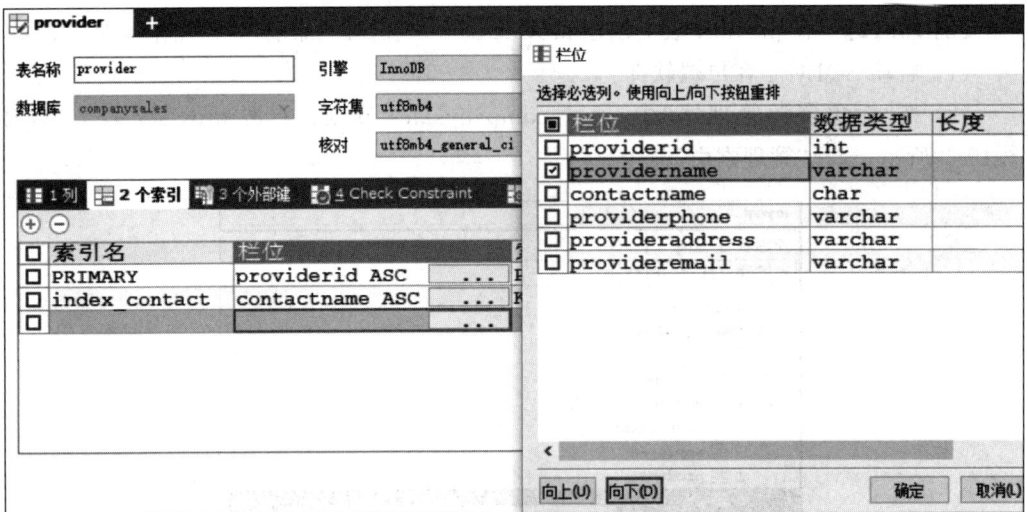

图 10.4　选择创建索引的列

（5）"索引类型"选择 UNIQUE，即为唯一索引。"索引名"输入 index_pro，Visibility 项选择 visible，如图 10.5 所示。然后单击"保存"按钮，出现"表已经修改成功"提示，单击"确定"按钮，即可完成索引创建。

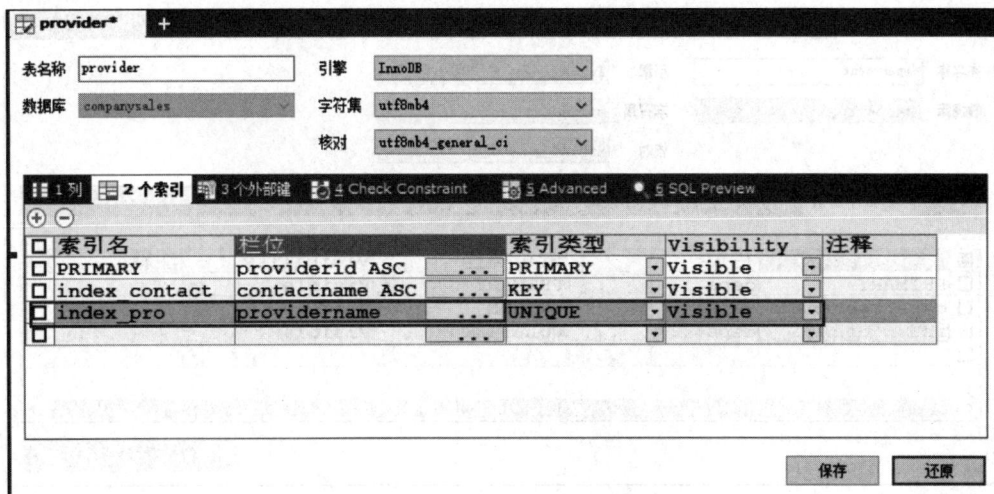

图 10.5　创建索引

任务 10.3　删除索引

【任务描述】　当一个索引不再需要时,可以将其从数据库中删除,释放当前使用的磁盘空间。通过创建索引的方式创建的独立于约束的索引,本任务利用 DROP INDEX 或者 SQLyog 客户端软件删除索引。

要删除视图,可以使用 DROP INDEX 语句和 SQLyog 客户端。

1. 使用 DROP INDEX 语句删除索引

使用 DROP INDEX 语句删除独立于约束的索引的语法格式如下。

DROP INDEX 索引名 ON 表名

【例 10.13】　删除表 provider 的索引 index_pro,执行以下 SQL 语句。

DROP INDEX index_pro　ON　provider

【例 10.14】　删除表 department 中的多列索引 index_dep_ma,执行以下 SQL 语句。

DROP INDEX index_dep_ma　ON　department

2. 使用 SQLyog 客户端软件删除索引

【例 10.15】　删除表 department 中的全文索引 index_dscrip,具体操作步骤如下。

(1) 在"对象资源管理器"中,展开 companysales|department 节点。

(2) 右击"索引"节点,选择"管理索引"命令,出现如图 10.6 所示的 department 表的索引。

229

图 10.6　department 表的索引

（3）勾选 index_dscrip 索引，单击删除 ⊖ 按钮，出现如图 10.7 所示对话框，单击"是"
按钮。

（4）单击"保存"按钮，出现如图 10.8 所示的修改成功提示。

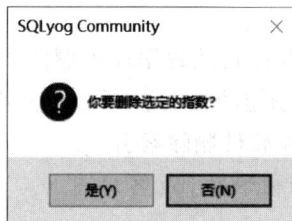

图 10.7　删除确认

图 10.8　修改成功

任 务 10.4　应 用 索 引

【任务描述】　本任务介绍使用索引的原则，设计并创建销售管理数据库的索引，增强
学生的辩证思维、战略思维和系统性思维能力。

10.4.1　使用索引的原则

索引有许多优点：加快数据检索速度；保证数据记录的唯一性；加速
表间的连接。但也带来许多缺点：创建索引要花费时间；创建索引要占用
磁盘空间，每个索引连同原先的数据源（表）都需要磁盘空间来存储数据；
每次修改数据时索引都需要更新。因而在创建索引时，为了使索引的性能更加强大,主要参考以下的基本原则。

1. 为经常作为查询条件或连接的列创建索引

最适合索引的列是出现在 WHERE 子句中的列,或连接子句中指定的列,而不是出现在 SELECT 关键字后的列。以下举例说明。

```
SELECT  col_a                          //col_a 不适合作为索引列
 FROM  tb1  LEFT  JOIN  tb2
 ON  tb1.col_b = tb2.col_c             //col_b、col_c 适合作为索引列
 WHERE  col_d = expr                   //col_d 适合作为索引列
```

其中,col_a 出现在选择列中,不适合作为索引列。也就是说,选择列不是该列应该索引的标志。出现在连接子句中的列或出现在形如 col1 = col2 的表达式中的列很适合作为索引列,以上查询中的 col_b 和 col_c 就是这样的例子。

2. 使用唯一索引

唯一索引的值是唯一的。通过该索引可以快速确定某条记录。考虑某列值的分布因素,索引的列的基数越大,索引的效果越好。例如,存放出生日期的列具有不同值,很容易区分各行。而用来记录性别的列,只含有 M 和 F,则对此列进行索引没有多大用处,因为不管搜索哪个值,都会得出大约一半的行。

3. 使用短索引

如果对字符串列进行索引,应该指定一个前缀长度,只要有可能就应该这样做。例如,如果有一个 CHAR(200)列,如果在前 10 个或 20 个字符内,多数值是唯一的,那么就不要对整个列进行索引。对前 10 个或 20 个字符进行索引能够节省大量索引空间,也可能会使查询更快。较小的索引涉及的磁盘 I/O 较少,较短的值比较起来更快。更为重要的是,对于较短的键值,索引高速缓存中的块能容纳更多的键值,因此,MySQL 也可以在内存中容纳更多的值。这样就增加了找到行而不用读取索引中较多块的可能性。

4. 利用最左前缀

在创建一个多列的索引时,实际是创建了 MySQL 可利用的多个索引。多列索引可起几个索引的作用,因为可利用索引中最左边的列集来匹配行。这样的列集称为最左前缀。

5. 不要过度索引

不要以为索引"越多越好",什么东西都用索引是错误的。每个额外的索引都要占用额外的磁盘空间,并降低写操作的性能。在修改表的内容时,索引必须进行更新,有时可能需要重构,因此,索引越多,所花的时间越长。如果有一个索引很少利用或从不使用,那么会不必要地减缓表的修改速度。此外,MySQL 在生成一个执行计划时,要考虑各个索引,这也要花费时间。创建多余的索引给查询优化带来了更多的工作。

6. InnoDB 表尽量指定主键

对于 InnoDB 存储引擎的表,记录默认会按照一定的顺序保存,如果有明确定义的主键,则按照主键顺序保存。如果没有主键,但是有唯一索引,那么就是按照唯一索引的顺序保存。如果既没有主键又没有唯一索引,那么表中会自动生成一个内部列,按照这个列的顺序保存。按照主键或者内部列进行的访问是最快的,所以 InnoDB 表尽量自己指定主键。若表中同时有几个列都是唯一的,都可以作为主键的,则要选择最常作为访问条件的列作为主键,提高查询的效率。另外,还需要注意,InnoDB 表的普通索引都会保存主键的键值,所以主键要尽可能选择较短的数据类型,可以有效地减少索引的磁盘占用,提高索引的缓存效果。

7. 考虑在列上进行的比较类型

索引可用于 < 、<= 、= 、>= 、> 和 BETWEEN…AND 运算。在模式具有一个直接量前缀时,索引也用于 LIKE 运算。如果只将某个列用于其他类型的运算时(如 STRCMP( )),对其进行索引没有价值。

10.4.2 创建销售管理数据库的索引

在销售管理数据库规划的物理设计阶段,曾对各数据表的索引作了简单的设计,为带有下画线的列创建索引,具体内容如下。

```
employee (employeeid, employeename, sex, birthdate, hiredate, salary, departmentid)
department(departmentid, departmentname, manager, depart_description)
sell_order(sellorderid, productid, employeeid, customerid, sellordernumber, sellorderdate)
purchase_order(purchaseorderid, productid, employeeid, providerid, purchaseordernumber,
purchaseorderdate)
product(productid, productname, price, productstocknumber, productsellnumber)
customer(customerid, companyname, contactname, phone, address, emailaddress)
provider(providerid, providername, contactname, providerphone, provideraddress, provideremail)
```

在此按照索引的使用原则,优化索引并创建各表的索引。

说明:由于 10.1~10.3 节中创建数据表和索引的操作,已经使销售管理数据库中的数据表和索引发生了很大变化,建议删除 companysales 数据库,重新导入数据,便于以下的操作。

【**例 10.16**】 创建 department 部门表索引,部门表 department 的关系如下。

```
department(departmentid, departmentname, manager, depart_description)
```

分析:部门表 department 中,部门编号 departmentid 为主键列,则自动创建一个唯一索引。由于部门表 department 是一个数据较少的小表,所以没必要再创建其他的索引。查看表中的索引,确定索引存在即可。

具体操作步骤如下。

在“对象资源管理器”中,右击 companysales|department 节点,在弹出的快捷菜单中

选择"管理索引"命令,即可看到表中的索引,如图 10.9 所示。

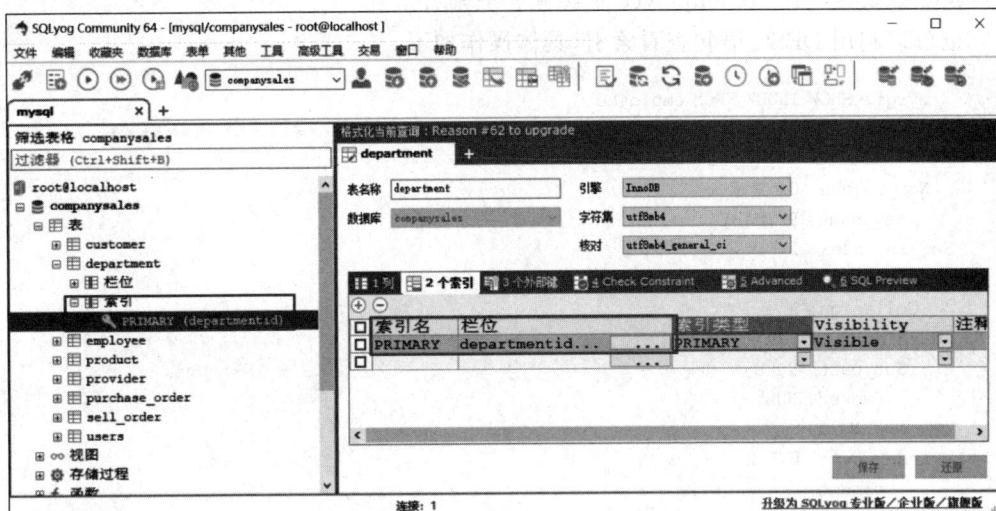

图 10.9 department 表中的索引

【例 10.17】 创建 employee 员工表的索引,员工表 employee 的关系如下。

employee(<u>employeeid</u>, <u>employeename</u>, sex, birthdate, hiredate, salary, <u>departmentid</u>)

分析:在员工表 employee 中,员工编号 employeeid 为主键列,已经创建主键索引;部门编号 deparmentid 为连接部门表的列,在创建外键的时候,自动创建普通索引;由于经常要查找指定姓名的员工信息,为了增加查找的效率,所以对 employeename 列作普通索引。

执行以下 SQL 语句。

```
CREATE INDEX index_name_Employee ON employee (employeename)
```

执行后 employee 表的索引如图 10.10 所示。

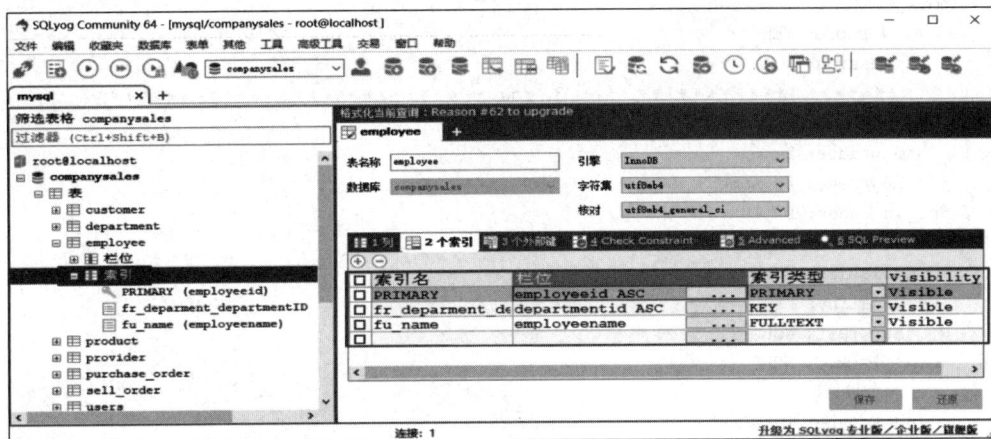

图 10.10 员工表 employee 中的索引

233

　　说明：虽然例 10.17 只执行一条创建索引的语句,但是其他索引在创建主键和外键的时候已经创建,所以在 employee 中共有 3 个索引。

　　也可以利用 DESC 语句查看索引,具体操作如下。

```
mysql > SHOW INDEX FROM employee\G
*************************** 1. row ***************************
        Table: employee
   Non_unique: 0
     Key_name: PRIMARY
  Seq_in_index: 1
  Column_name: employeeid
    Collation: A
  Cardinality: 109
     Sub_part: NULL
       Packed: NULL
         Null:
   Index_type: BTREE
      Comment:
Index_comment:
      Visible: YES
   Expression: NULL
*************************** 2. row ***************************
        Table: employee
   Non_unique: 1
     Key_name: fr_deparment_departmentID
  Seq_in_index: 1
  Column_name: departmentid
    Collation: A
  Cardinality: 6
     Sub_part: NULL
       Packed: NULL
         Null:
   Index_type: BTREE
      Comment:
Index_comment:
      Visible: YES
   Expression: NULL
*************************** 3. row ***************************
        Table: employee
   Non_unique: 1
     Key_name: fu_name
  Seq_in_index: 1
  Column_name: employeename
    Collation: NULL
  Cardinality: 110
     Sub_part: NULL
       Packed: NULL
         Null:
   Index_type: FULLTEXT
      Comment:
Index_comment:
      Visible: YES
```

```
        Expression: NULL
3 rows in set (0.00 sec)
```

从执行结果中看到 3 个列上有索引。Key_name 索引名分别为 PRIMARY、fr_deparment_departmentID 和 fu_name。

【例 10.18】 创建客户表索引,客户表 customer 的关系如下。

customer(customerid, companyname, contactname, phone, address, emailaddress)

分析:在客户表中,客户编号 customerid 为主键列,已经创建了唯一索引。在客户表中,经常要按照客户名称查找信息,同时一般客户的名称不同,为了增加查找的效率,所以对 companyname 列作唯一索引。另外,经常查找客户的联系人的姓名,所以为 contactname 列创建普通索引。

执行以下 SQL 语句。

```
CREATE  UNIQUE  index index_name_customer  ON  customer (companyname)
CREATE  INDEX   index_contactname_customer ON customer (contactname)
```

执行后 customer 表的索引如图 10.11 所示。

图 10.11 客户表 customer 中的索引

利用 SHOW CREATE TABLE 方式查看 customer 表的结果,同时查看索引,具体操作如下。

```
mysql > SHOW CREATE TABLE customer\G
*************************** 1. row ***************************
       Table: customer
Create Table: CREATE TABLE `customer` (
  `customerid` int NOT NULL AUTO_INCREMENT COMMENT '客户编号
  `companyname` varchar(50) COLLATE utf8mb4_general_ci NOT NULL COMMENT '公司名称',
  `contactname` char(50) COLLATE utf8mb4_general_ci NOT NULL COMMENT '联系人姓名',
  `phone` varchar(20) COLLATE utf8mb4_general_ci DEFAULT NULL COMMENT '联系电话',
  `address` varchar(100) COLLATE utf8mb4_general_ci DEFAULT NULL COMMENT '地址',
  `email` varchar(50) COLLATE utf8mb4_general_ci DEFAULT NULL COMMENT 'email',
```

```
    PRIMARY KEY (`customerid`),
    UNIQUE KEY `index_name_customer` (`companyname`),
    KEY `index_contactname_customer` (`contactname`)
) ENGINE = InnoDB AUTO_INCREMENT = 40 DEFAULT CHARSET = utf8mb4 COLLATE = utf8mb4_general_ci
1 row in set (0.00 sec)
```

从结果中可以看到,有 3 个索引,分别为主键索引、唯一索引和普通索引。

由于篇幅的原因,读者可按照各表的关系,继续完成剩余的表的索引。

习　题

一、填空题

1. 在正式创建一个索引之前,通常需要从_____、_____和_____这 3 个方面进行考虑。

2. 一般情况下,当对数据进行_____时,会生成索引碎片。索引碎片会降低数据库系统的性能,通过_____使用系统函数,可以来检测索引中是否存在碎片。

3. 在数据表中创建主键约束时,会自动生成_____索引。

4. 使用_____创建独立于约束的索引。

二、思考题

1. 简述索引的优点和缺点。

2. 简述索引的使用原则。

3. 如何使用 CREATE INDEX 语句创建索引?

4. 创建表的索引有几种方法?

实　训

一、实训目的

1. 了解索引的作用。

2. 掌握索引的创建方法。

3. 掌握设计索引的原则。

二、实训内容

1. 在销售管理数据库系统中,设计各表的索引。

2. 利用 MySQL 客户端软件创建销售管理数据库中各表的索引。

3. 用 EXPLAIN 分析销售管理数据库中各个索引应用情况。

4. 对数据表进行插入数据操作,然后查看索引的碎片信息。

项目 11　销售管理数据库中存储过程和存储函数的应用

技能目标

能够创建、删除、修改存储过程和存储函数；能够根据实际需要设计销售管理数据库中的存储过程和存储函数。

知识目标

理解存储过程和存储函数的作用；掌握存储过程的基本类型；掌握创建、删除和修改存储过程与存储函数的方法；掌握执行各类存储过程的方法。

职业素养

引导学生注重先进理论学习以及思维拓展；培养分析问题能力，面对复杂问题时要进行分解、分步骤执行，把复杂的事做到简单，化繁为简；引导学生在学习生活中做好规划，并按照制定的规划稳步前进；检查代码和性能是否符合技术规范，使学生树立规范化、标准化的职业素养和工匠精神。

任务 11.1　存储过程和存储函数概述

【任务描述】　数据库开发人员在进行数据库系统开发时，使用存储过程和存储函数，实现相同的功能。本任务介绍存储过程和存储函数，提升学生分析问题的能力，从而在面对复杂问题时能够对问题进行分解、分步骤执行，把复杂的事简单化。

11.1.1　存储过程和存储函数的概念

数据库开发人员在进行数据库开发时，为了实现一定的功能，要编写一些 SQL 语句，有时为了实现相同的功能，需多次编写相同的 SQL 代码段。由于这些 SQL 语句经常需要跨越传输途径从外部抵达服务器，造成应用程序运行效率低下，还会造成数据库安全隐患。使用存储过程和存储函数可以解决这一问题，存储过程和存储函数就是一组完成特定功能的 SQL 语句集，经编译后存储在数据库中，用户通过过程名和存储函数名并给出参数来调用它们。

MySQL 中编写的存储过程和存储函数类似于其他编程语言中的函

数。例如,接收输入参数,并以输出参数的形式为调用过程语句返回一个或多个结果集;可以调用存储过程和存储函数;返回执行状态值和函数值,以表示执行成功或失败。

说明:可以把存储过程想象成一个可以重复执行的应用程序,可以带有参数,也可以有返回值,方便用户执行重复的工作。

11.1.2　存储过程和存储函数的特点

在 MySQL 中,使用存储过程和存储函数与使用 SQL 程序相比较,有许多优点。

1. 允许模块化程序设计

存储过程和存储函数可由在数据库编程方面有专长的人员创建,存储在数据库中,以后可在程序中任意次地调用该过程,实现应用程序统一访问数据库。存储过程和存储函数独立于程序源代码,可以单独修改,因此能够增强应用程序的可维护性。

2. 执行速度快

存储过程和存储函数在创建时就被编译和优化。程序调用一次存储过程以后,相关信息就保存在内存中,下次调用时可以直接执行。批处理的 SQL 语句在每次运行时都要进行编译和优化,因此速度相对要慢。

3. 有效降低网络流量

一个需要数百行 SQL 代码的操作可以通过一条执行存储过程代码的语句来执行、来代替,而不需要在网络中发送数百行代码,因而有效地降低了网络流量,提高了应用程序的执行效率。

4. 提高数据库的安全性

存储过程和存储函数具有安全特性(如权限)和所有权链接,以及可以附加到它们的证书。用户可以被授予权限来执行存储过程而不必直接对存储过程中引用的对象具有权限。存储过程可以确保应用程序的安全性。

上述的优点可以概述成存储过程和存储函数的特点,就是简单和高效能。但在具体使用存储过程和存储函数时,仍需要了解这些数据库对象存在的以下缺点。

(1) 由于编写存储过程和存储函数的 SQL 语句较复杂,需要用户具有更高的技能和更丰富的经验。

(2) 在创建存储过程和存储函数时,需要拥有操作这些数据库对象的权限。

11.1.3　存储过程和存储函数的区别

存储过程和存储函数的区别在于存储函数必须有返回值,而存储过程没有返回值;存储过程的参数可以使用 IN、OUT、INOUT 类型,而存储函数的参数只能是 IN 类型的。

如果存储函数从其他类型的数据库迁移到 MySQL,那么就可能因此需要将存储函数改造成存储过程。

任务 11.2　创建和执行存储过程与存储函数

【任务描述】　存储程序是可以被存储在服务器中的一段 SQL 语句,一旦它被存储了,客户端不需要再重新发布单独的语句,而是可以引用存储过程来代替。本任务创建和执行各类不同的存储过程和存储函数;引导学生检查代码和性能是否符合技术规范。创建存储过程需要 CREATE ROUTINE 权限;删除存储过程需要 ALTER ROUTINE 权限,这个权限自动授予存储过程的创建者;执行子程序需要 EXECUTE 权限,这个权限自动授予存储过程的创建者。

11.2.1　创建和执行存储过程

存储过程的定义中包含以下两个主要组成部分。

(1) 过程名称及其参数的说明:包括所有的输入参数以及传给调用者的输出参数。

(2) 过程的主体:也称为过程体,针对数据库的操作语句(SQL 语句),包括调用其他存储过程的语句。

在 MySQL 中,利用 CREATE PROCEDURE 语句创建存储过程的语法格式如下。

```
CREATE PROCEDURE sp_name ([proc_parameter [,...n ]])
   [characteristic ...]
   routine_body
```

其中各参数说明如下。

(1) sp_name:存储过程的名称。由于存储过程是数据库对象,存储过程的名称不能与已经存在的数据表、视图等数据库对象相同。推荐存储过程的命名为 proc_×××或者 procedure_×××。

(2) proc_parameter:参数列表。存储过程可以没有参数,也可以声明一个或多个参数。参数通常由 3 部分组成:输入/输出类型、参数名称和数据类型。其形式如下。

```
[IN |OUT|INOUT]  参数名  数据类型
```

其中,IN 表示参数为输入参数;OUT 表示参数为输出参数;INOUT 表示既可以是输入参数,也可以是输出参数。数据类型可以是 MySQL 的任意数据类型。

说明:参数列表必须存在。如果没有参数,可使用一个空参数列表"()"。参数默认为 IN 类型。

(3) characteristic:存储过程的某些特征。其取值说明如下。

```
LANGUAGE SQL
```

```
|    [NOT] DETERMINISTIC
|    { CONTAINS SQL | NO SQL | READS SQL DATA | MODIFIES SQL DATA }
|    SQL SECURITY { DEFINER | INVOKER }
|    COMMENT 'string'
```

其中各参数说明如下。

① LANGUAGE SQL 指明编写这个存储过程的语言为 SQL。这个选项可以不指定。

② DETERMINISTIC 表示存储过程对同样的输入参数产生相同的结果;NOT DETERMINISTIC 则表示会产生不确定的结果(默认)。

③ CONTAINS SQL 表示存储过程包含读或写数据的语句(默认);NO SQL 表示不包含 SQL 语句;READS SQL DATA 表示存储过程只包含读数据的语句;MODIFIES SQL DATA 表示存储过程只包含写数据的语句。

④ SQL SECURITY 用来指定存储过程使用创建该存储过程的用户(Definer)的许可来执行,还是使用调用者(Invoker)的许可来执行。

⑤ COMMENT 'string' 用于对存储过程进行描述,其中 string 为描述内容,COMMENT 为关键字。

(4) routine_body。存储过程的主体部分。它包含在过程调用的时候必须执行的 SQL 语句。以 BEGIN 开始,以 END 结束。如果存储过程中只有一条 SQL 语句,可以省略 BEGIN…END 标志。

注:根据存储过程的定义中的参数形式,可以把存储过程分为不带任何参数的存储过程、带输入参数的存储过程和带输出参数的存储过程 3 种。

11.2.2　执行存储过程

存储过程和函数都是存储在服务器端的 SQL 语句的集合。要使用这些已经定义的存储过程和函数就必须通过调用的方式来实现。存储过程通过 CALL 语句来调用,而函数的使用方法与 MySQL 的内部函数使用方法相同。执行存储过程和函数都需要有 EXECUTE 权限。

在 MySQL 中使用 CALL 调用存储过程。调用存储过程后,数据库系统将执行存储过程中的语句,然后将结果返回各输出值。调用存储过程的语法如下。

```
CALL sp_name([[parameter[,…n]]])
```

其中,sp_name 为存储过程的名称;parameter 为存储过程的参数。

11.2.3　不带参数的存储过程

1. 创建不带参数的存储过程

创建不带参数的存储过程的简化语法格式如下。

```
CREATE  PROCEDURE sp_name ()
```

```
[characteristic ...]
routine_body
```

【例 11.1】　在销售管理数据库中,创建一个名为 proc_cu_information 的存储过程,用于查询客户的信息。

分析:由于其中没有任何指定条件,每次执行存储过程都是查询所有的客户信息,所以属于不带参数的存储过程。存储过程只是从数据库中读取数据,所以特征值为 READS SQL DATA。存储过程的功能主要查询客户的信息,所以存储过程的语句为 SELECT * FROM customer。

具体操作如下。

```
mysql> DELIMITER $$                          /*修改 SQL 语句的结束符号,避免冲突*/
mysql> CREATE  PROCEDURE proc_cu_information()
                                             /*定义过程名*/
    ->   READS SQL DATA                      /*定义存储过程特征*/
    ->     BEGIN
    ->        SELECT * FROM customer;         /*过程体,必须有语句结束符;*/
            END$$
Query OK, 0 rows affected (0.00 sec)
mysql> DELIMITER ;                           /*将 SQL 语句的结束符号设置为默认的";"*/
```

如果执行后没有显示任何错误,则表示该存储过程已经创建成功。

说明:在 MySQL 中默认的语句结束符号为分号(;)。在存储过程中的 SQL 语句也要使用分号来结束。为了避免冲突,在存储过程之前,利用 DELIMITER 语句将 SQL 语句的结束符号设置成其他符号,如 $$、&& 等,在存储过程之后,将 SQL 语句的结束符号重新设置为默认的";"。

【例 11.2】　在销售管理数据库中,创建一个名为 proc_tongheng_order 存储过程,用于查询"通恒机械有限公司"的联系人姓名、联系方式以及该公司订购产品的明细表。

分析:存储过程的功能是查询"通恒机械有限公司"客户的信息,没有指定其他条件,因此,此存储过程为不带参数的存储过程。存储过程只是从数据库中读取数据,所以特征值为 READS SQL DATA,为了增强说明,使用 COMMENT 注释,语句为"COMMENT '查询通恒机械有限公司'"。存储过程的功能是查询"通恒机械有限公司"的联系人姓名、联系方式以及该公司订购产品的明细表。存储过程体的语句如下。

```
SELECT C.companyname 公司名称, c.contactname 联系人姓名,
    P.productname  商品名称, P.price  单价,
    S.sellordernumber  订购数量, S.sellorderdate 订货日期
  FROM customer  AS C
    JOIN sell_order AS S ON C.customerid = S.customerid
    JOIN  product AS P ON P.productid = S.productid
  WHERE  C.companyname = '通恒机械有限公司'
```

在创建存储过程之前,最好先在查询编辑器中执行存储过程体的内容,以得到所需的结果,如图 11.1 所示;然后再创建存储过程。

具体操作如下。

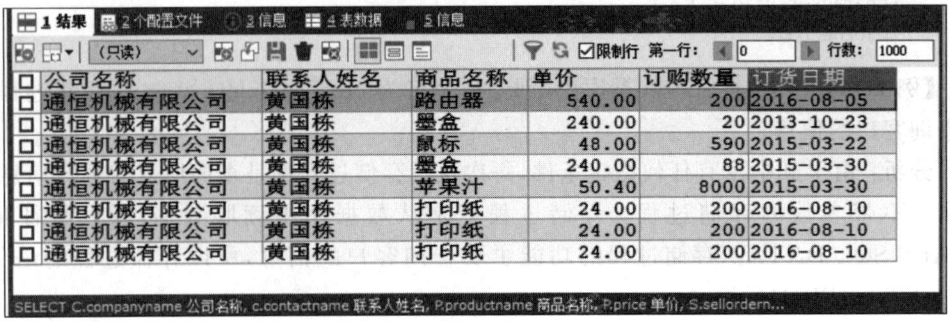

公司名称	联系人姓名	商品名称	单价	订购数量	订货日期
通恒机械有限公司	黄国栋	路由器	540.00	200	2016-08-05
通恒机械有限公司	黄国栋	墨盒	240.00	20	2013-10-23
通恒机械有限公司	黄国栋	鼠标	48.00	590	2015-03-22
通恒机械有限公司	黄国栋	墨盒	240.00	88	2015-03-30
通恒机械有限公司	黄国栋	苹果汁	50.40	8000	2015-03-30
通恒机械有限公司	黄国栋	打印纸	24.00	200	2016-08-10
通恒机械有限公司	黄国栋	打印纸	24.00	200	2016-08-10
通恒机械有限公司	黄国栋	打印纸	24.00	200	2016-08-10

图 11.1　查询“通恒机械有限公司”订购商品信息

```
mysql > DELIMITER $$
mysql > CREATE PROCEDURE proc_tongheng_order( )
     -> READS SQL DATA
     -> COMMENT '查询通恒机械有限公司'
     -> BEGIN
     ->  SELECT C.companyname 公司名称, c.contactname 联系人姓名,
     ->         P.productname  商品名称, P.price  单价,
     ->         S.sellordernumber  订购数量, S.sellorderdate 订货日期
     ->  FROM customer  AS  C
     ->  JOIN sell_order AS  S  ON  C.customerid = S.customerid
     ->  JOIN  product AS P
     ->  ON  P.productid = S.productid
     ->  WHERE  C.companyname = '通恒机械有限公司';
     -> END$$
     -> DELIMITER ;
Query OK, 0 rows affected (0.05 sec)
```

2. 执行不带参数的存储过程

存储过程创建成功后，用户可以通过执行存储过程来检查其返回结果。可以使用 CALL 语句来调用它。

【例 11.3】 执行例 11.2 中创建的 proc_tongheng_order 存储过程。

执行以下 SQL 语句。

```
CALL proc_tongheng_order
```

执行的结果如图 11.2 所示，与图 11.1 所示的结果相同，表示存储过程创建成功，并返回相应的结果。

3. 推荐创建存储过程的步骤

从总体上来说，创建存储过程可分为 3 个步骤，以下以例 11.1 为例，具体操作步骤如下。

(1) 实现过程体的功能。在查询编辑器中执行过程体的功能，确认符合要求。例如：

图 11.2 执行存储过程 proc_tongheng_order 的结果

```
SELECT  *  FROM  customer
```

（2）创建存储过程。如果发现符合要求，则按照存储过程的语法格式，定义该存储过程。

```
CREATE  PROCEDURE proc_cu_information()
READS SQL DATA
BEGIN
    SELECT  *  FROM  customer;
END
```

（3）验证正确性。执行存储过程，验证存储过程的正确性。

```
CALL proc_cu_information
```

11.2.4 带 IN 参数的存储过程

1. 创建带 IN 参数的存储过程

输入参数是指由调用程序向存储过程传递的参数，创建存储过程语句中被定义输入参数，而在执行该存储过程中给出相应的变量值。

【例 11.4】 创建一个存储过程，实现根据订单号获取该订单的信息的功能。

分析：因为要根据指定的订单号来获取订单信息，所以存储过程的参数为订单号 orderid，在查询订单信息时，订单号为查询的条件，查询语句如下。

```
SELECT * FROM sell_order WHERE sellorderid = orderid
```

该存储过程只是读取数据，所以存储过程的特征值为 READS SQL DATA，注释为 "COMMENT '按照订单号查询订单详情'"，具体操作步骤如下。

（1）测试过程的正确性。为了测试 SQL 语句的正确性,指定订单号为 4 的订单信息,所以输入参数为 orderid=4。将查询语句改为

```
SELECT * FROM sell_order WHERE sellorderid = 4
```

为了表达方便,在 SQLyog 客户端软件的查询分析器中,执行查询的结果如图 11.3 所示。执行结果经确认,符合要求。

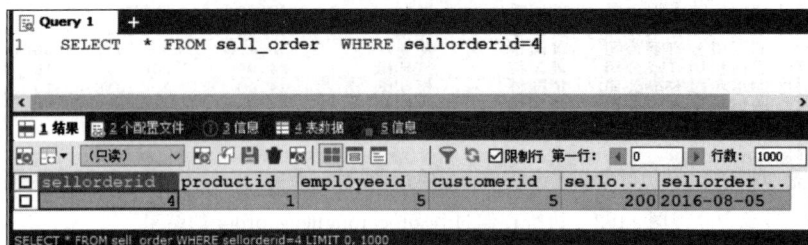

图 11.3　查询订单号为 4 的订单信息

（2）创建存储过程,并执行以下 SQL 语句。

```
mysql> DELIMITER $$
mysql> CREATE PROCEDURE proc_orderdetail(IN orderid INT)
    -> READS  SQL  DATA
    -> COMMENT '按照订单号查询订单详情'
    -> BEGIN
    ->   SELECT * FROM sell_order  WHERE sellorderid = orderid;
    -> END$$
 Query OK, 0 rows affected (0.06 sec)
mysql> DELIMITER ;
```

【例 11.5】　在销售管理数据库 companysales 中,创建一个名为 proc_cu_order 的存储过程,用于获取指定客户的信息,包括联系人姓名、联系方式以及该公司订购产品的明细表。

分析：获取指定客户信息,也就是说当指定一个客户时,执行此存储过程即可获取该客户的信息,所以此处需要一个输入参数,定义参数名为 customername,数据类型根据客户表中的客户名称 companyname 的数据类型为 varchar,长度为 50。

存储过程要实现的功能为查询名为 customername 的客户的信息,查询语句如下。

```
SELECT  companyname, contactname, productname, price,
        sellordernumber, sellorderdate
    FROM  customer
    JOIN  sell_order ON customer.customerID = sell_order.customerID
    JOIN  product ON sell_order.productID = product. productID
    WHERE customer.companyname = customername
```

为了验证 SQL 语句的正确性,在利用具体的值代替输入参数 customername,确认符合要求以后,创建存储过程。

执行以下 SQL 语句,创建存储过程。

```
mysql> DELIMITER $$
```

```
mysql> CREATE  PROCEDURE proc_cu_order(IN customername  varchar(50))
   -> BEGIN
   -> SELECT  companyname, contactname, productname, price,
        sellordernumber, sellorderdate
   -> FROM  customer  JOIN  sell_order
   -> ON customer.customerid = sell_order.customerid
   -> JOIN     product
   -> ON sell_order.productid = product. productid
   -> WHERE customer.companyname = customername;
   -> END$$
Query OK, 0 rows affected (0.00 sec)
mysql> DELIMITER ;
```

【例 11.6】 创建名为 proc_listemployee 的存储过程,其功能为在员工表 employee 中查找符合性别和超过指定工资条件的员工详细信息。

分析:存储过程的功能是查询员工的信息,条件为指定性别和指定工资,因而在存储过程中需指定两个变量性别 sex1 enum('男','女')和工资 salary1 decimal(12,4),查询语句如下。

```
SELECT *
FROM employee
WHERE sex = sex1 and salary1 > salary
```

在查询编辑器中使用具体的条件比如性别为"男",工资超过 2000 元,确定存储过程能够得到所需的结果。

执行以下 SQL 语句,创建存储过程 proc_listemployee。

```
mysql> DELIMITER$$
mysql> CREATE  PROCEDURE  proc_listemployee(sex1 enum('男','女'),salary1 decimal(12,4))
   -> READS SQL DATA
   -> COMMENT '查询指定性别和工资的员工'
   -> BEGIN
   ->  SELECT *
   ->    FROM Employee
   ->    WHERE sex = sex1 and salary > salary1;
   -> END$$
Query OK, 0 rows affected (0.00 sec)
mysql> DELIMITER ;
```

2. 执行带 IN 参数的存储过程

执行带 IN 参数的存储过程,执行的语法结构如下。

```
CALL 存储过程名(参数值[,…n])
```

【例 11.7】 使用例 11.5 中创建的存储过程 proc_cu_order,获取"三川实业有限公司"的信息,包括联系人姓名、联系方式以及该公司订购产品的明细表。

分析:查询公司的信息,存储过程 proc_cu_order 中的 customername 的值为"三川实

245

业有限公司"。

执行以下 SQL 语句。

CALL proc_cu_order('三川实业有限公司')

执行结果如图 11.4 所示。

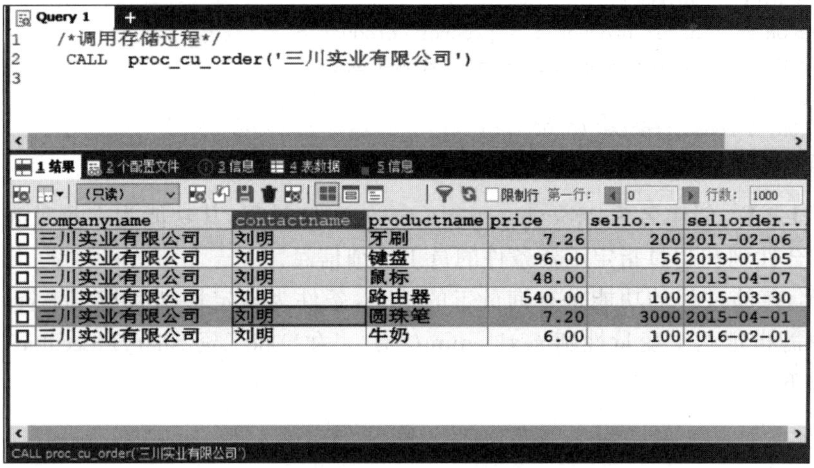

图 11.4　执行存储过程 proc_cu_order 的结果

【例 11.8】　利用例 11.6 创建的存储过程 proc_listemployee,查找工资超过 4000 元的男员工详细信息。

分析:存储过程 proc_listemployee 中使用了两个参数 sex1 和 salary1,查找工资超过 4000 元的男员工详细信息,那么 sex1='男',salary1=4000。执行以下 SQL 语句。

CALL proc_listemployee('男',4000);

执行结果如图 11.5 所示。

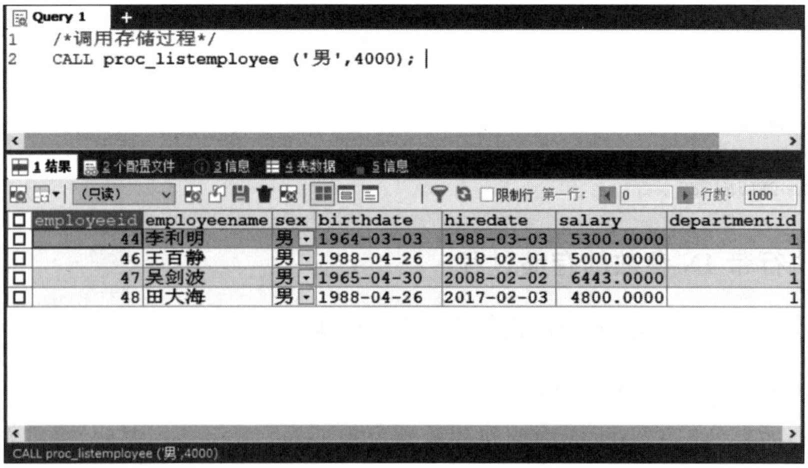

图 11.5　执行存储过程 proc_listemployee 的结果

11.2.5　带 OUT 参数的存储过程

1. 创建带 OUT 参数的存储过程

从存储过程中返回一个或多个值,是通过在创建存储过程的语句中定义输出参数来实现的。参数定义的具体语法格式如下。

```
OUT   参数名   数据类型
```

其中,保留字 OUT 指明这是一个输出参数。

2. 执行带 OUT 参数的存储过程

为了接收某一存储过程的返回值,在调用该存储过程的程序中,也必须声明作为输出的传递参数。这个输出传递参数声明为局部变量,用来存放返回参数的值。

具体语法格式如下。

```
CALL 存储过程名 ({参数值|@变量}[,...n])
```

【例 11.9】　创建一个存储过程,实现统计指定员工姓名的人数,并获取姓"林"员工的信息和人数。

分析:指定员工姓名作为存储过程的输入参数 p_name,通过执行存储过程获取员工的人数,所以设置输出参数 p_int,数据类型为 int; 具体的人数统计通过查询语句的影响行数得到。

(1) 创建存储过程。

```
DELIMITER   $$
CREATE PROCEDURE proc_p_name (IN   p_name varchar(50),OUT   p_int int)
READS   SQL DATA
BEGIN
    IF TRIM(p_name) = ''   THEN
        SELECT * FROM employee WHERE employeename IS NULL;
    ELSE
        SELECT * FROM employee WHERE employeename LIKE p_name;
    END IF;
    SELECT FOUND_ROWS() INTO p_int;
END $$
DELIMITER;
```

(2) 执行存储过程。要查询姓"林"的员工,因此参数值为"'林％'",而输出参数使用变量@p_int,SQL 语句如下。

```
CALL proc_p_name ('林％',@p_int)
SELECT   @p_int
```

执行结果有两个。结果 1 如图 11.6 所示,显示当前姓"林"的员工的详细信息。结果2 如图 11.7 所示,显示当前姓"林"的员工的人数统计。

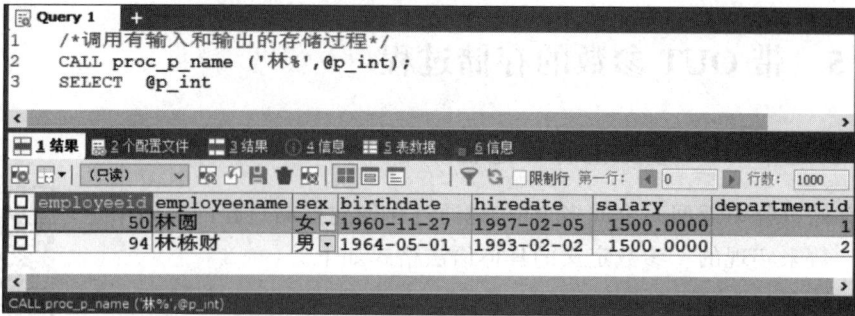

图 11.6　姓"林"的员工的详细信息

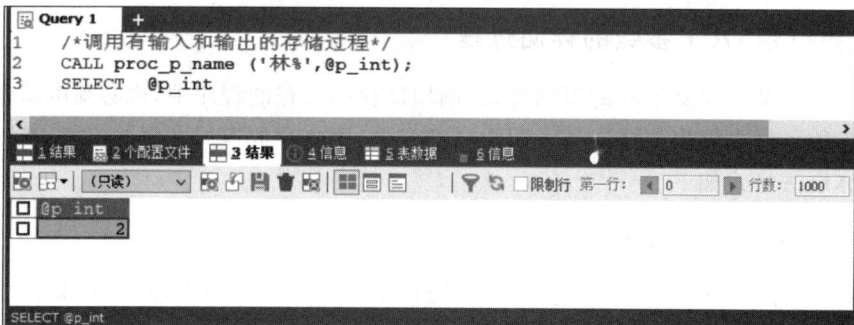

图 11.7　姓"林"的员工的人数统计

11.2.6　带 INOUT 参数的存储过程

1. 创建带 INOUT 参数的存储过程

从存储过程中定义一个参数,既可以是输入参数,又可以是输出参数。参数定义的具体语法格式如下。

```
INOUT    参数名    数据类型
```

2. 执行带 INOUT 参数的存储过程

为了接收某一存储过程的返回值,在调用该存储过程的程序中,也必须声明作为输出的传递参数。这个参数既是输入参数又是输出参数,声明为局部变量,用来存放参数的值。具体语法格式如下。

```
SET    @变量 = 表达式;
CALL    存储过程名 (@变量 [,...n])
```

【例 11.10】　创建一个带 INOUT 参数的存储过程,并调用此存储过程。

(1) 创建存储过程。

```
CREATE PROCEDURE    sp_inout (INOUT p_num int)
```

```
BEGIN
    SET p_num = p_num * 10;
END
```

（2）调用此存储过程。

```
mysql > SET @p_num = 2;
 Query OK, 0 rows affected (0.00 sec)
mysql > CALL sp_inout(@p_num);
 Query OK, 0 rows affected (0.00 sec)
mysql > SELECT @p_num;
+--------+
| @p_num |
+--------+
|    20  |
+--------+
1 row in set (0.00 sec)
```

11.2.7　创建和调用存储函数

1．创建存储函数

在 MySQL 中，创建存储函数的语法格式如下。

```
CREATE  FUNCTION  sp_name  ([func_parameter[, ... n]])
RETURNS   type
[characteristic ...]
routine_body
```

其中各参数说明如下。

（1）sp_name：存储函数的名称。

（2）func_parameter：存储函数的参数列表。可以有一个或者多个参数，每个参数由参数名和数据类型构成。具体语法格式如下。

```
param_name type
```

其中，param_name 为参数名；type 为数据类型，可为 MySQL 中的任意数据类型。

（3）RETURNS type：返回值的类型。

（4）characteristic：函数的特征，取值与从存储过程中的取值一样，读者可以参考 11.2.1 小节的内容。

（5）routine_body：函数体的 SQL 内容。可以使用 BEGIN...END 来标志 SQL 代码的开始和结束。

2．调用存储函数

在 MySQL 中，用户定义的函数与系统函数的使用方法一样，语法格式如下。

sp_name([parameter[,...*n*]])

其中,sp_name 为存储函数名称;parameter 为存储函数的参数。

【例 11.11】 创建一个根据员工编号查询员工工资的存储函数,并调用此存储函数查询"5"号员工的工资。

分析:创建存储函数需要使用 CREATE FUNCTION 语句。由于是根据员工的编号查询,也就是存储函数的参数为员工的编号,所以根据 employee 员工表,定义参数名称为 em_id,数据类型为 int;存储函数的返回值为工资,所以存储函数的返回值的类型为 decimal(12,4)。具体操作步骤如下。

(1)创建存储函数。

```
DELIMITER   $$
CREATE   FUNCTION   func_id_sal(em_id int)
RETURNS decimal(12,4)
READS SQL DATA
COMMENT '根据员工号查询某个员工的工资'
BEGIN
    RETURN (SELECT   salary   FROM   employee   WHERE   employeeid = em_id);
END$$
DELIMITER ;
```

(2)调用存储函数。调用此存储函数查询 5 号员工的工资,具体操作如下。

```
mysql > SELECT func_id_sal(5);
+---------------+
| func_id_sal(5)    |
+---------------+
|     3453.7000    |
+---------------+
1 row in set (0.00 sec)
```

11.2.8 使用 SQLyog 客户端软件应用存储过程与存储函数

【例 11.12】 使用 SQLyog 客户端软件创建一个存储过程,实现根据员工的编号查询员工的工资信息,并使用存储过程查询编号为 5 的员工工资。

具体操作步骤如下。

(1)启动 SQLyog 客户端软件。

(2)在"对象资源管理器"中,右击 companysales|"存储过程"节点。在弹出的快捷菜单中选择"创建存储过程"命令。

(3)出现如图 11.8 所示的对话框,输入存储过程的名称 proc_id_sal,然后单击"创建"按钮。

(4)proc_id_sal 存储过程创建成功,弹出存储过程模板窗口,如图 11.9 所示。

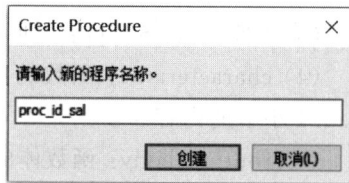

图 11.8 输入存储过程名称

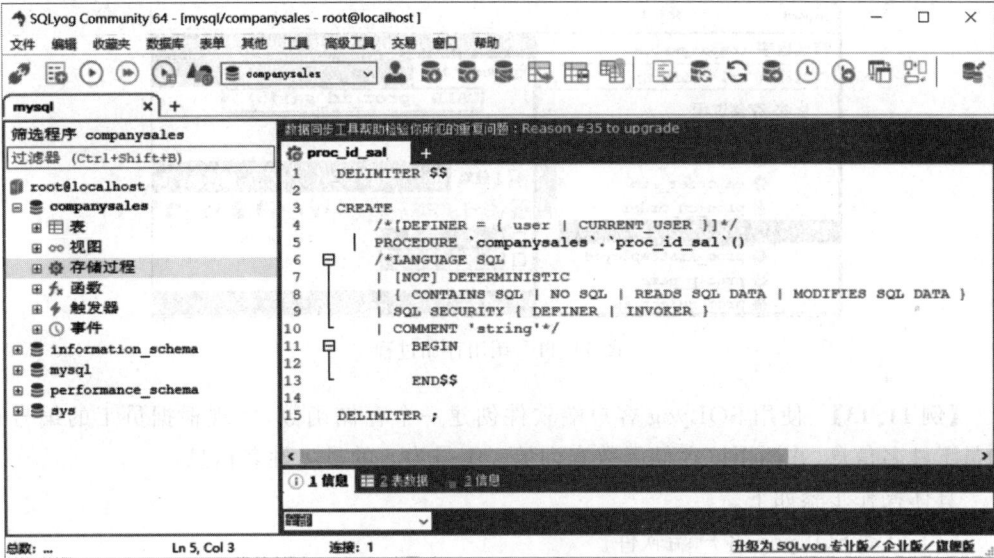

图 11.9　存储过程模板

（5）在模板中，修改输入参数的名称和数据类型 IN em_id INT。修改存储过程的特征 READS SQL DATA 和注释"COMMENT '根据员工号查询工资'"。然后添加过程体的内容"SELECT salary FROM employee WHERE　employeeid＝em_id;"，如图 11.10 所示。单击工具栏中的"执行查询"按钮，执行 SQL 语句。

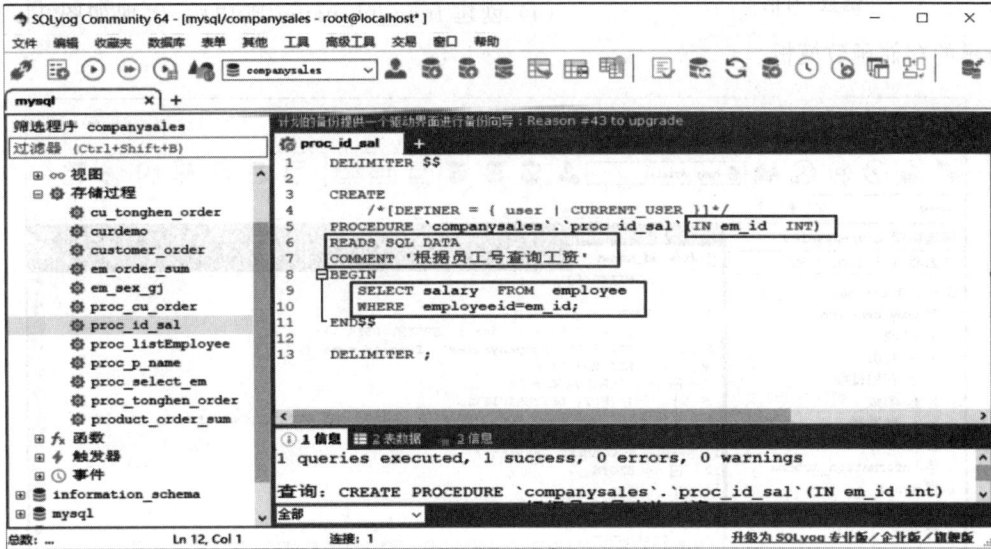

图 11.10　修改存储过程模板并执行

（6）刷新左侧的"对象资源管理器"，出现创建的存储过程 proc_id_sal，如图 11.11 所示。然后新建查询窗口，并输入调用存储过程的代码 CALL proc_id_sal(5)，查询员工编号为 5 的员工工资，单击"执行"按钮，执行结果如图 11.11 所示。

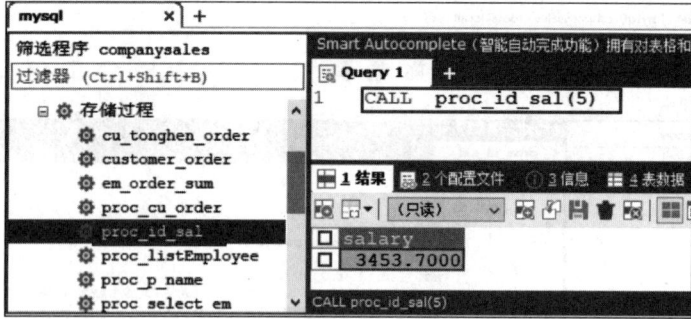

图 11.11　调用存储过程

【例 11.13】　使用 SQLyog 客户端软件创建一个存储函数,实现根据员工的编号查询员工姓名信息,并调用该存储函数查询员工编号为 5 的员工姓名信息。

具体操作步骤如下。

(1) 启动 SQLyog 客户端软件。

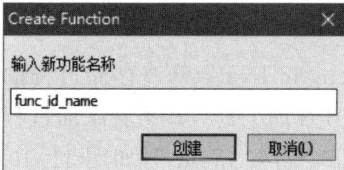

图 11.12　Create Function(创建函数)对话框

(2) 在"对象资源管理器"中,右击 companysales|"函数"节点,在弹出的快捷菜单中选择"创建函数"命令。

(3) 出现如图 11.12 所示的 Create Function 对话框,在"输入新功能名称"文本框中输入 func_id_name,然后单击"创建"按钮。

(4) 创建 func_id_name 成功后,出现如图 11.13所示的存储函数模板。

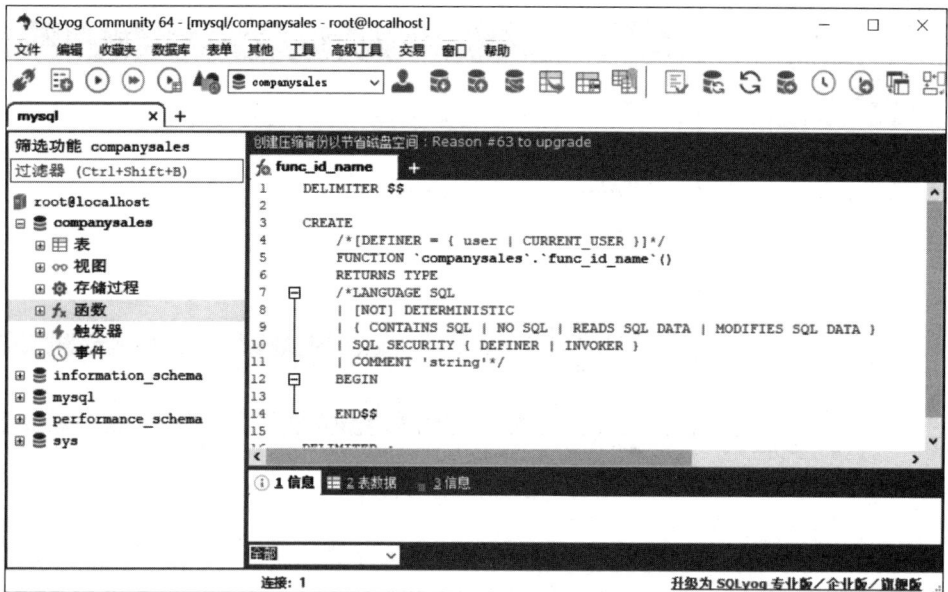

图 11.13　创建存储函数模板

（5）修改模板中的相关内容，实现存储函数的功能。修改参数名称和数据类型，em_id INT；修改存储函数的返回值数据类型为数据表 employee 中员工姓名的数据类型 VARCHAR(50)；修改存储函数的特征 READS SQL DATA 和注释"COMMENT '根据员工号查询某个员工的姓名'"；然后添加存储函数体的内容"SELECT employeename FROM employee WHERE employeeid＝em_id；"，如图 11.14 所示。单击工具栏的"执行查询"按钮，执行 SQL 语句。

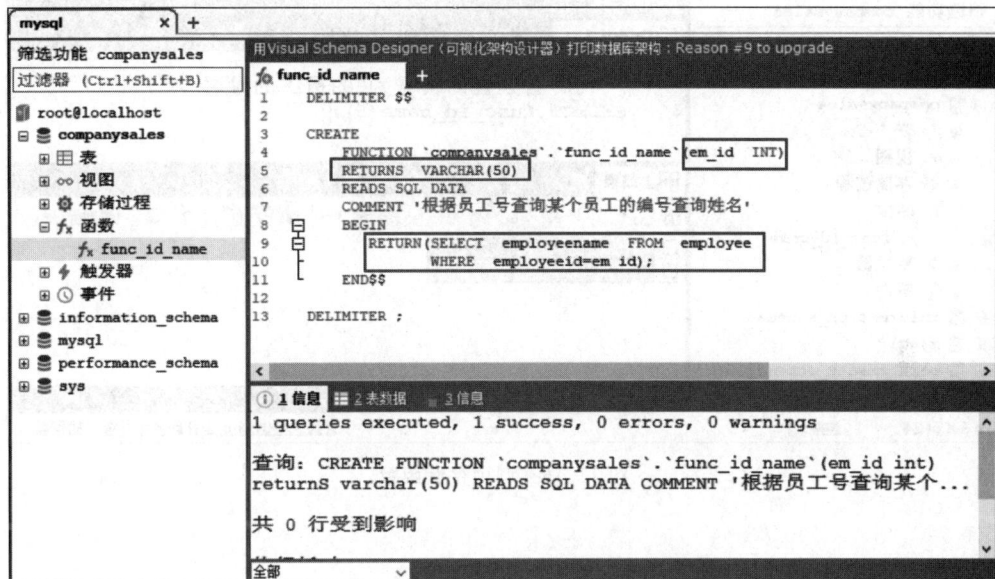

图 11.14　修改模板创建存储函数

（6）执行成功后，在窗体左侧的"对象资源浏览器"中的"函数"节点下就会出现新创建的存储函数 func_id_name，如图 11.15 所示。

图 11.15　新创建的存储函数

253

(7) 调用存储函数查询编号为 5 的员工的姓名。在查询编辑器中输入"SELECT func _id_name(5);",执行结果如图 11.16 所示。

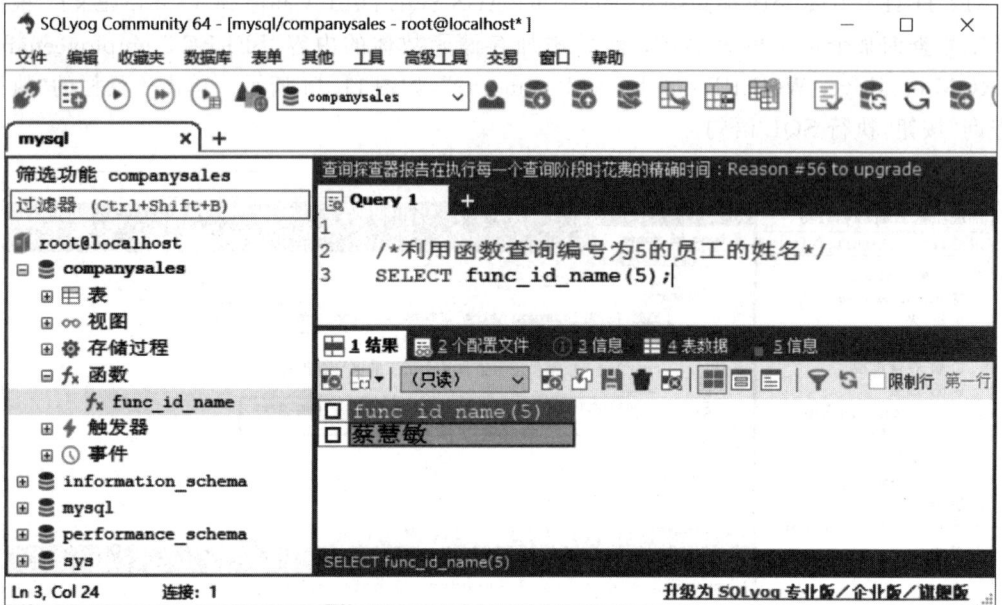

图 11.16　调用存储函数

任务 11.3　认识存储过程和存储函数中的流程控制语句

【任务描述】　在存储过程和存储函数中,用户可以使用 DECLARE 关键字来定义变量,使用 IF 语句、CASE 语句、LOOP 语句、LEAVE 语句、ITERATE 语句、REPEAT 语句和 WHILE 语句来控制流程。

11.3.1　BEGIN…END 复合语句

在 MySQL 中,存储子程序可以使用 BEGIN…END 复合语句来包含多个语句。其语法格式如下。

```
BEGIN
    [statement_list]
END [end_label]
```

其中,statement_list 是一个或多个语句的列表。statement_list 之内每个语句都必须用分号(;)来结尾。为了避免冲突,通常在客户端用 DELIMITER 命令将语句结束符";"改变为其他符号,如//、&&、$$等,使得分号(;)在子程序体中使用;在存储过程外,再将语句结束符号改回默认的分号(;)。

11.3.2　存储过程中的变量

1. 声明局部变量

在 MySQL 中,存储过程使用 DECLARE 关键字定义变量。局部变量的作用范围为它被声明的 BEGIN…END 块内。定义变量的基本语法格式如下。

```
DECLARE var_name[,…n] type [DEFAULT value]
```

其中,var_name 为变量名;type 为变量的类型;DEFAULT value 为变量提供一个默认值,如果没有 DEFAULT 子句,则初始值为 NULL。

【例 11.14】　定义一个变量,变量名为 em_name,数据类型为 varchar (50),默认值为'companysales'。代码如下。

```
DECLARE   em_name varchar(50) DEFAULT 'companysales'
```

2. 变量的 SET 赋值

变量可以使用 SET 和 SELECT 语句赋值,用 SET 语句赋值的语法格式如下。

```
SET var_name = expr [, var_name = expr][,…n]
```

其中,var_name 为要赋值的变量名;expr 为赋值的表达式。

【例 11.15】　将例 11.14 中定义的变量赋值为'abcd',并输出。代码如下。

```
SET em_name = 'abcd';
SELECT em_name;
```

3. 变量的 SELECT 赋值

除了使用 SET 为变量赋值以外,还可以使用 SELECT…INTO 为变量赋值,语法格式如下。

```
SELECT col_name[,…n]   INTO   var_name[,…n]
    FROM   table_name
    WHERE   condition
```

其中,col_name 为列名;var_name 为变量名;table_name 为搜索的表或视图的名称;condition 为查询条件。

利用 SELECT 语句将查询的结果为变量赋值,但是查询的结果只能为单行。

【例 11.16】　从 product 表中查询编号为 2 的产品的价格,并将价格赋值给变量 p_price。代码如下。

```
DECLARE p_price   decimal(12,4);
SELECT   price   INTO p_price
    FROM   product
    WHERE   productid = 2;
```

11.3.3　定义条件和处理程序

特定条件需要特定处理,也就是事先定义程序执行过程中可能遇到的问题,并在处理程序中解决这些问题的办法。这样可以增强程序处理问题的能力,避免程序异常停止。在 MySQL 中使用 DECLARE 关键字来定义条件和处理程序。

1. 定义条件

定义条件的语法格式如下。

```
DECLARE   condition_name   CONDITION FOR   condition_value
```

其中,condition_name 表示条件的名称;condition_value 用来实现设置条件的类型,具体语法格式如下。

```
SQLSTATE   [VALUE]   sqlstate_value   |   mysql_error_code
```

sqlstate_value 参数和 mysql_error_code 参数都可以表示 MySQL 的错误。

【例 11.17】　定义"ERROR 1146 (42S02)"错误,名称为 can_not_find。

分析:在 ERROR 1146 (42S02)中,sqlstate_value 值是 42S02,mysql_error_code 值是 1146,所以可以用两种不同的方法来定义。

方法一:使用 sqlstate_value,代码如下。

```
DECLARE   can_not_find   CONDITION   FOR   SQLSTATE   '42S02';
```

方法二:使用 mysql_error_code,代码如下。

```
DECLARE   can_not_find   CONDITION   FOR   1146;
```

2. 定义处理程序

在 MySQL 中,使用 DECLARE 关键字来定义处理程序,语法格式如下。

```
DECLARE handler_type   HANDLER   FOR condition_value[,...n]   sp_statement
handler_type:
    CONTINUE | EXIT | UNDO
condition_value:
    SQLSTATE [VALUE] sqlstate_value | condition_name   | SQLWARNING | NOT FOUND   |
                    SQLEXCEPTION | mysql_error_code
```

其中各参数说明如下。

(1) handler_type 指明错误的处理方式。其值有 3 个:CONTINUE | EXIT | UNDO。CONTINUE 表示遇到错误不进行处理,继续向下执行;EXIT 表示遇到错误后马上退出;UNDO 表示遇到错误后撤回之前的操作,MySQL 中暂时还不支持这种处理方式。

(2) condition_value 用来实现设置条件的类型。该参数有 6 个取值。sqlstate_value

和 mysql_error_code 与条件定义中的是同一个意思。

（3）condition_name 是 DECLARE 定义的条件名称。SQLWARNING 表示所有以 01 开头的 sqlstate_value 值。NOT FOUND 表示所有以 02 开头的 sqlstate_value 值。SQLEXCEPTION 表示所有没有被 SQLWARNING 或 NOT FOUND 捕获的 sqlstate_value 值。

（4）sp_statement 表示一些存储过程或函数的执行语句。

11.3.4 游标的使用

在 MySQL 中，SELECT 语句的查询结果可能为多条记录，如果要逐条读取结果集中的记录，可以使用游标，有些书中也称为光标。对于游标的操作包括声明游标、打开游标、使用游标和关闭游标。游标必须声明在处理程序之前，并且声明在变量和条件之后。

1. 声明游标

在 MySQL 中，使用 DECLARE 关键字来声明游标。其语法格式如下。

```
DECLARE cursor_name  CURSOR FOR  select_statement;
```

其中，cursor_name 为游标的名称；select_statement 为 SELECT 语句的内容。

【例 11.18】 创建一个查询员工姓名的游标。

分析：游标的名称为 cur_em_name，游标指向的结果集对应的查询语句为 SELECT employeename FROM employee。SQL 代码如下。

```
DECLARE  cur_em_name  CURSOR FOR  SELECT employeename FROM employee;
```

2. 打开游标

在 MySQL 中，使用 OPEN 关键字来打开游标。其语法格式如下。

```
OPEN  cursor_name ;
```

其中，cursor_name 参数表示游标的名称。

【例 11.19】 打开例 11.18 中定义的游标。

SQL 代码如下。

```
OPEN  cursor_name;
```

3. 使用游标

在 MySQL 中，使用 FETCH 关键字来使用游标。其语法格式如下。

```
FETCH cursor_name INTO var_name [, var_name][,...n]
```

其中，cursor_name 表示游标的名称；var_name 表示将游标中的 SELECT 语句查询出来的信息存入该参数中，必须在声明游标之前就定义好。

【例 11.20】 使用例 11.19 中打开的游标，将查询出来的数据存入 emp_name 变量。

分析：在例 11.18 和例 11.19 中，已经定义了游标 cur_em_name，并且打开了游标，所以使用 FETCH 语句就可读取数据。SQL 代码如下。

```
DECLARE emp_name  varchar(50);
FETCH cur_em_name INTO emp_name;
```

4. 关闭游标

在 MySQL 中，使用 CLOSE 关键字来关闭游标。关闭之后就不能再使用 FETCH 语句来使用游标了。其语法格式如下。

```
CLOSE  cursor_name ;
```

其中，cursor_name 表示游标的名称。

【例 11.21】 关闭 cur_em_name 游标，SQL 代码如下。

```
CLOSE  cur_em_name;
```

11.3.5 流程控制语句

在存储过程和函数中，可以使用 IF 语句、CASE 语句、LOOP 语句、LEAVE 语句、ITERATE 语句、REPEAT 语句和 WHILE 语句控制流程。

1. IF 语句

IF 语句用来进行条件判断。根据是否满足条件，执行不同的语句。其语法格式如下。

```
IF   search_condition1   THEN   statement_list1
[ELSEIF   search_condition2   THEN   statement_list2]
 ⋮
CELSEIF search_conditionn THEN statement_listn
[ELSE statement_list]
END IF
```

其中，search_condition 表示条件判断语句；statement_listn 表示不同条件下的执行语句。

2. CASE 语句

CASE 语句也用来进行条件判断，它可以实现比 IF 语句更复杂的情况。CASE 语句的基本语法有以下两种方式。

方式一：

```
CASE case_value
WHEN when_value1 THEN statement_list1
```

```
[WHEN when_value2 THEN statement_list2]
  ⋮
[WHEN when_valuen THEN statement_listn]
[ELSE statement_list]
END CASE
```

其中，case_value 表示条件判断的变量；when_value$n$ 表示变量的取值；statement_list$n$ 表示不同 when_value$n$ 值的执行语句。

方式二：

```
CASE
WHEN search_condition1 THEN statement_list1
[WHEN search_condition2 THEN statement_list2]
  ⋮
[WHEN search_conditionn THEN statement_listn]
[ELSE statement_list]
END CASE
```

其中，search_condition$n$ 表示条件判断语句；statement_list$n$ 表示不同条件下的执行语句。

3. LOOP 语句

LOOP 语句可以使某些特定的语句重复执行，实现一个简单的循环。但是 LOOP 语句本身没有停止循环的语句，必须是遇到 LEAVE 语句等才能停止循环。LOOP 语句的基本语法格式如下。

```
[begin_label:] LOOP
statement_list
END LOOP [end_label]
```

其中，begin_label 是循环开始的标志；end_label 是循环结束的标志；statement_list 是需要循环执行的语句。

4. LEAVE 语句

LEAVE 语句主要用于跳出循环控制，其语法格式如下。

```
LEAVE label
```

其中，label 为循环语句的标志。

【例 11.22】　LEAVE 语句的示例，代码如下。

```
add_num: LOOP
SET @count = @count + 1;
IF @count = 100 THEN
    LEAVE add_num ;
END LOOP add_num ;
```

本例循环执行 count 加 1 的操作。当 count 的值等于 100 时,LEAVE 语句跳出循环。如果没有 LEAVE 语句,就成了一个死循环。

5. ITERATE 语句

ITERATE 语句也是用来跳出循环的语句,但是,ITERATE 语句是跳出本次循环,然后直接进入下一次循环。ITERATE 语句的基本语法格式如下。

```
ITERATE label
```

其中,label 为循环语句的标志。

【例 11.23】 ITERATE 语句的示例,代码如下。

```
CREATE PROCEDURE doiterate(p1 INT)
BEGIN
label1: LOOP
  SET p1 = p1 + 1;
  IF p1 < 10 THEN ITERATE label1;
  END IF;
  LEAVE label1;
END LOOP label1;
SET @x = p1;
END
```

说明:LEAVE 语句和 ITERATE 语句都用来跳出循环语句,但两者的功能不一样。LEAVE 语句是跳出整个循环,然后执行循环后面的程序。而 ITERATE 语句是跳出本次循环,然后进入下一次循环。使用这两个语句时一定要区分清楚。

6. REPEAT 语句

REPEAT 语句是有条件控制的循环语句。当满足特定条件时,就会跳出循环。REPEAT 语句的基本语法格式如下。

```
[begin_label:] REPEAT
     statement_list
UNTIL search_condition
END REPEAT [end_label]
```

其中,statement_list 表示循环的执行语句;search_condition 表示结束循环的条件,满足该条件时循环结束。

【例 11.24】 100 以内的数累加。

分析:定义循环变量 count,循环执行 count 加 1 的操作,count 值为 100 时结束循环。REPEAT 循环都用 END REPEAT 结束。SQL 代码如下。

```
REPEAT
    SET @count = @count + 1;
UNTIL @count = 100
END REPEAT;
```

7. WHILE 语句

WHILE 语句也是有条件控制的循环语句。但 WHILE 语句和 REPEAT 语句是不一样的。WHILE 语句是当满足条件时,执行循环内的语句。WHILE 语句的基本语法格式如下。

```
[begin_label:] WHILE search_condition DO
    statement_list
END WHILE [end_label]
```

其中,search_condition 表示循环执行的条件,满足该条件时循环执行；statement_list 表示循环的执行语句。

【例 11.25】 使用 WHILE 语句实现 100 以内的数的累加。

分析：定义循环变量 count,循环执行 count 加 1 的操作,count 值小于 100 时执行循环。如果 count 值等于 100 则跳出循环。WHILE 循环需要使用 END WHILE 来结束。SQL 语句如下。

```
WHILE @count < 100 DO
    SET @count = @count + 1;
END WHILE ;
```

任务 11.4　查看存储过程和存储函数

【任务描述】 存储过程和存储函数创建以后,用户可以查看存储过程和存储函数的状态与定义。本任务通过 SHOW STATUS 语句来查看存储过程和存储函数的状态,通过 SHOW CREATE 语句来查看存储过程和存储函数的定义。用户也可以通过查询 information_schema 数据库下的 routines 表来查看存储过程和存储函数的信息。本任务引导学生检查代码和性能是否符合技术规范,以提升规范化、标准化的职业素养,培养学生的工匠精神。

11.4.1　使用 SHOW STATUS 语句

在 MySQL 中,可以通过 SHOW STATUS 语句查看存储过程和存储函数的状态。其语法格式如下。

```
SHOW { PROCEDURE | FUNCTION } STATUS [ LIKE  'pattern'];
```

其中,PROCEDURE 表示要查询存储过程；FUNCTION 表示要查询的存储函数；LIKE 'pattern'用来匹配存储过程或存储函数的名称。

【例 11.26】 查询名为 proc_id_sal 的存储过程的状态,具体操作如下。

```
mysql > use companysales;
Database changed
```

```
MySQL > SHOW PROCEDURE STATUS LIKE 'proc_id_sal'\G
**************************** 1. row ****************************
                 Db: companysales
               Name: proc_id_sal
               Type: PROCEDURE
            Definer: root@localhost
           Modified: 2025 - 03 - 07 16:40:03
            Created: 2025 - 03 - 07 16:40:03
      Security_type: DEFINER
            Comment: 根据员工号查询工资
character_set_client: utf8mb4
collation_connection: utf8mb4_0900_ai_ci
   Database Collation: utf8mb4_general_ci
1 row in set (0.01 sec)
```

查询结果显示了存储过程的创建时间、修改时间和字符集等信息。

【例 11.27】 查询名为 func_id_sal 的函数的状态,具体操作如下。

```
MySQL >  SHOW FUNCTION STATUS LIKE 'func_id_sal'\G
**************************** 1. row ****************************
                 Db: companysales
               Name: func_id_sal
               Type: FUNCTION
            Definer: root@localhost
           Modified: 2025 - 03 - 07 15:03:43
            Created: 2025 - 03 - 07 15:03:43
      Security_type: DEFINER
            Comment: 根据员工号查询某个员工的工资
character_set_client: utf8mb4
collation_connection: utf8mb4_0900_ai_ci
   Database Collation: utf8mb4_general_ci
1 row in set (0.02 sec)
```

查询结果显示了函数的创建时间、修改时间和字符集等信息。

11.4.2 使用 SHOW CREATE 语句

SHOW STATUS 语句只能查看存储过程或函数属于哪一个数据库、名称、类型、谁定义的、创建和修改时间、字符编码等信息,不能查询存储过程或函数的具体定义。如果需要查看详细定义,可使用 SHOW CREATE 语句,其语法格式如下。

```
SHOW CREATE { PROCEDURE | FUNCTION } sp_name
```

其中,sp_name 为存储过程或者函数的名称。

【例 11.28】 查询名为 proc_id_sal 的存储过程的定义,具体操作如下。

```
mysql > SHOW CREATE PROCEDURE proc_id_sal\G
**************************** 1. row ****************************
```

```
          Procedure: proc_id_sal
            sql_mode:ONLY_FULL_GROUP_BY,STRICT_TRANS_TABLES,NO_ZERO_IN_DATE,NO_ZERO_
DATE,ERROR_FOR_DIVISION_BY_ZERO,NO_ENGINE_SUBSTITUTION
    Create Procedure: CREATE DEFINER = 'root'@'localhost' PROCEDURE 'proc_id_sal'(in em_id int)
                    READS SQL DATA
                    COMMENT '根据员工号查询工资'
                    BEGIN
                    SELECT salary FROM employee
                    WHERE   employeeid = em_id;
                    END
character_set_client: utf8mb4
collation_connection: utf8mb4_0900_ai_ci
  Database Collation: utf8mb4_general_ci
1 row in set (0.00 sec)
```

查询结果显示了存储过程的定义、字符集等信息。

【例 11.29】　查询 func_id_sal 存储函数的定义,具体操作如下。

```
mysql > SHOW CREATE FUNCTION   func_id_sal\G
*************************** 1. row ***************************
           Function: func_id_sal
            sql_mode:ONLY_FULL_GROUP_BY,STRICT_TRANS_TABLES,NO_ZERO_IN_DATE,NO_ZERO_
DATE,ERROR_FOR_DIVISION_BY_ZERO,NO_ENGINE_SUBSTITUTION
     Create Function: CREATE DEFINER = 'root'@'localhost' FUNCTION 'func_id_sal'(em_id int)
RETURNS decimal(12,4)
                    COMMENT '根据员工号查询某个员工的工资'
                    BEGIN
                    RETRRN(SELECT salary FROM employee WHERE employeeid = em_id);
                    END
character_set_client: utf8mb4
collation_connection: utf8mb4_0900_ai_ci
  Database Collation: utf8mb4_general_ci
1 row in set (0.00 sec)
```

查询结果显示了函数的定义、字符集等信息。

11.4.3　使用 information_schema. routines 表

在 information_schema 数据库下的 routines 表中,存储着所有存储过程和存储函数的定义。查询方法如下。

```
SELECT * FROM information_schema.routines
   WHERE ROUTINE_NAME = ' sp_name';
```

其中,sp_name 表示要查询的存储过程或存储函数的名称。

如果不使用 WHERE 子句,SELECT 语句查询 routines 表中的存储过程和函数的定义时,将查询出所有的存储过程或函数的定义;所以一定要使用 ROUTINE_NAME 指定存储过程或存储函数的名称。

【例 11.30】 从 routines 表中查询名为 proc_id_sal 的存储过程的信息。具体操作如下,查询结果显示的是 proc_id_sal 的详细信息。

```
mysql > SELECT  *  FROM  information_schema.routines
    -> WHERE  ROUTINE_NAME = 'proc_id_sal'\G
*************************** 1. row ***************************
           SPECIFIC_NAME: proc_id_sal
          ROUTINE_CATALOG: def
           ROUTINE_SCHEMA: companysales
             ROUTINE_NAME: proc_id_sal
             ROUTINE_TYPE: PROCEDURE
                DATA_TYPE:
  CHARACTER_MAXIMUM_LENGTH: NULL
    CHARACTER_OCTET_LENGTH: NULL
        NUMERIC_PRECISION: NULL
            NUMERIC_SCALE: NULL
        DATETIME_PRECISION: NULL
       CHARACTER_SET_NAME: NULL
           COLLATION_NAME: NULL
           DTD_IDENTIFIER: NULL
             ROUTINE_BODY: SQL
       ROUTINE_DEFINITION: BEGIN
                           select salary from employee
                           where   employeeid = em_id;
                           END
            EXTERNAL_NAME: NULL
        EXTERNAL_LANGUAGE: NULL
          PARAMETER_STYLE: SQL
          IS_DETERMINISTIC: NO
          SQL_DATA_ACCESS: READS SQL DATA
                 SQL_PATH: NULL
            SECURITY_TYPE: DEFINER
                  CREATED: 2025 - 03 - 07 16:40:03
             LAST_ALTERED: 2025 - 03 - 07 16:40:03
                 SQL_MODE: NO_AUTO_CREATE_USER,NO_ENGINE_SUBSTITUTION
          ROUTINE_COMMENT: 根据员工号查询工资
                  DEFINER: root@localhost
     CHARACTER_SET_CLIENT: utf8mb4
    COLLATION_CONNECTION: utf8mb4_0900_ai_ci
      DATABASE_COLLATION: utf8mb4_general_ci
1 row in set (0.02 sec)
```

任务 11.5 修改存储过程和存储函数

【任务描述】 如果需要修改存储过程,可以先删除存储过程,再重建存储过程;或者使用 ALTER PROCEDURE 语句更改先前使用 CREATE PROCEDURE 语句创建的存储过程。本任务修改存储过程;引导学生检查代码和性能是否符合技术规范,提升规范化、标准化的职业

素养,培养学生的工匠精神。使用 ALTER PROCEDURE 语句是为了保持存储过程和存储函数的权限。ALTER PROCEDURE 语句的语法格式如下。

```
ALTER {PROCEDURE | FUNCTION} sp_name [characteristic ...]
characteristic: =
{ CONTAINS SQL | NO SQL | READS SQL DATA | MODIFIES SQL DATA }
| SQL SECURITY { DEFINER | INVOKER }
| COMMENT 'string'
```

其中,sp_name 表示存储过程或存储函数的名称;characteristic 指定存储过程或存储函数的特性;CONTAINS SQL 表示子程序包含 SQL 语句,但不包含读或写数据的语句;NO SQL 表示子程序中不包含 SQL 语句;READS SQL DATA 表示子程序中包含读数据的语句;MODIFIES SQL DATA 表示子程序中包含写数据的语句;SQL SECURITY {DEFINER | INVOKER}指明谁有权限来执行;DEFINER 表示只有定义者才能够执行;INVOKER 表示调用者可以执行;COMMENT 'string'是注释信息。

说明:在 MySQL 中,ALTER {PROCEDURE|FUNCTION} 语法不支持直接修改函数参数或函数体。要修改存储函数(如新增参数、调整逻辑),需要先删除旧的存储函数,再创建新函数。

【例 11.31】 修改存储过程 proc_id_sal 的定义,将读/写权限改为 MODIFIES SQL DATA,并指明调用者可以执行。具体操作如下。

```
mysql > ALTER   PROCEDURE proc_id_sal
    - > MODIFIES SQL DATA
    - > SQL SECURITY INVOKER;
Query OK, 0 rows affected (0.04 sec)
```

执行成功,使用 SHOW CREATE 语句查看修改结果。

```
mysql > SHOW   CREATE   PROCEDURE   proc_id_sal\G
*************************** 1. row ***************************
           Procedure: proc_id_sal
            sql_mode:ONLY_FULL_GROUP_BY,STRICT_TRANS_TABLES, NO_ZERO_IN_DATE,NO_ZERO_
DATE,ERROR_FOR_DIVISION_BY_ZERO,NO_ENGINE_SUBSTITUTION
    Create Procedure: CREATE DEFINER = 'root'@'localhost' PROCEDURE 'proc_id_sal'(IN em_id int)
                      MODIFIES SQL DATA
                      SQL SECURITY INVOKER
                      COMMENT '根据员工号查询工资'
                      BEGIN
                      SELECT salary FROM employee
                      WHERE   employeeid = em_id;
                      END
character_set_client: utf8mb4
collation_connection: utf8mb4_0900_ai_ci
  Database Collation: utf8mb4_general_ci
1 row in set (0.00 sec)
```

从结果可以看出,已经修改成功。

【例 11.32】 修改存储函数 func_id_sal 的定义,将读/写权限改为 MODIFIES SQL

DATA,并修改注释为"根据员工号查询某个员工的工资的存储函数"。

执行修改的 SQL 代码,并使用 SHOW CREATE FUNCTION 查看修改的结果。

```
mysql > ALTER  FUNCTION  func_id_sal
    -> MODIFIES  SQL  DATA
    -> COMMENT  '根据员工号查询某个员工的工资的存储函数';
Query OK, 0 rows affected (0.00 sec)

mysql > SHOW  CREATE  FUNCTION  func_id_sal\G
**************************** 1. row ****************************
            Function: func_id_sal
            sql_mode:ONLY_FULL_GROUP_BY,STRICT_TRANS_TABLES, NO_ZERO_IN_DATE,NO_ZERO_
DATE,ERROR_FOR_DIVISION_BY_ZERO,NO_ENGINE_SUBSTITUTION
    Create Function: CREATE DEFINER = 'root'@'localhost' FUNCTION 'func_id_sal'(em_id int)
RETURNS dec imal(12,4)
                    MODIFIES SQL DATA
                    COMMENT '根据员工号查询某个员工的工资的存储函数'
                    BEGIN
                        RETURN(SELECT salary FROM employee WHERE employeeid = em_id);
                    END
character_set_client: utf8mb4
collation_connection: utf8mb4_0900_ai_ci
  Database Collation: utf8mb4_general_ci
  1 row in set (0.00 sec)
```

从结果可以看出,已经修改成功。

任务 11.6 删除存储过程和存储函数

【任务描述】 存储过程和存储函数在使用过程中可以查看和修改,也可以删除。本任务删除存储过程和存储函数。

在 MySQL 中使用 DROP 语句删除存储过程和存储函数,其语法格式如下。

```
DROP {PROCEDURE | FUNCTION} [IF EXISTS] sp_name
```

其中,sp_name 为要删除的存储过程或存储函数的名称。

【例 11.33】 删除存储过程 proc_id_sal,SQL 代码如下。

```
DROP PROCEDURE proc_id_sal;
```

【例 11.34】 删除存储函数 func_id_sal,SQL 代码如下。

```
DROP FUNCTION func_id_sal;
```

【例 11.35】 通过查询 information_schema 数据库下的 routines 表来确认 proc_id_sal 和 func_id_sal 是否已经被成功删除。具体操作如下。

```
mysql > SELECT * FROM information_schema.routines
    -> WHERE ROUTINE_NAME like '%_id_sal';
```

Empty set (0.01 sec)

从执行结果可以看到,存储过程已经都被删除了。

任务 11.7 使用 SQLyog 客户端软件管理存储过程

【任务描述】 本任务在 SQLyog 客户端软件中查看、修改和删除存储过程和函数。

11.7.1 查看和修改存储过程

在 SQLyog 客户端软件中,没有专门的查看存储过程和函数的命令,可以通过“改变存储过程命令”在修改的同时查看存储过程。

【例 11.36】 查看存储过程 proc_cu_order,并将此存储过程的读/写权限设置为 READS SQL DATA,增加注释“根据客户名称查询订单信息的存储过程”。

具体操作步骤如下。

(1)启动 SQLyog 软件。

(2)在“对象资源管理器”中,展开 companysales|“存储过程”节点。

(3)右击 proc_cu_order 存储过程,在弹出的快捷菜单中选择“改变存储过程”命令,

(4)在打开的存储过程的模板中,可以查看该存储过程,也可以修改存储过程,如图 11.17 所示。输入修改的内容 READS SQL DATA 和“COMMENT '根据客户名称查询订单信息的存储过程'”,然后单击“执行”按钮。

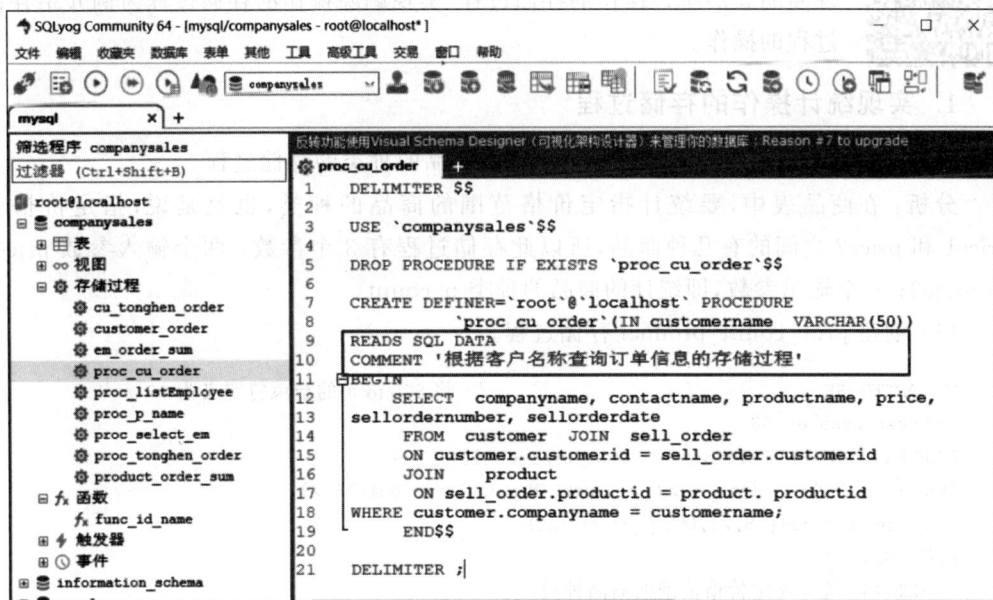

图 11.17 修改存储过程

11.7.2 删除存储过程

使用 SQLyog 删除存储过程比较简单,右击要删除的存储过程,选择"删除存储过程"命令即可。

【例 11.37】 删除存储过程 proc_cu_order,具体操作步骤如下。

(1) 启动 SQLyog 软件。

(2) 在"对象资源管理器"中,展开 companysales|"存储过程"节点。

(3) 右击 proc_cu_order 存储过程,在弹出的快捷菜单中选择"删除存储过程"命令,在弹出的确认对话框中单击"是"按钮。

任务 11.8 销售管理数据库中存储过程的应用

【任务描述】 在销售管理数据库中,经常要操作数据表。创建操作表和获取订单信息的存储过程。本任务引导学生检查代码和性能是否符合技术规范,以提升规范化、标准化的职业素养,培养学生的工匠精神。

11.8.1 操作表的存储过程

在销售管理数据库中,经常要对各类表进行各类操作。本节以创建实现商品表的统计操作的存储过程、实现删除操作的存储过程为例介绍存储过程的操作。

1. 实现统计操作的存储过程

【例 11.38】 创建实现统计指定价格范围商品的种类的存储过程。

分析:在商品表中,要统计指定价格范围的商品的种类,也就是说,指定价格在 price1 和 price2 之间的有几种商品,所以此存储过程有 3 个参数:两个输入参数 price1 和 price2;一个输出参数,即统计的商品的种类 p_count。

(1) 创建 proc_count_product 存储过程。

```
DELIMITER $$                              /* 将 SQL 语句的结束符定义为 $$ */
USE companysales $$
DROP PROCEDURE IF EXISTS proc_count_product $$
CREATE PROCEDURE  proc_count_product(IN price1 decimal(18,2),
IN price2 decimal(18,2),OUT p_count int)
READS SQL DATA
  COMMENT '统计指定价格范围的商品种类'
  BEGIN
    IF (price2 >= price1) THEN
      SELECT COUNT(DISTINCT productid) INTO p_count
```

```
                FROM product
            WHERE   price BETWEEN price1 AND price2;
        ELSE
          SELECT '价格指定错误!';
        END IF;
    END$$
DELIMITER ;                                /*将 SQL 语句的结束符定义为默认的;*/
```

（2）执行存储过程并验证正确性。调用 proc_count_product 存储过程,查询价格为
1～12 元的商品的种类。

```
mysql>/*调用 proc_count_product 存储过程*/
mysql>CALL proc_count_product(1,12,@p);
Query OK, 1 row affected (0.00 sec)
mysql>SELECT @p;
+------+
| @p   |
+------+
|   10 |
+------+
1 row in set (0.00 sec)
```

从结果可以看到,有 10 种商品的价格为 1～12 元。

2. 实现删除操作的存储过程

【例 11.39】　在商品表中,创建实现删除指定商品操作的存储过程。

分析：此删除操作指定的是商品编号,所以 proc_delete_product 存储过程仅有一个
参数 p_id,表示商品编号。由于要删除数据表中的内容,所以设置数据表的权限为
MODIFIES SQL DATA。

执行以下 SQL 语句。

```
DELIMITER $$
USE companysales $$
DROP PROCEDURE IF EXISTSproc_delete_product $$
CREATE   PROCEDURE   proc_delete_product(IN p_id int)
MODIFIES SQL DATA
COMMENT '根据商品编号删除指定的商品'
BEGIN
    IF EXISTS(SELECT  *  FROM product WHERE productid = p_id )THEN
        DELETE   FROM   product   WHERE productid = p_id;
    ELSE
        SELECT '无此商品编号';
    END IF;
END$$
DELIMITER;
```

【例 11.40】　在员工表中,删除一条员工记录,如果不存在该员工,则提示无法删除。
如果员工存在,但该员工接收了订单,则删除该员工的订单并删除该员工;如果该员工没

有订单,则删除该员工。

分析:要删除指定编号的员工,所以 proc_del_employee 存储过程仅有一个参数 em_id,表示员工编号。

执行以下 SQL 语句。

```
DELIMITER $$
USE companysales $$
DROP PROCEDURE IF EXISTSproc_del_em $$
CREATE PROCEDURE   proc_del_employee(IN em_id int)
MODIFIES SQL DATA
COMMENT '根据员工编号删除员工信息'
BEGIN
    IF EXISTS(SELECT * FROM employee WHERE employeeid = em_id) THEN
    BEGIN
      IF EXISTS(SELECT * FROM  sell_order WHERE employeeid = em_id) THEN
      BEGIN
            DELETE FROM sell_order WHERE employeeid = em_id;
            SELECT '该员工有订单,并成功删除订单!';
      END;
      ELSE
           SELECT   '该员工没有订单!';
      END IF;
      DELETE FROM employee WHERE employeeid = em_id;
            SELECT   '删除该员工信息!';
    END;
    ELSE
            SELECT   '该员工不存在,无法删除!';
    END IF;
END$$
DELIMITER;
```

11.8.2   获取订单信息存储过程

在销售管理数据库中,经常要了解目前所有销售订单的信息,包括商品名称、单价、订购的数量、订购公司名称、订购日期等信息。有时也要获取指定商品的总销售量。

【例 11.41】   创建自动获取商品订购信息的存储过程,存储过程有两个输入参数(一个参数为类型 typeid,一个为编号 num);一个输出参数,为特定编号对应的名称(p_name)。如果 typeid 的值为 1,则编号 num 表示为商品编号,则输出该商品的名称;如果 typeid 的值为 2,则编号 num 表示为员工编号,则输出该员工的姓名;如果 typeid 的值为 3,则编号 num 表示为客户编号,则输出该客户的公司名称。

分析:此存储过程要实现的以上功能,由于分类的不同所以必须使用 CASE 语句。在过程体中要实现查询指定编号对应的名称,首先判断有没有该编号的订单,然后再进行查询。

(1)创建存储过程。

```
DELIMITER $$
USE companysales $$
```

```
DROP PROCEDURE IF EXISTSproc_num_name $$
CREATE   PROCEDURE proc_num_name (IN num int ,IN typeid int,
                                 OUT p_name varchar(50))
READS SQL DATA
COMMENT '根据指定编号查询名称'
BEGIN
    CASE typeid
        WHEN 1 THEN
            SELECT productname   INTO p_name
                FROM product WHERE productid = typeid ;
        WHEN 2 THEN
            SELECT employeename INTO p_name
                FROM employee   WHERE employeeid = typeid ;
        WHEN 3 THEN
            SELECT companyname INTO p_name
                FROM customer   WHERE customerid = typeid ;
        ELSE
            SELECT    '输入编号有误!' INTO   p_name ;
    END CASE;
END$$
DELIMITER;
```

（2）执行并测试。

```
mysql > CALL proc_num_name(1,1,@p);
Query OK, 1 row affected (0.00 sec)
mysql > SELECT @p;
+--------+
| @p     |
+--------+
| 路由器 |
+--------+
1 row in set (0.01 sec)
mysql > CALL proc_num_name(1,2,@p);
Query OK, 1 row affected (0.00 sec)
mysql > SELECT @p;
+--------+
| @p     |
+--------+
| 李立三 |
+--------+
1 row in set (0.00 sec)
mysql >   CALL proc_num_name(1,3,@p);
Query OK, 1 row affected (0.00 sec)
mysql >   SELECT @p;
+-------------------+
| @p                |
+-------------------+
| 坦森行贸易有限公司 |
+-------------------+
```

```
1 row in set (0.00 sec)
mysql>   CALL proc_num_name(1,4,@p);
Query OK, 1 row affected (0.00 sec)
mysql>   SELECT @p;
+------------------+
| @p               |
+------------------+
| 输入编号有误!     |
+------------------+
1 row in set (0.00 sec)
```

习　　题

一、填空题

1. 存储过程在第一次执行时进行编译，并将结果存储在_____中，用于后续的调用。

2. 存储过程是 MySQL 中封装的_____，按照参数可以分为 3 种类型，分别是_____、_____和_____。

3. 存储过程有多种调用方式，其中比较常用的是使用_____语句。

4. _____是已经存储在 MySQL 服务器中的一组预编译过的 SQL 语句。

二、思考题

1. 简述存储过程和存储函数的基本功能与特点。

2. 简述存储过程的创建方法和执行方法。

实　　训

一、实训目的

1. 掌握存储过程的概念、了解存储过程的类型。

2. 掌握存储过程的创建方法。

3. 掌握存储过程的执行方法。

4. 掌握存储过程的查看、修改、删除的方法。

二、实训内容

1. 在销售管理数据库系统中，创建一个名为 proc_select 的存储过程，实现查询所有员工信息的功能。

2. 在销售管理数据库系统中,创建一个名为 proc_employee_order 的存储过程,要求实现以下功能:根据员工的姓名,查询该员工的奖金情况,根据该员工接收订单的总金额计算奖金。奖金=总金额×5%。调用存储过程,查询员工王孔若和蔡慧敏的奖金。

3. 在销售管理数据库系统中创建存储过程,存储过程名为 proc_customer_order,要求实现以下功能:根据客户的公司名称,查询该客户的订单情况。如果该公司没有订购商品,则输出"某某公司没有订购商品"信息;否则输出订购商品的相关信息,包括公司名称、联系人姓名、订购商品名称、订购数量、单价等。通过调用存储过程 proc_customer_order,显示"通恒机械有限公司"订购商品情况。

4. 删除销售管理数据库中的存储过程 proc_select。

项目 12　销售管理数据库中触发器的应用

技能目标

　　能够根据实际开发销售管理数据库中的触发器，以完成系统整体设计的目的。

知识目标

　　了解触发器的概念和分类；掌握创建、执行、修改和删除触发器的方法；掌握触发器的类型。

职业素养

　　提升规则意识，自觉遵守规则；培养分析问题能力，把复杂的事情简单化；检查代码和性能是否符合技术规范，使学生树立规范化、标准化的职业素养和工匠精神。

任务 12.1　认识 MySQL 触发器

　　【任务描述】　在销售管理数据库中，使用触发器可以完成系统自动生成的部分代码。本任务介绍触发器的概念；通过触发器定义业务规则，引导学生增强规则意识，自觉遵守规则。引导学生在学习生活中做好规划，并按照制订的规划稳步前进。

　　触发器是一种特殊的存储过程。存储过程是通过其名称被直接调用执行的，触发器则是通过指定的事件被激活执行的。比如，当对某个表进行 UPDATE、DELETE 或 INSERT 等操作时，MySQL 就会自动执行触发器事先定义的语句。MySQL 从 5.0.2 版本开始支持触发器，主要有以下功能。

1. 加强安全性管理

　　基于数据库中设置的权限，用户具有操作数据库的某种权利。可以设置基于时间限制用户的操作，例如，不允许下班后和节假日修改数据库数据，可以设置基于数据库中的数据限制用户的操作。例如，不允许商品价格的涨幅一次超过 10%，可以设置基于自动计算数据值，如果数据值达到了一定的要求，则进行特定的处理。例如，如果商品的库存量低于 5，则立即发送警告数据。

2. 调用存储功能

为了实现数据库的更新,触发器可以调用一个或多个存储过程,甚至可以通过调用外部存储过程完成相应操作。

3. 强化数据条件约束

通过强制执行非标准的数据完整性检查和约束,触发器可以提供可变的默认值,从而产生比规则更为复杂的限制。触发器能够拒绝或回退那些破坏相关完整性的变化,取消试图进行数据更新的事务。当插入一个与其主键不匹配的外部键时,这种触发器会起作用。例如,可以在 employee 表列上生成一个插入触发器,如果新值与 department 表的 departmentid 列中的值不匹配,可使插入被回退。

4. 跟踪变化

触发器可以侦测到数据库内的操作,从而判断数据变化是否符合数据库的要求。例如,不允许股票价格涨幅一次超过 10%。

5. 级联运行

触发器可以对数据库中相关的表进行连环更新。例如,在 employee 表中删除列的触发器可导致相应删除其他表中与之匹配的行;在修改或删除时级联修改或删除其他表中与之匹配的行;在修改或删除时把其他表中的与之匹配的行设成 NULL 值;在修改或删除时把其他表中的与之匹配的行级联设成默认值。

任务 12.2　创建触发器

【任务描述】　本任务创建触发器;检查代码和性能是否符合技术规范,以提升学生树立规范化、标准化的职业素养,培养学生的工匠精神。

12.2.1　创建触发器的方法

创建触发器的语法格式如下。

```
CREATE  [DEFINER = { user | CURRENT_USER }]
TRIGGER trigger_name trigger_time trigger_event
ON tbl_name FOR EACH ROW
trigger_body
```

其中各参数说明如下。

(1) trigger_name:触发器的名称,最多 64 个字符。

(2) trigger_time:触发器的触发时间,可以设置为在行记录更改之前或之后发生,取值为 BEFORE 或 AFTER。

(3) trigger_event：触发器的触发事件，可以是 INSERT、UPDATE、DELETE 之一。

① INSERT：当一个新行插入表中时触发，如 INSERT、LOAD DATA 和 REPLACE 语句。

② UPDATE：当一个行数据被更改时触发，如 UPDATE 语句。

③ DELETE：当一个行从表中删除时触发，如 DELETE 和 REPLACE 语句。

(4) tbl_name：建立触发器的表名，即在哪个表上建立触发器。

(5) FOR EACH ROW：触发的执行间隔，每隔一行执行一次动作，而不是对整个表执行一次。

(6) trigger_body：触发器程序体，可以是一句 SQL 语句，或者用 BEGIN 和 END 包含的多条语句。

由此可见，可以建立 6 种触发器，即 BEFORE INSERT、BEFORE UPDATE、BEFORE DELETE、AFTER INSERT、AFTER UPDATE、AFTER DELETE。另外，有一个限制是不能同时在一个表上建立 2 个相同类型的触发器。例如，对于一个表不能创建 2 个 BEFORE UPDATE 触发器，但是，可以创建一个 BEFORE UPDATE 和一个 BEFORE INSERT 或一个 BEFORE UPDATE 和一个 AFTER UPDATE 触发器。因此在一个表上最多可建立 6 个触发器。

12.2.2 new 表和 old 表

在数据更新操作时，会产生临时表（new 表和 old 表），以记录更改前后的变化。产生的临时表存在于高速缓存中，它们的结构与创建触发器的表的结构相同。触发器类型不同，创建的两个临时表的情况和记录都不同，如表 12.1 所示。

表 12.1　new 表和 old 表

操 作 类 型	new 表	old 表
INSERT	插入的记录	不创建
DELETE	不创建	删除的记录
UPDATE	修改后的记录	修改前的记录

从表 12.1 中可以看出，对具有触发器的表进行 INSERT、DELETE 和 UPDATE 操作的过程分别如下。

(1) INSERT 操作：插入表中的新行被复制到 new 表中。

(2) DELETE 操作：从表中删除的行被转移到 old 表中。

(3) UPDATE 操作：先从表中删除旧行，然后向表中插入新行。其中，删除后的旧行被转移到 old 表中，插入表中的新行被复制到 new 表中。

使用方法如下。

```
new.columnname
```

其中,columnname 为相应数据表某一列名;另外,old 表为只读的,而 new 表则可以在触发器中使用 SET 赋值,这样不会再次触发触发器,造成循环调用(如每插入一个学生前,都在其学号前加"2025")。

12.2.3　创建 INSERT 触发器

【例 12.1】　在销售管理数据库中,创建一个统计部门人数的表 ecount,表的结构如表 12.2 所示。在 employee 表上创建 INSERT 触发器,当插入一条记录时,在 ecount 表中插入一条记录,记录当前操作方式为"插入",值为操作后部门总人数。

表 12.2　ecount(统计部门人数)表的结构

列　　名	数 据 类 型	长　　度	为 空 性	说　　明
ecountid	int	默认	NOT NULL	主键,自增
departmentid	int	默认	NULL	部门编号
dcount	int	默认	NULL	部门总人数
userinfo	varchar	50	NULL	当前操作方式
dtime	timestamp	默认	NULL	操作时间

分析:当用户表插入数据时,需要激发 INSERT 触发器,从 new 表中获得插入的部门编号和当前部门的人数,并将数据插入 ecount 表中。

(1) 创建 ecount 表的 SQL 代码如下。

```
CREATE TABLE ecount (
ecountid int NOT NULL AUTO_INCREMENT,
departmentid int,
dcount int,
userinfo varchar(50),
dtime timestamp NOT NULL DEFAULT CURRENT_TIMESTAMP
                ON UPDATE CURRENT_TIMESTAMP, PRIMARY KEY (ecountid)
);
```

(2) 在 employee 表上创建触发器的 SQL 代码如下。

```
DELIMITER $$
CREATE
TRIGGER tri_em_insert AFTER INSERT ON employee
FOR EACH ROW
BEGIN
    DECLARE c int;                    /*声明变量用于存储指定部门的人数*/
    SELECT COUNT(employeeid) INTO c FROM employee
        WHERE departmentid = new.departmentid;
    INSERT INTO ecount (departmentid, dcount, userinfo, dtime)
        VALUES (new.departmentid, c, 'insert', CURTIME());
END;
```

```
$$
DELIMITER ;
```

（3）测试触发器。执行以下 SQL 语句,测试 tri_em_insert 触发器是否被激发。

```
mysql > INSERT INTO employee (employeename, sex, birthdate, hiredate, salary,departmentid)
    -> VALUES ( '班杰','男','2007 - 09 - 12','2025 - 01 - 01',1500,3 ) ;
Query OK, 1 row affected (0.00 sec)
mysql > SELECT * FROM ecount;
+-----------+--------------+----------+-----------+----------------------------+
| ecountid  | departmentid | dcount   | userinfo  | dtime                      |
+-----------+--------------+----------+-----------+----------------------------+
|    1      |      3       |    7     | insert    | 2025 - 03 - 13 10:43:32    |
+-----------+--------------+----------+-----------+----------------------------+
1 row in set (0.01 sec)
mysql > INSERT INTO employee ( employeename, sex, birthdate, hiredate, salary,departmentid)
    -> VALUES ( '张杰','男','2007 - 09 - 12','2025 - 01 - 01',1500,3 ) ;
Query OK, 1 row affected (0.00 sec)

MySQL > SELECT * FROM ecount;
+-----------+--------------+----------+-----------+----------------------------+
| ecountid  | departmentid | dcount   | userinfo  | dtime                      |
+-----------+--------------+----------+-----------+----------------------------+
|    1      |      3       |    7     | insert    | 2025 - 03 - 13 10:43:32    |
|    2      |      3       |    8     | insert    | 2025 - 03 - 13 10:45:01    |
+-----------+--------------+----------+-----------+----------------------------+
2 rows in set (0.00 sec)
```

从执行结果中可以看出,在 employee 表中插入了两个部门编号为 3 的员工,在 ecount 表中,自动增加两条记录,也可以看出编号为 3 的部门员工数增加,用户操作为插入操作。

说明：创建统计部门人数表 ecount,仅是为了讲解触发器的使用,仅在本章使用,所以在本书提供的源代码中,没有 ecount 表,需在此处创建。

12. 2. 4 创建 DELETE 触发器

DELETE 触发器通常用于两种情况：①防止那些确实需要删除但会引起数据一致性问题的记录被删除；②执行可删除主记录时,子记录的级联删除操作。当激发 DELETE 触发器后,将被删除的记录转移到 old 表中。在使用 DELETE 触发器时,用户需注意,当被删除的记录被转移到 old 表中的时候,数据表中将不再存在该记录,也就是说,数据表和 old 表中不可能有相同的记录信息；临时表 old 存放在缓存中,以提高系统性能。

【**例 12. 2**】 在 employee 表上,创建一个名为 tri_em_delete 的触发器,其功能为当对 employee 表进行删除操作时,在 ecount 表中插入一条记录,记录当前的操作方式为 delete,并统计总人数。

分析：在删除操作时,激发的触发器为 DELETE 触发器。

278

（1）创建触发器的 SQL 代码如下。

```
DELIMITER $$
CREATE TRIGGER tri_em_delete AFTER DELETE ON employee
    FOR EACH ROW
BEGIN
    DECLARE c int;
    SELECT COUNT(employeeid) INTO c FROM employee
        WHERE departmentid = old.departmentid ;
    INSERT INTO ecount (departmentid,dcount,userinfo,dtime)
        VALUES (old.departmentid,c,'delete',CURTIME());
    END$$
DELIMITER ;
```

（2）测试触发器。执行以下 SQL 语句，测试触发器的工作状态。

```
mysql > DELETE FROM employee WHERE employeeid = 115;
Query OK, 1 row affected (0.00 sec)
MySQL > SELECT * FROM ecount;
```

ecountid	departmentid	dcount	userinfo	dtime
1	3	7	insert	2025 − 03 − 13 10:43:32
2	3	8	insert	2025 − 03 − 13 10:45:01
3	3	7	delete	2025 − 03 − 13 10:57:18

```
3 rows in set (0.00 sec)
mysql > SELECT * FROM employee WHERE employeeid = 115;
Empty set (0.00 sec)
```

从执行结果可以看出，employeeid 为 115 的记录已经被删除，在 ecount 表中，也已经增加了一条记录，操作方式为 dclete。

12.2.5   创建 UPDATE 触发器

UPDATE 的工作过程相当于先删除一条旧的记录，再插入一条新的记录。因此，可将 UPDATE 语句看成两步操作：①捕获原始行的 DELETE 语句；②捕获更新行的 INSERT 语句。当在定义有触发器的表上执行 UPDATE 语句时，原始行被移入 old 表中，更新行被移入 new 表中。

【例 12.3】   在 employee 表上，创建一个名为 tri_em_update 的触发器，其功能为当对 employee 表进行修改操作时，在 ecount 表中插入一条记录，记录当前的操作方式，并统计总人数；如果修改部门编号，则在 ecount 表中插入两条记录，记录两个部门的总人数。

（1）创建触发器。在查询编辑器中执行以下 SQL 语句。

```
DELIMITER $$
CREATE TRIGGER tri_em_update AFTER UPDATE
  ON employee
  FOR EACH ROW
```

```
DECLARE cold int;
DECLARE cnew int;
SELECT COUNT(employeeid) INTO cold FROM employee
    WHERE departmentid = old.departmentid ;
SELECT COUNT(employeeid) INTO cnew FROM employee
    WHERE departmentid = new.departmentid ;
INSERT INTO ecount (departmentid,dcount,userinfo,dtime)
    VALUES   (old.departmentid,cold,'delete',CURTIME());
INSERT INTO ecount (departmentid,dcount,userinfo,dtime)
    VALUES   (new.departmentid,cnew,'insert',CURTIME());
END$$
DELIMITER;
```

（2）执行并测试修改触发器，具体操作如下。

```
mysql > UPDATE employee
    - > SET   departmentid = 4
    - > WHERE employeeid = 14
Query OK, 1 row affected (0.00 sec)
mysql > SELECT  *  FROM ecount;
```

ecountid	departmentid	dcount	userinfo	dtime
1	3	7	insert	2025 - 03 - 13 10:43:32
2	3	8	insert	2025 - 03 - 13 10:45:01
3	3	7	delete	2025 - 03 - 13 10:57:18
4	1	45	delete	2025 - 03 - 13 14:13:26
5	4	9	insert	2025 - 03 - 13 14:13:26

```
5 rows in set (0.00 sec)
```

从执行结果可以看出，departmentid 为 3 的部门有 7 个成员。为了验证触发器作用，将所有为 3 的 departmentid 改为 5，然后查询 ecount 表。具体操作如下。

```
mysql > UPDATE employee  SET  departmentid = 5  WHERE departmentid = 3
Query OK, 7 row affected (0.00 sec)
mysql > SELECT  *  FROM ecount;
```

ecountid	departmentid	dcount	userinfo	dtime
1	3	7	insert	2025 - 03 - 13 10:43:32
2	3	8	insert	2025 - 03 - 13 10:45:01
3	3	7	delete	2025 - 03 - 13 10:57:18
4	1	45	delete	2025 - 03 - 13 14:13:26
5	4	9	insert	2025 - 03 - 13 14:13:26
6	3	6	delete	2025 - 03 - 13 14:17:54
7	5	6	insert	2025 - 03 - 13 14:17:54
8	3	5	delete	2025 - 03 - 13 14:17:54
9	5	7	insert	2025 - 03 - 13 14:17:54
10	3	4	delete	2025 - 03 - 13 14:17:54
11	5	8	insert	2025 - 03 - 13 14:17:54
12	3	3	delete	2025 - 03 - 13 14:17:54

	13		5		9	insert	2025 – 03 – 13 14:17:54	
	14		3		2	delete	2025 – 03 – 13 14:17:54	
	15		5		10	insert	2025 – 03 – 13 14:17:54	
	16		3		1	delete	2025 – 03 – 13 14:17:54	
	17		5		11	insert	2025 – 03 – 13 14:17:54	
	18		3		0	delete	2025 – 03 – 13 14:17:54	
	19		5		12	insert	2025 – 03 – 13 14:17:54	

19 rows in set (0.00 sec)

从结果中可以看出,departmentid 为 3 的部门的员工数量逐步减少,直到为 0;departmentid 为 5 的部门员工数量逐渐增加,直到为 12。从中也可以看出触发器是逐行执行的。

12.2.6 使用 SQLyog 客户端软件创建触发器

SQLyog 客户端软件提供了创建触发器的设计模板。

【例 12.4】 利用 SQLyog 客户端软件,实现例 12.3。具体操作步骤如下。

(1) 启动 SQLyog 软件。

(2) 在"对象资源管理器"中,右击 companysales|"触发器"节点,在弹出的快捷菜单中选择"创建触发器"命令。

(3) 出现如图 12.1 所示的对话框,输入存储过程的名称 tri_em_update2,然后单击"创建"按钮。

(4) tri_em_update2 触发器创建成功,弹出触发器设计模板窗口,如图 12.2 所示。

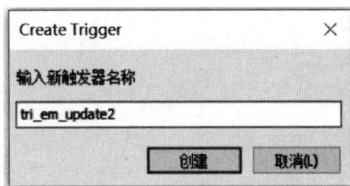

图 12.1 输入触发器名称

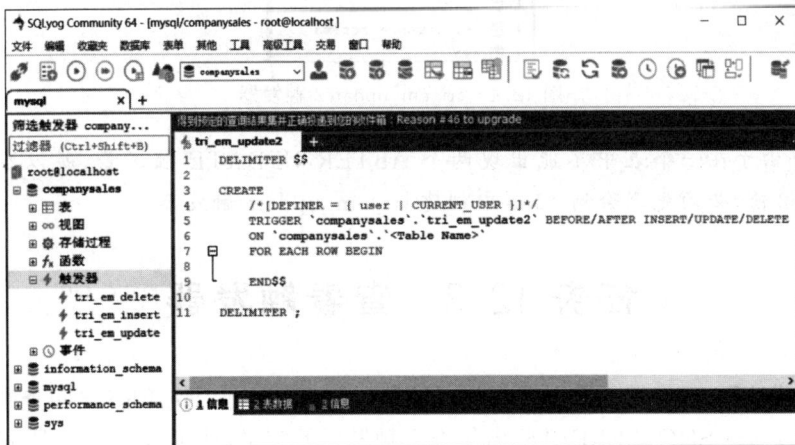

图 12.2 触发器设计模板

(5) 在设计模板中,修改输入触发的时间和事件为 AFTER UPDATE;添加建立触发器的表名 employee。然后添加触发器过程体的内容,如图 12.3 所示。最后单击工具栏中的"执行查询"按钮,执行 SQL 语句,创建触发器。

281

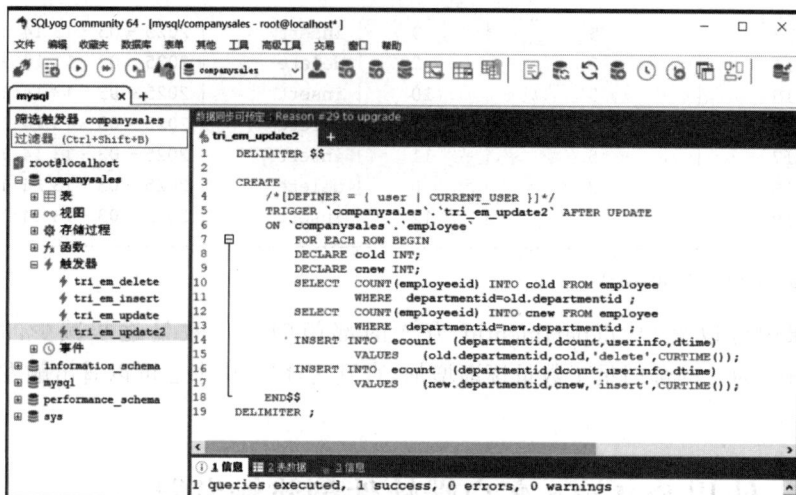

图 12.3　修改触发器设计模板

（6）刷新"对象资源管理器"，出现创建的 tri_em_update2 触发器，如图 12.4 所示。

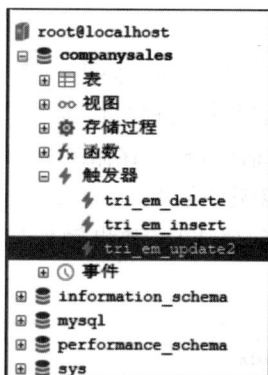

图 12.4　tri_em_update2 触发器

说明：由于在一个表中不能出现两个 AFTER UPDATE 触发器，所以在创建 tri_em_update2 前，必须先删除例 12.3 中创建 tri_em_update 触发器。

任务 12.3　查看触发器

【**任务描述**】　触发器创建以后，用户可以通过 SHOW TRIGGERS 语句查看触发器的状态，也可以通过 SHOW CREATE 语句查看触发器的定义，还可以通过查询 information_schema 数据库下的 routines 表查看触发器的详细信息。

12.3.1　使用 SHOW TRIGGERS 语句查看触发器

在 MySQL 中，使用 SHOW TRIGGERS 语句查看当前数据库中所有的触发器，语法格式如下。

```
SHOW   TRIGGERS
```

【例 12.5】 查看在 companysales 中的所有触发器,具体操作如下。

```
mysql > SHOW TRIGGERS\G
*************************** 1. row ***************************
            Trigger: tri_em_insert
              Event: INSERT
              Table: employee
          Statement: BEGIN
                DECLARE c INT;      //声明变量用于存储指定部门的人数
                SELECT COUNT(employeeid) INTO c FROM employee WHERE departmentid =
                new. departmentid ;
                INSERT INTO ECOUNT (departmentid, dcount, userinfo, dtime) VALUES
                (new. departmentid, c, 'insert', curtime());
                END
             Timing: AFTER
            Created: 2025 - 03 - 18 11:55:39.33
           sql_mode:ONLY_FULL_GROUP_BY, STRICT_TRANS_TABLES, NO_ZERO_IN_DATE, NO_ZERO_
DATE, ERROR_FOR_DIVISION_BY_ZERO, NO_ENGINE_SUBSTITUTION
            Definer: root@localhost
character_set_client: utf8mb4
collation_connection: utf8mb4_0900_ai_ci
  Database Collation: utf8mb4_general_ci
*************************** 2. row ***************************
            Trigger: tri_em_update2
              Event: UPDATE
              Table: employee
          Statement: BEGIN
                DECLARE cold INT;
                DECLARE cnew INT;
                SELECT COUNT(employeeid) INTO cold FROM employee
                WHERE departmentid = old. departmentid ;
                SELECT COUNT(employeeid) INTO cnew FROM employee
                WHERE departmentid = new. departmentid ;
                INSERT INTO ecount (departmentid, dcount, userinfo, dtime)
                VALUES  (old. departmentid, cold, 'delete', CURTIME());
                INSERT INTO ecount (departmentid, dcount, userinfo, dtime)
                VALUES  (new. departmentid, cnew, 'insert', CURTIME());
                END
             Timing: AFTER
            Created: 2025 - 03 - 18 12:20:45.41
           sql_mode:ONLY_FULL_GROUP_BY, STRICT_TRANS_TABLES, NO_ZERO_IN_DATE, NO_ZERO_
DATE, ERROR_FOR_DIVISION_BY_ZERO, NO_ENGINE_SUBSTITUTION
            Definer: root@localhost
character_set_client: utf8mb4
collation_connection: utf8mb4_0900_ai_ci
  Database Collation: utf8mb4_general_ci
*************************** 3. row ***************************
            Trigger: tri_em_delete
              Event: DELETE
```

```
                   Table: employee
              Statement: BEGIN
                             DECLARE c INT;
                             SELECT COUNT(employeeid) INTO c
                             FROM employee
                             WHERE departmentid = old.departmentid ;
                             INSERT INTO ECOUNT (departmentid, dcount, userinfo, dtime)
                             VALUES (old.departmentid, c, 'delete', CURTIME());
                             END
                 Timing: AFTER
                Created: 2025 − 03 − 18 11:59:31.36
               sql_mode:ONLY_FULL_GROUP_BY, STRICT_TRANS_TABLES, NO_ZERO_ IN_DATE, NO_ZERO_
  DATE, ERROR_FOR_DIVISION_BY_ZERO, NO_ENGINE_SUBSTITUTION
                Definer: root@localhost
  character_set_client: utf8mb4
  collation_connection: utf8mb4_0900_ai_ci
    Database Collation: utf8mb4_general_ci
  3 rows in set (0.01 sec)
```

从执行结果可以看出,在 companysales 数据库中有 3 个触发器,以及触发器的名称、状态、语法等信息。

说明:SHOW TRIGGERS 语句无法查询指定的触发器,此语句一般用于数据库中的触发器较少时。如果数据库中触发器较多,最好不要使用此语句。

12.3.2 在 triggers 表中查看触发器信息

数据库中的触发器信息保存在 information_schema 数据库中的 triggers 表中,利用以下 SELECT 语句可以查看数据库中相关的触发器的信息。

```
SELECT  *  FROM  information_schema.triggers
```

其中,可以使用 *,也可指定特定的列名。SELECT 语句能够使用的子句,在此处均可使用。information_schema.triggers 指的是 information_schema 数据库中的 triggers 表。

【例 12.6】 查看 companysales 数据库中的 tri_em_insert 触发器信息。具体操作如下。

```
mysql > SELECT * FROM information_schema.triggers
    − > WHERE trigger_name = 'tri_em_insert'\G
******************* ******** 1. row ***************************
           TRIGGER_CATALOG: def
            TRIGGER_SCHEMA: companysales
              TRIGGER_NAME: tri_em_insert
        EVENT_MANIPULATION: INSERT
        EVENT_OBJECT_CATALOG: def
        EVENT_OBJECT_SCHEMA: companysales
        EVENT_OBJECT_TABLE: employee
              ACTION_ORDER: 1
          ACTION_CONDITION: NULL
          ACTION_STATEMENT: BEGIN
                             DECLARE c INT;    //声明变量用于存储指定部门的人数
```

```
        SELECT COUNT(employeeid) INTO c FROM employee WHERE
        departmentid = new.departmentid;
        INSERT INTO ECOUNT (departmentid, dcount, userinfo, dtime) VALUES
        (new.departmentid, c, 'insert', curtime());
        END
    ACTION_ORIENTATION: ROW
       ACTION_TIMING: AFTER
    ACTION_REFERENCE_OLD_TABLE: NULL
    ACTION_REFERENCE_NEW_TABLE: NULL
    ACTION_REFERENCE_OLD_ROW: OLD
    ACTION_REFERENCE_NEW_ROW: NEW
              CREATED: 2025 - 03 - 18 11:55:39.33
             SQL_MODE: ONLY_FULL_GROUP_BY, STRICT_TRANS_TABLES, NO_ZERO_IN_DATE, NO_
ZERO_DATE, ERROR_FOR_DIVISION_BY_ZERO, NO_ENGINE_SUBSTITUTION
              DEFINER: root@localhost
   CHARACTER_SET_CLIENT: utf8mb4
   COLLATION_CONNECTION: utf8mb4_0900_ai_ci
     DATABASE_COLLATION: utf8mb4_general_ci
1 row in set (0.02 sec)
```

12.3.3　使用 SQLyog 客户端软件查看触发器信息

【例 12.7】　使用 SQLyog,查看 companysales 数据库中的 tri_em_insert 触发器信息。具体操作步骤如下。

(1) 启动 SQLyog 软件。

(2) 在"对象资源管理器"中,展开 companysales|"触发器"节点。

(3) 右击 tri_em_insert 触发器,在弹出的快捷菜单中选择"改变触发器"命令。

(4) 在查询编辑器中显示出 tri_em_insert 触发器的相关信息,如图 12.5 所示。

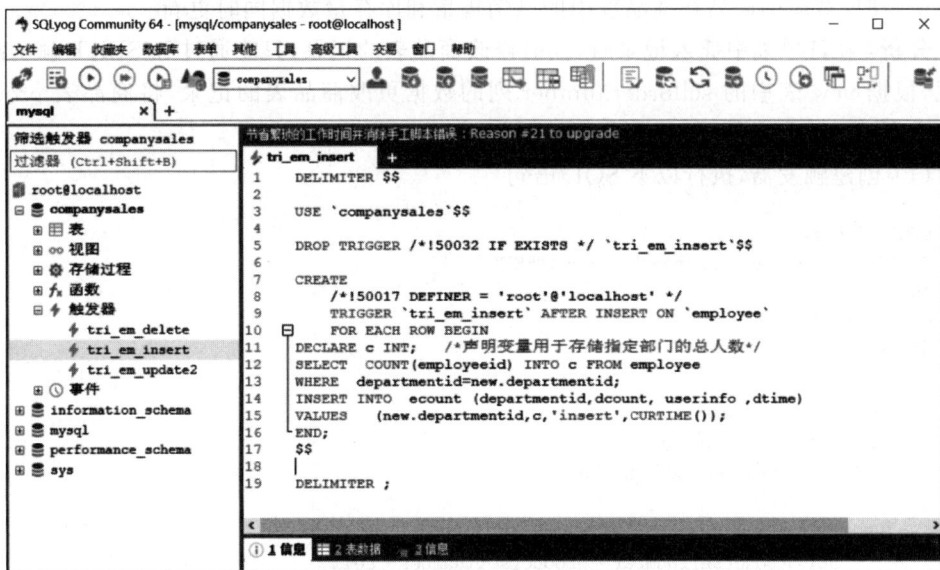

图 12.5　查看 tri_em_insert 触发器

如果要修改触发器的相关内容,可在此修改 tri_em_insert 触发器。

任务 12.4 删除触发器

【任务描述】 删除一个触发器,它所基于的表和数据将不会受到影响。可以在 SQLyog 中直接删除触发器,可使用 DROP TRIGGER 命令。

其语法格式如下。

```
DROP TRIGGER 触发器名[ , ...n]
```

另外,当参照的表被删除时,触发器也会被自动删除。

【例 12.8】 删除触发器 tri_em_insert,执行以下 SQL 语句。

```
DROP TRIGGER  tri_em_insert
```

任务 12.5 触发器的应用

【任务描述】 在销售管理数据中,创建触发器实现在订单表上添加一条记录时,对应的商品在商品表的已销售量和库存量数据同时更新。检查代码和性能是否符合技术规范,培养学生树立规范化、标准化的职业素养和工匠精神。

【例 12.9】 在销售管理数据库中,当员工接收到订单时,也就意味着对应的商品已销售量增加、库存量减少,因此,在 sell_order 表上创建一个触发器,实现在订单表上添加一条记录时,对应的商品在商品表中的已销售量和库存量数据同时更新。

分析:在订单表中插入记录时,同时修改商品表的记录,只能通过 INSERT 触发器来实现,根据 new 表中的 sellordernumber 列的数据更改商品表的记录,将商品表 product 中的库存量减去订单数量,已销售量要增加。

(1) 创建触发器,执行以下 SQL 语句。

```
DELIMITER $$
CREATE TRIGGER tri_or_insert AFTER INSERT
ON sell_order
FOR EACH ROW
BEGIN
    DECLARE sell int;
    DECLARE p_id int;
    SET p_id = new.productid;
    SET sell = new.sellordernumber;

UPDATE    product
    SET productsellnumber = productsellnumber + sell
        WHERE productid = p_id;
```

```
    UPDATE    product
        SET productstocknumber = productstocknumber − sell
        WHERE productid = p_id;

END$$
DELIMITER;
```

（2）执行并测试触发器。向销售订单表插入一条记录，订购 productid 为 1 的产品 50 个。执行以下 SQL 语句，查询目前 1 号产品的库存量和已销售量。

```
mysql > SELECT * FROM product WHERE productid = 1
+---------+-------------+-------+-------------------+------------------+
|productid | productname | price | productstocknumber | productsellnumber |
+---------+-------------+-------+-------------------+------------------+
|    1    |  路由器     | 450.00 |        100        |        40        |
+---------+-------------+-------+-------------------+------------------+
1 row in set (0.00 sec)
mysql > INSERT INTO sell_order VALUES (1,3,4,50,'2025−02−01')
Query OK, 1 row affected (0.00 sec)
mysql > SELECT * FROM product WHERE productid = 1;
+---------+-------------+-------+-------------------+------------------+
|productid | productname | price | productstocknumber | productsellnumber |
+---------+-------------+-------+-------------------+------------------+
|    1    |  路由器     | 450.00 |        50         |        90        |
+---------+-------------+-------+-------------------+------------------+
1 row in set (0.00 sec)
```

从执行结果中可以看出，product 表的 productid 为 1 的商品的 productstocknumber 列的值从 100 变为 50，productsellnumber 列的值从 40 变为 90。

习　　题

一、选择题

1. 关于触发器，下列说法错误的是（　　）。
   A. 触发器是一种特殊类型的存储过程
   B. DDL 触发器包括 INSERT 触发器、UPDATE 触发器、DELETE 触发器等基本触发器
   C. 触发器可以同步数据库中的相关数据表，进行级联更改
   D. DDL 触发器和 DML 触发器可以通过 CREATE TRIGGER 语句来创建，都是为了响应事件而被激活

2. 可以响应 INSERT 语句的触发器是（　　）。
   A. INSERT 触发器　　　　　　　　　　B. DELETE 触发器
   C. UPDATE 触发器　　　　　　　　　　D. DDL 触发器

3. 可以响应 CREATE TABLE 语句的触发器是(　　　)。

  A. INSERT 触发器   B. DELETE 触发器

  C. UPDATE 触发器   D. DDL 触发器

二、思考题

1. 什么是触发器？它与存储过程有什么区别和联系？

2. MySQL 中的触发器可以分为几类？有何作用？

3. new 表和 old 表之间的区别是什么？

4. 对具有触发器的表进行 INSERT、DELETE 和 UPDATE 操作，new 表和 old 表分别保存何种信息？

5. 如何保护数据库中的数据表不被删除或修改？

实　　　训

一、实训目的

1. 掌握触发器的概念、了解触发器的类型。

2. 掌握触发器的创建方法。

3. 掌握触发器的执行方法。

4. 掌握触发器的查看、修改、删除的方法。

二、实训内容

1. 在销售管理数据库系统中创建触发器 trigger_delete，实现以下的功能：当订单表中的数据被删除时，显示提示信息"订单表记录被修改了"。

2. 查看 trigger_delete 触发器的定义。

3. 为 sell_order 表创建名为 reminder 的触发器，当用户向 sell_order 表中插入或修改记录时，自动显示 sell_order 表中的记录。

4. 为 employee 表创建名为 emp_updtri 的触发器，若对姓名进行了修改，则自动检查订单表，确定是否有该员工的订单。如果存在该员工，则撤销操作。

5. 创建一个 insert 触发器，当在 companysales 数据库的 employee 表中插入一条新员工时，如果是"人事部"的员工，则撤销该插入操作，并返回出错消息。

6. 创建一个名为 employee_delete 的触发器，其功能是当对 employee 表进行删除操作时，首先检查订单表。如果要删除的员工没有接收订单，则可以删除该员工的消息；否则撤销删除，显示无法修改的信息。

7. 创建一个名为 product_p_order_delete 的触发器，其功能是当在商品表中删除商品记录时，同时删除订单表中相应的订单，并显示"有关商品已被删除"。

8. 删除 trigger_delete 触发器。

项目 13 管理用户权限和安全

技能目标

能够查看用户权限；能够创建用户并授权；能够管理 MySQL 安全。

知识目标

了解 MySQL 权限表；掌握创建用户的方法；掌握修改和删除用户的方法；掌握查看用户权限的方法；掌握授予和回收用户权限的方法。

职业素养

树立高度的责任感和诚信敬业精神；增强数据安全意识，提升数据安全治理能力。

任务 13.1 认识 MySQL 权限表

【任务描述】 本任务介绍 MySQL 权限系统的验证过程，以及 mysql 库中的存储全局权限、数据库级权限、表级权限、列级权限和子程序权限的权限表，重点介绍 user 表、db 表的表结构和表记录，告诫用户只做权限内的事情，树立高度的责任感和诚信敬业的精神。

MySQL 的权限系统主要用来对连接到数据库的用户进行权限的验证，并判断此用户是否合法的用户，如果是合法用户则赋予相应的数据库权限。简单地说，就是允许做权限范围内的事情，比如，只允许执行 SELECT 操作，那么就无权执行 UPDATE、INSERT 等操作。

13.1.1 权限系统的验证过程

MySQL 系统对于用户的验证分为以下两个阶段。

（1）对连接的用户进行身份验证，合法的用户通过验证，然后连接；不合法的用户拒绝连接。

MySQL 系统利用 IP 地址和用户名联合进行验证。例如，MySQL 安装后默认创建的用户是 root@localhost。用户 root 只能在本地（localhost）进行连接，才可以通过验证，此用户从其他任何主机对数据库进行的连接都将被拒绝。也就是说,同样的一个用户名,如果来自不同的 IP 地址,则 MySQL 将其视为不同的用户。

(2) 对通过验证的合法用户赋予相应的权限,用户可以在这些权限范围内对数据库进行相应的操作。

MySQL 的权限表在数据库启动的时候就被载入内存,当用户通过身份验证后,就可以在内存中进行相应权限的存取,此用户也就可以在数据库中做权限范围内的各种操作了。

13.1.2　权限表的存取

MySQL 安装完成后有几个自带的默认数据库,如 mysql、test、performance_schema 等。其中,mysql 数据库存储的就是用户权限信息及帮助信息等。mysql 数据库中主要有以下几个权限表:user、db、tables_priv、columns_priv 和 procs_priv 等,分别存储的是全局权限、数据库级权限、表级权限、列级权限和子程序权限。

用户通过服务器检验然后即可连接数据库。连接之后,利用 user 表、db 表、tables_priv 表、columns_priv 表和 procs_priv 表按顺序检查用户是否有权限执行 SQL 语句。

13.1.3　user 表

user 表是非常重要的表。user 表存储用户的主机、账号、密码、全局性权限等信息。user 表中的列主要分为 4 个部分:用户列、权限列、安全列和资源控制列。其中,通常用得最多的是用户列和权限列。权限分为普通权限和管理权限。普通权限主要用于数据库操作,比如 Select_priv、Create_priv 等;管理权限主要用来对数据库进行管理操作,比如 Process_priv、Super_priv 等。

创建用户时就会向 user 表中插入记录。当给用户授权时,会插入或更新相应权限表中的记录。下面从表结构和表记录两个方面来介绍 user 表。

1. 表结构

user 表的结构如图 13.1 所示。

其中,Host 表示主机;User 表示用户名; * _priv 表示适用 MySQL 服务器全局性的权限。例如,某个账号拥有 Delete_priv 的全局性权限,则表示该用户可以对任何数据库中的任何表进行删除数据的操作,这非常危险,所以一般只有超级用户 root 拥有这样的权限。后续如果对该用户授予全局性的 Select 权限(可查看所有库的所有表),则更新该记录的 Select_priv 列为 Y。

2. 表记录

user 表的记录如图 13.2 所示,这里只截取了部分列。目前 user 表中有超级用户 root 和新建的普通用户 pyt。root 用户的 Host 是 localhost,表示可通过本机连接 MySQL 服务器。对普通用户 pyt,Host 为％表示任意主机,表示可以通过 pyt 账号及密

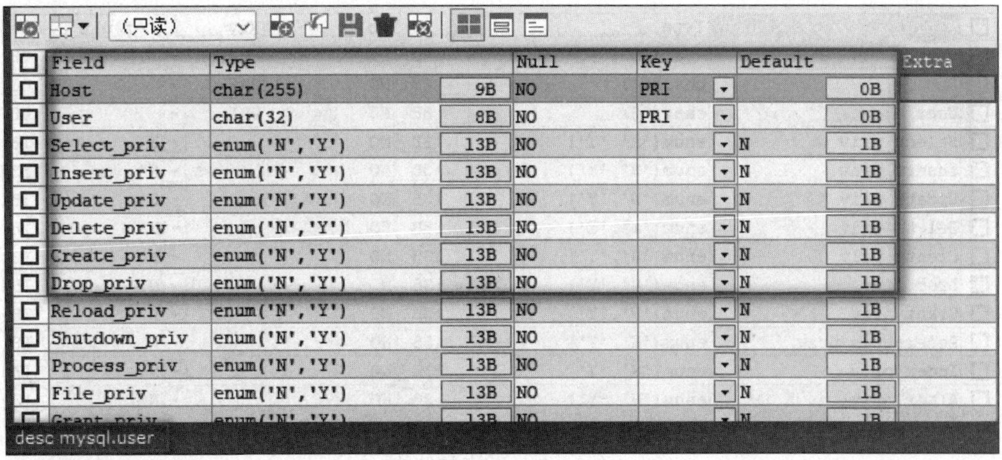

Field	Type		Null	Key	Default		Extra
Host	char(255)	9B	NO	PRI		0B	
User	char(32)	8B	NO	PRI		0B	
Select_priv	enum('N','Y')	13B	NO		N	1B	
Insert_priv	enum('N','Y')	13B	NO		N	1B	
Update_priv	enum('N','Y')	13B	NO		N	1B	
Delete_priv	enum('N','Y')	13B	NO		N	1B	
Create_priv	enum('N','Y')	13B	NO		N	1B	
Drop_priv	enum('N','Y')	13B	NO		N	1B	
Reload_priv	enum('N','Y')	13B	NO		N	1B	
Shutdown_priv	enum('N','Y')	13B	NO		N	1B	
Process_priv	enum('N','Y')	13B	NO		N	1B	
File_priv	enum('N','Y')	13B	NO		N	1B	

图 13.1 user 表的结构

码通过任意主机连接上 MySQL 服务器。

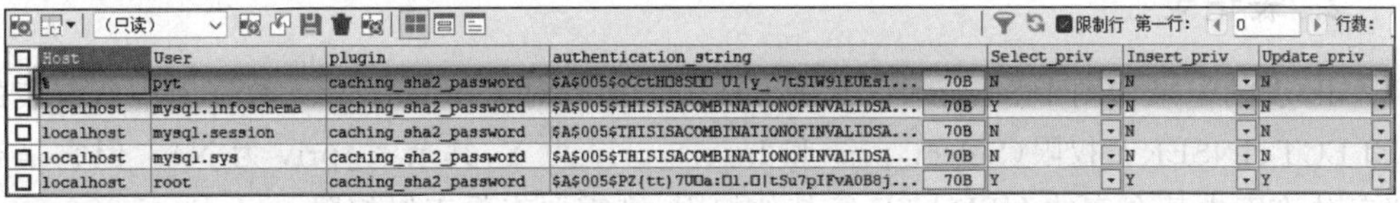

Host	User	plugin	authentication_string		Select_priv	Insert_priv	Update_priv
%	pyt	caching_sha2_password	A005$oCctH□8S□□ U1|y_^7tSIW91EUEsI...	70B	N	N	N
localhost	mysql.infoschema	caching_sha2_password	A005$THISISACOMBINATIONOFINVALIDSA...	70B	Y	N	N
localhost	mysql.session	caching_sha2_password	A005$THISISACOMBINATIONOFINVALIDSA...	70B	N	N	N
localhost	mysql.sys	caching_sha2_password	A005$THISISACOMBINATIONOFINVALIDSA...	70B	N	N	N
localhost	root	caching_sha2_password	A005$PZ(tt)7U□a:□1.□|tSu7pIFvA0B8j...	70B	Y	Y	Y

图 13.2 user 表的记录

从表记录中可以看出，root 用户的 *_priv 都为 Y，即其拥有最高级也就是全局性权限，在本机用 root 账号和密码连接服务器之后，就可以对该服务器上的所有数据库的所有表执行 SELECT、INSERT 等操作。

pyt 用户的 *_priv 都是 N，即使通过任意主机验证，用 pyt 账号密码连接服务器后，并不具备全局权限。可以通过 db 表查看该用户是否拥有数据库级权限，即 pyt 用户是否对某个数据库拥有操作权限。

13.1.4 db 表

db 表存储的是对一个数据库的所有操作权限。下面从表结构和表记录两个方面来介绍 db 表。

1. 表结构

db 表的结构如图 13.3 所示。其中，Host 表示主机；Db 表示某个数据库名；User 表示用户名；*_priv 表示适用该数据库的权限。例如，某个账号拥有 Delete_priv 的数据库级权限，则表示它可以对该数据库的任何表进行删除数据的操作。

db 表的 Host、Db、User 列是联合主键，*_priv 默认值都为 N。例如，授予 pyt 用户对 companysales 数据库拥有 SELECT、INSERT 权限，就会在 db 表中增加一条相关记

Field	Type		Null	Key	Default	
Host	char(255)	9B	NO	PRI		0B
Db	char(64)	8B	NO	PRI		0B
User	char(32)	8B	NO	PRI		0B
Select_priv	enum('N','Y')	13B	NO		N	1B
Insert_priv	enum('N','Y')	13B	NO		N	1B
Update_priv	enum('N','Y')	13B	NO		N	1B
Delete_priv	enum('N','Y')	13B	NO		N	1B
Create_priv	enum('N','Y')	13B	NO		N	1B
Drop_priv	enum('N','Y')	13B	NO		N	1B
Grant_priv	enum('N','Y')	13B	NO		N	1B
References_priv	enum('N','Y')	13B	NO		N	1B
Index_priv	enum('N','Y')	13B	NO		N	1B
Alter_priv	enum('N','Y')	13B	NO		N	1B

desc mysql.db

图 13.3　db 表的结构

录,其中 Select_priv、Insert_priv 列的值为 Y,其他 * _priv 列的值都为 N。

2. 表记录

db 表的记录如图 13.4 所示。其中 pyt 用户拥有对 companysales 数据库中所有表的 SELECT、INSERT 权限(Select_priv 和 Insert_priv 为 Y,其余 * _priv 为 N)。但它是否拥有对该库中某个表的 UPDATE 等其他权限,则需要查看表级权限 tables_priv。

(只读)

Host	Db	User	Select_priv	Insert_priv	Update_priv	Delete_priv
%	companysales	pyt	Y	Y	N	N
localhost	performance_schema	mysql.session	Y	N	N	N
localhost	sys	mysql.sys	N	N	N	N

select * from mysql.db LIMIT 0, 1000

图 13.4　db 表的记录

13.1.5　其他权限表

一般只有超级用户 root 才具有全局权限,对于普通用户,往往既不会授予其全局权限也不会细致到授予其表级权限,一般仅授予其对某个或某几个数据库级的操作权限。下面简单介绍表级权限表 tables_priv、列级权限表 columns_priv 以及存储过程和函数权限表 procs_priv。

1. tables_priv 表

tables_priv 表存储用户对某个表的操作权限,例如,图 13.5 所示的记录表示 pyt 用户对 companysales 数据库的 customer 表具有 UPDATE 权限。实际授权操作中不应细化到表级权限,如果确实需要则应该在应用程序中加以限制。

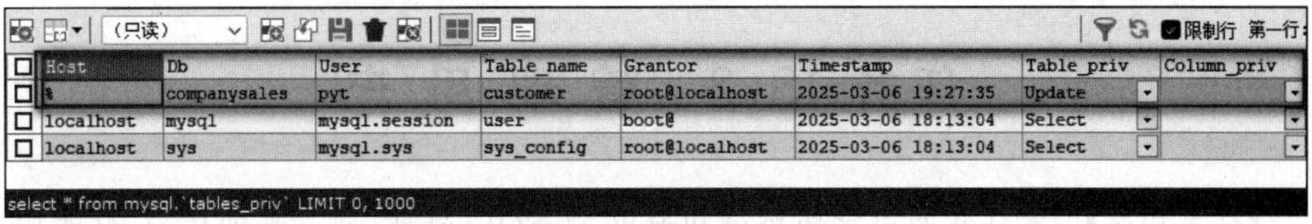

Host	Db	User	Table_name	Grantor	Timestamp	Table_priv	Column_priv
%	companysales	pyt	customer	root@localhost	2025-03-06 19:27:35	Update	
localhost	mysql	mysql.session	user	boot@	2025-03-06 18:13:04	Select	
localhost	sys	mysql.sys	sys_config	root@localhost	2025-03-06 18:13:04	Select	

```
select * from mysql.`tables_priv` LIMIT 0, 1000
```

图 13.5 tables_priv 表记录

2. columns_priv 表和 procs_priv 表

columns_priv 表存储的是列级别的权限，procs_priv 表存储的是存储过程和函数的权限，表结构如图 13.6 所示。

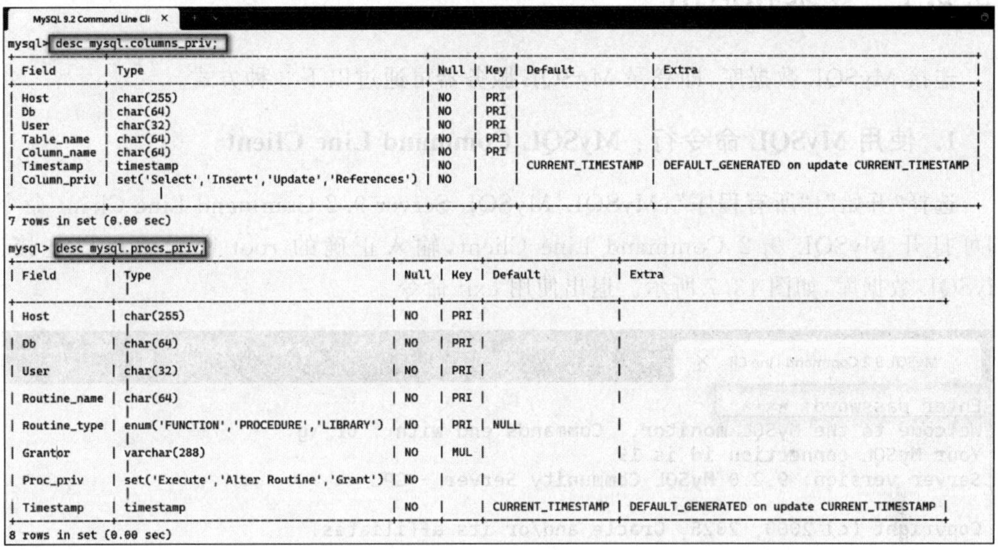

```
mysql> desc mysql.columns_priv;
+-------------+----------------------------------------------+------+-----+-------------------+-----------------------------------------------+
| Field       | Type                                         | Null | Key | Default           | Extra                                         |
+-------------+----------------------------------------------+------+-----+-------------------+-----------------------------------------------+
| Host        | char(255)                                    | NO   | PRI |                   |                                               |
| Db          | char(64)                                     | NO   | PRI |                   |                                               |
| User        | char(32)                                     | NO   | PRI |                   |                                               |
| Table_name  | char(64)                                     | NO   | PRI |                   |                                               |
| Column_name | char(64)                                     | NO   | PRI |                   |                                               |
| Timestamp   | timestamp                                    | NO   |     | CURRENT_TIMESTAMP | DEFAULT_GENERATED on update CURRENT_TIMESTAMP |
| Column_priv | set('Select','Insert','Update','References') | NO   |     |                   |                                               |
+-------------+----------------------------------------------+------+-----+-------------------+-----------------------------------------------+
7 rows in set (0.00 sec)

mysql> desc mysql.procs_priv;
+--------------+----------------------------------------+------+-----+-------------------+-----------------------------------------------+
| Field        | Type                                   | Null | Key | Default           | Extra                                         |
+--------------+----------------------------------------+------+-----+-------------------+-----------------------------------------------+
| Host         | char(255)                              | NO   | PRI |                   |                                               |
| Db           | char(64)                               | NO   | PRI |                   |                                               |
| User         | char(32)                               | NO   | PRI |                   |                                               |
| Routine_name | char(64)                               | NO   | PRI |                   |                                               |
| Routine_type | enum('FUNCTION','PROCEDURE','LIBRARY') | NO   | PRI | NULL              |                                               |
| Grantor      | varchar(288)                           | NO   | MUL |                   |                                               |
| Proc_priv    | set('Execute','Alter Routine','Grant') | NO   |     |                   |                                               |
| Timestamp    | timestamp                              | NO   |     | CURRENT_TIMESTAMP | DEFAULT_GENERATED on update CURRENT_TIMESTAMP |
+--------------+----------------------------------------+------+-----+-------------------+-----------------------------------------------+
8 rows in set (0.00 sec)
```

图 13.6 columns_priv 表和 procs_priv 表结构

通过前面的介绍，我们知道 MySQL 服务器控制用户访问的权限检查过程分为两个部分：用户连接时的检查和执行 SQL 语句时的检查。

(1) 用户连接时的检查。用户连接检查通过 user 表实现，首先判断 Host、User、Password 是否匹配，接着还需要检查 user 表的 Max_connections 和 Max_user_connections，以及 SSL 安全连接。

(2) 执行 SQL 语句时的检查。简单地说就是权限验证，判断是否拥有权限操作表。比如，更新数据，则需要查看对该表是否有更新权限。具体的权限验证是按照 user、db、tables_priv、columns_priv 表的顺序进行的。即先检查 user 表，如果 user 表中对应的权限为 Y，则此用户对所有数据库的权限都为 Y，将不再检查 db 表等其他权限表；如果为 N 则到 db 表中检查此用户是否有对应的数据库权限，如果得到 db 表中为 Y 的权限则有权限执行，没有则继续在 tables_priv 表中检查，以此类推。

任务 13.2　管　理　用　户

【任务描述】　本任务通过完成登录和退出 MySQL,新建、删除普通用户,修改用户密码,实现用户管理和权限管理,以增强学生的数据安全意识,提升数据安全治理能力。

MySQL 用户分为两类:超级用户 root 和普通用户。root 拥有全局权限,可进行 INSERT、CREATE、DROP 等任意操作;而普通用户只有拥有权限才能进行相应的操作。本任务主要介绍登录、退出 MySQL,以及用户的新建、删除、修改密码等操作。

13.2.1　登录和退出

连接 MySQL 数据库,即登录 MySQL 服务器可通过以下 3 种方式。

1. 使用 MySQL 命令行: MySQL Command Line Client

选择"开始"|"所有程序"|MySQL|MySQL Server 9.2 Command Line Client 命令,即可打开 MySQL 9.2 Command Line Client,输入正确的 root 密码就可以连接到 MySQL 数据库,如图 13.7 所示。退出使用 exit 命令。

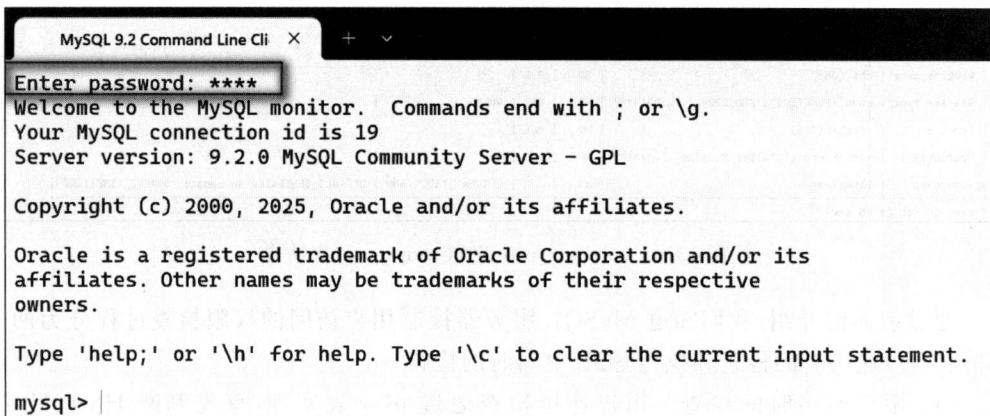

图 13.7　使用 MySQL 9.2 Command Line Client 登录

2. 使用命令提示符

如图 13.8 所示,在命令提示符窗口中,使用 cd 命令切换到 mysql.exe 所在的路径(默认安装路径是 C:\Program Files\MySQL\MySQL Server 9.2\bin),然后输入 mysql 连接命令登录 MySQL:

```
mysql -P端口号 -h主机名或 ip -u用户名 -p密码
```

注意:端口号的-P 是大写的 P,密码的-p 是小写的 p。

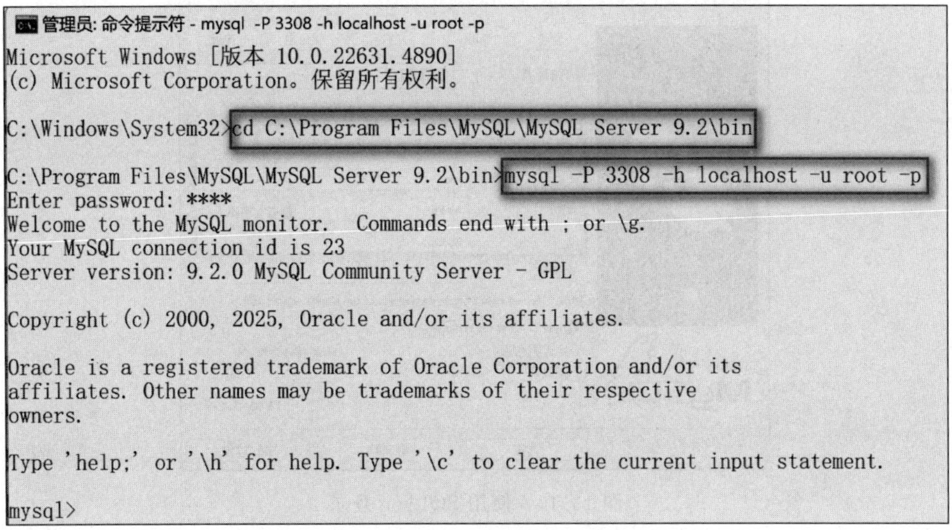

图 13.8　使用命令提示符窗口登录(1)

默认使用本机登录,且端口号默认是 3306(若端口号冲突,可自行修改),mysql 连接命令可简化为

mysql-u　用户名　-p　密码

也可去掉空格为

mysql-u用户名　-p密码

如图 13.9 所示,使用 exit 命令退出 MySQL,再使用简化命令登录 MySQL。

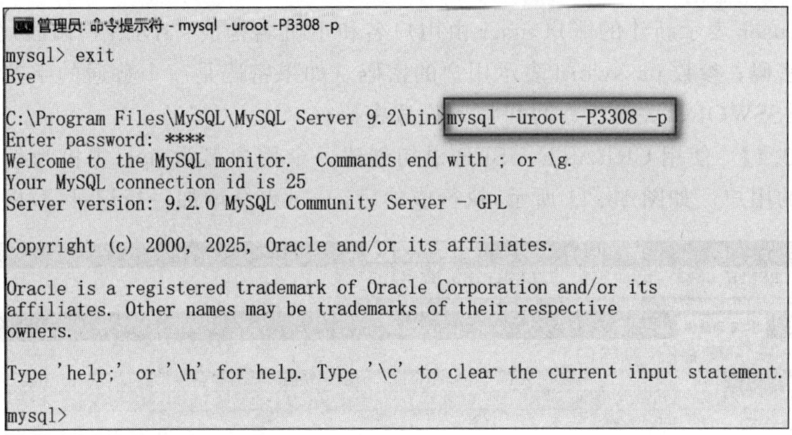

图 13.9　使用命令提示符窗口登录(2)

3. 使用 SQLyog 登录

如图 13.10 所示,输入正确的主机、用户名、密码、端口号即可登录 MySQL。

图 13.10　使用 SQLyog 登录

13.2.2　新建普通用户

一般把数据库操作人员划分为数据库管理员(DBA)、应用程序员、开发人员、测试人员、数据分析人员 5 类。根据每类人员操作的特性赋予其特定的权限。这样每类人员就可以使用自己的账号连接数据库进行权限范围内的相关操作。

root 用户拥有全局权限,以 root 身份登录 MySQL 服务器可以新建普通用户。

使用 CREATE USER 语句创建用户,必须具有该权限,其语法格式如下。

```
CREATE USER user [IDENTIFIED BY [PASSWORD] 'password']
```

其中,user 表示新建的账户,user 由用户名和主机名构成；IDENTIFIED BY 用来设置用户的密码；参数 password 表示用户的密码。如果密码是一个普通的字符串,就不需要使用 PASSWORD 关键字。也可以不设置密码。

【例 13.1】　使用 CREATE USER 语句创建一个用户名为 pyt,主机为任意主机,密码为 123 的用户。如图 13.11 所示,执行成功后,user 表会增加一行记录,权限全部为 N。

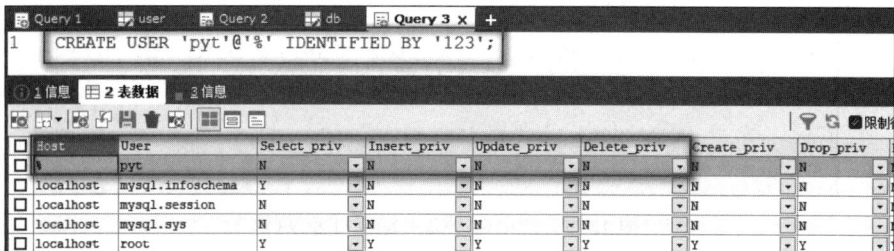

图 13.11　新建用户

新建用户 pyt 尚未被授予任何权限。该用户登录后只能看到如图 13.12 所示的数据库。

296

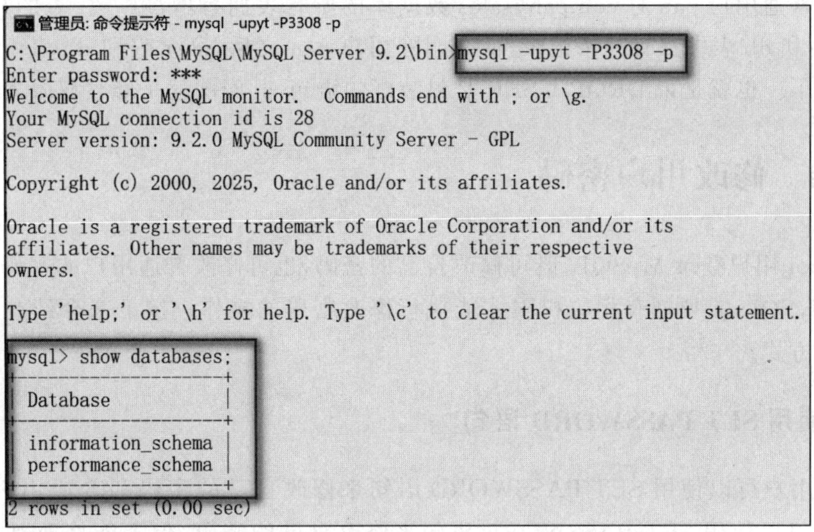

图 13.12 用新建用户 pyt 登录

13.2.3 删除普通用户

当不需要某用户时可以删除用户,建议删除匿名用户。

可以使用 DROP USER 语句删除普通用户,需要拥有 DROP USER 权限。其语法格式如下。

```
DROP USER user
```

其中,user 是需要删除的用户,由用户名和主机名构成。

【例 13.2】 使用 DROP USER 语句删除一个用户名为 pan,主机为任意主机的用户,结果如图 13.13 所示。

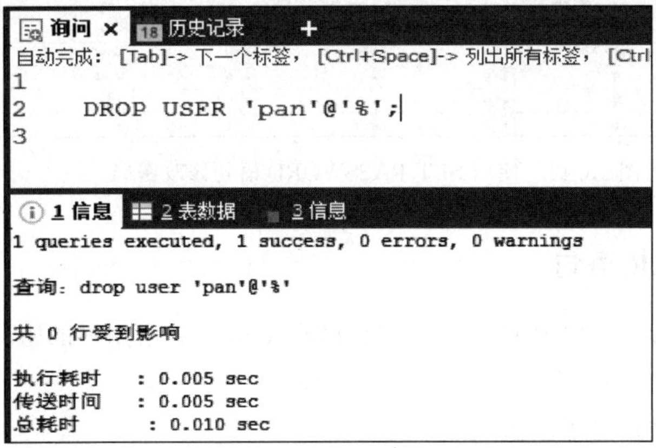

图 13.13 使用 DROP USER 语句删除用户

由于普通用户 pan 对 companysales 数据库的所有表拥有增、删、改、查的权限,所以在 user 表和 db 表中都有一条记录,那么删除用户 pan 之后,user 表和 db 表中的记录也都被删除了。也就是说 DROP USER 是封装好的语句,其底层就是修改权限表。

13.2.4 修改用户密码

以 root 用户登录 MySQL,既可修改自己的密码,也可修改普通用户的密码。普通用户登录 MySQL,需要拥有相应权限才能执行修改密码的操作。接下来介绍几种修改用户密码的方式。

1. 使用 SET PASSWORD 语句

root 用户可以使用 SET PASSWORD 语句来修改自己的密码和普通用户的密码。普通用户可以使用 SET PASSWORD 语句来修改自己的密码,但不能修改其他用户的密码,除非该用户拥有操作 mysql 数据库的权限,但一般是不会授予普通用户操作 mysql 数据库的权限的。

【例 13.3】 root 用户使用 SET PASSWORD 语句修改自己的密码为 12345,root 用户使用 SET PASSWORD 语句修改普通用户 pan(主机为任意主机)的密码为 12345(用户修改自己的密码时可以不要用户名),结果如图 13.14 所示。

```
14    // 1、修改root自己的密码,不需要用户名
15    //   MySQL 8.0+ 已废弃 SET PASSWORD ... = PASSWORD('...')
16    SET PASSWORD='12345'
17    // 2、修改pan用户的密码
18    SET PASSWORD FOR 'pan'@'%'='12345';
19
```

Host	User	Select_priv	Insert_priv	Update_priv	Delete_priv	Create_priv	Drop_priv	Reloa
%	pan	N	N	N	N	N	N	N
%	pyt	N	N	N	N	N	N	N
localhost	mysql.infoschema	Y	N	N	N	N	N	N
localhost	mysql.session	N	N	N	N	N	N	N
localhost	mysql.sys	N	N	N	N	N	N	N
localhost	root	Y	Y	Y	Y	Y	Y	Y

图 13.14 使用 SET PASSWORD 语句修改密码

2. ALTER USER 语句

root 用户可以使用 ALTER USER 语句直接修改 user 表中用户的密码;普通用户使用该语句仅可改变自己的密码。

ALTER USER 语句的语法格式如下。

```
ALTER USER '用户名'@'主机' IDENTIFIED BY '新密码';
```

【例 13.4】　root 用户使用 ALTER USER 语句修改自己的密码为 123，修改普通用户 pan（主机名为任意主机）的密码为 123，结果如图 13.15 所示。

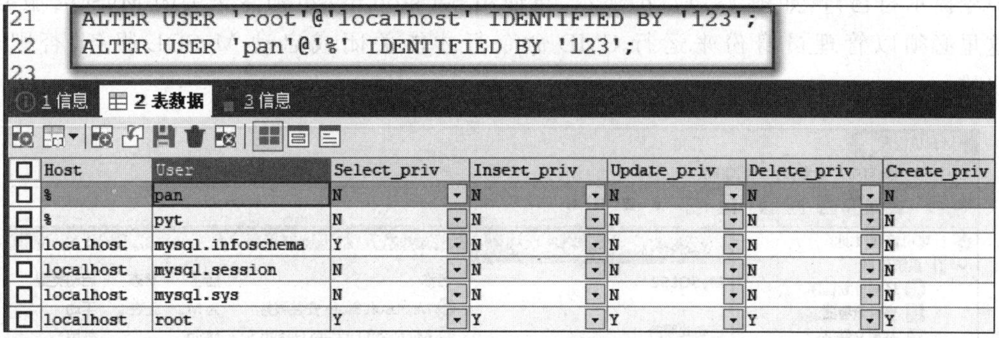

图 13.15　使用 ALTER USER 语句修改密码

3. 使用 mysqladmin 命令

root 用户和普通用户都可以使用 mysqladmin 命令来修改自己的密码，但会有一条警告。其语法格式如下。

mysqladmin - u 用户名 - p 旧密码 password 新密码

其中，"旧密码"可以不在命令行中写出，直接按 Enter 键即可被提示输入旧密码。

【例 13.5】　root 用户使用 mysqladmin 命令修改自己的密码为 1234，结果如图 13.16 所示。

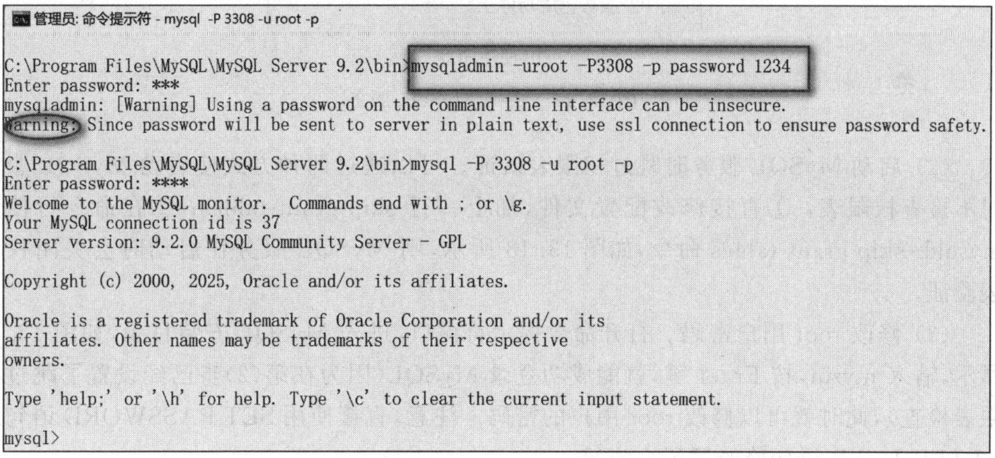

图 13.16　使用 mysqladmin 命令修改密码

使用以上几种方法修改用户密码时，都必须知道原来的密码。但如果忘记用户密码应该怎么办呢？如果是普通用户的密码忘记，直接用 root 超级用户修改密码就可以了，如果是 root 用户的密码丢失，可通过以下 3 个步骤找回。

　　(1) 关闭 MySQL 服务。打开"计算机管理"|"服务"窗口,找到 mysql 服务,停止它即可(见图 13-17(a))。也可以通过命令提示符窗口来关闭服务。首先以管理员身份运行命令提示符窗口,如图 13.17(b)所示,再使用 net stop mysql 命令来关闭 MySQL 服务。这里必须以管理员身份来运行 CMD 命令行才能关闭或启动 MySQL 服务,否则会出错。

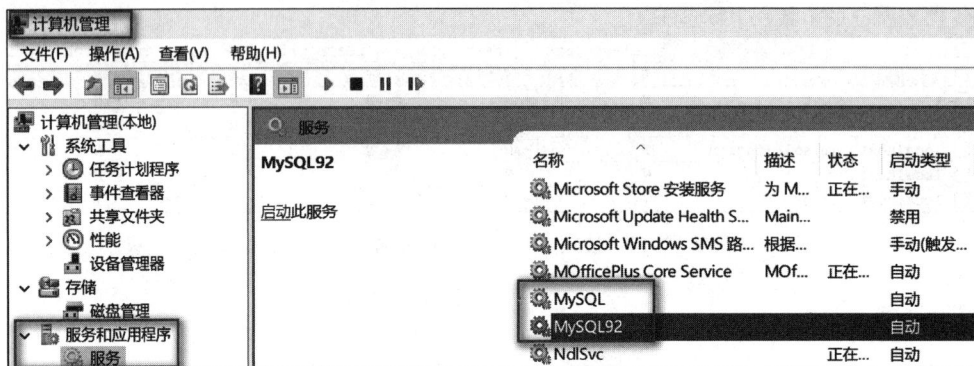

(a) 使用服务管理器

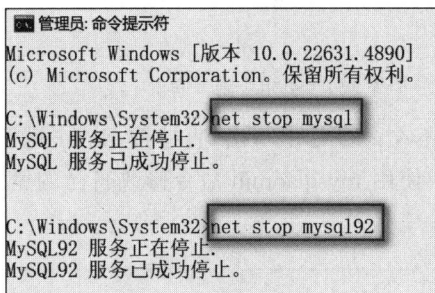

(b) 使用命令

图 13.17　关闭 MySQL 服务

　　(2) 启动 MySQL 服务时跳过权限表认证。可以通过两种方式使启动 MySQL 服务时不检查权限表:①直接修改配置文件,加上一行 skip-grant-tables;②在命令行使用 mysqld--skip-grant-tables 命令,如图 13.18 所示,则 MySQL 服务在启动时会关闭权限表验证。

　　(3) 修改 root 用户密码。打开命令提示符窗口,进入 MySQL 安装目录,如图 13.19 所示,输入 mysql,按 Enter 键,就能成功登录 MySQL(因为在第(2)步已经设置了跳过权限表检查),此时就可以修改 root 用户的密码。注意,直接使用 SET PASSWORD 语句或 ALTER USER 语句修改密码会出错。

　　注意:在命令提示符窗口中,可以不需要密码直接登录 MySQL,所以为了安全,应该通过 exit 命令退出当前 mysql 命令行,在任务管理器中结束 mysqld 进程,再重新启动 MySQL,就可以通过新设置的密码登录 MySQL 了。启动 MySQL 类似于关闭 MySQL,可以直接在"计算机管理"|"服务"窗口中进行。也可以以管理员身份运行 CMD 命令行,执行 net start mysql 语句来启动 MySQL 服务。

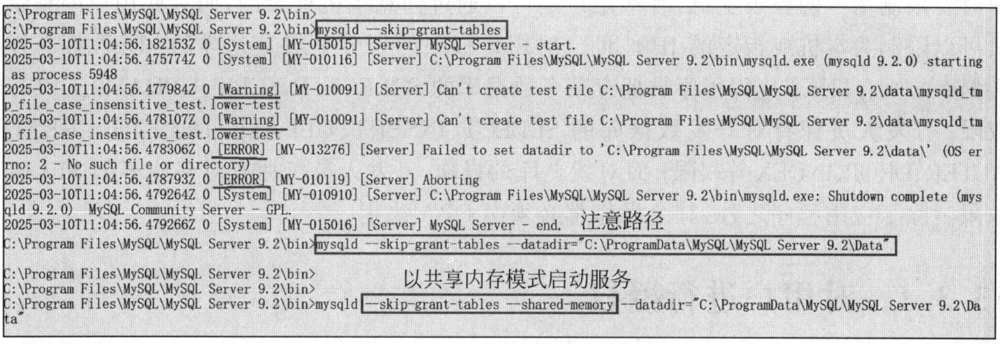

图 13.18　关闭权限表验证

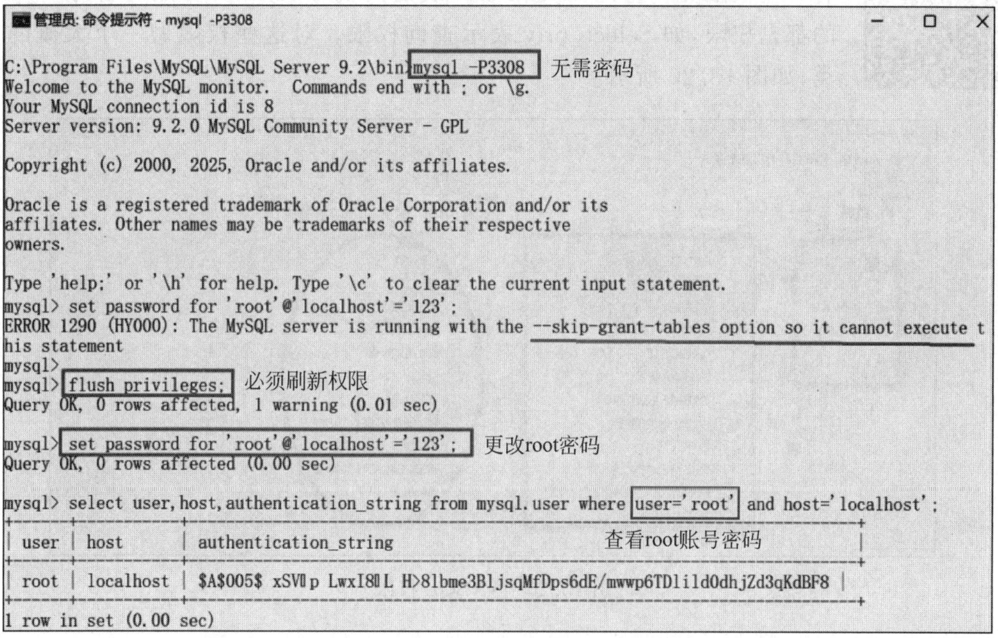

图 13.19　修改 root 用户的密码

任务 13.3　权　限　管　理

【任务描述】　本任务介绍 MySQL 权限,通过授予用户能满足需要的最小权限,创建用户时限制用户的登录主机,查看用户权限,回收权限等操作,培养学生的总体安全观。

权限管理指的是对登录到数据库的用户进行权限验证,只允许其操作权限范围内的事情。所有用户的权限信息都存储在 MySQL 的权限表中,如 mysql.user、mysql.db 等。出于安全因素考虑,一般只授予用户能满足需要的最小权限,例如,用户只是需要查询,那就只授予 SELECT 权限就可以了,不要授予 UPDATE、INSERT 等权限。而且在创建用户时要限制用户的登录主机,有些用户是可以通过任意主机登录的,而有些用户的登录主机可以限制为本机或指定的 IP 地址。对用户权限的划分一般是这样的:DBA 拥有操作数据库的所有权限;应用程序员拥有某个数据库的 SELECT、INSERT、UPDATE、DELETE 权限;开发人员拥有对开发数据库的 SELECT、INSERT、UPDATE、DELETE、CREATE、ALTER、DROP、INDEX 等权限;而对线上库的操作,开发人员仅拥有对某些表的 SELECT 权限。除了应用程序之外,其余操作都必须由 DBA 决定。

13.3.1 对用户进行授权

授权就是为用户赋予一些其需要的合理的权限。那么,MySQL 中都有哪些权限呢?查询 mysql.user 表的列就可以知道,凡是列名为 *_priv 的都是权限,如 Select_priv 表示查询权限。对这些权限做一个大概的分类,如图 13.20 所示。

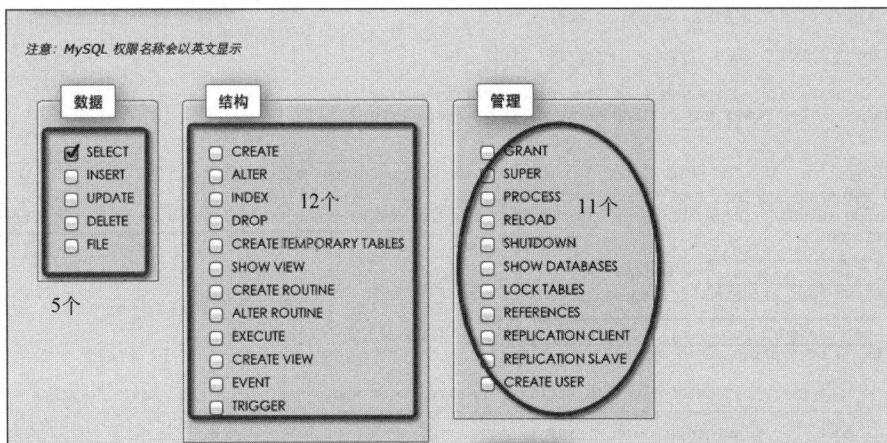

图 13.20 MySQL 权限

MySQL 中推荐使用 GRANT 语句来为用户授权,当然必须拥有 GRANT 权限才能执行 GRANT 语句。不建议直接通过修改权限表的方式来为用户授权。使用 GRANT 语句可以为已存在的用户增加权限。它的语法格式如下。

```
GRANT priv_type ON database.table TO user WITH GRANT OPTION
```

其中,priv_type 表示用户的权限,如 SELECT;database.table 表示用户的权限范围,如 companysales.* 表示 companysales 库的所有表;user 由用户名和主机名构成,如 'p2'@'localhost';WITH GRANT OPTION 表示该用户可以将自己拥有的权限授权给其他用户。

【例 13.6】 创建新用户'sns'@'%',使用 GRANT 语句授予该用户对 companysales 库的所有表拥有 SELECT 权限。再次使用 GRANT 语句为刚创建的用户 sns 授予对 companysales 库的 customer 表拥有 INSERT 权限。结果如图 13.21 所示。

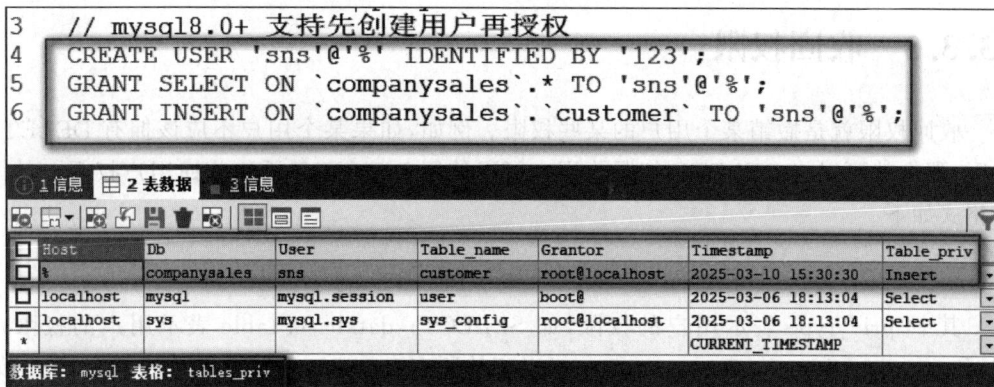

图 13.21 使用 GRANT 语句授权

例 13.6 中使用了两次 GRANT 语句为用户 sns 进行了授权操作。思考：此时 sns 用户拥有了哪些权限？该如何查看？

13.3.2 查看用户的权限

可以通过 SHOW GRANTS 语句查看用户拥有哪些权限，当然如果有对 mysql 库的访问权限也可以直接查询权限表。SHOW GRANTS 语句的语法格式如下。

SHOW GRANTS FOR user

其中，user 由用户名和主机名构成，如'sns'@'%'。

【例 13.7】 查看'sns'@'%'用户拥有的权限，结果如图 13.22 所示。

图 13.22 查看用户权限

在例 13.7 中，为'sns'@'%'用户授予对 companysales 库的所有表的 SELECT 权限，以及对 companysales 库的 customer 表的 INSERT 权限，那么第一条记录对所有库所有表的 USAGE 权限是什么呢？其实 USAGE 就是连接（登录）权限，新建用户时会自动授予其 USAGE 权限，该权限只能用于数据库登录，不能执行任何操作，且 USAGE 权限不能被收回。

13.3.3 收回权限

收回权限就是撤销某个用户的某些权限。例如,如果某个用户不应该拥有 DELETE 权限,那么就可以将 DELETE 权限收回。可以使用 REVOKE 语句收回用户权限。其语法格式如下。

REVOKE priv_type ON database. table FROM user

其中,priv_type 表示用户的权限,如 SELECT;database. table 表示用户的权限范围,如 companysales. * 表示 companysales 库的所有表;user 由用户名和主机名构成,如 'p2'@'localhost'。

【例 13.8】 收回 'sns'@'%'用户对 companysales 库的 customer 表的 INSERT 权限,结果如图 13.23 所示。

图 13.23 收回用户权限

再次收回'sns'@'%'用户对所有库的所有表的 USAGE 权限,再次查看该用户的权限会发现 USAGE 权限并没有被收回,这也证明了 USAGE 权限不能被收回。

习 题

一、选择题

1. MySQL 的权限信息存储在数据库( )中。

    A. mysql   B. test

    C. performance_schema   D. information_schema

2. 用户连接 MySQL 服务器之后,是通过( )表来判断用户是否有权限执行 SQL 语句。

    A. tables_priv   B. user   C. columns_priv   D. db

3. 新建用户的信息是保存在( )表中。

    A. tables_priv   B. user   C. columns_priv   D. db

4. 以下关于修改用户密码的语句中,错误的是(　　　)。

 A. root 用户可以使用 SET PASSWORD 语句来修改自己的密码和普通用户的密码

 B. root 用户可以使用 mysqladmin 命令来修改自己的密码和普通用户的密码

 C. root 用户可以使用 GRANT 语句来修改自己的密码和普通用户的密码

 D. 拥有对某个业务数据库的增、删、改、查权限的普通用户可以使用 SET PASSWORD 语句来修改自己的密码,但不能修改其他用户的密码

二、思考题

1. MySQL 的主要权限表有哪些?作用分别是什么?
2. MySQL 服务器是如何通过权限表来控制用户连接进而执行 SQL 语句的?
3. 如何使用 CMD 命令行登录服务器?如何以管理员身份运行 CMD 命令行?
4. 使用 CREATE USER 语句新建用户后,该用户拥有了哪些权限?
5. 可以使用 REVOKE 语句收回用户的 USAGE 权限吗?

实　　训

一、实训目的

1. 掌握创建用户的方法。
2. 掌握修改和删除用户的方法。
3. 掌握查看用户权限的方法。
4. 掌握授予和回收用户权限的方法。

二、实训内容

1. 以 root 用户登录 MySQL,创建一个用户名为 lib,主机为任意主机,密码为 lib123 的新用户,并授予该用户对 lib 数据库的所有表拥有 SELECT、INSERT、UPDATE、DELETE、CREATE、ALTER 权限。
2. 退出 root 登录状态。
3. 以 lib 用户重新登录 MySQL,查看 lib 用户拥有哪些权限。
4. 以 lib 用户重新登录 MySQL,修改 lib 用户的密码为 123lib。
5. 以 root 用户登录 MySQL,收回 lib 用户对 lib 数据库的所有权限,然后删除 lib 用户。

项目 14　备份与还原销售管理数据库

技能目标

能够进行数据库的备份与还原；能够对数据进行导入和导出。

知识目标

了解数据库的备份原理；掌握数据库的备份方法；掌握数据库的还原方法；掌握数据的导入和导出方法。

职业素养

增强辩证思维、战略思维和系统思维能力；能够坚持辩证唯物主义和历史唯物主义方法论，分清本质和现象、原因和结果；增强数据安全意识，提升数据安全治理能力。

任务 14.1　理 解 容 灾

数据是一个应用程序或者一家企业的核心命脉，谁能容忍自己的淘宝交易订单信息一夜之间全部丢失？谁能容忍自己的银行卡余额瞬间从几位数变为零？但是在生产环境中数据库可能会遇到各种灾难而导致数据丢失，比如，硬件故障、软件故障、地震等自然灾害、黑客攻击、误操作，以及程序 bug 等。为了保证业务系统的连续性和高可用性，容灾建设显得异常重要。容灾建设不仅仅是数据备份，事实上国际标准定义的容灾系统有多个层次：从最简单的仅在本地进行备份，到将备份储存在异地，再到建立应用系统实时切换的异地备份系统，恢复时间也可以从几天到小时级到分钟级，甚至零数据丢失等。

人们希望永远不进行恢复数据操作，但是数据库的备份操作是必须定时进行的，以防意外事件发生而造成数据丢失，导致不能恢复数据。而且必须根据实际情况，制定不同的备份策略，我们可以根据下面这些情况制定符合特定环境的数据备份策略。

（1）能够容忍丢失多少数据。

（2）恢复数据需要多长时间。

（3）需要恢复哪些数据。

任务 14.2 备份数据库

【任务描述】 本任务介绍数据库的备份类型,根据实际业务需求选择合适的备份策略,并实践操作备份销售管理数据库。

数据备份是容灾系统的基础,也是容灾系统能够正常工作的最低保障。所以为了保障数据的安全,需要定期对数据进行备份。备份的方式有很多种,效果也不一样。一旦数据库中的数据出现了错误,就需要使用备份好的数据进行还原恢复,从而将损失降到最低。

14.2.1 备份类型

1. 根据要备份的数据集合的范围分

(1) 完全备份。完全备份是指备份整个数据集,即整个数据库,对于数据量较小的数据库,这种方法是可行的,而且很方便;但如果数据量比较大,完全备份一次要花较长时间。

(2) 增量备份。增量备份是指备份自上一次完全备份或增量备份以来变化了的数据,这种备份的频率取决于数据的更新频率,备份数据量相对较少,但是还原数据的时候,增量备份不能单独使用,要借助完全备份。

第二次增量备份要依附于第一次增量备份

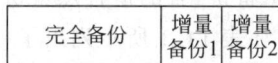

完全备份	增量备份1	增量备份2

第二次差异备份只需依附于最近一次完全备份

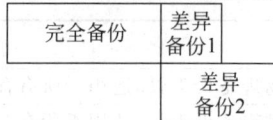

完全备份	差异备份1	
		差异备份2

(3) 差异备份。差异备份是指备份自上一次完全备份以来变化的数据。这种备份方式备份的数据量比增量备份多,但还原数据比增量备份简单。

通过图 14.1 可以更好地理解和区分增量备份与差异备份。

图 14.1 增量备份和差异备份

2. 根据是否需要数据库离线分

(1) 热备份。热备份是指当数据库备份时,数据库的读/写操作均不受影响。热备份是在数据库运行的情况下备份数据库,备份的同时业务不受影响。

(2) 温备份。温备份是指当数据库备份时,数据库的读操作可以执行,但是不能执行写操作。也就是业务还是正常在线提供服务,但是仅支持读请求,不允许写请求,例如,淘宝数据库在进行温备份时,你可以查看商品但不能下单。

(3) 冷备份。冷备份是指数据库备份时,数据库不能进行读/写操作,即数据库要下线,业务不能提供服务。

对于这种类型的备份,取决于业务需求,如果允许备份时暂停业务,那么采用冷备份

307

方式最简单。另外,对于 MySQL 数据库来说,还要考虑存储引擎是否支持,因为 MyISAM 存储引擎支持温备份和冷备份,不支持热备份。InnoDB 存储引擎支持热备份、温备份及冷备份。

3. 根据备份数据或文件分

(1) 物理备份。物理备份是指通过直接复制数据库的数据文件以达到备份效果。物理备份恢复速度比较快,占用空间较大,备份和恢复操作都比较简单。

(2) 逻辑备份。逻辑备份是指通过特定工具从数据库中导出数据另存一份,备份的内容是表中的数据和 SQL 语句。恢复的时候执行备份的 SQL 语句即可实现数据库数据的重现。逻辑备份速度比较慢,占用空间较小,恢复成本高,且会丢失数据精度。

14.2.2　备份策略

制定备份策略需要考虑实际的业务需求:能够容忍丢失多长时间的数据、恢复数据要在多长时间内完成、恢复数据时是否需要持续提供服务、恢复的是哪些数据等。例如,我们需要备份的对象就分成以下几种:数据;二进制日志、InnoDB 事务日志;代码(存储过程、触发器等);相关配置文件。

有多种备份工具可供选择,不同的备份工具适用不同的备份方式,有的适合物理备份,有的适合逻辑备份,有的适合热备份,有的适合冷备份……不同的备份工具也适用不同的存储引擎。如表 14.1 所示列出了一些常用的备份工具,以及它适用的场景。

表 14.1　备份工具

备 份 工 具	适 用 场 景
cp、tar	物理备份工具,适用于所有存储引擎,支持冷备份和完全备份
mysqldump	逻辑备份工具,适用于所有存储引擎,支持温备份、完全备份、部分备份,对于 InnoDB 存储引擎支持热备份
lvm	接近热备份,借助文件系统管理工具进行备份
mysqlhotcopy	仅支持 MyISAM 存储引擎
xtrabackup	非常强大的热备份工具,支持完全备份、增量备份等

针对不同的场景,我们制定了以下 4 种不同的备份策略。下面重点介绍比较常用的两种备份方式:mysqldump 和 xtrabackup。

(1) 对于数据量较小的数据库,可以采用 cp、tar 直接复制数据库文件的方式备份。

需要注意的是,这种备份方式需要先锁表再进行复制备份最后再解表,这样才可以保证在复制过程中数据库的数据不会发生变化。如果在复制期间还有数据写入,就会造成数据不一致。采用这种备份方式,恢复也很简单,直接将备份文件复制到之前的数据库文件的存放目录即可。注意,对于使用 InnoDB 存储引擎的表来说,除了数据文件之外,还需要备份日志文件,即 ib_logfile * 文件。

（2）对于中小型数据量，可以利用 mysqldump 命令对数据库进行完全备份，然后对二进制日志进行增量备份。

mysqldump 是一个逻辑备份命令，它将数据库中的数据备份成一个文本文件，表的结构和表中的数据将存储在生成的文本文件中。mysqldump 命令的工作原理很简单：①查出需要备份的表的结构；②在文本文件中生成一个 CREATE 语句；③将表中的所有记录转换成一条 INSERT 语句；④通过以上语句，创建表并插入数据。这些 CREATE 语句和 INSERT 语句都是还原时使用的。还原数据时就可以使用其中的 CREATE 语句来创建表。使用其中的 INSERT 语句来还原数据。它可以实现整个服务器备份，也可以实现单个或部分数据库、单个或部分表等的备份，并且能自动记录备份时刻的二进制日志文件及相应的位置。mysqldump 命令的语法格式如下。

```
mysqldump - u username - p dbname table1 table2...> backup.sql
```

其中，username 表示用户名；dbname 表示数据库名；table1 和 table2 表示要备份的表名，若缺省则表示备份整个数据库；backup.sql 表示备份文件名，文件名前可以加一个绝对路径。

【例 14.1】　使用 mysqldump 命令备份整个 companysales 数据库到 D 盘，备份文件名为 companysales.sql。图 14.2 所示是在 CMD 命令行使用 mysqldump 命令完成备份操作。图 14.3 所示是备份文件的部分内容，文件的开头会记录 MySQL 的版本、备份的主机名和数据库名，文件中以"--"开头的都是 SQL 语句的注释，先备份表结构，生成 CREATE 语句，备份表数据生成 INSERT 语句，为了保证数据一致性，在备份表数据之前要锁表（LOCK TABLES），锁的是写操作，读操作可正常进行，数据备份完之后再解锁（UNLOCK TABLES）。

```
管理员: 命令提示符
Microsoft Windows [版本 10.0.22631.4890]
(c) Microsoft Corporation。保留所有权利。

C:\Windows\System32>cd C:\Program Files\MySQL\MySQL Server 9.2\bin

C:\Program Files\MySQL\MySQL Server 9.2\bin>mysqldump -uroot -P3308 -p companysales>d:/companysales.sql
Enter password: ****
                                       若是默认端口号3306，则-p可不加。
C:\Program Files\MySQL\MySQL Server 9.2\bin>    此处-P3308是端口号改成3308
```

图 14.2　mysqldump 命令

（3）对于中小型数据量，还可以使用 LVM 快照对数据文件进行完全备份，再对二进制日志进行增量备份。

LVM 这种备份方式接近热备份，要求数据保存在逻辑卷上，事务日志和数据文件必须在同一个卷上，使用 lvcreate 命令创建快照卷（也要先锁表）。

（4）如果数据量很大，使用 xtrabackup 工具实现完全备份＋增量备份＋二进制日志备份。

xtrabackup 是一个用来备份 MySQL 数据库的开源工具，完全以热备份的形式进行，能够实现快速可靠的完全备份和部分备份，支持增量备份，支持时间点还原，备份过程中

```
-- MySQL dump 10.13  Distrib 9.2.0, for Win64 (x86_64)

-- Host: localhost    Database: companysales
-- ------------------------------------------------------
-- Server version    9.2.0

/*!40101 SET @OLD_CHARACTER_SET_CLIENT=@@CHARACTER_SET_CLIENT */;
/*!40101 SET @OLD_CHARACTER_SET_RESULTS=@@CHARACTER_SET_RESULTS */;
/*!40101 SET @OLD_COLLATION_CONNECTION=@@COLLATION_CONNECTION */;
/*!50503 SET NAMES utf8mb4 */;
/*!40103 SET @OLD_TIME_ZONE=@@TIME_ZONE */;
/*!40103 SET TIME_ZONE='+00:00' */;
/*!40014 SET @OLD_UNIQUE_CHECKS=@@UNIQUE_CHECKS, UNIQUE_CHECKS=0 */;
/*!40014 SET @OLD_FOREIGN_KEY_CHECKS=@@FOREIGN_KEY_CHECKS, FOREIGN_KEY_CHECKS=0 */;
/*!40101 SET @OLD_SQL_MODE=@@SQL_MODE, SQL_MODE='NO_AUTO_VALUE_ON_ZERO' */;
/*!40111 SET @OLD_SQL_NOTES=@@SQL_NOTES, SQL_NOTES=0 */;


-- Table structure for table `customer`

DROP TABLE IF EXISTS `customer`;
/*!40101 SET @saved_cs_client     = @@character_set_client */;
/*!50503 SET character_set_client = utf8mb4 */;
CREATE TABLE `customer` (
  `customerid` int NOT NULL AUTO_INCREMENT COMMENT '客户编号',
  `companyname` varchar(50) NOT NULL COMMENT '公司名称',
  `contactname` char(8) NOT NULL COMMENT '联系人姓名',
  `phone` varchar(20) DEFAULT NULL COMMENT '联系电话',
  `address` varchar(100) DEFAULT NULL COMMENT '地址',
  `email` varchar(50) DEFAULT NULL COMMENT 'email',
  PRIMARY KEY (`customerid`)
) ENGINE=InnoDB AUTO_INCREMENT=40 DEFAULT CHARSET=utf8mb3;
/*!40101 SET character_set_client = @saved_cs_client */;
```

图 14.3　备份文件部分内容

不会打扰到事务操作,能够实现网络传输和压缩功能,从而有效地节约磁盘空间。备份完成后可自动验证数据是否可用,恢复速度较快。

使用 xtrabackup 工具实现备份对存储引擎有要求:对 MyISAM 存储引擎最多只能进行温备份;而在 InnoDB 存储引擎上完美地实现热备份,并且要求 InnoDB 实现单独的表空间,即 innodb_file_per_table 设置为 ON。另外需要注意的是,xtrabackup 是基于事务日志和数据文件备份的,备份的数据中可能会包含尚未提交的事务或已经提交但尚未同步至数据库文件中的事务,还应该对其做预处理,把已提交的事务同步到数据文件,未提交的事务要回滚。因此其备份的数据库,不能立即拿来恢复。而且在生产环境中,xtrabackup 工具是针对 Linux 环境操作实现 MySQL 数据库的备份还原。

通过上面这些备份策略的介绍,几乎都是基于二进制日志文件进行的,因而体现了二进制日志的重要性,所以,查看和使用日志文件是学习 MySQL 的重中之重。

任务 14.3　还原数据库

【任务描述】　本任务介绍备份策略选择对应的还原方法,并模拟数据损坏,通过对销售管理数据库的完全备份加上日志文件增量备份来还原数据库,让用户分清本质和现象、原因和结果,坚持辩证唯物主义和历史唯物主义方法论。

数据库的还原,也称数据库恢复。在对数据库应用的过程中,人为误操作、人为恶意破坏、系统的不稳定、存储介质的损坏等原因都有可能造成重要数据的丢失。一旦数据出现丢失或者损坏,都将给企业和个人带来巨大的损失,这就需要从备份中恢复数据库结构和数据,还原数据库的方法应与备份数据库的方法相对应。

下面介绍使用 mysqldump 实现备份还原。

我们使用 mysqldump 实现备份策略是数据库完全备份＋日志文件增量备份,然后模拟数据损坏,利用备份文件进行数据库还原。

【例 14.2】　使用 mysqldump 完全备份 companysales 数据库,查看此时日志文件位置,在数据库中新建一个表 test(只有一个列 id),通过对比日志文件位置对日志文件进行增量备份。再将整个 companysales 数据库删除。利用这两个备份文件还原数据库,查看数据是否完整。

操作步骤如下。

(1) 使用 mysqldump 完全备份 companysales 数据库。操作命令如图 14.4 所示,其中--master-data＝2 表示记录备份那一时刻的二进制日志的位置,并且注释掉,1 是不注释(高版本系统中使用--source-data 代替--meta-data)。--databases companysales 表示要备份的数据库。当然,使用 mysqldump 备份时也可以不加--master-data＝2,而通过 SHOW BINARY LOG STATUS 语句查看二进制日志位置。

```
C:\Program Files\MySQL\MySQL Server 9.2\bin>
C:\Program Files\MySQL\MySQL Server 9.2\bin>mysqldump -uroot -P3308 -p --master-data=2 --databases companysales>d:bak.sql
WARNING: --master-data is deprecated and will be removed in a future version. Use --source-data instead.
Enter password: ****

C:\Program Files\MySQL\MySQL Server 9.2\bin>mysqldump -uroot -P3308 -p --source-data=2 --databases companysales>d:bak.sql
Enter password: ****
```

图 14.4　mysqldump 命令备份数据库

二进制日志记录的是对数据库执行更改的所有操作,不包括 SELECT 和 SHOW 这类操作,具体关于二进制日志的内容请参考项目 15。

查看 D:\bak.sql 文件会发现文件开头部分会有这样一行注释语句,记录了备份时二进制日志的位置:

-- CHANGE REPLICATION SOURCE TO SOURCE_LOG_FILE = 'LAPTOP - PDN7F5CT - bin.000007', SOURCE_LOG_POS = 20640;

注意:默认情况下二进制日志是关闭的,直接执行备份语句会出错。必须先开启二进制日志才行。可以修改配置文件 my.ini,将 log-bin 前面的注释符＃去掉,例如,可以改成

log - bin = "LAPTOP - PDN7F5CT - bin"

(2) 更改数据库。新建表 test,插入 1 条记录,并查看此时二进制日志文件的位置。操作命令如图 14.5 所示。

(3) 增量备份日志文件。增量备份指的是自上一次完全备份或增量备份以来变化了的数据,所以根据完全备份时日志文件的位置,以及更改数据库操作之后日志文件的位置,进行增量备份日志文件。

操作命令如图 14.6 所示。备份日志文件使用 mysqlbinlog 命令,--start-position 表示日志起始位置(完全备份时的日志位置),--stop-position 表示日志结束位置(更改数据

```
mysql> create table test(id int);
Query OK, 0 rows affected (0.02 sec)

mysql> insert into test values(1);
Query OK, 1 row affected (0.00 sec)

mysql> show master status;
ERROR 1064 (42000): You have an error in your SQL syntax; check the manual
that corresponds to your MySQL server version for the right syntax to use n
ear 'master status' at line 1
mysql>
mysql> SHOW BINARY LOG STATUS;
+----------------------------+----------+--------------+------------------+
-------------------+
| File                       | Position | Binlog_Do_DB | Binlog_Ignore_DB |
 Executed_Gtid_Set |
+----------------------------+----------+--------------+------------------+
-------------------+
| LAPTOP-PDN7F5CT-bin.000007 |    21137 |              |                  |
                   |
+----------------------------+----------+--------------+------------------+
-------------------+
1 row in set (0.00 sec)
```

图 14.5　更改数据库后查看二进制日志位置

库之后的日志位置),引号内是日志文件的绝对路径(路径中有空格所以用引号,否则会出错),最后导出到 D:\binlog.sql 文件。

```
C:\Program Files\MySQL\MySQL Server 9.2\bin>mysqlbinlog --start-position=20640 --stop-position=21137 "C:\
ProgramData\MySQL\MySQL Server 9.2\Data\LAPTOP-PDN7F5CT-bin.000007">d:\binlog.sql

C:\Program Files\MySQL\MySQL Server 9.2\bin>
```

图 14.6　增量备份二进制日志

查看增量备份的二进制日志文件即 D:\binlog.sql 文件,如图 14.7 所示,会发现记录的正是更改数据库操作的 SQL 语句。

(4) 模拟数据损坏,还原数据库。

① 还原数据库之前的工作。模拟数据损坏,如图 14.8 所示,使用 DROP DATABASE 语句删除 companysales 数据库。然后关闭二进制日志,滚动日志。

```
binlog.sql
文件  编辑  查看
/*!\C gbk *//*!*/;
SET @@session.character_set_client=28,@@session.collation_connection
SET @@session.lc_time_names=0/*!*/;
SET @@session.collation_database=DEFAULT/*!*/;
/*!80011 SET @@session.default_collation_for_utf8mb4=255*//*!*/;
/*!80013 SET @@session.sql_require_primary_key=0*//*!*/;
create table test(id int)
/*!*/;
# at 20846
#250310 18:23:30 server id 1  end_log_pos 20925 CRC32 0x0be80f70  Ano
```

图 14.7　查看增量备份的日志文件

```
命令提示符 - mysql -uroot -p

mysql> DROP DATABASE companysales;
Query OK, 11 rows affected (0.13 sec)

mysql> SET sql_log_bin=0;
Query OK, 0 rows affected (0.00 sec)

mysql> FLUSH LOGS;
Query OK, 0 rows affected (0.05 sec)
```

图 14.8　还原数据库之前的工作

② 利用完全备份还原数据库。如图 14.9 所示,使用 mysql 语句,利用完全备份文件 d:\bak.sql 还原数据库。还原之后登录数据库查看可知 companysales 数据库已经恢复,但是库中没有 test 表。

③ 利用增量备份还原数据库。如图 14.10 所示,使用 mysql 语句,利用增量备份文

件 d:\binlog. sql 还原数据库。还原之后登录数据库查看可知 companysales 数据库中有 test 表,test 表中也有一条记录。还原完成之后,使用 SET 语句开启二进制日志: set sql_log_bin=1。至此数据库还原工作完成。

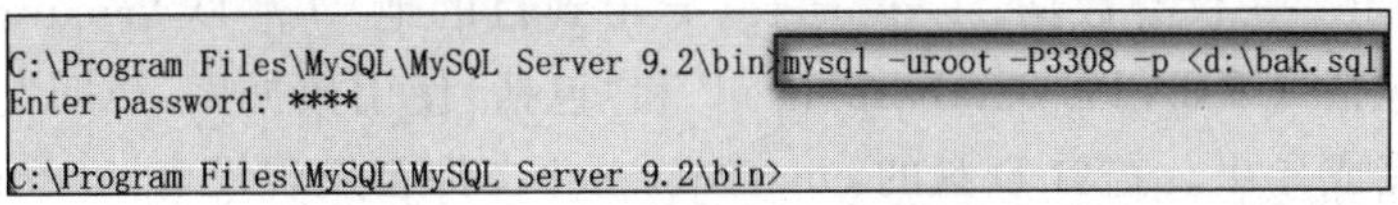

```
C:\Program Files\MySQL\MySQL Server 9.2\bin>mysql -uroot -P3308 -p <d:\bak.sql
Enter password: ****
C:\Program Files\MySQL\MySQL Server 9.2\bin>
```

图 14.9　利用完全备份还原数据库

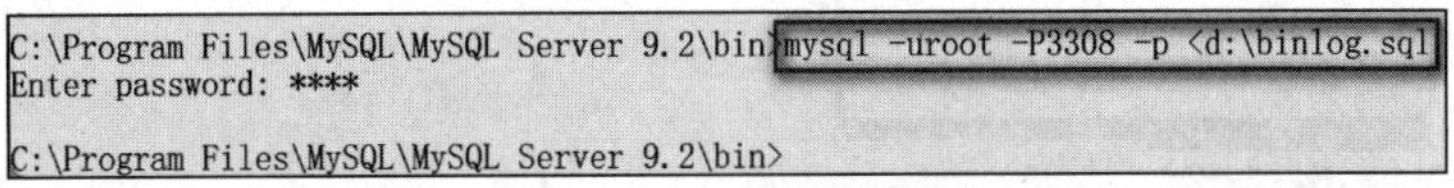

```
C:\Program Files\MySQL\MySQL Server 9.2\bin>mysql -uroot -P3308 -p <d:\binlog.sql
Enter password: ****
C:\Program Files\MySQL\MySQL Server 9.2\bin>
```

图 14.10　利用增量备份还原数据库

注意:在生产环境中,MySQL 一般安装在 Linux 机器上,可以利用 Shell 脚本实现定时备份数据库,并且为了降低对业务的影响,备份工作一般放在每日零时之后进行。

任务 14.4　导入和导出数据

【任务描述】　本任务介绍 MySQL 数据库的 4 种导入导出数据方式,通过销售管理数据库的数据迁移操作,告诫用户避免数据丢失或不一致等问题,使其增强数据安全意识,提升数据安全治理能力。

在日常数据库管理维护或开发应用的过程中,或多或少总会遇到数据迁移问题,即将整个数据库或部分表数据导出,将数据导入目的数据库表中。任何数据库系统都需要与外界交换数据,例如,可以将 SQL Server、Oracle 等数据库导入 MySQL 数据库,也可以将 MySQL 数据库中的数据导出到其他数据库中。

数据的导入/导出或者说数据迁移,大致可以分为以下 3 种情况:① 相同版本 MySQL 数据库之间;②不同版本 MySQL 数据库之间;③MySQL 数据库与其他数据库之间。本节主要介绍 MySQL 数据库之间的数据导入/导出。相同版本的 MySQL 数据库之间的数据迁移最容易实现。高版本数据库通常会兼容低版本,所以可以从低版本 MySQL 数据库迁移到高版本数据库;而从高版本 MySQL 数据库迁移到低版本,则要格外小心,避免造成数据丢失或不一致的问题,因为高版本的 MySQL 数据库会有一些新特性是低版本不具有的。

14.4.1　导出数据

可以使用以下 4 种方式将 MySQL 数据库中的数据导出。

1. 使用 SQLyog 工具导出

【例 14.3】　使用 SQLyog 将 companysales 数据库的 customer 表导出到 D:\customer.

313

sql 文件中，仅导出表数据，不导出表结构。

操作步骤如图 14.11 和图 14.12 所示。首先选中要导出的数据库表 customer，右击，选择"备份/导出"|"备份表作为 SQL 转储"命令，然后在"SQL 转储"对话框中作以下设置：SQL 导出——仅有数据；Export to（导出到目的地）——D:\customer；把选项写进文件——"包括'CREATE database'语句"和"包括'使用数据库'声明"。最后单击"导出"按钮就可完成导出。查看 D 盘的 customer.sql 文件会发现没有 customer 表结构，即没有 CREATE 语句，只有表数据，即只有 INSERT 语句。

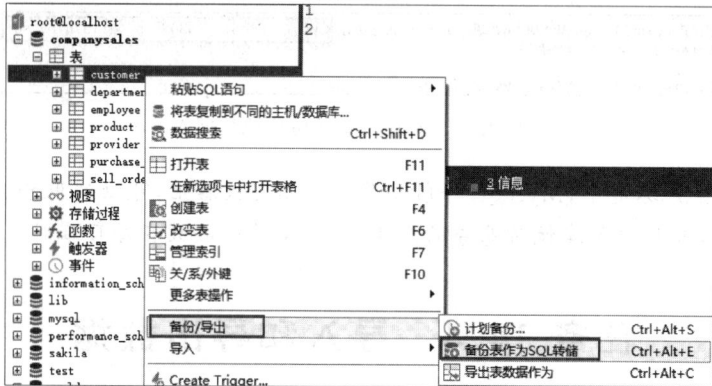

图 14.11　表的右键快捷菜单

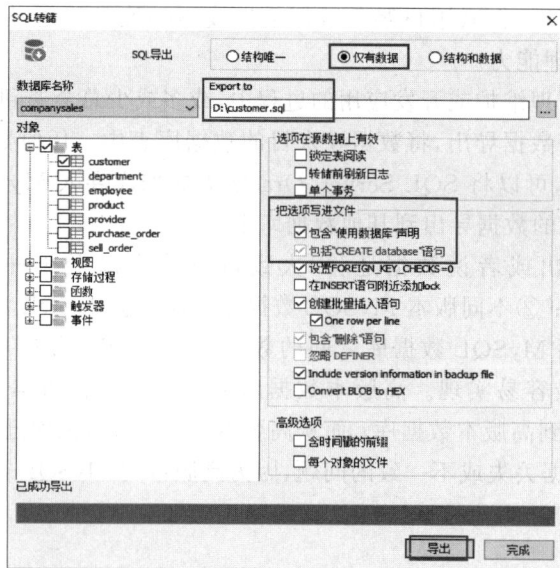

图 14.12　"SQL 转储"对话框

2. 使用 mysqldump 命令导出

【例 14.4】　使用 mysqldump 命令将 companysales 数据库 product 表的结构导出到 D:\product.sql 文件，仅导出表结构，不需要表数据。

操作命令如图 14.13 所示。注意语句中加了"-d"表示仅导出表结构，如果不加"-d"表示导出表结构和表数据。查看 D:\product.sql 文件会发现仅有 product 表结构，即仅有 CREATE 语句，没有表数据，即没有 INSERT 语句。

```
C:\Program Files\MySQL\MySQL Server 9.2\bin>mysqldump -uroot -P3308 -p -d companysales product>d:/product.sql
Enter password: ****                                                 仅导出表结构，无数据

C:\Program Files\MySQL\MySQL Server 9.2\bin>mysqldump -uroot -P3308 -p companysales product>d:/product.sql
Enter password: ****

C:\Program Files\MySQL\MySQL Server 9.2\bin>
```

图 14.13　使用 mysqldump 命令导出

3. 使用 SELECT...INTO OUTFILE 语句导出

【例 14.5】　使用 SELECT...INTO OUTFILE 语句将 companysales 数据库 employee 表中性别为女的所有数据导出到 D:\employee.txt 文件，注意导出的是满足条件的数据。

操作命令如图 14.14 所示。其中，FIELDS TERMINATED BY ','设置列数据之间的分隔符为逗号(,)；OPTIONALLY ENCLOSED BY '"' 设置字符串以半角双引号包围，字符串本身的双引号用两个双引号表示；LINES TERMINATED BY '\n'设置行之间的分隔符为\n 即换行符(\r\n 表示回车换行)。导出数据的行列分隔符如图 14.15 所示。

```
12    SELECT * FROM `companysales`.`employee` WHERE `sex`='女'
13    INTO OUTFILE 'C:/ProgramData/MySQL/MySQL Server 9.2/Uploads/employee.txt'
14    FIELDS TERMINATED BY ','
15    OPTIONALLY ENCLOSED BY '"'
16    LINES TERMINATED BY '\n';
```

```
①1信息   ▦2表数据   2信息
1 queries executed, 1 success, 0 errors, 0 warnings

查询: select * from `companysales`.`employee` where `sex`='女' into outfile 'C:/ProgramData/MySQL/MySQL Server 9.2/Uploa

共 55 行受到影响

执行耗时   : 0.001 sec
传送时间   : 0 sec
总耗时     : 0.001 sec
```

图 14.14　使用 SELECT...INTO OUTFILE 语句导出

```
employee.txt                           ×     +
文件   编辑   查看

2,"李立三","女","1970-05-13","1998-02-01 00:00:00",3460.2000,1
3,"王孔若","女","1974-12-17","2000-03-20 00:00:00",3800.8000,1
7,"姚晓力","女","1969-08-14","1997-08-14 00:00:00",3313.8000,1
10,"姜玲娜","女","1980-08-02","2008-08-02 00:00:00",3200.0000,2
14,"郑阿齐","女","1960-08-04","1999-08-04 00:00:00",3409.8000,1
17,"何文华","女","1965-01-13","1999-08-03 00:00:00",3306.2000,1
18,"李萍","女","1974-04-28","1999-04-28 00:00:00",3295.7000,2
20,"罗耀祖","女","1975-03-23","1998-02-02 00:00:00",3286.0000,1
22,"钱其娜","女","1964-12-15","1987-12-15 00:00:00",3378.3000,1
23,"章明铁","女","1958-02-24","1996-02-24 00:00:00",3400.0000,1
```

图 14.15　employee.txt 的部分数据

注意：使用 SELECT...INTO OUTFILE 语句导出时，有时候会发生如图 14.16 所示的错误。原因是 MySQL 没有修改本地文件的权限，一种解决方法是修改配置文件

my. ini，将其中的 secure-file-priv 改为 secure-file-priv＝""，表示不对 mysqld 的导入/导出做限制。修改完成之后需要重启 MySQL 服务才能生效。默认安装的 MySQL 配置文件 my. ini 的目录是 C:\ProgramData\MySQL\MySQL Server 9.2，不过 C:\ProgramData 默认是隐藏的，可以设置显示隐藏的项目。另一种解决方法是查看 secure_file_priv，然后修改导出路径。注意，Windows 路径中的反斜杠\需转义为\\或改用正斜杠/。

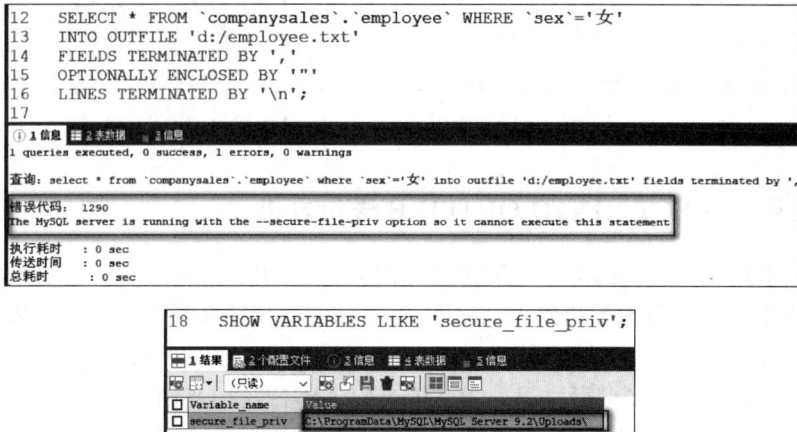

```
12    SELECT * FROM `companysales`.`employee` WHERE `sex`='女'
13    INTO OUTFILE 'd:/employee.txt'
14    FIELDS TERMINATED BY ','
15    OPTIONALLY ENCLOSED BY '"'
16    LINES TERMINATED BY '\n';
17
```

ℹ 1 信息 ▦ 2 表数据   3 信息
1 queries executed, 0 success, 1 errors, 0 warnings

查询: select * from `companysales`.`employee` where `sex`='女' into outfile 'd:/employee.txt' fields terminated by ',

错误代码: 1290
The MySQL server is running with the --secure-file-priv option so it cannot execute this statement

执行耗时   : 0 sec
传送时间   : 0 sec
总耗时   : 0 sec

```
18    SHOW VARIABLES LIKE 'secure_file_priv';
```

▦ 1 结果 ▦ 2 个配置文件 ① 2 信息 ▦ 4 表数据 ▦ 5 信息

Variable_name	Value
secure_file_priv	C:\ProgramData\MySQL\MySQL Server 9.2\Uploads\

图 14.16　错误信息

4. 使用 mysql 命令导出

【例 14.6】　使用 mysql 命令将 companysales 数据库 employee 表中性别为男的所有数据导出到 D:\emp_male. txt 文件，注意导出的是满足条件的数据。

操作命令如图 14.17 所示。注意语句中加了"-e"表示可以执行 SQL 语句，SQL 语句之后是数据库名。默认情况下，mysql-e 导出的文件，列是用"\t"分隔的，行是用"\r\n"分隔的，查看 D:\emp_male. txt 文件可知。

```
C:\Program Files\MySQL\MySQL Server 9.2\bin>mysql -uroot -P3308 -p -e "select * from employee where sex='女'" companysales>d:/emp.txt
Enter password: ****

C:\Program Files\MySQL\MySQL Server 9.2\bin>
```

图 14.17　使用 mysql 命令导出数据

从上面这 4 种导出方法可以看出，使用 SQLyog 工具和 mysqldump 命令既可以导出整个数据库，也可以导出其中某个表；既可以只导出表结构，也可以导出表结构和数据。使用 SELECT…INTO OUTFILE 语句和 mysql 命令类似，能导出满足一定条件的表数据（可以使用 WHERE 语句进行筛选），还可以选择导出某几个列（SELECT 后面可以加列名）。用户可根据具体情况选择导出方法。

14.4.2　导入数据

与导出相对应，MySQL 中可以使用以下 4 种方式将数据导入数据库。

1. 使用 SQLyog 工具导入

【例 14.7】　利用 SQLyog 将 companysales 数据库 customer 表的结构和数据导出到 D:\c.sql 文件，再使用 SQLyog 工具将 D:\c.sql 文件导入 test 库。

导出过程省略，但一定要注意不能选择"包含'CREATE database'语句"和"包括'使用数据库声明'语句"，否则无法导入 test 库，如图 14.18 所示。导入文件的操作步骤如下：选中 test 库，右击，在弹出的快捷菜单中选择"导入"|"从 SQL 转储文件导入数据库"命令，在如图 14.19 所示的对话框中，选择要导入的文件：D:\c.sql，单击"执行"按钮即可完成导入操作。

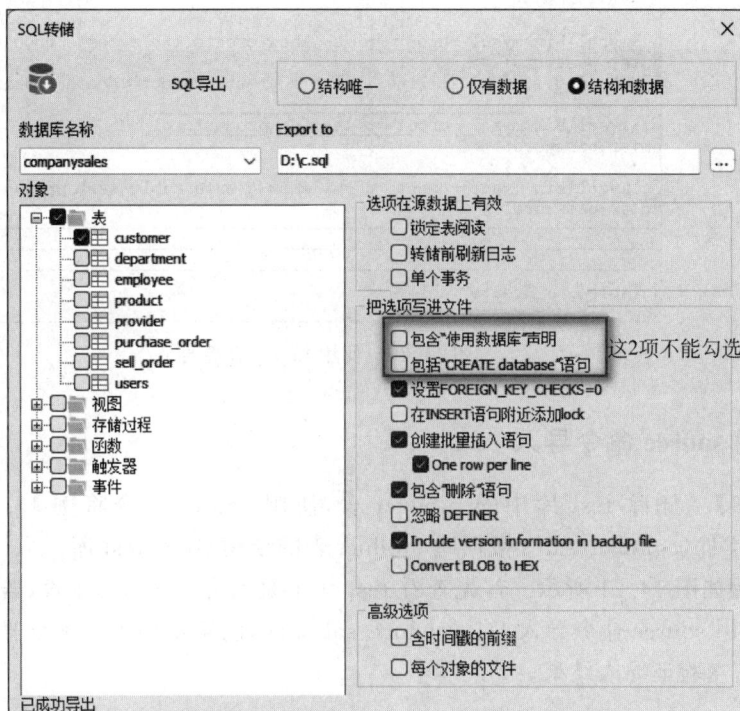

图 14.18　不要包括 CREATE database 语句

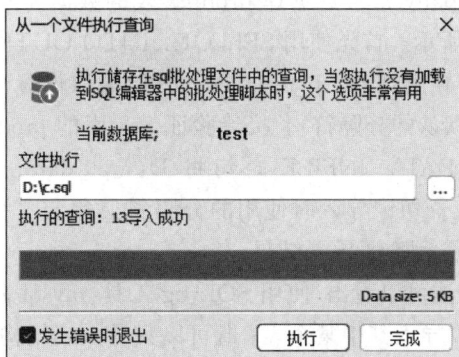

图 14.19　"从一个文件执行查询"对话框

317

2. 使用 mysql 命令导入

【例 14.8】 使用 mysql 命令将例 14.4 中的 D:\product. sql 文件（companysales 数据库 product 表的结构）导入 test 库。

操作步骤如图 14.20 所示。首先使用 mysql -e 命令得知 test 库中不存在 product 表，因为 D:\product. sql 文件的内容是创建 product 表，即 CREATE 语句，所以使用 mysql 命令将 D:\product. sql 文件导入 test 库，即在 test 库建立了 product 表，通过 mysql -e 命令可验证导入结果。

```
C:\mysql\bin>mysql -uroot -p -e "show create table test.product"
Enter password: **
ERROR 1146 (42S02) at line 1: Table 'test.product' doesn't exist

C:\mysql\bin>mysql -uroot -p test<d:\product.sql
Enter password: **

C:\mysql\bin>mysql -uroot -p -e "show create table test.product"
Enter password: **
+-------+--------------+
----------------------------
| Table | Create Table
```

图 14.20　使用 mysql 命令导入

3. 使用 source 命令导入

【例 14.9】 删除 test 库中的 product 表，使用 source 命令将例 14.4 中的 D:\product. sql 文件（companysales 数据库 product 表的结构）导入 test 库。

操作步骤如图 14.21 所示。首先查看 test 库中是否存在 product 表，若存在则删除该表，接着使用 source 命令导入 D:\product. sql 文件，注意结尾不能加分号。最后查看 test 库的表信息验证导入结果。

4. 使用 LOAD DATA INFILE 语句导入

【例 14.10】 将 companysales 数据库 product 表的数据导入 test 库的 product 表中。

操作步骤如图 14.22 所示。首先使用 SELECT…INTO OUTFILE 语句将 companysales 数据库的 product 表数据导出到 D:\p_data. txt 文件（可以设置合适的分隔符也可以不设置而使用默认的分隔符）。接着验证 test 库的 product 表中无数据。然后使用 LOAD DATA INFILE 语句将 D:\p_data. txt 文件导入 test 库的 product 表。切记导入时使用的分隔符必须与文件中的分隔符一致，否则会出错。最后验证导入结果。

从上面这 4 种导入方法可以看出，使用 SQLyog 工具、mysql 命令以及 source 命令既可以导入整个数据库，也可以导入其中某个表；既可以只导入表结构，也可以导入表结构和数据。mysql 命令和 source 命令实际上是一样的，只不过前者是在 CMD 命令行中执行，后

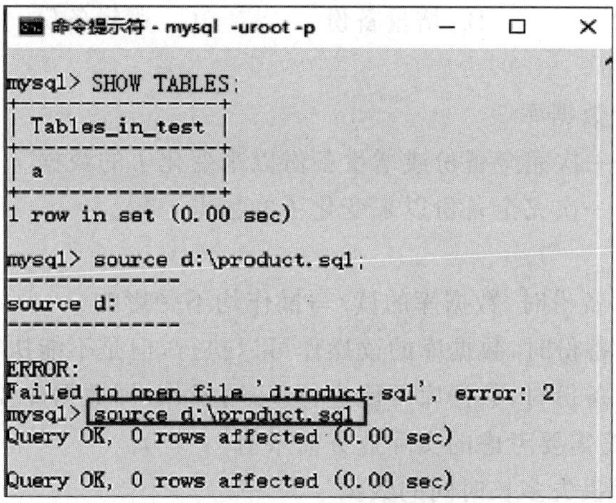

图 14.21 使用 source 命令导入

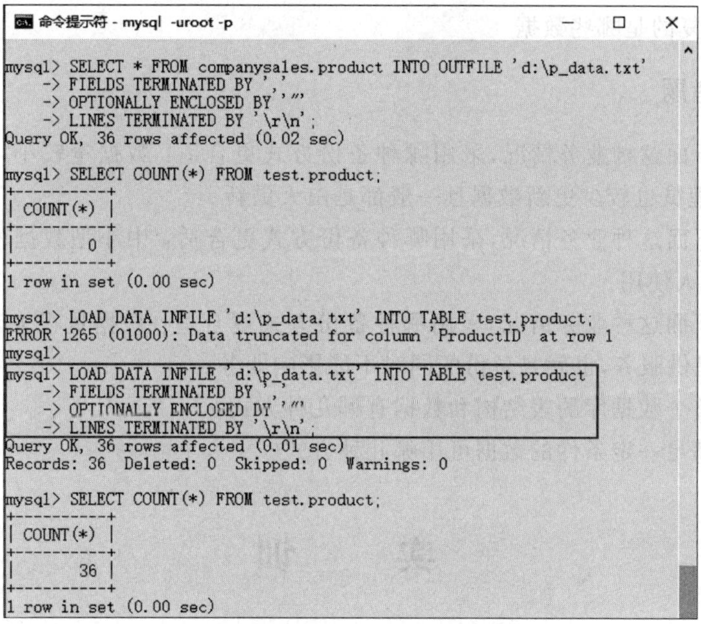

图 14.22 使用 LOAD DATA INFILE 语句导入

者是在 mysql 命令行中执行。LOAD DATA INFILE 语句和 SELECT…INTO OUTFILE 语句对应,能导入满足一定条件的表数据。用户可根据具体情况选择导入方法。

习　　题

一、选择题

1. 以下属于 MySQL 数据库备份类型的有(　　　)。

A. 完全备份　　　　B. 增量备份　　　　C. 逻辑备份　　　　D. 物理备份

2. 增量备份是指(　　　　)。

　　A. 备份整个数据库

　　B. 备份自上一次完全备份或增量备份以来变化了的数据

　　C. 备份自上一次完全备份以来变化了的数据

3. 热备份是指(　　　　)。

　　A. 当数据库备份时,数据库的读/写操作均不受影响

　　B. 当数据库备份时,数据库的读操作可以执行,但是不能执行写操作

　　C. 当数据库备份时,数据库不能进行读/写操作,即数据库要下线

4. 制定备份策略需要考虑的实际业务需求有(　　　　)。

　　A. 能够容忍丢失多长时间的数据

　　B. 恢复数据要在多长时间内完成

　　C. 恢复数据时是否需要持续提供服务

　　D. 恢复的是哪些数据

二、思考题

1. 对于下面这种业务情况,采用哪种备份方式更合适:数据量较小,用户只有查询数据操作,管理员也较少更新数据且一般都是白天更新。

2. 对于下面这种业务情况,采用哪种备份方式更合适:中小型数据量,业务晚上一定时间段较少人使用。

3. 对于下面这种业务情况,采用哪种备份方式更合适:数据量很大,业务需要 7×24 小时在线提供服务,也就是备份的同时不能影响业务。

4. 导出整个数据库的表结构和数据有哪几种方式?

5. 导出满足一定条件的数据可用哪几种方式?

实　　　训

一、实训目的

1. 掌握数据库备份的方法。

2. 掌握数据库还原的方法。

3. 掌握数据导出的方法。

4. 掌握数据导入的方法。

二、实训内容

1. 使用 mysqldump 语句将 lib 数据库中所有表的结构导出到 D:\lib.sql 中。

2. 查看 D:\lib.sql 文件,其中包含哪些语句? 有 CREATE DATABASE 的语句吗?

3. 使用 mysql 命令将 D:\lib. sql 导入 test 库中。

4. 查看 test 库有哪些表,以及其中某一个表的数据量。

5. 使用 SELECT…INTO OUTFILE 语句将 lib 数据库 books 表中价格大于 50 元的数据导出到 D:\price. txt。

6. 查看 D:\price. txt 文件,应该只导出了 4 条记录(因为价格要大于 50 元的数据只有 4 条)。

7. 使用 LOAD DATA INFILE 命令将 D:\price. txt 导入 test 库的 books 表中。

8. 查看 test 库 books 表的数据变化。

9. 为 lib 数据库制订一个备份计划,备份完成后,删除 lib 数据库,利用备份文件还原 lib 数据库。

项目 15　管理 MySQL 日志

能够查看和分析错误日志与慢查询日志；能够开启、关闭、备份二进制日志和利用二进制日志进行还原操作。

知识目标

了解 MySQL 日志；掌握开启和关闭日志的方法；掌握查看和分析错误日志与慢查询日志的方法；掌握备份二进制日志的方法和利用二进制日志进行数据库还原的方法。

职业素养

坚持问题导向，追求真理、揭示真理、笃行真理；坚持实事求是原则，注重实效原则；培养分析问题、解决问题的能力；增强数据安全意识及系统性思维能力；树立精益求精的大国工匠精神。

任务 15.1　认识 MySQL 日志

【任务描述】　任何一种数据库都有各种各样的日志，日志文件对于数据库来说非常重要，它记录着数据库的运行信息。许多操作都会记录到日志文件中，通过日志文件可以监视服务器的运行状态、查看服务器的性能，还能对服务器进行排错与故障处理。

MySQL 中日志主要有以下 4 种。

(1) 错误日志：记录数据库启动、运行或停止时出现的问题，一般也会记录警告信息。

(2) 二进制日志：记录任何引起或可能引起数据库变化的操作，主要用于复制和即时点恢复。

(3) 慢查询日志：记录所有执行时间超过 long_query_time 秒的查询或不使用索引的查询，可以帮助我们定位服务器性能问题。

(4) 通用查询日志：记录已建立的客户端连接和已执行的语句。

日志是 MySQL 数据库的重要组成部分，日志文件中记录着 MySQL 数据库运行期间发生的变化，也就是说用来记录 MySQL 数据库的客户端连接状况、SQL 语句的执行情况和错误信息等。当数据库服务器负载变高或执行速度变慢时，可以通过慢查询日志查找性能问题；当数据库遭到意外损坏时，可以通过错误日志查询原因，通过二进制日志进行数据恢复。

任务 15.2　操作错误日志

【任务描述】　本任务通过介绍错误日志的作用及相关参数，实践操作销售管理数据库错误日志的启动与设置、查看与归档，解决服务器异常，培养用户分析问题、解决问题的能力。

错误日志是 MySQL 中最常用的一种日志。错误日志主要记录以下一些信息：服务器启动和关闭过程中的信息（如启动 InnoDB 的表空间文件、初始化存储引擎等）；服务器运行过程中的错误信息；事件调度器运行一个事件时产生的信息等。当数据库出现任何故障导致无法启动时，比如 MySQL 启动异常，可首先检查此日志。

15.2.1　错误日志相关参数

错误日志一般有以下两个参数可以定义。

（1）错误日志文件：log_error。

（2）启动警告信息：log_warnings。

如图 15.1 所示，可通过 SHOW GLOBAL VARIABLES LIKE 语句查看这两个参数的值，其中 log_error 用来定义是否启用错误日志的功能和保存错误日志文件的位置，如果没有给定值，则服务器会使用错误日志名 hostname.err 并在数据目录中写入错误日志文件（hostname 表示服务器主机名）。log_warnings 定义是否将警告信息也定义在错误日志中。

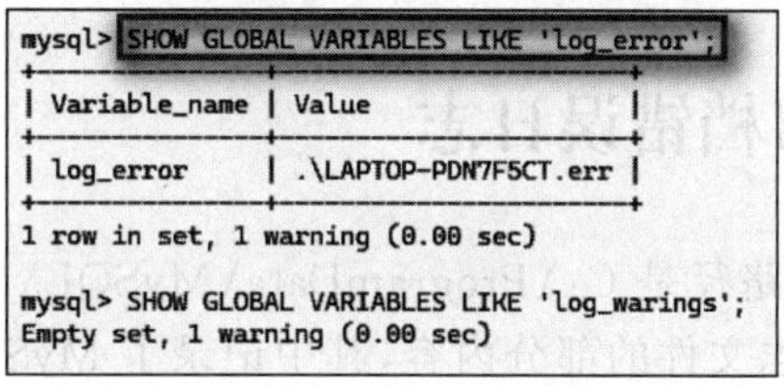

```
mysql> SHOW GLOBAL VARIABLES LIKE 'log_error';
+---------------+----------------------+
| Variable_name | Value                |
+---------------+----------------------+
| log_error     | .\LAPTOP-PDN7F5CT.err |
+---------------+----------------------+
1 row in set, 1 warning (0.00 sec)

mysql> SHOW GLOBAL VARIABLES LIKE 'log_warings';
Empty set, 1 warning (0.00 sec)
```

图 15.1　查看错误日志相关变量

15.2.2　启动和设置错误日志

在 MySQL 数据库中，错误日志默认是开启的，并且错误日志无法被禁止。默认情况下，错误日志存储在 MySQL 数据库的数据文件中。错误日志文件的名称通常为 hostname.err。其中，hostname 表示服务器主机名。错误日志信息可以自己进行配置，Windows 用户在配置文件 my.ini 中设置，Linux 用户在配置文件 my.cnf 中设置。

下面通过例子来验证错误日志无法被禁止以及可以自行配置错误日志。

【例 15.1】 设置错误日志文件名为 errlog.err,并查看是否设置成功。

操作步骤如图 15.2 和图 15.3 所示。首先修改配置文件 my.ini 中的参数 log_error 值为 errlog.err,配置文件 my.ini 默认路径是 C:\ProgramData\MySQL\MySQL Server 9.2\Data,保存后重启 MySQL 服务,使得修改生效。然后通过 SHOW GLOBAL VARIABLES LIKE 语句查看 log_error 的值,验证修改成功。

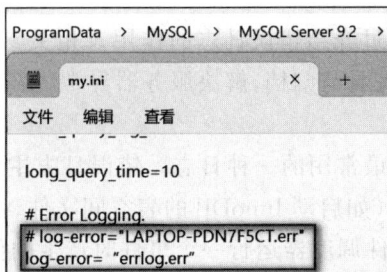

图 15.2　修改 my.ini 文件中 log_error 参数的值

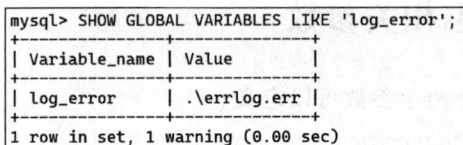

图 15.3　使用 SHOW 语句查看 log_error 值

【例 15.2】 注释掉配置文件 my.ini 中的 log_error 参数,即禁止开启错误日志,重启 MySQL 服务,查看 log_error 的值验证错误日志是否已成功关闭。

注意:注释使用"＃"符号。重启服务后会发现错误日志没有被禁止,而是被恢复为默认设置,即 log_error 又变成了如图 15.1 所示的值。

15.2.3　查看和归档错误日志

错误日志默认的保存路径是 C:\ProgramData\MySQL\MySQL Server 9.2\Data。如图 15.4 所示是错误日志文件的部分内容,其中记录了 MySQL 启动、关闭时的一些信息,以及警告信息。

错误日志如果不清理或归档备份,那么它会一直增大。在 MySQL 5.5.7 之前,执行 FLUSH LOGS 语句,错误日志文件加上-old 后缀重新命名并且创建一个新的空日志文件。在 MySQL 5.5.7 之后,只能通过手动方式来归档、备份错误日志。

【例 15.3】 归档错误日志文件,操作步骤如下。

(1) 修改错误日志文件名。例如,将错误日志 PC201512311438.err 改名为 PC201512311438.err-old。

(2) 执行 FLUSH LOGS 语句。执行完该语句后,会自动生成新的 PC201512311438.err 文件。

(3) 将原来的错误日志文件归档保存。

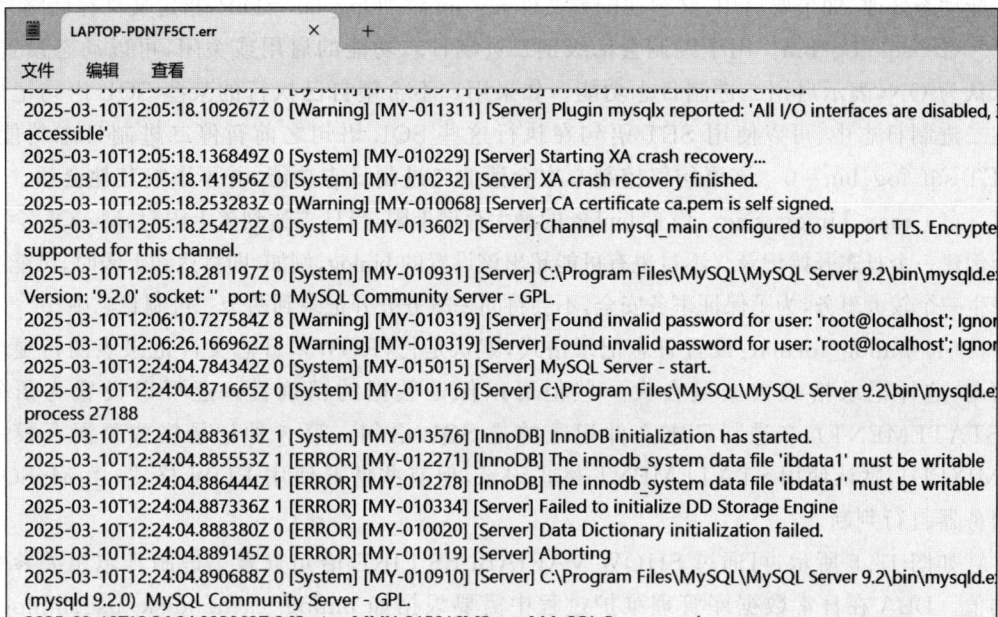

图 15.4　错误日志部分内容

任务 15.3　操作二进制日志

【任务描述】　本任务通过介绍二进制日志的作用及相关参数,实践操作销售管理数据库二进制日志的启动与设置、查看与删除,并利用二进制日志还原数据库,从而增强用户数据安全意识及系统性思维能力。

二进制日志(binary log)是 MySQL 中非常重要的一种日志。二进制日志的主要目的是在数据库存在故障进行恢复时能够最大可能地更新数据库(时点恢复),因为二进制日志包含备份后进行的所有更新。二进制日志还用于在主复制服务器上记录所有将发送给从服务器的语句。二进制日志包含了所有更新了数据或者已经潜在更新了数据(例如,没有匹配任何行的一个 DELETE)的所有语句,语句以"事件"的形式保存,它描述数据更改。二进制日志还包含关于每个更新数据库的语句的执行时间信息。二进制日志记录数据定义语言(DDL)和数据操纵语言(DML),但不包括数据查询语言,如它不会记录 SELECT、SHOW 等不修改数据的语句。启用二进制日志,数据库性能会降低,但可以保障数据库的完整性,对于重要数据库来说,这一点很值得。

15.3.1　二进制日志相关参数

二进制日志相关参数较多,主要有以下几个参数。

(1) log_bin。OFF 表示没有启用二进制日志,ON 表示启用二进制日志功能。该变量不能动态修改，如果要启用，必须在配置文件 my. ini 添加 log_bin＝DIR，指定文件存储路径。

（2）sql_log_bin。用于控制会话级别二进制日志功能的启用或关闭，可以动态设置，默认为 ON，表示启用二进制日志功能。如果用户不希望自己执行的某些 SQL 语句记录在二进制日志中，可以使用 SET 语句在执行这些 SQL 语句之前暂停二进制日志功能：SET sql_log_bin＝0。该语句仅控制本次会话的二进制日志功能，并不影响其他会话。

（3）max_binlog_size。设置 binlog 的最大存储上限，当日志达到该上限时，MySQL 会重新创建一个日志开始记录。不过也有可能超出该设置的 binlog，例如，即将达到上限时，可能会产生一个较大事务，为了保证事务安全，不会将同一事务分开记录到两个二进制日志中。

（4）binlog_format：设置日志记录格式，默认是行（ROW），日志文件记录表的行更改情况，这种记录格式数据量会大一些但可以保证数据的精确性。还可以设置为语句（STATEMENT），二进制日志文件记录的是 SQL 语句。第 3 种记录格式是混合模式（MIXED），默认使用 STATEMENT 格式记录，但有些情况使用 ROW 格式，由 MySQL 服务器自行判断。

如图 15.5 所示，可通过 SHOW VARIABLES LIKE 语句查看二进制日志相关参数的值。DBA 在日常数据库管理维护过程中需要根据如 binlog_cache_disk_use、binlog_cache_use 等参数的值调整 binlog_cache_size 等参数值来提升数据库性能。

```
mysql> SHOW VARIABLES LIKE '%log_bin%';
+---------------------------------+------------------------------------------------------------------+
| Variable_name                   | Value                                                            |
+---------------------------------+------------------------------------------------------------------+
| log_bin                         | ON                                                               |
| log_bin_basename                | C:\ProgramData\MySQL\MySQL Server 9.2\Data\LAPTOP-PDN7F5CT-bin    |
| log_bin_index                   | C:\ProgramData\MySQL\MySQL Server 9.2\Data\LAPTOP-PDN7F5CT-bin.index |
| log_bin_trust_function_creators | OFF                                                              |
| sql_log_bin                     | ON                                                               |
+---------------------------------+------------------------------------------------------------------+
5 rows in set, 1 warning (0.01 sec)

mysql> SHOW VARIABLES LIKE '%binlog%';
+--------------------------------------------+----------------------+
| Variable_name                              | Value                |
+--------------------------------------------+----------------------+
| binlog_cache_size                          | 32768                |
| binlog_checksum                            | CRC32                |
| binlog_direct_non_transactional_updates    | OFF                  |
| binlog_encryption                          | OFF                  |
| binlog_error_action                        | ABORT_SERVER         |
| binlog_expire_logs_auto_purge              | ON                   |
| binlog_expire_logs_seconds                 | 2592000              |
| binlog_format                              | ROW                  |
| binlog_group_commit_sync_delay             | 0                    |
| binlog_group_commit_sync_no_delay_count    | 0                    |
| binlog_gtid_simple_recovery                | ON                   |
| binlog_max_flush_queue_time                | 0                    |
| binlog_order_commits                       | ON                   |
| binlog_rotate_encryption_master_key_at_startup | OFF              |
| binlog_row_event_max_size                  | 8192                 |
| binlog_row_image                           | FULL                 |
| binlog_row_metadata                        | MINIMAL              |
| binlog_row_value_options                   |                      |
| binlog_rows_query_log_events               | OFF                  |
| binlog_stmt_cache_size                     | 32768                |
| binlog_transaction_compression            | OFF                  |
| binlog_transaction_compression_level_zstd  | 3                    |
| binlog_transaction_dependency_history_size | 25000                |
| innodb_api_enable_binlog                   | OFF                  |
| log_statements_unsafe_for_binlog           | ON                   |
| max_binlog_cache_size                      | 18446744073709547520 |
| max_binlog_size                            | 1073741824           |
| max_binlog_stmt_cache_size                 | 18446744073709547520 |
| sync_binlog                                | 1                    |
+--------------------------------------------+----------------------+
29 rows in set, 1 warning (0.00 sec)
```

图 15.5 二进制日志相关参数

15.3.2　启用和设置二进制日志

通过 SHOW 语句查看 log_bin 的值,如图 15.6 所示。值为 ON 表示已经启用二进制日志功能,尝试通过 SET 语句关闭二进制日志功能,发现 log_bin 不能动态修改。所以在使用 MySQL 数据库时,就要事先考虑清楚是否需要启用二进制日志功能,否则后续要更改的话,必须重启服务,影响业务功能。

```
mysql> SHOW VARIABLES LIKE '%log_bin%';
+---------------------------------+---------------------------------------------------+
| Variable_name                   | Value                                             |
+---------------------------------+---------------------------------------------------+
| log_bin                         | ON                                                |
| log_bin_basename                | C:\ProgramData\MySQL\MySQL Server 9.2\Data\binlog  |
| log_bin_index                   | C:\ProgramData\MySQL\MySQL Server 9.2\Data\binlog.index |
| log_bin_trust_function_creators | OFF                                               |
| sql_log_bin                     | ON                                                |
+---------------------------------+---------------------------------------------------+
5 rows in set, 1 warning (0.00 sec)

mysql> set global log_bin=off;
ERROR 1238 (HY000): Variable 'log_bin' is a read only variable
```

图 15.6　查看 log_bin 值并设置

二进制日志启用的方法有以下 3 种(见例 15.4～例 15.6),可以使用默认路径、默认文件名,也可以自行指定二进制日志文件的路径和文件名。

【例 15.4】　启用二进制日志功能。日志文件使用默认路径和默认文件名。操作步骤如下。

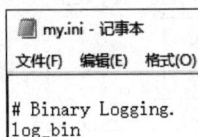

图 15.7　在 my.ini 文件中
增加 log_bin

(1) 修改配置文件 my.ini,如图 15.7 所示,增加 log_bin。

(2) 重启 MySQL 服务,使得修改生效。

(3) 查看 log_bin 的值,如图 15.8 所示。log_bin 为 ON 表示二进制日志功能已启用。从 log_bin_basename 参数值可知二进制日志文件路径默认为数据目录(系统变量为 datadir),二进制日志文件名默认为 hostname_bin。

```
mysql> SHOW VARIABLES LIKE '%log_bin%';
+---------------------------------+---------------------------------------------------------------+
| Variable_name                   | Value                                                         |
+---------------------------------+---------------------------------------------------------------+
| log_bin                         | ON                                                            |
| log_bin_basename                | C:\ProgramData\MySQL\MySQL Server 9.2\Data\LAPTOP-PDN7F5CT-bin |
| log_bin_index                   | C:\ProgramData\MySQL\MySQL Server 9.2\Data\LAPTOP-PDN7F5CT-bin.index |
| log_bin_trust_function_creators | OFF                                                           |
| sql_log_bin                     | ON                                                            |
+---------------------------------+---------------------------------------------------------------+
5 rows in set, 1 warning (0.00 sec)
```

图 15.8　查看 log_bin 值(1)

【例 15.5】　启用二进制日志功能,日志文件使用默认路径,文件名为 binlog。操作步骤如下。

(1) 修改配置文件 my.ini,如图 15.9 所示,增加 log_bin＝binlog。

(2) 重启 MySQL 服务,使得修改生效。

(3) 查看 log_bin 的值,如图 15.10 所示。log_bin 为

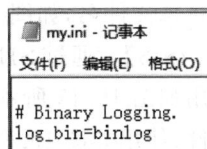

图 15.9　在 my.ini 文件中增加
log_bin＝binlog

ON 表示二进制日志功能已启用,从 log_bin_basename 参数值可知二进制日志文件路径默认为数据目录,二进制日志文件名是配置文件里设置的 binlog。

```
mysql> SHOW VARIABLES LIKE '%log_bin%';
+---------------------------------+------------------------------------------------------+
| Variable_name                   | Value                                                |
+---------------------------------+------------------------------------------------------+
| log_bin                         | ON                                                   |
| log_bin_basename                | C:\ProgramData\MySQL\MySQL Server 9.2\Data\binlog     |
| log_bin_index                   | C:\ProgramData\MySQL\MySQL Server 9.2\Data\binlog.index|
| log_bin_trust_function_creators | OFF                                                  |
| sql_log_bin                     | ON                                                   |
+---------------------------------+------------------------------------------------------+
5 rows in set, 1 warning (0.00 sec)
```

图 15.10　查看 log_bin 值(2)

【例 15.6】　启用二进制日志功能,设置日志文件路径为 C:/ProgramData/MySQL/MySQL Server 9.2,文件名为 binlog。操作步骤如下。

(1) 修改配置文件 my.ini,如图 15.11 所示,增加 log_bin=C:/ProgramData/MySQL/MySQL Server 9.2/binlog。

(2) 重启 MySQL 服务,使得修改生效。

(3) 查看 log_bin 的值,如图 15.12 所示。log_bin 为 ON 表示二进制日志功能已启用。从 log_bin_basename 参数值可知二进制日志文件路径和文件名是配置文件 my.ini 里设置的。

图 15.11　在 my.ini 文件中增加 log_bin 设置

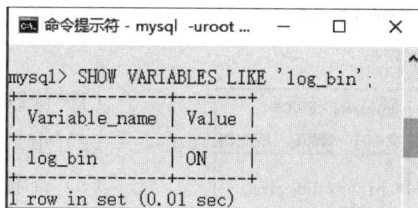

图 15.12　查看 log_bin 值(3)

15.3.3　查看二进制日志

二进制日志文件不像错误日志文件那样只有一个文件,那么如何查看服务器上所有的二进制日志文件? 又如何得知当前正在使用的是哪个文件呢?

【例 15.7】　直接从磁盘文件查看所有二进制日志。

本例中 log_bin 使用默认路径。该文件夹下有 27 个二进制日志文件,文件 LAPTOP-PDN7F5CT-bin.index 是二进制日志索引文件,如图 15.13 所示。该文件中记录了所有二进制日志文件名,如图 15.14 所示。

【例 15.8】　通过 SHOW 语句查看所有二进制日志以及当前二进制日志文件状态。

常用如图 15.15 所示的 SHOW BINARY LOGS 语句查看当前服务器所有的二进制日志文件,使用如图 15.16 所示的 SHOW BINARY LOG STATUS 语句查看当前二进制日志文件状态。

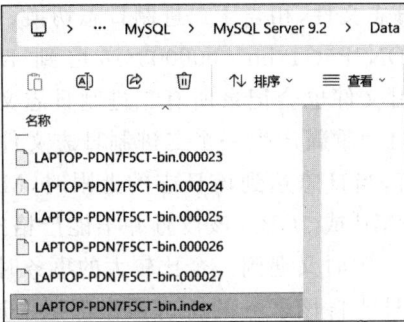

图 15.13　二进制日志索引文件　　　图 15.14　查看二进制日志索引文件内容

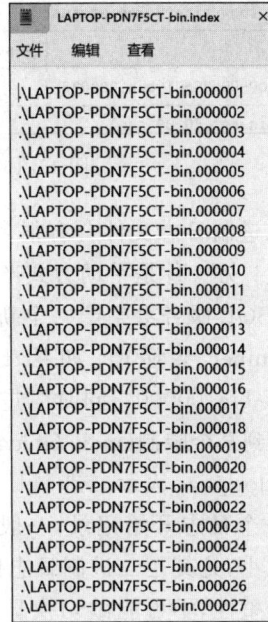

```
mysql> show binary logs;
+--------------------------+-----------+-----------+
| Log_name                 | File_size | Encrypted |
+--------------------------+-----------+-----------+
| LAPTOP-PDN7F5CT-bin.000001 |       181 | No        |
| LAPTOP-PDN7F5CT-bin.000002 |     44860 | No        |
| LAPTOP-PDN7F5CT-bin.000003 |       181 | No        |
| LAPTOP-PDN7F5CT-bin.000004 |       181 | No        |
| LAPTOP-PDN7F5CT-bin.000005 |       181 | No        |
| LAPTOP-PDN7F5CT-bin.000006 |       181 | No        |
| LAPTOP-PDN7F5CT-bin.000007 |     21399 | No        |
| LAPTOP-PDN7F5CT-bin.000008 |     33566 | No        |
| LAPTOP-PDN7F5CT-bin.000009 |       181 | No        |
| LAPTOP-PDN7F5CT-bin.000010 |       181 | No        |
| LAPTOP-PDN7F5CT-bin.000011 |       181 | No        |
| LAPTOP-PDN7F5CT-bin.000012 |       181 | No        |
| LAPTOP-PDN7F5CT-bin.000013 |       181 | No        |
| LAPTOP-PDN7F5CT-bin.000014 |       181 | No        |
| LAPTOP-PDN7F5CT-bin.000015 |       181 | No        |
| LAPTOP-PDN7F5CT-bin.000016 |       181 | No        |
| LAPTOP-PDN7F5CT-bin.000017 |     38399 | No        |
| LAPTOP-PDN7F5CT-bin.000018 |       181 | No        |
| LAPTOP-PDN7F5CT-bin.000019 |       181 | No        |
| LAPTOP-PDN7F5CT-bin.000020 |       181 | No        |
| LAPTOP-PDN7F5CT-bin.000021 |       215 | No        |
| LAPTOP-PDN7F5CT-bin.000022 |       215 | No        |
| LAPTOP-PDN7F5CT-bin.000023 |       181 | No        |
| LAPTOP-PDN7F5CT-bin.000024 |       181 | No        |
| LAPTOP-PDN7F5CT-bin.000025 |       181 | No        |
| LAPTOP-PDN7F5CT-bin.000026 |       181 | No        |
| LAPTOP-PDN7F5CT-bin.000027 |       181 | No        |
| LAPTOP-PDN7F5CT-bin.000028 |       181 | No        |
| LAPTOP-PDN7F5CT-bin.000029 |       661 | No        |
| LAPTOP-PDN7F5CT-bin.000030 |       181 | No        |
| LAPTOP-PDN7F5CT-bin.000031 |       181 | No        |
| LAPTOP-PDN7F5CT-bin.000032 |       181 | No        |
| LAPTOP-PDN7F5CT-bin.000033 |       181 | No        |
| LAPTOP-PDN7F5CT-bin.000034 |       181 | No        |
| LAPTOP-PDN7F5CT-bin.000035 |       158 | No        |
+--------------------------+-----------+-----------+
35 rows in set (0.00 sec)
```

图 15.15　查看所有二进制日志文件

```
mysql> show binary log status;
+---------------------------+----------+--------------+------------------+-------------------+
| File                      | Position | Binlog_Do_DB | Binlog_Ignore_DB | Executed_Gtid_Set |
+---------------------------+----------+--------------+------------------+-------------------+
| LAPTOP-PDN7F5CT-bin.000035 |     158  |              |                  |                   |
+---------------------------+----------+--------------+------------------+-------------------+
1 row in set (0.00 sec)
```

图 15.16　查看当前二进制日志文件状态

既然二进制日志文件会有很多个,那么何时会产生一个新的日志文件呢？一种是系统自动产生;另一种是手动方式产生。系统自动产生新的日志文件也有两种情况:①每次重启 MySQL 服务会生产一个新的二进制日志文件,相当于二进制日志切换,二进制日志文件 number 会递增,如从 LAPTOP-PDN7F5CT-bin. 000003 递增到 LAPTOP-PDN7F5CT-bin. 000004,同时二进制日志索引文件也会记录所有二进制日志文件清单;②当文件达到某个限制(max_binlog_size)时会自动重新产生一个二进制日志文件,系统变量 max_binlog_size 表示二进制日志的最大值,当日志达到该日志的上限时,MySQL 会重新创建一个日志开始记录,一般设置为 512MB 或 1GB。该设置并不能严格控制二进制日志的大小,尤其是二进制日志比较靠近该上限时又遇到一个比较大的事务时,为了保证事务的完整性,不可能做切换日志的动作,只能将该事务的所有操作都记录进当前日志,直到事务结束。

如图 15.17 所示,使用 FLUSH LOGS 语句也会产生一个新的日志文件。首先通过 SHOW BINARY LOG STATUS 语句看到当前二进制日志文件为 LAPTOP-PDN7F5CT-bin. 0000035,执行了 FLUSH LOGS 语句后,可看到当前二进制日志文件递增为 LAPTOP-PDN7F5CT-bin. 0000036。

```
mysql> show binary log status;
+---------------------------+----------+--------------+------------------+-------------------+
| File                      | Position | Binlog_Do_DB | Binlog_Ignore_DB | Executed_Gtid_Set |
+---------------------------+----------+--------------+------------------+-------------------+
| LAPTOP-PDN7F5CT-bin.000035 |     158  |              |                  |                   |
+---------------------------+----------+--------------+------------------+-------------------+
1 row in set (0.00 sec)

mysql> flush logs;
Query OK, 0 rows affected (0.04 sec)

mysql> show binary log status;
+---------------------------+----------+--------------+------------------+-------------------+
| File                      | Position | Binlog_Do_DB | Binlog_Ignore_DB | Executed_Gtid_Set |
+---------------------------+----------+--------------+------------------+-------------------+
| LAPTOP-PDN7F5CT-bin.000036 |     158  |              |                  |                   |
+---------------------------+----------+--------------+------------------+-------------------+
1 row in set (0.00 sec)
```

图 15.17　FLUSH LOGS 语句产生新的二进制日志文件

日志文件是二进制文件,可以存储更多的信息,并且可以使写入效率更高,但不能通过记事本等编辑器直接打开查看(用记事本方式打开是乱码)。MySQL 提供了两种查看方式。在查看二进制日志文件内容之前,我们先对数据库进行一些修改操作,这些修改操作会记录在日志文件中。

【例 15.9】 观察当前日志文件记录位置,对数据库执行修改操作,再次观察当前日志文件记录位置。

操作步骤如图 15. 18 所示。首先使用 SHOW BINARY LOG STATUS 语句查看当前二进制日志文件记录位置(58);其次修改数据库

（在 test 库中创建一个 test 表，插入一条记录）；最后再次查看当前二进制日志文件中记录的位置（620）。

```
mysql> show binary log status;
+-----------------------------+----------+--------------+------------------+-------------------+
| File                        | Position | Binlog_Do_DB | Binlog_Ignore_DB | Executed_Gtid_Set |
+-----------------------------+----------+--------------+------------------+-------------------+
| LAPTOP-PDN7F5CT-bin.000036  | 158      |              |                  |                   |
+-----------------------------+----------+--------------+------------------+-------------------+
1 row in set (0.00 sec)

mysql> create table test.test(id int);
Query OK, 0 rows affected (0.03 sec)

mysql> insert into test.test values(1);
Query OK, 1 row affected (0.01 sec)

mysql> show binary log status;
+-----------------------------+----------+--------------+------------------+-------------------+
| File                        | Position | Binlog_Do_DB | Binlog_Ignore_DB | Executed_Gtid_Set |
+-----------------------------+----------+--------------+------------------+-------------------+
| LAPTOP-PDN7F5CT-bin.000036  | 620      |              |                  |                   |
+-----------------------------+----------+--------------+------------------+-------------------+
1 row in set (0.00 sec)
```

图 15.18　日志文件记录位置变化

二进制日志的记录位置通常为上一个事件执行结束时的位置，每一个日志文件本身也有自己的元数据，所以说对于当前版本的 MySQL 来说二进制的开始位置通常为 120。

【例 15.10】　查看例 15.9 中执行的修改操作产生的二进制日志文件内容。有以下两种方法。

（1）通过 SHOW BINLOG EVENTS IN 语句查看日志文件 LAPTOP-PDN7F5CT-bin. 0000036 的内容，如图 15.19 所示。例 15.9 中执行的所有修改操作都记录在日志文件中了。其中，Log_name 表示此条 log 存在哪个日志文件中；Pos 表示 log 在 bin_log 中的开始位置；Event_type 表示log 类型信息；Server_id 表示 log 是哪台服务器产生的，可以查看配置文件中的 Server_id；End_log_pos 表示 log 在 bin_log 中的结束位置；Info 表示 log 的一些备注信息，可以直观看出进行的操作。SIIOW BINLOG EVENTS IN 语句还可以加上 FROM 子句表示查询某个记录点之后的日志。

```
mysql> SHOW BINLOG EVENTS IN 'LAPTOP-PDN7F5CT-bin.000036';
+----------------------------+-----+----------------+-----------+-------------+-------------------------------------------------+
| Log_name                   | Pos | Event_type     | Server_id | End_log_pos | Info                                            |
+----------------------------+-----+----------------+-----------+-------------+-------------------------------------------------+
| LAPTOP-PDN7F5CT-bin.000036 | 4   | Format_desc    | 1         | 127         | Server ver: 9.2.0, Binlog ver: 4                |
| LAPTOP-PDN7F5CT-bin.000036 | 127 | Previous_gtids | 1         | 158         |                                                 |
| LAPTOP-PDN7F5CT-bin.000036 | 158 | Anonymous_Gtid | 1         | 235         | SET @@SESSION.GTID_NEXT= 'ANONYMOUS'            |
| LAPTOP-PDN7F5CT-bin.000036 | 235 | Query          | 1         | 349         | create table test.test(id int) /* xid=19 */     |
| LAPTOP-PDN7F5CT-bin.000036 | 349 | Anonymous_Gtid | 1         | 428         | SET @@SESSION.GTID_NEXT= 'ANONYMOUS'            |
| LAPTOP-PDN7F5CT-bin.000036 | 428 | Query          | 1         | 499         | BEGIN                                           |
| LAPTOP-PDN7F5CT-bin.000036 | 499 | Table_map      | 1         | 549         | table_id: 90 (test.test)                        |
| LAPTOP-PDN7F5CT-bin.000036 | 549 | Write_rows     | 1         | 589         | table_id: 90 flags: STMT_END_F                  |
| LAPTOP-PDN7F5CT-bin.000036 | 589 | Xid            | 1         | 620         | COMMIT /* xid=20 */                             |
+----------------------------+-----+----------------+-----------+-------------+-------------------------------------------------+
9 rows in set (0.00 sec)

mysql> SHOW BINLOG EVENTS IN 'LAPTOP-PDN7F5CT-bin.000036' from 158;
+----------------------------+-----+----------------+-----------+-------------+-------------------------------------------------+
| Log_name                   | Pos | Event_type     | Server_id | End_log_pos | Info                                            |
+----------------------------+-----+----------------+-----------+-------------+-------------------------------------------------+
| LAPTOP-PDN7F5CT-bin.000036 | 158 | Anonymous_Gtid | 1         | 235         | SET @@SESSION.GTID_NEXT= 'ANONYMOUS'            |
| LAPTOP-PDN7F5CT-bin.000036 | 235 | Query          | 1         | 349         | create table test.test(id int) /* xid=19 */     |
| LAPTOP-PDN7F5CT-bin.000036 | 349 | Anonymous_Gtid | 1         | 428         | SET @@SESSION.GTID_NEXT= 'ANONYMOUS'            |
| LAPTOP-PDN7F5CT-bin.000036 | 428 | Query          | 1         | 499         | BEGIN                                           |
| LAPTOP-PDN7F5CT-bin.000036 | 499 | Table_map      | 1         | 549         | table_id: 90 (test.test)                        |
| LAPTOP-PDN7F5CT-bin.000036 | 549 | Write_rows     | 1         | 589         | table_id: 90 flags: STMT_END_F                  |
| LAPTOP-PDN7F5CT-bin.000036 | 589 | Xid            | 1         | 620         | COMMIT /* xid=20 */                             |
+----------------------------+-----+----------------+-----------+-------------+-------------------------------------------------+
7 rows in set (0.00 sec)
```

图 15.19　SHOW 语句查看日志文件

（2）通过 MySQL 自带的工具 mysqlbinlog 查看日志文件 LAPTOP-PDN7F5CT-bin. 0000036 的内容，如图 15.20 和图 15.21 所示。例 15.9 中执行的所有修改操作都记

录在日志文件中了。

注意：使用 mysqlbinlog 命令时，若日志文件路径中有空格，则必须使用引号。

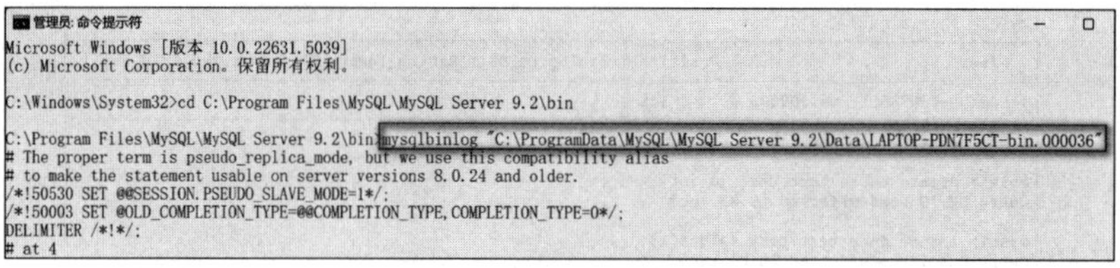

图 15.20   用 mysqlbinlog 命令查看日志内容

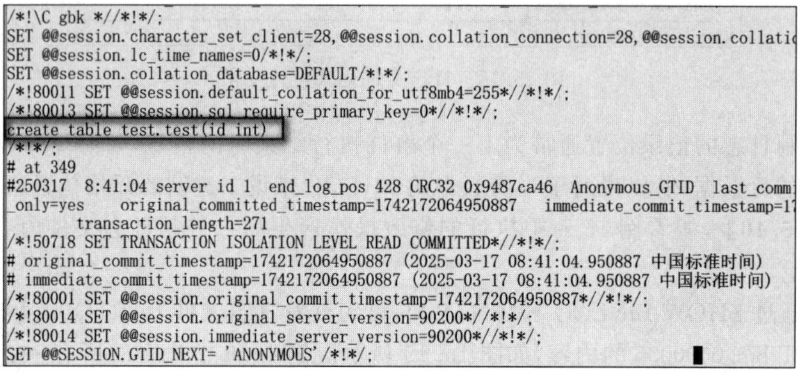

图 15.21   截取日志文件部分内容

当然，mysqlbinlog 还可以添加很多选项，如--start-position 表示开始位置；--stop-position 表示结束位置；--start-datetime"yyyy-mm-dd hh：mm：ss"表示开始时间；--stop-datetime"yyyy-mm-dd hh：mm：ss"表示结束时间。如图 15.22 所示，使用 mysqlbinlog--start-position 120--stop-position 220 命令可以查看记录开始位置和结束位置之间的日志内容。如图 15.23 所示，使用 mysqlbinlog--start-datetime "2025-03-17 08：10：00"命令可以查看从某一时间点开始的日志内容。

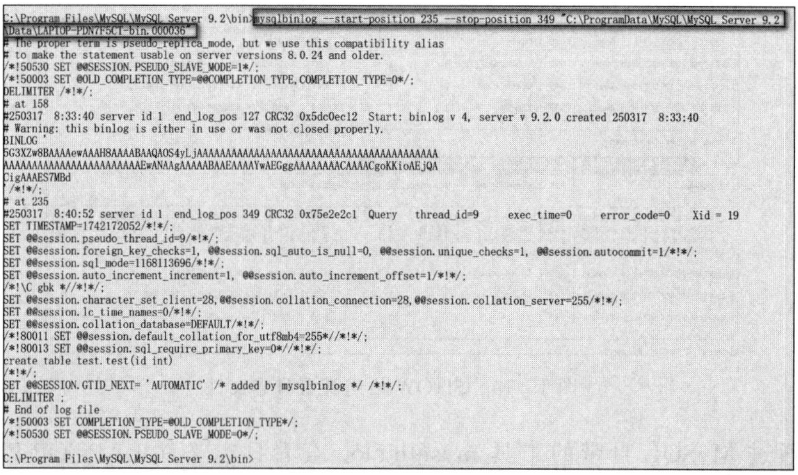

图 15.22   用 mysqlbinlog 命令加 position 选项

```
C:\Program Files\MySQL\MySQL Server 9.2\bin>mysqlbinlog --start-datetime "2025-03-17 08:40:00" "C:\ProgramData\MySQL\MySQL Server 9.2\Data\LAPTOP-PDN7F5CT-bin.000036"
# The proper term is pseudo_replica_mode, but we use this compatibility alias
# to make the statement usable on server versions 8.0.24 and older.
/*!50530 SET @@SESSION.PSEUDO_SLAVE_MODE=1*/;
/*!50003 SET @OLD_COMPLETION_TYPE=@@COMPLETION_TYPE,COMPLETION_TYPE=0*/;
DELIMITER /*!*/;
```

图 15.23　用 mysqlbinlog 命令添加 datetime 选项

15.3.4　删除二进制日志

二进制日志记录的是所有数据定义语言(DDL)和数据操纵语言(DML),包含所有更新了数据或者已经潜在更新了数据的所有语句(其中包含一些无用的信息),如果很长时间不清理二进制日志,将会浪费很多磁盘空间,对于更新频繁的数据库来说更是如此,所以及时清除不必要的二进制日志文件显得尤为重要。但是,删除之后可能导致数据库崩溃时无法进行恢复,所以若要删除二进制日志首先将其和数据库备份一份,其中也只能删除备份前的二进制日志,新产生的日志信息不可删除(可以做即时点还原)。

二进制日志的删除可以通过命令手动删除,也可以设置自动删除。下面通过例子介绍 4 种删除二进制日志的方法。

(1) 使用 PURGE BINARY LOGS TO 语句可以删除某个日志之前的所有二进制日志文件,同时也会修改 index 索引文件中相关数据。

【例 15.11】　删除日志 LAPTOP-PDN7F5CT-bin.000006 之前的所有二进制日志文件。

操作步骤如图 15.24 所示。首先通过 SHOW BINARY LOGS 语句查看当前服务器上所有的二进制日志文件(共 36 个)。然后通过 PURGE BINARY LOGS TO 语句删除 LAPTOP-PDN7F5CT-bin.000006 之前的二进制日志文件。最后再次查看当前服务器所有的二进制日志文件(共 31 个),验证了已删除 LAPTOP-PDN7F5CT-bin.000006 之前的 5 个文件。此时查看二进制索引文件 binlog.index,会发现其内容也随之修改了。

(2) 使用 PURGE BINARY LOGS BEFORE 语句可以删除某个时间点以前的二进制日志文件,同时也会修改 index 索引文件中相关数据。

【例 15.12】　删除 2025-03-16 20:00:00 之前的二进制日志文件。

操作步骤如图 15.25 所示。首先通过 SHOW BINARY LOGS 语句查看当前服务器所有的二进制日志文件(共 31 个)。然后通过 PURGE BINARY LOGS BEFORE 语句删除 2025-03-16 20:00:00 之前的二进制日志文件。最后再次查看当前服务器所有的二进制日志文件(共 3 个),验证了已删除 2025-03-16 20:00:00 之前的文件。此时查看二进制索引文件 binlog.index,会发现其内容也随之修改了。

(3) 通过设置参数 binlog_expire_logs_seconds 来自动清理日志文件,超过此时间(单位为秒)的二进制日志文件将被自动删除。

【例 15.13】　设置 7 天自动删除日志文件。

操作步骤如图 15.26 所示,首先通过 SHOW VARIABLES LIKE 语句查看 binlog_

333

```
36 rows in set (0.00 sec)

mysql> PURGE BINARY LOGS TO 'LAPTOP-PDN7F5CT-bin.000006';
Query OK, 0 rows affected (0.01 sec)

mysql> SHOW BINARY LOGS;
+----------------------------+-----------+-----------+
| Log_name                   | File_size | Encrypted |
+----------------------------+-----------+-----------+
| LAPTOP-PDN7F5CT-bin.000006 |       181 | No        |
| LAPTOP-PDN7F5CT-bin.000007 |     21399 | No        |
| LAPTOP-PDN7F5CT-bin.000008 |     33566 | No        |
| LAPTOP-PDN7F5CT-bin.000009 |       181 | No        |
| LAPTOP-PDN7F5CT-bin.000010 |       181 | No        |
| LAPTOP-PDN7F5CT-bin.000011 |       181 | No        |
| LAPTOP-PDN7F5CT-bin.000012 |       181 | No        |
| LAPTOP-PDN7F5CT-bin.000013 |       181 | No        |
| LAPTOP-PDN7F5CT-bin.000014 |       181 | No        |
| LAPTOP-PDN7F5CT-bin.000015 |       181 | No        |
| LAPTOP-PDN7F5CT-bin.000016 |       181 | No        |
| LAPTOP-PDN7F5CT-bin.000017 |     38399 | No        |
| LAPTOP-PDN7F5CT-bin.000018 |       181 | No        |
| LAPTOP-PDN7F5CT-bin.000019 |       181 | No        |
| LAPTOP-PDN7F5CT-bin.000020 |       181 | No        |
| LAPTOP-PDN7F5CT-bin.000021 |       215 | No        |
| LAPTOP-PDN7F5CT-bin.000022 |       215 | No        |
| LAPTOP-PDN7F5CT-bin.000023 |       181 | No        |
| LAPTOP-PDN7F5CT-bin.000024 |       181 | No        |
| LAPTOP-PDN7F5CT-bin.000025 |       181 | No        |
| LAPTOP-PDN7F5CT-bin.000026 |       181 | No        |
| LAPTOP-PDN7F5CT-bin.000027 |       181 | No        |
| LAPTOP-PDN7F5CT-bin.000028 |       181 | No        |
| LAPTOP-PDN7F5CT-bin.000029 |       661 | No        |
| LAPTOP-PDN7F5CT-bin.000030 |       181 | No        |
| LAPTOP-PDN7F5CT-bin.000031 |       181 | No        |
| LAPTOP-PDN7F5CT-bin.000032 |       181 | No        |
| LAPTOP-PDN7F5CT-bin.000033 |       181 | No        |
| LAPTOP-PDN7F5CT-bin.000034 |       181 | No        |
| LAPTOP-PDN7F5CT-bin.000035 |       215 | No        |
| LAPTOP-PDN7F5CT-bin.000036 |       620 | No        |
+----------------------------+-----------+-----------+
31 rows in set (0.00 sec)
```

图 15.24　删除某个日志之前的所有日志文件

```
31 rows in set (0.00 sec)

mysql> PURGE BINARY LOGS BEFORE '2025-03-16 20:00:00';
Query OK, 0 rows affected (0.01 sec)

mysql> SHOW BINARY LOGS;
+----------------------------+-----------+-----------+
| Log_name                   | File_size | Encrypted |
+----------------------------+-----------+-----------+
| LAPTOP-PDN7F5CT-bin.000034 |       181 | No        |
| LAPTOP-PDN7F5CT-bin.000035 |       215 | No        |
| LAPTOP-PDN7F5CT-bin.000036 |       620 | No        |
+----------------------------+-----------+-----------+
3 rows in set (0.00 sec)
```

图 15.25　删除某个时间点之前的日志文件

```
mysql> show variables like '%expire%';
+----------------------------------+---------+
| Variable_name                    | Value   |
+----------------------------------+---------+
| binlog_expire_logs_auto_purge    | ON      |
| binlog_expire_logs_seconds       | 2592000 |
| disconnect_on_expired_password   | ON      |
+----------------------------------+---------+
3 rows in set, 1 warning (0.00 sec)

mysql> set global binlog_expire_logs_seconds=604800;
Query OK, 0 rows affected (0.00 sec)

mysql> show variables like '%expire%';
+----------------------------------+--------+
| Variable_name                    | Value  |
+----------------------------------+--------+
| binlog_expire_logs_auto_purge    | ON     |
| binlog_expire_logs_seconds       | 604800 |
| disconnect_on_expired_password   | ON     |
+----------------------------------+--------+
3 rows in set, 1 warning (0.00 sec)
```

图 15.26　设置 7 天后自动删除日志文件

expire_logs_seconds 参数的值,值为 2592000(单位为秒)表示默认保留 30 天。然后通过 SET GLOBAL 语句设置参数 binlog_expire_logs_seconds 为 604800(单位为秒),表示超过 7 天的日志文件会被自动删除。注意该参数是全局变量,所以需要加 GLOBAL 关键字,最后再次查看 binlog_expire_logs_seconds 参数的值,验证参数已设置成功。

（4）使用 RESET 语句清除所有二进制日志文件。必须慎重使用此操作。删除所有二进制日志文件后，MySQL 会重新创建新的二进制日志，新的日志编号从 000001 开始。

【例 15.14】 删除所有二进制日志文件。

操作步骤如图 15.27 所示。首先通过 SHOW BINARY LOGS 语句查看当前服务器所有的二进制日志文件（3 个），然后通过 RESET BINARY LOGS AND GTIDS TO 语句删除所有二进制日志文件并指定新的日志文件编号，最后再次查看当前服务器所有的二进制日志文件，发现创建了新的二进制日志且编号从 000001 开始。

```
mysql> SHOW BINARY LOGS;
+---------------------------+-----------+-----------+
| Log_name                  | File_size | Encrypted |
+---------------------------+-----------+-----------+
| LAPTOP-PDN7F5CT-bin.000034 |       181 | No        |
| LAPTOP-PDN7F5CT-bin.000035 |       215 | No        |
| LAPTOP-PDN7F5CT-bin.000036 |       620 | No        |
+---------------------------+-----------+-----------+
3 rows in set (0.00 sec)

mysql> RESET BINARY LOGS AND GTIDS TO 1;
Query OK, 0 rows affected (0.03 sec)

mysql> SHOW BINARY LOGS;
+---------------------------+-----------+-----------+
| Log_name                  | File_size | Encrypted |
+---------------------------+-----------+-----------+
| LAPTOP-PDN7F5CT-bin.000001 |       158 | No        |
+---------------------------+-----------+-----------+
1 row in set (0.00 sec)
```

图 15.27 删除所有日志文件

15.3.5 使用二进制日志还原数据库

二进制日志记录着 MySQL 所有事件操作（数据的更改事件），所以当数据库存在故障时，能够利用日志文件最大可能地还原数据库。基于日志文件的恢复大致可分为 3 种：完全恢复、基于时间点恢复和基于位置恢复。

（1）完全恢复。由于数据库出现故障，数据无法访问，需要还原数据，那么就可以使用 mysql 命令还原数据库：

mysql - uroot - p < C:\LAPTOP-PDH7F5CT-bin.000001

这里假设日志文件是 C:\LAPTOP-PDHTF5CT-bin.000001。

（2）基于时间点恢复。例如，误操作删除了一个表，这时使用完全恢复是不行的，因为日志里面还存在误操作的 SQL 语句，此时需要恢复到误操作前的状态，然后跳过误操作的语句，再恢复后面操作的语句。假设误操作发生在 2025-03-17 10:00 这个时间点，则可以使用 mysqlbinlog 命令恢复到误操作之前。

mysqlbinlog -- stop - datetime = "2025 - 03 - 17 09:59:59" "C:\ProgramData\MySQL\MySQL Server 9.2\data\LAPTOP-PDH7F5CT-bin.000001" | mysql - uroot - p

然后跳过误操作的时间点,继续执行后面的日志。

```
mysqlbinlog -- start - datetime = "2025 - 03 - 17 10:01:00" "C:\ProgramData\MySQL\MySQL
Server 9.2\data\LAPTOP-PDH7F5CT-bin.000001"|mysql - uroot - p
```

其中,--stop-datetime="2025-03-17 09:59:59"和--start-datetime="2025-03-17 10:01:00"是 2 个关键的时间点。但是这里存在一个非常严重的问题,如果这个时间点涉及的不只是误操作,那么正确的操作将被跳过去。

(3) 基于位置恢复。基于时间点恢复可能出现这样的问题:在一个时间点里面可能存在误操作和其他正确的操作。所以需要更为精确的恢复方式——基于位置恢复。

【例 15.15】 利用二进制日志还原数据。操作步骤如下。

(1) 模拟数据环境及误操作。如图 15.28 所示,为了更好地查看日志文件内容,先执行 FLUSH LOGS 语句生成新的日志文件。然后准备数据:创建 test 表并且向表中插入一条记录。最后执行误操作 DELETE 语句删除 test 表的数据。

图 15.28　模拟数据环境及误操作

(2) 查看日志文件。可以使用 mysqlbinlog 命令直接在命令提示符中查看日志文件内容,若文件内容太多,也可以如图 15.29 所示,将日志文件生成文本文件。

图 15.29　将日志文件生成文本文件

如图 15.30 所示,查看文本文件,找到误操作的记录位置。注意开始位置要在 CREATE TABLE 语句之后(误操作只是删除数据并没有删除表,如果恢复操作从一开始进行，那么会重复创建表，导致恢复失败），结束位置要在误操作 DELETE 语句之前。

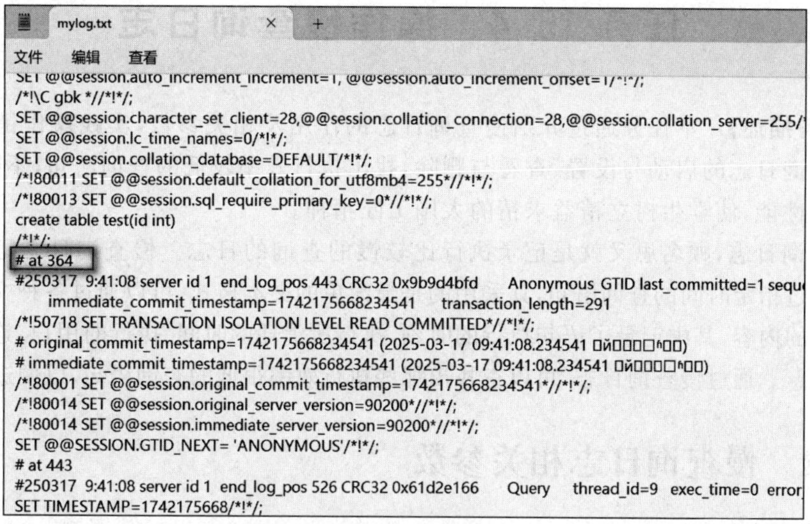

```
mylog.txt
文件　编辑　查看
SET @@session.auto_increment_increment=1, @@session.auto_increment_offset=1/*!*/;
/*!\C gbk *//*!*/;
SET @@session.character_set_client=28,@@session.collation_connection=28,@@session.collation_server=255/
SET @@session.lc_time_names=0/*!*/;
SET @@session.collation_database=DEFAULT/*!*/;
/*!80011 SET @@session.default_collation_for_utf8mb4=255*//*!*/;
/*!80013 SET @@session.sql_require_primary_key=0*//*!*/;
create table test(id int)
/*!*/;
# at 364
#250317  9:41:08 server id 1  end_log_pos 443 CRC32 0x9b9d4bfd     Anonymous_GTID last_committed=1 sequ
     immediate_commit_timestamp=1742175668234541     transaction_length=291
/*!50718 SET TRANSACTION ISOLATION LEVEL READ COMMITTED*//*!*/;
# original_commit_timestamp=1742175668234541 (2025-03-17 09:41:08.234541 □й□□□□ʰ□□)
# immediate_commit_timestamp=1742175668234541 (2025-03-17 09:41:08.234541 □й□□□□ʰ□□)
/*!80001 SET @@session.original_commit_timestamp=1742175668234541*//*!*/;
/*!80014 SET @@session.original_server_version=90200*//*!*/;
/*!80014 SET @@session.immediate_server_version=90200*//*!*/;
SET @@SESSION.GTID_NEXT= 'ANONYMOUS'/*!*/;
# at 443
#250317  9:41:08 server id 1  end_log_pos 526 CRC32 0x61d2e166     Query     thread_id=9   exec_time=0   error
SET TIMESTAMP=1742175668/*!*/;
```

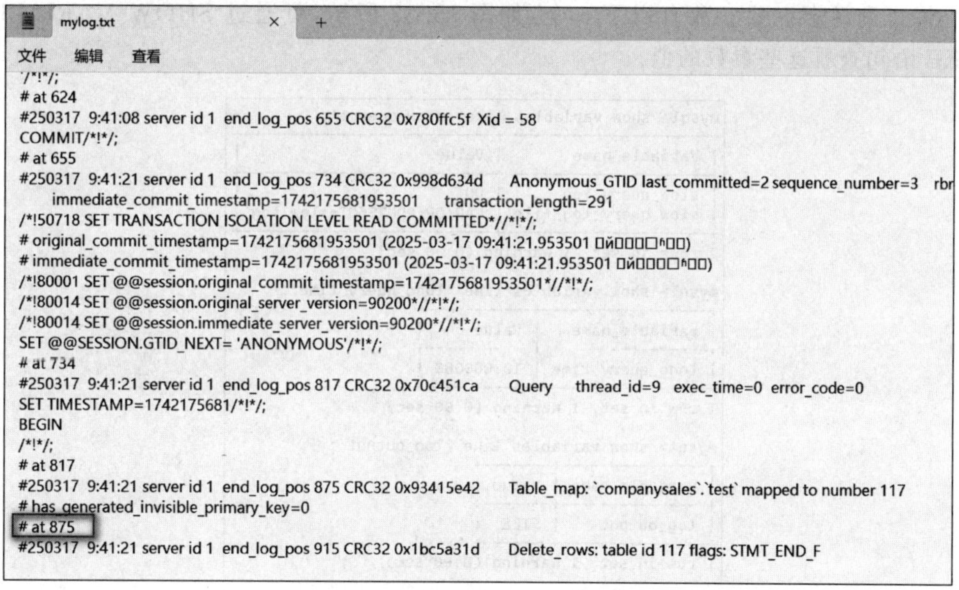

```
mylog.txt
文件　编辑　查看
/*!*/;
# at 624
#250317  9:41:08 server id 1  end_log_pos 655 CRC32 0x780ffc5f  Xid = 58
COMMIT/*!*/;
# at 655
#250317  9:41:21 server id 1  end_log_pos 734 CRC32 0x998d634d     Anonymous_GTID last_committed=2 sequence_number=3  rbr
     immediate_commit_timestamp=1742175681953501     transaction_length=291
/*!50718 SET TRANSACTION ISOLATION LEVEL READ COMMITTED*//*!*/;
# original_commit_timestamp=1742175681953501 (2025-03-17 09:41:21.953501 □й□□□□ʰ□□)
# immediate_commit_timestamp=1742175681953501 (2025-03-17 09:41:21.953501 □й□□□□ʰ□□)
/*!80001 SET @@session.original_commit_timestamp=1742175681953501*//*!*/;
/*!80014 SET @@session.original_server_version=90200*//*!*/;
/*!80014 SET @@session.immediate_server_version=90200*//*!*/;
SET @@SESSION.GTID_NEXT= 'ANONYMOUS'/*!*/;
# at 734
#250317  9:41:21 server id 1  end_log_pos 817 CRC32 0x70c451ca     Query     thread_id=9   exec_time=0   error_code=0
SET TIMESTAMP=1742175681/*!*/;
BEGIN
/*!*/;
# at 817
#250317  9:41:21 server id 1  end_log_pos 875 CRC32 0x93415e42     Table_map: `companysales`.`test` mapped to number 117
# has_generated_invisible_primary_key=0
# at 875
#250317  9:41:21 server id 1  end_log_pos 915 CRC32 0x1bc5a31d     Delete_rows: table id 117 flags: STMT_END_F
```

图 15.30　查看误操作的记录位置

（3）基于位置恢复数据。如图 15.31 所示，根据分析日志文件找到的误操作前后的位置，使用 mysqlbinlog 命令执行基于位置恢复数据，注意日志文件路径若有空格，需要加引号。最后可以查看 test 表数据验证恢复成功。

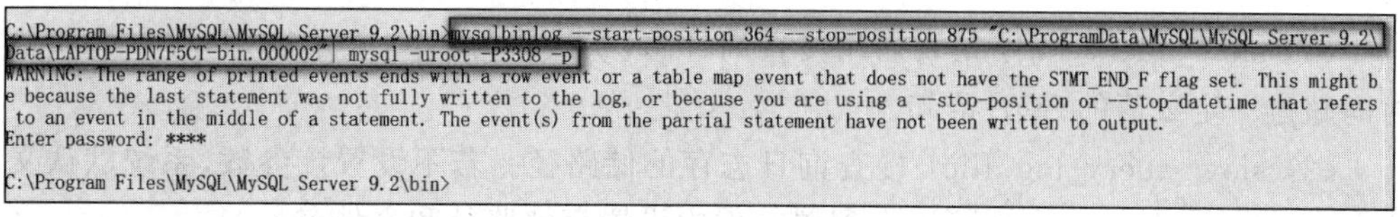

```
C:\Program Files\MySQL\MySQL Server 9.2\bin>mysqlbinlog --start-position 364 --stop-position 875 "C:\ProgramData\MySQL\MySQL Server 9.2\Data\LAPTOP-PDN7F5CT-bin.000002" | mysql -uroot -P3308 -p
WARNING: The range of printed events ends with a row event or a table map event that does not have the STMT_END_F flag set. This might be because the last statement was not fully written to the log, or because you are using a --stop-position or --stop-datetime that refers to an event in the middle of a statement. The event(s) from the partial statement have not been written to output.
Enter password: ****

C:\Program Files\MySQL\MySQL Server 9.2\bin>
```

图 15.31　基于位置恢复数据

任务 15.4　操作慢查询日志

【任务描述】　本任务通过介绍慢查询日志的作用及相关参数,实践操作销售管理数据库慢查询日志的启动与设置、查看与删除,找出执行效率较低的查询语句,不断优化、提升数据库性能,使学生树立精益求精的大国工匠精神。

慢查询日志,顾名思义就是记录执行比较慢的查询的日志。慢查询日志记录的是执行时间超过指定时间的查询语句,其采用的是最简单的文本格式,可以通过各种文本编辑器查询其中的内容,其中记录了语句执行的时刻、执行所消耗的时间、执行的用户、连接的主机等相关信息。通过慢查询日志,可以查找出那些执行效率很低的查询语句,以便进行优化。

15.4.1　慢查询日志相关参数

慢查询日志主要参数有以下 5 个,如图 15.32 所示,可通过 SHOW VARIABLES LIKE 语句查看这些参数的值。

```
mysql> show variables like 'slow_query%';
+---------------------+----------------------------+
| Variable_name       | Value                      |
+---------------------+----------------------------+
| slow_query_log      | ON                         |
| slow_query_log_file | LAPTOP-PDN7F5CT-slow.log   |
+---------------------+----------------------------+
2 rows in set, 1 warning (0.00 sec)

mysql> show variables like 'long_query_time';
+-----------------+-----------+
| Variable_name   | Value     |
+-----------------+-----------+
| long_query_time | 10.000000 |
+-----------------+-----------+
1 row in set, 1 warning (0.00 sec)

mysql> show variables like 'log_output';
+---------------+-------+
| Variable_name | Value |
+---------------+-------+
| log_output    | FILE  |
+---------------+-------+
1 row in set, 1 warning (0.00 sec)

mysql> show variables like 'log_queries%';
+-------------------------------+-------+
| Variable_name                 | Value |
+-------------------------------+-------+
| log_queries_not_using_indexes | OFF   |
+-------------------------------+-------+
1 row in set, 1 warning (0.00 sec)
```

图 15.32　慢查询日志相关参数

(1) slow_query_log:是否启用慢查询日志,默认值为 ON,表示启用,可以捕获执行时间超过一定数值的 SQL 语句。

(2) slow_query_log_file:慢查询日志存的储路径。若不设置该参数,系统默认文件为 host_name-slow.log,也可以在配置文件中设置存储路径和文件名。

（3）long_query_time：慢查询阈值（默认是 10 秒），当查询时间大于设定的阈值时，会记录在慢查询日志中，按照具体业务情况，一般设置为 1，单位是秒。

（4）log_queries_not_using_indexes：设置为 ON，可以捕获所有未使用索引的 SQL 语句，尽管这个 SQL 语句有可能执行得很快。

（5）log_output：日志存储方式，默认值是 FILE，表示将日志存入文件。若设置为 TABLE，表示将日志存入数据库，这样日志信息就会被写入 mysql.slow_log 表中。建议写到文件中，以方便查看分析。

15.4.2　启用和设置慢查询日志

启用慢查询日志的方法有以下两种（见例 15.16 和例 15.17），设置时可以使用默认路径、默认文件名，也可以自行设置指定慢查询日志文件的路径和文件名。

1. SET 语句

【例 15.16】　开启慢查询日志，并设置慢查询日志阈值为 1 秒。

使用 SET 语句启用慢查询日志的操作步骤如图 15.33 所示。首先执行 SHOW 语句查看慢查询日志 slow_query_log 参数的值，值为 OFF 表示关闭。通过 SET GLOBAL 语句启用慢查询日志，注意，slow_query_log 是全局变量，必须使用 GLOBAL 才能设置。最后通过 SHOW 语句查看该参数，验证 SET 语句设置成功。

使用 SET 语句设置慢查询日志阈值的操作步骤如图 15.34 所示。首先执行 SHOW 语句查看阈值参数 long_query_time 的值，值为 10 表示执行超过 10 秒的查询会被记录到慢查询日志。然后通过 SET GLOBAL 语句设置 long_query_time 为 1，注意要加 GLOBAL。另外还需要注意，使用 SET GLOBAL 语句修改后，需要重新连接或新开一个

```
mysql> show variables like 'slow_query_log';
+----------------+-------+
| Variable_name  | Value |
+----------------+-------+
| slow_query_log | OFF   |
+----------------+-------+
1 row in set, 1 warning (0.00 sec)

mysql> set global slow_query_log=1;
Query OK, 0 rows affected (0.01 sec)

mysql> show variables like 'slow_query_log';
+----------------+-------+
| Variable_name  | Value |
+----------------+-------+
| slow_query_log | ON    |
+----------------+-------+
1 row in set, 1 warning (0.00 sec)
```

图 15.33　使用 SET 语句启用慢查询日志

```
mysql> show variables like 'long_query_time';
+-----------------+-----------+
| Variable_name   | Value     |
+-----------------+-----------+
| long_query_time | 10.000000 |
+-----------------+-----------+
1 row in set, 1 warning (0.00 sec)

mysql> set global long_query_time=1;
Query OK, 0 rows affected (0.00 sec)

mysql> show variables like 'long_query_time';
+-----------------+-----------+
| Variable_name   | Value     |
+-----------------+-----------+
| long_query_time | 10.000000 |
+-----------------+-----------+
1 row in set, 1 warning (0.00 sec)

mysql> show global variables like 'long_query_time';
+-----------------+----------+
| Variable_name   | Value    |
+-----------------+----------+
| long_query_time | 1.000000 |
+-----------------+----------+
1 row in set, 1 warning (0.00 sec)
```

图 15.34　使用 SET 语句设置慢查询日志阈值

会话才能看到修改值。用 SHOW VARIABLES LIKE 'long_query_time'语句查看的是当前会话的变量值。也可以不用重新连接会话，可以使用 SHOW GLOBAL VARIABLES LIKE 'long_query_time'语句。

2. 配置文件 my. ini

【例 15.17】 启用慢查询日志，并设置慢查询日志阈值为 2 秒，慢查询日志使用默认路径且文件名为 slowlog. log。

操作步骤如图 15.35 所示。修改配置文件 my. ini，设置 slow_query_log＝1，表示启用慢查询日志。设置 slow_query_log_file＝"slowlog. log"，表示慢查询日志文件名为 slowlog. log，使用默认路径（系统变量 datadir）。设置 long_query_time＝2，表示慢查询日志阈值为 2 秒，也就是执行超过 2 秒的查询会被记录到慢查询日志。

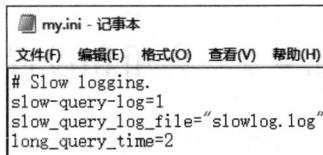

```
# Slow logging.
slow-query-log=1
slow_query_log_file="slowlog.log"
long_query_time=2
```

图 15.35 在配置文件 my. ini 中设置慢查询日志

注意：用 slow_query_log_file 参数设置文件名的同时也可以指定路径，当然也可以不设置该参数，表示使用默认路径（系统变量 datadir）和默认文件名（host_name-slow. log）。

15.4.3 查看慢查询日志

开启了慢查询日志后，什么样的 SQL 才会记录到慢查询日志里面呢？这个是由参数 long_query_time 控制的，执行时间大于 long_query_time 的查询会被记录到慢查询日志中。那么该如何查看慢查询日志文件，找到那些执行时间长的语句呢？

1. 用文本编辑器直接打开查看

【例 15.18】 执行 2 条语句，一条语句执行时间小于 long_query_time，一条语句执行时间大于 long_query_time，然后查看慢查询日志记录了哪些语句。

例 15.17 中已经设置了 long_query_time＝2 秒，因此使用 SELECT SLEEP(1)这样的语句来模拟慢查询。如图 15.36 所示，分别执行 2 条 SELECT 语句，第 1 条语句执行时间为 1.5 秒，第 2 条语句执行时间为 2.5 秒。慢查询日志文件采用的是文本格式，因此

```
mysql> select sleep(1.5);
+-----------+
| sleep(1.5) |
+-----------+
|         0 |
+-----------+
1 row in set (1.51 sec)

mysql> select sleep(2.5);
+-----------+
| sleep(2.5) |
+-----------+
|         0 |
+-----------+
1 row in set (2.51 sec)
```

图 15.36 模拟慢查询

可直接用文本编辑器打开,如图 15.37 所示。慢查询日志 slowlog.log 文件中只记录了第2 条 SQL,也就是它记录的是执行时间大于 long_query_time 的语句。

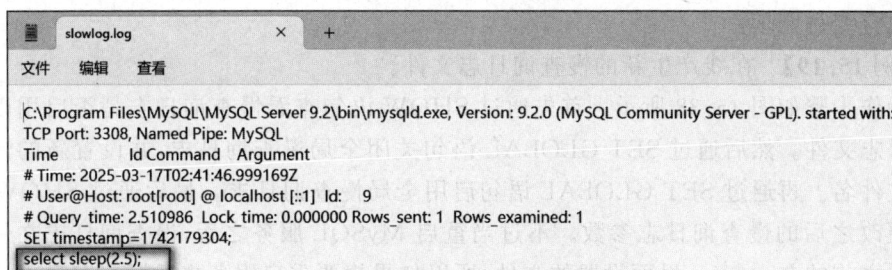

图 15.37　用文本编辑器查看慢查询日志

2. 使用 mysqldumpslow 命令

生产环境中查询语句比较多,如果要手动分析日志,查找 SQL,显然比较麻烦。MySQL提供了日志分析工具 mysqldumpslow。Linux 用户可以直接使用 mysqldumpslow 命令查看,可以用 mysqldumpslow--help 查看帮助消息,了解各选项的含义。例如,要得到返回记录集最多的 10 个 SQL,命令如下。

```
mysqldumpslow - s r - t 10"C:\ProgramData\MySQL\MySQL Server 9.2\data\slowlog.log "
```

Windows 用户要执行 mysqldumpslow 需要安装 ActivePerl,因为这是一个 Perl 脚本,需要安装 ActivePerl 才能执行。可以执行 perl mysqldumpslow.pl-help 查看帮助信息,了解各选项的含义。

3. 使用第三方工具

(1) percona-toolkit。percona-toolkit 是一组高级命令行工具的集合,用来执行各种非常复杂和麻烦的 MySQL 与系统任务。

(2) pt-query-digest。pt-query-digest 可以从普通的 MySQL 日志、慢查询日志以及二进制日志中分析查询,甚至可以通过 SHOW PROCESSLIST 和基于 MySQL 协议的tcpdump 进行分析。可以把分析结果输出到文件,分析过程是先对查询语句的条件进行参数化,然后对参数化以后的查询进行分组统计,统计出各查询的执行时间、次数、占比等,可以借助分析结果找出问题进行优化。

另外,DBA 在优化数据库检查 SQL 语句的执行效率时,除了查看慢查询日志之外,还通过 SHOW PROCESSLIST 语句显示哪些 SQL 正在运行,通过在 SELECT 语句前加上 EXPLAIN 来了解 SQL 执行状态,EXPLAIN 显示了 MySQL 如何使用索引来处理SELECT 语句以及连接表。

15.4.4　删除慢查询日志

慢查询日志文件中记录了所有执行时间大于 long_query_time 的慢查询记录,每一条记录都是以 Time:开头的。日志记录了登入信息、查询所花的时间、返回的行数、扫描的记录数、执行的语句等。如果慢查询记录非常多,时间很久没有清理,那么分析慢查询日志也会变得麻烦。

【例 15.19】 在线产生新的慢查询日志文件。

操作步骤如图 15.38 所示。首先通过 SHOW 语句查看慢查询日志是否启用以及慢查询日志文件。然后通过 SET GLOBAL 语句关闭全局慢查询日志,并设置新的慢查询日志文件名。再通过 SET GLOBAL 语句启用全局慢查询日志。最后通过 SHOW 语句验证更改之后的慢查询日志参数。不过当重启 MySQL 服务之后,慢查询日志文件会重新变成之前的在 my.ini 里面设置的文件,所以如果想要重启服务之后慢查询日志文件还是刚才设置的新的文件,就需要在修改全局设置的同时再修改 my.ini 文件,这样就能保证重启之后文件还是之前修改过的文件。

图 15.38　产生新的慢查询日志

任务 15.5　操作通用查询日志

【任务描述】 本任务通过介绍通用查询日志的作用及相关参数,实践操作销售管理数据库通用查询日志的启动与设置、查看与删除,使用户能够根据实际需求和系统性能,选择开启或关闭日志。

通用查询日志简称查询日志,记录的是服务器接收的每一个查询或是命令,无论这些查询或是命令是否正确甚至是否包含语法错误,通用查询日志都会将其记录下来,记录的格式如下。

{Time,Id,Command,Argument}

也正因为 MySQL 服务器需要不断地记录日志,启用通用查询日志会产生不小的系统开销,所以建议关闭通用查询日志。

15.5.1　通用查询日志相关参数

通用查询日志主要参数有以下两个,如图 15.39 所示,可通过 SHOW VARIABLES LIKE 语句查看这些参数的值。

```
mysql> SHOW VARIABLES LIKE 'general_log%';
+------------------+---------------------+
| Variable_name    | Value               |
+------------------+---------------------+
| general_log      | OFF                 |
| general_log_file | LAPTOP-PDN7F5CT.log |
+------------------+---------------------+
2 rows in set, 1 warning (0.00 sec)
```

图 15.39　通用查询日志相关参数

(1) general_log 表示是否启用通用查询日志,OFF 表示关闭,ON 表示开启。

(2) general_log_file 表示通用查询日志存储路径。若不设置该参数,默认文件为 host_name.log,也可以在配置文件中设置存储路径和文件名。

15.5.2　启动和设置通用查询日志

慢查询日志可以定位一些有性能问题的 SQL 语句,而通用查询日志会记录所有的 SQL 语句。出于性能方面的考虑,一般不会启用通用查询日志。

通用查询日志启用的方法有以下两种(见例 15.20 和例 15.21),设置时可以使用默认路径、默认文件名,也可以自行指定通用查询日志文件的路径和文件名。

1. SET 语句

【例 15.20】　启用通用查询日志,并设置通用查询日志文件名为 generallog.log,使用默认路径。

使用 SET 语句启用通用查询日志的操作步骤如图 15.40 所示。首先执行 SHOW 语句查看通用查询日志 general_log 参数的值,值为 OFF 表示关闭。通过 SET GLOBAL 语句启用通用查询日志,注意,general_log 是全局变量,必须使用 GLOBAL 才能设置。再通过 SET GLOBAL 语句设置通用查询日志文件名为 generallog.log。最后通过 SHOW 语句查看该参数,验证 SET 语句是否设置成功。

使用 SET 语句设置的全局变量,当重启 MySQL 服务之后,会重新变成之前在 my.ini 里面设置的值,所以如果想要重启服务之后还是刚才设置的值,就需要在修改全局变量的同时再修改 my.ini 文件。

2. 修改 my.ini 文件

如图 15.41 所示,通过修改配置文件来完成例 15.20。设置 general_log＝1,表示启

343

```
mysql> SHOW VARIABLES LIKE 'general_log%';
+------------------+----------------------+
| Variable_name    | Value                |
+------------------+----------------------+
| general_log      | OFF                  |
| general_log_file | LAPTOP-PDN7F5CT.log  |
+------------------+----------------------+
2 rows in set, 1 warning (0.00 sec)

mysql> set global general_log=1;
Query OK, 0 rows affected (0.00 sec)

mysql> set global general_log_file="generallog.log";
Query OK, 0 rows affected (0.00 sec)

mysql> SHOW VARIABLES LIKE 'general_log%';
+------------------+----------------+
| Variable_name    | Value          |
+------------------+----------------+
| general_log      | ON             |
| general_log_file | generallog.log |
+------------------+----------------+
2 rows in set, 1 warning (0.00 sec)
```

图 15.40　使用 SET 语句启用通用查询日志

用通用查询日志。设置 general_log_file＝"generallog.log"，表示通用查询日志文件名为 generallog.log，使用默认路径(系统变量 datadir)。

```
my.ini - 记事本
文件(F)  编辑(E)  格式(O)  查看(V)  帮助(H)
# General logging.
general-log=1
general_log_file="generallog.log"
```

图 15.41　修改 my.ini 文件启用通用查询日志

注意：设置 general_log_file 参数时，可以同时指定文件名和路径，当然也可以不设置该参数，表示使用默认路径(系统变量 datadir)和默认文件名(host_name.log)。

15.5.3　查看和删除通用查询日志

默认通用查询日志保存路径是 C:\ProgramData\MySQL\MySQL Server 9.2\data，图 15.42 所示是通用查询日志文件部分内容。通用查询日志以文本文件的形式存储，可以使用文本编辑器直接打开查看。

由于通用查询日志会记录用户的所有操作，其中还包含增、删、查、改等信息，在并发操作大的环境下会产生大量的信息从而导致不必要的磁盘 I/O，影响 MySQL 的性能。如果不是为了调试数据库，建议不要启用通用查询日志。而且通用查询日志也会占用非常大的磁盘空间，需要及时清理。如果通用查询日志是关闭的，可以直接归档或删除旧的通用查询日志文件；如果是启用的，可以参照删除慢查询日志的方式，先用 SET GLOBAL 语句动态关闭通用查询日志和修改通用查询日志文件名，再动态启用通用查询日志，此时就可以归档或删除旧的通用查询日志文件。

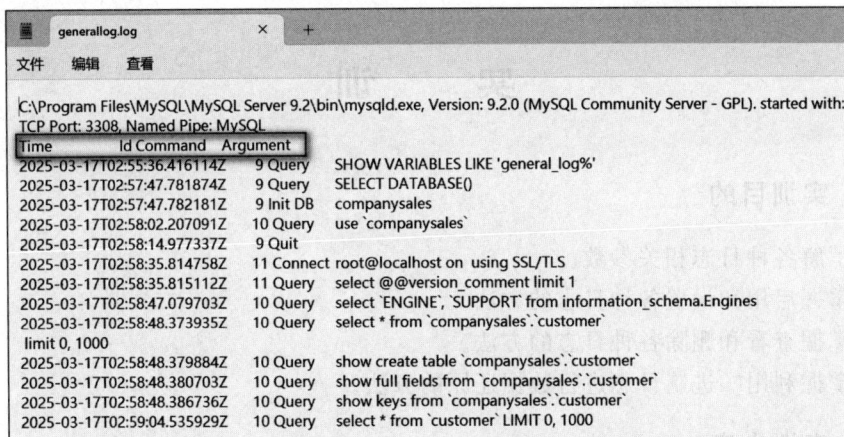

图 15.42　使用文本编辑器查看通用查询日志

习　　题

一、选择题

1. MySQL 中的日志类型有（　　）。
   A. 错误日志
   B. 二进制日志
   C. 慢查询日志
   D. 通用查询日志
2. 当误操作删除数据时，可以利用（　　）日志进行数据恢复。
   A. 错误
   B. 二进制
   C. 慢查询
   D. 通用查询
3. 如果 MySQL 启动异常，应该查看（　　）日志文件。
   A. 错误
   B. 二进制
   C. 慢查询
   D. 通用查询
4. 如果要查看某段时期内数据库的所有访问情况，可以查看（　　）日志文件。
   A. 错误
   B. 二进制
   C. 慢查询
   D. 通用查询
5. 为了提升优化数据库性能，可以查看（　　）日志文件来找到执行较慢的语句。
   A. 错误
   B. 二进制
   C. 慢查询
   D. 通用查询

二、思考题

1. MySQL 的主要日志有哪些？作用分别是什么？
2. MySQL 的错误日志默认是启用的吗？能够成功关闭错误日志吗？如何设置错误日志存储路径和自定义文件名？
3. 如何查看和归档错误日志文件？
4. 二进制日志相关参数主要有哪些？二进制日志保存的是哪些信息？可以动态打开或关闭二进制日志吗？
5. 慢查询日志的作用是什么？如何查看慢查询日志？如何启动慢查询日志？

实　　训

一、实训目的

1. 了解各种日志相关参数。

2. 掌握启用和设置各种日志的方法。

3. 掌握查看和删除各种日志的方法。

4. 掌握利用二进制日志进行数据还原的方法。

二、实训内容

1. 对二进制日志进行以下操作。

（1）查看二进制日志相关参数。

（2）启用二进制日志功能，并且将二进制日志保存到 D:\目录下，二进制日志文件名为 mybinlog。

（3）向 lib 数据库的 xitable 表中插入一条记录：网球学院。

（4）模拟误操作：删除刚才插入的那条记录。

（5）利用二进制日志恢复 xitable 表（最终 xitable 表中有"网球学院"这条记录）。

（6）删除当前使用的二进制日志文件。

2. 对慢查询日志进行以下操作。

（1）查看慢查询日志相关参数。

（2）动态启用慢查询日志，并且将该日志保存到 D:\目录下，文件名为 myslow.log，并设置慢查询日志阈值为 1.2 秒。

（3）模拟 2～5 条慢查询语句，执行时间有小于 1.2 秒的，也有超过 1.2 秒的。

（4）查看慢查询日志记录了哪些语句。

（5）生成新的慢查询日志。

项目 16　销售管理数据库的分析与设计

任务 16.1　设计数据库

【任务描述】 设计数据库的目的就是确定一个合适的数据模型，该模型应当满足以下 3 个要求。

（1）符合用户的需求，既能包含用户所需要处理的所有数据，又支持用户提出的所有处理功能的实现。

（2）能被现有的某个数据库管理系统所接受，如 MySQL、SQL Server、Oracle 和 DB2 等。

（3）具有较高的质量，如易于理解、便于维护、结构合理、使用方便、效率较高等。

设计数据库可以分为需求分析，概念结构设计，逻辑结构设计，物理结构设计，数据库实施，数据库运行，维护 6 个阶段，如图 16.1 所示。

在进行数据库设计之前，首先要选择参加设计的人员，主要由系统分析人员、数据库设计人员和程序员、用户以及数据库管理员等组成。系统分析人员和数据库设计人员是数据库设计的核心人员，将自始至终参加数据库的设计，决定了数据库系统的质量。用户和数据库管理员在数据库设计中也是举足轻重的人物，主要参加需求分析和数据库的运行、维护，他们的积极参与不但能加快数据库的设计，而且是决定数据库设计质量的重要

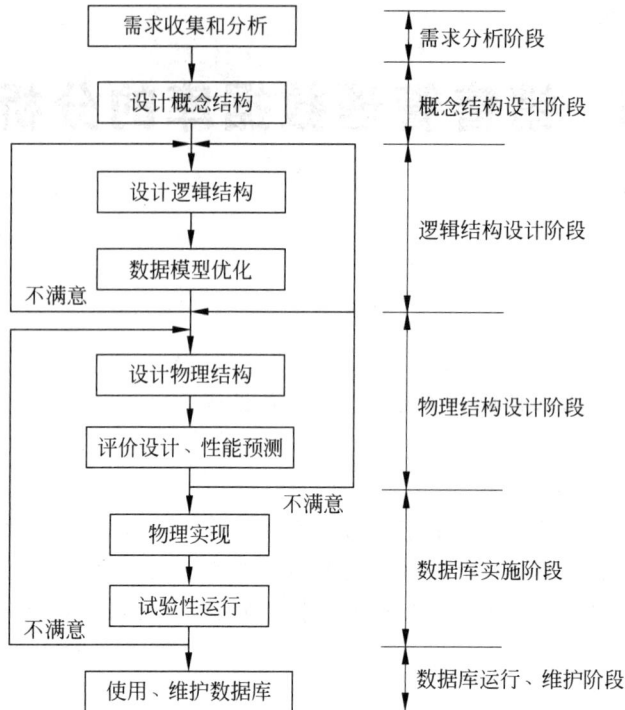

图 16.1　数据库设计的步骤

因素。程序员则在系统实施阶段参与进来,负责编写程序和配置软硬件环境。

在数据库设计过程中,在需求分析和概念结构设计阶段主要是面向用户的应用需求,逻辑结构设计和物理结构设计阶段主要是面向数据库管理系统,最后两个阶段主要是面向具体的实现方法。

(1)需求分析。在此阶段,数据库设计人员调查用户的各种需求,包括数据库应用部分。比如,公司详细运作情况;然后对各种数据和信息进行分析,与用户进行深入沟通,确定用户的需求;并把需求转化成用户和数据库设计人员都可接受的文档;最终与用户沟通对系统的信息需求和处理需求达成一致的意见。

(2)概念结构设计。概念结构设计阶段是在需求分析的基础上,依照需求分析中确定的信息需求,对用户信息加以分类、聚集和概括,建立一个与具体计算机和数据库管理系统独立的概念模型。通常的方法为 E-R 方法(采用 E-R 图来描述概念模型)。

(3)逻辑结构设计。逻辑结构设计阶段的任务就是在概念结构设计结果 E-R 图的基础上,导出某个数据库管理系统所支持的数据模型。从概念模型到逻辑结构的转化就是将 E-R 图转换为关系模型。然后从功能和性能上对关系模型进行评价,如果达不到用户要求,还要反复修正或重新设计。

(4)物理结构设计。数据库在物理结构上的存储结构和存取方法的设计称为物理结构设计。物理结构设计的内容就是根据数据库管理系统的特点和处理的需要,为逻辑模型选取一个最适合应用环境的物理结构,包括存储结构和存取方法。

（5）数据库实施。数据库实施阶段是建立数据库的实质性阶段。在此阶段,设计人员运用数据库管理系统提供的数据语言及其宿主语言,根据逻辑结构设计和物理结构设计的结果建立数据库,编制与调试应用程序,组织数据入库,并进行试运行。

（6）数据库运行、维护。数据库系统设计完成并试运行成功后,就可以正式投入运行了。数据库运行、维护阶段是整个数据库生存期中最长的阶段。在该阶段,设计人员需要收集和记录数据库运行的相关情况,并要根据系统运行中产生的问题及用户的新需求不断完善系统功能和提高系统的性能,以延长数据库使用时间。

一个性能优良的数据库是不可能一次性完成的,需要经过多次的、反复的设计。在进行数据库设计时,每完成一个阶段,都要进行设计分析,评价一些重要的设计指标,生成文档组织评审,与用户进行交流。如果设计的数据库不符合要求,则要进行修改,重复多次,以实现最后设计出的数据库能够较精确地模拟现实世界,满足用户的需求。

任务 16.2　销售管理数据库的需求分析

【任务描述】　需求分析结果的准确性将直接影响到后期各个阶段的设计。需求分析是整个数据库设计过程的起点和基础,也是最困难、最耗费时间的阶段。

16.2.1　需求分析的任务

需求分析的任务就是对现实世界要处理的对象（组织、部门、企业等）进行详细的调查和分析；收集支持系统目标的基础数据和处理方法；明确用户对数据库的具体要求。在此基础上确定数据库系统的功能。

具体步骤如下。

（1）调查组织机构情况。了解该组织的部门组成情况、各部门的职责等,为分析信息流程做准备。

（2）调查各部门的业务活动情况。各部门的业务活动情况包括各部门要输入和使用什么数据；如何加工处理这些数据；输出什么信息；输出到什么部门；输出结果的格式等。这一步骤是调查的重点。

（3）明确对新系统的要求。在熟悉业务活动的基础上,协助用户明确对新系统的各种要求,包括信息要求、处理要求、完全性要求与完整性要求。

（4）初步分析调查的结果。对前面调查的结果进行初步的分析,包括确定新系统的边界；确定哪些功能由计算机完成或将来准备让计算机完成；确定哪些活动由人工完成。

（5）建立相关的文档。相关的文档包括用户单位的组织机构图、业务关系图、数据流图、数据字典等。

16.2.2　常用的需求调查方法

在调查过程中,根据不同的问题和条件,可采用不同的调查方法,常用的需求调查方法有以下几种。

(1)跟班作业。跟班作业是指数据库设计人员亲自参加业务工作,深入了解业务活动情况,比较准确地理解用户的需求。

(2)开调查会。通过与用户座谈的方式来了解业务活动情况及用户需求。

(3)请专人介绍。可请业务熟练的专家或用户介绍业务专业知识和业务活动情况。

(4)询问。对某些调查中的问题,可以找专人询问。

(5)设计调查表请用户填写。如果调查表设计得合理,则会非常有效,也易于被用户接受。

(6)查阅记录。查阅与原系统相关的数据记录,包括账本、档案或文献等。

16.2.3　编写需求分析说明书

需求分析说明书是在需求分析活动后建立的文档资料,通常又称为需求规范说明书,它是对开发项目需求分析的全面的描述,是对需求分析阶段的一个总结。需求分析说明书应包括以下内容。

(1)系统概况、系统的目标、范围、背景、历史和现状。

(2)系统的原理和技术,对原系统的改善。

(3)系统总体结构与子系统结构说明。

(4)系统功能说明。

(5)数据处理概要、工程体制和操作上的可行性。

(6)系统方案及技术、经济、功能和操作上的可行性。

通常需求分析说明书还应包括下列附件:分析过程中得到的数据流图、数据字典、功能模块图及系统的硬件、软件支持环境的选择和规格要求。

16.2.4　需求分析示例

【例 16.1】　为某公司设计一个商品销售管理信息系统的需求分析。该公司主要从事商品零售贸易业务,即从供应商手中采购商品,并把这些商品销售到需要的客户手里,以商品服务费赚取利润。

商品销售管理信息系统是一个用来管理商品销售信息的数据库系统。本系统将利用现代化的计算机技术结合传统的销售管理工作,按照公司方提供的业务流程设计完成。销售管理信息系统的需求分析的主要内容如下。

(1)公司的业务流程图。各供应商为该公司提供商品;客户根据该公司提供的商品表订购商品。公司向供应商采购商品。其主要业务流程如图 16.2 所示。

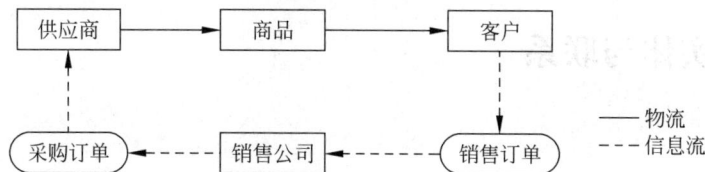

图 16.2　销售的业务流程图

（2）用户对该系统的功能需求。

① 员工管理。添加、聘任员工，查询员工信息，维护员工信息。员工信息包括姓名、性别、出生年月、聘任日期、所在部门、部门主管和其接收订单的情况。

② 商品管理。为商品创建类别，进行商品信息录入和维护。实现商品信息的录入、查询、修改、删除等功能。对给定代号或名称的商品基本情况进行查询，包括商品的名称、价格、库存量和已销售量，并形成统计表。

③ 客户管理。对客户信息进行录入和维护，包括对给定代号或名称的客户的基本情况进行查询，包括客户的名称、地址、联系人姓名、联系电话、E-mail。

④ 供应商管理。对供应商信息进行录入和维护，包括对给定代号或名称的供应商的基本情况进行查询，包括供应商的名称、地址、联系人姓名、联系电话、E-mail；提供的商品信息包括商品的名称、商品的价格、订购数量，并形成统计表。

⑤ 销售订单管理。当客户下订单时，将客户信息和订购产品的信息组成订单，以及对销售订单进行录入和维护。

⑥ 采购订单管理。管理销售商品订单，包括查询、浏览、增加、删除、修改销售订单。

⑦ 系统管理。

（3）数据需求。本系统需要处理的主要信息如下。

① 销售订单＝商品信息＋客户信息＋订购时间＋订购数量。

② 采购订单＝商品信息＋供应商信息＋订购时间＋订购数量。

③ 供应商信息＝公司名称＋地址＋联系人姓名＋联系电话＋E-mail。

④ 商品信息＝名称＋单价＋库存量＋已销售量。

⑤ 客户信息＝客户名称＋联系人姓名＋联系电话＋公司地址＋E-mail。

⑥ 员工信息＝姓名＋性别＋出生年月＋聘任时间＋工资＋奖金＋工作部门。

任务 16.3　销售管理数据库的概念结构设计

【任务描述】　在完成上一个任务的基础上，完成销售管理数据库的概念结构设计。

16.3.1　概念结构设计的任务

概念结构设计的任务就是将需求分析的结果抽象化成为概念模型。概念模型通常利用 E-R 图来表达。

351

16.3.2 实体与联系

1．实体

现实世界中客观存在的并可区分识别的事物称为实体。实体可以指人和物,如员工、商品、仓库等;可以指能触及的客观对象;可以指抽象的事件;还可以指事物与事物之间的联系,如客户订货、商品采购等。在销售管理系统中,每种商品都是一个实体。每种商品实体的取值就是具体的实体值,同型实体的集合称为实体集。

2．属性

每个实体具有一定的特征,才能据此区分一个个实体。例如,员工的个人特征有姓名、性别、出生日期等。实体的特征称为属性。一个实体可以有若干个属性。每个属性都有特定的取值范围,即值域,值域的类型可以是整数型、实数型、字符型等。例如,性别属性的值域为(男,女),部门名称的值域为(销售部,采购部,人事部)等。由此可见,属性是变量。属性值是变量所取的值,而值域是变量的变化范围。

【例 16.2】 使用哪些属性来描述公司的员工特征?

公司员工使用员工号、姓名、性别、出生日期、聘任日期和工资等属性来描述。

3．实体间的联系

现实世界的各事物之间是有联系的,这些联系在信息世界中反映为实体内部的联系和实体之间的联系。实体内部的联系主要表现在组成实体的属性之间的联系。比如,一个公司有多个部门,一个部门有多位员工;一个公司可以销售多种商品。实体之间的联系主要表现在不同实体集之间的联系,实体间的联系是指一个实体集中可能出现的每一个实体与另一个实体集中多少个实体存在联系。

两个实体之间的联系有 3 种,分别是一对一联系、一对多联系和多对多联系。

1) 一对一联系(1∶1)

如果对于实体集 A 中的每一个实体,实体集 B 中至多有一个实体与之联系;反之亦然,则称实体集 A 与实体集 B 具有一对一联系,记为 1∶1。例如,一个部门只有一个主管,一个主管也只能任职于一个部门,则部门与主管之间的联系即为一对一联系。

2) 一对多联系($1∶m$)

如果对于实体集 A 中的每一个实体,实体集 B 中有 m 个实体($m>0$)与之联系;反过来,对于实体集 B 中的每一个实体,实体集 A 中却至多有一个实体与之联系,则称实体集 A 与实体集 B 具有一对多联系,记为 $1∶m$。例如,一个部门可以有多个员工,但一个员工只能属于一个部门,所以部门与员工之间是一对多联系。

3) 多对多联系($m∶n$)

如果对于实体集 A 中的每一个实体,实体集 B 中有 n 个实体($n>0$)与之联系;反过来,对于实体集 B 中的每一个实体,实体集 A 中也有 m 个实体($m>0$)与之联系,则称实体集 A 与实体集 B 具有多对多联系,记为 $m:n$。例如,客户在订购商品时,一个客户可以选购多种商品,一种商品也可以被多位客户订购,则客户和商品之间具有多对多联系。

16.3.3　概念模型的表示方法

概念模型通常利用实体—联系法来描述,描述出的概念模型称为实体—联系模型(Entity-Relationship Model),简称为 E-R 模型。E-R 模型中提供了表示实体、实体属性和实体间的联系的方法。

(1) 矩形:表示实体,矩形内标注实体的名字,如图 16.3 所示。

(2) 椭圆:表示实体或联系所具有的属性,椭圆内标注属性名称,并用无向边把实体与其属性连接起来。例如,员工的实体属性,如图 16.3 所示。

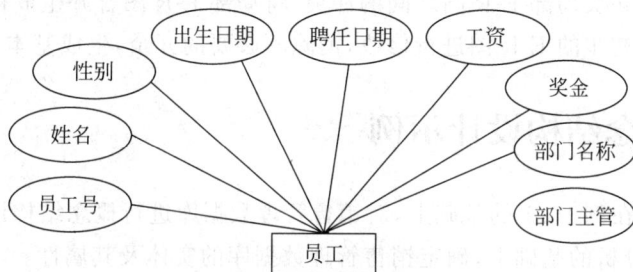

图 16.3　员工实体 E-R 图

(3) 菱形:表示实体间的联系,菱形内标注联系名,并用无向边把菱形分别与有关实体相连接,在无向边旁标上联系的类型。需要注意的是,如果联系具有属性,则该属性仍用椭圆框表示,并且仍需要用无向边将属性与其联系连接起来,如图 16.4 所示是总经理与公司之间的联系。

【例 16.3】　利用 E-R 图表示总经理与公司之间的联系。

一家公司只能有一位总经理,一位总经理只能服务于一家公司,公司与总经理之间的联系为 $1:1$,联系名为"领导"。公司有公司名称、注册地、电话、性质等属性,总经理有员工号、姓名、民族、电话、出生日期和住址等属性,用 E-R 图表示如图 16.4 所示。

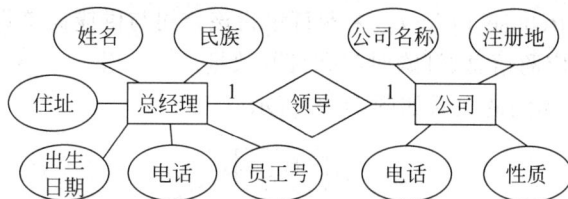

图 16.4　总经理与公司之间的联系

16.3.4 概念结构设计的步骤

概念结构设计的步骤分为两步。首先设计局部概念模型;其次将局部概念模型合成为全局概念模型。

(1)设计局部概念模型。设计局部概念模型就是选择需求分析阶段产生的局部数据流图或数据字典,设计局部 E-R 图。具体步骤如下。

① 确定数据库所需的实体。

② 确定各实体的属性以及实体的联系,画出局部的 E-R 图。

属性必须是不可分割的数据项,不能包含其他属性。属性不能与其他实体具有联系,即 E-R 图中所表示的联系是实体之间的联系,而不能是属性与实体之间的联系。

(2)合并 E-R 图。首先将两个重要的局部 E-R 图合并,然后依次将一个新的局部 E-R 图合并进去,最终合并成一个全局 E-R 图。每次合并局部 E-R 图的步骤如下。

① 合并。先解决局部 E-R 图之间的冲突,将局部 E-R 图合并生成初步的 E-R 图。

② 优化。对初步的 E-R 图进行修改,消除不必要的冗余,生成基本的 E-R 图。

16.3.5 概念结构设计示例

【例 16.4】 在例 16.1 的基础上,对销售管理数据库进行概念结构设计分析。

(1)在需求分析的基础上,确定销售管理数据库的实体及其属性。

① 员工(employee)。员工在该公司中负责采购和接收销售订单。它的属性有员工号、姓名、性别、出生日期、聘任日期、工资、奖金、部门名称和部门主管。

② 商品(product)。该公司销售的商品的属性有商品号、商品名称、单价、库存量和已销售量。

③ 客户(customer)。客户指向该公司订购商品的商家。它的属性有客户编号、客户名称、联系人姓名、联系电话、公司地址和 E-mail。

④ 供应商(provider)。供应商指向该公司提供商品的厂家。它的属性有供应商编号、供应商名称、联系人姓名、联系电话、公司地址和 E-mail。

⑤ 销售订单(sell_order)。销售订单指客户与该公司签订的销售合同。它的属性有商品信息、客户信息、订购时间、订购数量。

⑥ 采购订单(purchase_order)。采购订单指该公司与供应商签订的采购合同。它的属性有商品信息、供应商信息、订购时间和订购数量。

(2)销售管理实体间的关系如图 16.5 所示。

图 16.5 销售管理实体间的关系

（3）画出局部 E-R 图。一个员工负责接收多张订单，但是一张销售订单只能由一个员工负责处理，因而员工与销售订单之间为 $1:n$ 联系。根据各自的属性，画出员工与销售订单之间的联系 E-R 图，如图 16.6 所示。

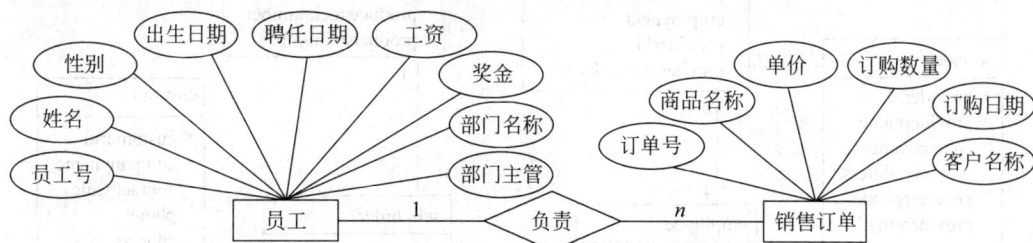

图 16.6　员工与销售订单之间的联系 E-R 图

一个员工可以根据需求向供应商下多张采购订单，但是一张采购订单由一个员工负责处理，因而员工与采购订单之间为 $1:n$ 联系。根据各自的属性，画出员工与采购订单之间的联系 E-R 图，如图 16.7 所示。

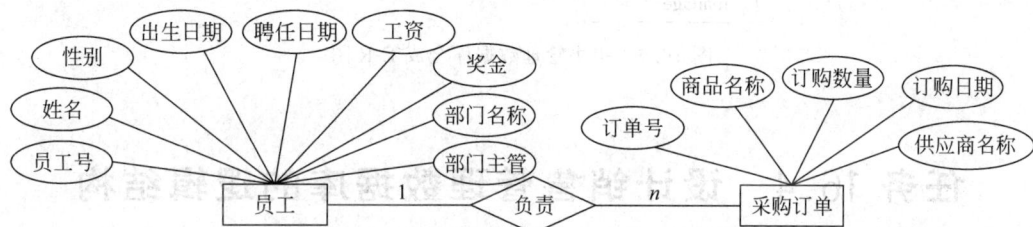

图 16.7　员工与采购订单之间的联系 E-R 图

一张采购订单包含了多种商品，一种商品可以被多家客户订购，所以商品与采购订单之间的联系是 $m:n$ 联系，E-R 图如图 16.8 所示。

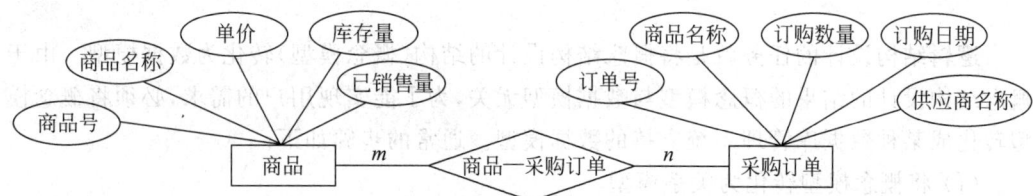

图 16.8　商品与采购订单之间的联系 E-R 图

由于销售管理数据库系统中包含的实体较多，由于篇幅的原因，不再介绍其他的局部 E-R 图。

（4）合并 E-R 图。由于幅面的原因，用一种变形的 E-R 图来描述合成的 E-R 图。在变形 E-R 图中，实体及其属性用一个矩形框描述，实体名称标注在矩形框的顶部，实体关键字用 * 标出，实体属性依次标注。实体间的联系省略菱形框，只用连线，并在连线的两端标注联系类型。销售管理数据库合成的变形 E-R 图，如图 16.9 所示。

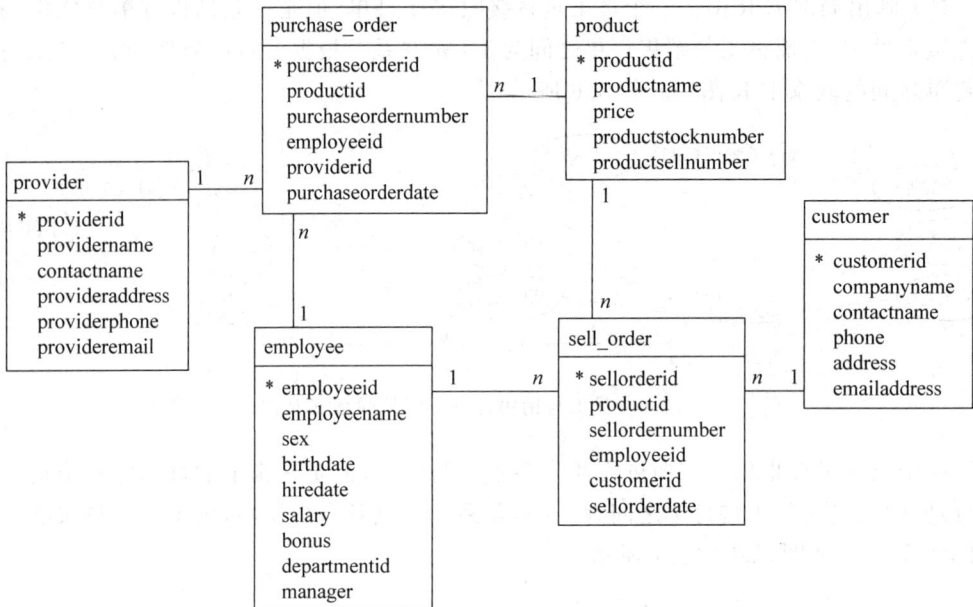

图 16.9　销售管理数据库合成 E-R 图

任务 16.4　设计销售管理数据库的逻辑结构

【任务描述】　在完成任务 16.3 的基础上,完成销售管理数据库的逻辑结构设计。

16.4.1　逻辑结构设计的任务

逻辑结构设计的任务就是将概念结构设计的结构(概念模型)转化为数据模型。由于概念结构设计的结果的概念模型与数据模型无关,为了能实现用户的需求,必须将概念模型转化成某种数据库管理系统支持的数据模型。通常的步骤如下。

(1)将概念模型转化为关系模型。

(2)将关系模型转化为特定数据管理系统下的数据模型。

(3)对数据模型进行优化(通常采用规范化理论),以提高数据库应用系统的性能。

16.4.2　关系模型

关系模型用关系表示实体及其联系。直观地看,关系就是由行和列组成的二维表,一个关系就是一个二维表。关系中的行称为元组(或记录);关系中的列称为属性(或字段)。

并不是所有的二维表都是关系,关系具有以下特点。

（1）关系中的每一个属性都是原子属性，即属性不可再分。

（2）关系中的每一个属性取值都是表示同类信息。

（3）关系中的属性没有先后顺序。

（4）关系中的记录没有先后顺序。

（5）关系中不能有相同的记录。

关系的描述称为关系模式，通常关系的描述简记为

$$R(U) \quad \text{或} \quad R(A_1, A_2, A_3, A_4, \cdots, A_n)$$

其中，R 为关系名；$A_1, A_2, A_3, A_4, \cdots, A_n$ 为属性名或字段名。通常在关系模式主属性上加下画线表示该属性为主码属性。

【例 16.5】　使用关系模式来表示客户信息。客户有客户编号、公司名称、联系人姓名、联系电话、公司地址和 E-mail 等属性，可以表示如下。

客户(<u>客户编号</u>,公司名称,联系人姓名,联系电话,公司地址,E-mail)

其中，关系名为客户；客户编号为主码属性。

16.4.3　E-R 模型到关系模型的转化

将 E-R 模型转化为关系模型，包括独立实体转化和实体间的联系的转化。其中，实体间的联系就是将实体和实体间的联系转化为二维表。下面介绍各种实体转化的方法。

1. 独立实体转化

可以将一个独立实体转化为关系，其属性转化为关系模式的属性。

【例 16.6】　将如图 16.10 所示的员工实体 E-R 图转化为关系模式。

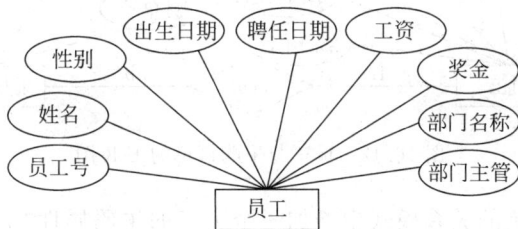

图 16.10　员工实体 E-R 图

员工实体 E-R 图转化为关系模式，如下所示。

员工(<u>员工号</u>,姓名,性别,出生日期,聘任日期,工资,奖金,部门名称,部门主管)

其中，员工号为主码属性。

2. 1∶1 联系转化

在 1∶1 联系的关系模型中，只要将两个实体的关系模式各自增加一个外部关键字即可。

【例 16.7】 将如图 16.11 所示的总经理与公司的联系的 E-R 图转化为关系模式。

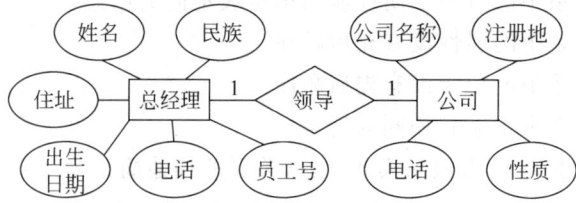

图 16.11 总经理与公司的 E-R 图

由于总经理与公司的联系为 1：1,总经理与公司的联系转化为 E-R 图时,只须增加一个外部关键字,其余属性直接转化。在"总经理"关系模式中,增加一个"公司"关系模式中的关键字"公司名称",表示总经理为某公司的总经理;同理,在"公司"关系模式中,增加一个"员工号"外部关键字。转化后的关系模式如下。

总经理(员工号,姓名,民族,电话,出生日期,住址,公司名称)
公司(公司名称,电话,性质,注册地,员工号)

3. 1：n 联系转化

在 1：n 联系的转化中,只须将 n 方的关系模式增加一个外部关键字属性,即对方的关键字即可。

【例 16.8】 将将员工与采购订单联系的 E-R 图转化为关系模式,如图 16.12 所示。

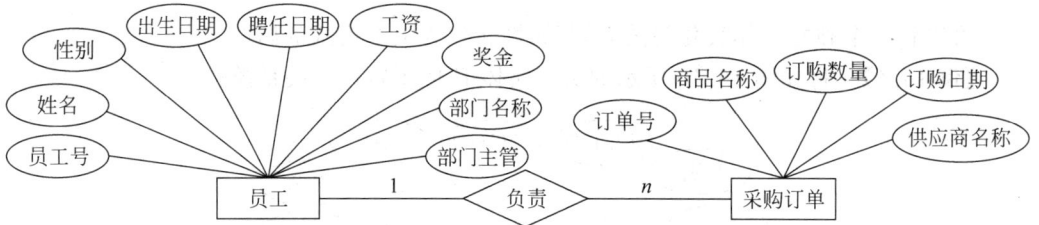

图 16.12 员工与采购订单的 E-R 图

在 n 方的采购订单的关系模式中增加一个员工的主码属性"员工号",表示此采购订单由那位员工负责。转化后的关系模式如下。

员工(员工号,姓名,性别,出生日期,聘任日期,工资,奖金,部门名称,部门主管)
采购订单(订单号,商品名称,订购数量,订购日期,供应商名称,员工号)

4. m：n 联系转化为关系模型

在 m：n 联系的转化中,必须增加一个新的关系模式,关系模式的主码属性由双方的主码关键字构成。

【例 16.9】 将如图 16.13 所示的商品与采购订单的 E-R 图转化为关系模式。

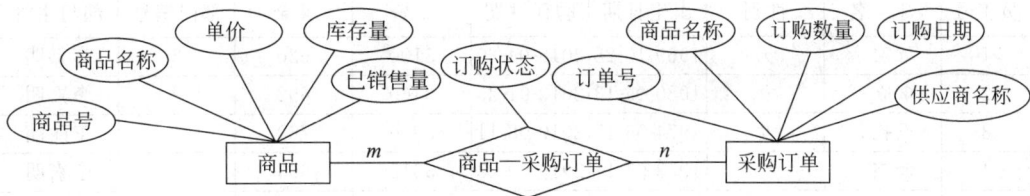

图 16.13　商品与采购订单的 E-R 图

从图 16.13 中可以看出,商品与采购订单的联系为 $m:n$ 联系,因而增加一个商品—采购订单关系模式。转化后的关系模式如下。

商品(商品号,商品名称,单价,库存量,已销售量)
采购订单(订单号,商品名称,订购数量,订购日期,供应商名称)
商品—采购订单(商品号,订单号,订购状态)

16.4.4　数据模型优化

数据模型优化就是对数据库进行适当的修改、调整数据模型的结构,进一步提高数据库的性能。关系数据库模型的优化通常以规范化理论为指导。

1. 关系模式的分解

关系模式的分解有利于减少连接运算和减少关系的大小与数据量;节省存储空间的措施有减少每个属性所占的存储空间、采用假属性减少重复数据所占的存储空间。

【例 16.10】 对如表 16.1 所示的员工表进行优化。

表 16.1　员工表(1)

员工号	姓　名	性别	出生日期	聘任日期	工资	奖金	部门名称	部门主管
1	章宏	男	1969-10-28	2015-04-30	3100	620	采购部	李嘉明
2	李立三	女	1980-05-13	2013-01-20	3460	692	采购部	李嘉明
3	王孔若	女	1974-06-17	2010-08-11	3800	760	销售部	王丽丽
4	余杰	男	1973-07-11	2016-09-23	3315	663	采购部	李嘉明
5	蔡慧敏	男	1957-08-16	2011-07-22	3453	690	人事部	蒋柯南
6	孔高铁	男	1974-11-17	2015-09-10	3600	720	销售部	王丽丽

在员工表中有"部门名称"属性,其中有 3 位员工的部门名称为"采购部",出现重复值。当修改了一位员工的部门信息,而其余的员工的部门信息却没有修改,会出现修改异常。所以,需要优化员工表。将员工表分解为员工表和部门表,分别如表 16.2 和表 16.3 所示,既解决了数据的冗余,也不会产生修改异常。

表 16.2 员工表(2)

员工号	姓　名	性别	出生日期	聘任日期	工资	奖金	部门编号	部门主管
1	章宏	男	1969-10-28	2015-04-30	3100	620	2	李嘉明
2	李立三	女	1980-05-13	2013-01-20	3460	692	2	李嘉明
3	王孔若	女	1974-06-17	2010-08-11	3800	760	1	王丽丽
4	余杰	男	1973-07-11	2016-09-23	3315	663	2	李嘉明
5	蔡慧敏	男	1957-08-16	2011-07-22	3453	690	3	蒋柯南
6	孔高铁	男	1974-11-17	2015-09-10	3600	720	1	王丽丽

表 16.3 部门表

部门编号	部门名称	备　　注
1	销售部	主管销售
2	采购部	主管公司的商品采购
3	人事部	主管公司的人事关系

2. 规范化处理

在数据库设计过程中数据库结构必须满足一定的规范化要求,才能确保数据的准确性和可靠性。这些规范化要求被称为规范化形式,即范式。范式按照规范化的级别分为5 种:第一范式(1NF)、第二范式(2NF)、第三范式(3NF)、第四范式(4NF)和第五范式(5NF)。其中,第一范式、第二范式和第三范式最初由 E. F. Codd 定义。后来,Boyce 和 Codd 引入了另一种范式。

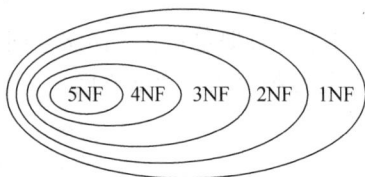

图 16.14 范式之间的关系

在实际的数据库设计过程中,通常需要用到的是前 3 类范式。5 种级别的范式的关系如图 16.14 所示。

(1)第一范式(1NF)。关系模式中每个属性是不可再分的数据项,则该关系模式属于 1NF。

【例 16.11】 分析表 16.2 中的员工表是否已满足 1NF。

在表 16.2 中的每个属性为不可再分,也不存在数据的冗余,因此该关系模式满足 1NF。

(2)第二范式(2NF)。如果关系模式在满足 1NF 的前提下,关系中的每个非主键属性的数值都依赖于该数据表的主键,那么该关系模式满足第二范式(2NF)。

【例 16.12】 分析表 16.2 和表 16.3 所示的员工表与部门表是否已满足 2NF。

首先员工的每个属性已经为不可再分,符合 1NF。员工号能唯一标识出每个员工,所以员工号为主关键字。对于员工号"1",就会有一个并且只有一个"章宏"的员工,与之对应,所以"姓名"属性依赖于员工号。同样可以看出性别、出生日期、聘任日期、工资和部门编号等属性依赖于员工号。但是部门编号与部门主管之间也存在依赖关系,所以员工表不符合 2NF。修改员工表使其满足 2NF,分别如表 16.4 和表 16.5 所示,去掉部门主管,而在部门表中增加一个部门主管属性,保证满足 2NF。

表 16.4　满足 2NF 的员工表

员工号	姓　名	性别	出生日期	聘任日期	工资	奖金	部门编号
1	章宏	男	1969-10-28	2015-04-30	3100	620	2
2	李立三	女	1980-05-13	2013-01-20	3460	692	2
3	王孔若	女	1974-06-17	2010-08-11	3800	760	1
4	余杰	男	1973-07-11	2016-09-23	3315	663	2
5	蔡慧敏	男	1957-08-16	2011-07-22	3453	690	3
6	孔高铁	男	1974-11-17	2015-09-10	3600	720	1

表 16.5　修改后的部门表

部门编号	部门名称	部门主管	备　注
1	销售部	王丽丽	主管销售
2	采购部	李嘉明	主管公司的商品采购
3	人事部	蒋柯南	主管公司的人事关系

（3）第三范式（3NF）。如果关系模式已经满足 2NF，且关系中的任何一个非主属性都不传递依赖于主关键字，则此关系模式满足 3NF。

【例 16.13】　在表 16.4 中，"奖金"属性的数值是由"工资"属性数值的 20% 计算得到。分析员工表是否已满足 3NF。

由于"工资"属性和"奖金"属性之间存在着函数依赖关系，所以员工表不满足 3NF。由于奖金可以通过计算得到，所以将"奖金"属性去掉，以满足 3NF，如表 16.6 所示。

表 16.6　满足 3NF 的员工表

员工号	姓　名	性别	出生日期	聘任日期	工资	部门编号
1	章宏	男	1969-10-28	2015-04-30	3100	2
2	李立三	女	1980-05-13	2013-01-20	3460	2
3	王孔若	女	1974-06-17	2010-08-11	3800	1
4	余杰	男	1973-07-11	2016-09-23	3315	2
5	蔡慧敏	男	1957-08-16	2011-07-22	3453	3
6	孔高铁	男	1974-11-17	2015-09-10	3600	1

3．建立数据完整性约束，以保证数据的完整性和一致性

数据完整性是指存储在数据库中的数据的正确性和可靠性，它是衡量数据库中数据质量的一种标准。数据完整性要确保数据库中的数据一致、准确，同时符合企业规则。数据完整性包括实体完整性、域完整性、参照完整性和用户定义完整性。满足数据完整性要求的数据应具有以下特点。

（1）数据类型准确无误。

（2）数据的值满足范围设置。

（3）同一个表格数据之间不存在冲突。

（4）多个表格数据之间不存在冲突。

1）实体完整性

实体完整性的目的是确保数据库中所有实体的唯一性，也就是不使用完全相同的数据记录。具体实现过程中，用户必须为表定义一个主关键字，且主关键字的值不为空，就可以阻止相同的记录存入系统中，如表 16.6 中的员工号。

2）域完整性

域完整性就是对表中列的规范，要求表中列的数据类型、格式和取值范围位于某一个特定的允许范围内。例如，表 16.6 中的"性别"列的取值只能为"男"或"女"。

3）参照完整性

参照完整性是用来维护相关数据表之间数据一致性的手段。通过实现参照完整性，可以避免因一个数据表的记录改变而造成另一个数据表内的数据变成无效的值。也就是说，当一个数据表中有外部关键字时，外部关键字列的所有值都必须出现在对应的表中。例如，在表 16.4 中，"部门编号"是一个外部关键字，它是表 16.5 所示部门表的主关键字，所以在表 16.4 中输入或修改每一个部门编号都必须保证是在表 16.5 中已经存在的部门编号，否则不被接受。

4）用户定义完整性

一般数据库管理系统还提供了由用户自己按照实际的需要定义的约束关系。例如，在员工表中输入每个员工的工资都应大于 1000 元，否则不接受输入的数据。

16.4.5　逻辑结构设计示例

【例 16.14】　在例 16.4 的基础上，对销售管理数据库进行逻辑结构分析，即将 E-R 图转化为关系模型。

（1）员工 E-R 图。员工实体包含 9 个属性，员工号是主关键字。经过数据优化（这里去掉了"奖金"列），将其转化为员工和部门两个关系模式。

员工(员工号,姓名,性别,出生日期,聘任日期,工资,部门编号)
部门(部门编号,部门名称,部门主管,备注)

其中，部门编号来自部门关系模式的外部关键字，描述该员工所在的部门。"性别"列的取值范围为"男"或"女"。

（2）商品 E-R 图。商品实体包含 5 个属性，productid（商品号）是主关键字，商品实体与销售订单实体和采购订单实体间有 $1：n$ 的联系。转化后的商品关系模式如下。

商品(商品号,商品名称,单价,库存量,已销售量)

（3）客户 E-R 图。客户实体包含 6 个属性，customerid（客户编号）是主关键字，客户实体与销售订单实体间有 $1：n$ 的联系。转化后的客户关系模式如下。

客户(客户编号,客户名称,联系人姓名,联系电话,公司地址,E-mail)

（4）供应商 E-R 图。供应商实体包含 6 个属性，providerid（供应商编号）是主关键字，供应商实体与采购订单实体间有 1:n 的联系。转化后的供应商关系模式如下。

供应商(<u>供应商编号</u>,供应商名称,联系人姓名,联系电话,公司地址,E-mail)

（5）销售订单 E-R 图。销售订单实体包含 sellorderid（销售订单号）等 6 个属性。sellorderid（销售订单号）为主关键字。由于销售订单与客户实体、商品实体和员工实体 3 个实体具有 n:1 的联系，为描述这种联系，需要增加 3 个外部关键字（实体中已列出了这 3 个外部关键字）。增加商品编号，来自商品关系模式的外部关键字，描述该订单订购的商品；增加员工号，来自员工关系的外部关键字，描述该订单由哪位员工签订；增加客户号，来自客户关系模式的外部关键字，描述该订单与哪位客户签订。转化后的销售订单关系模式如下。

销售订单(<u>销售订单号</u>,商品编号,员工号,客户号,订货数量,订单日期)

（6）采购订单 E-R 图。采购订单实体包含 purchaseorderid（采购订单号）等 6 个属性。purchaseorderid（采购订单号）为主关键字。由于采购订单与供应商实体、商品实体和员工实体 3 个实体具有 n:1 的联系，为描述这种联系，需要增加 3 个外部关键字（实体中已列出了这 3 个外部关键字）。增加商品编号，来自商品关系模式的外部关键字，描述该订单采购的商品；增加员工号，来自员工关系模式的外部关键字，描述该订单由哪位员工签订；增加供应商编号，来自供应商关系模式的外部关键字，描述该订单与哪位供应商签订。转化后的采购订单关系模式如下。

采购订单(<u>采购订单号</u>,商品编号,员工号,供应商编号,采购数量,订单日期)

任务 16.5　设计销售管理数据库的物理结构

【任务描述】　在完成任务 16.4 的基础上，完成销售管理数据库的物理结构设计。

16.5.1　物理结构设计的任务

数据库在物理设备上的存储结构与存取方式称为物理结构。物理结构设计要结合特定的数据库管理系统，不同的数据库管理系统对于文件的物理存储方式也是不同的。确定数据的物理结构，要从存取时间、存储空间利用率和维护代价方面考虑对系统的影响，但这三者常常是相互矛盾的，因此必须权衡，选择折中的方案。物理结构设计具体的步骤如下。

（1）确定数据库的物理结构（存储结构、存储位置）。

（2）确定数据库的存取方法。

（3）对物理结构进行评价，评价的重点为时间和空间效率。

如果评价结果满足设计要求则可以进入实施阶段；否则，就需要重新设计或修改物

363

理结构,有时甚至要返回到逻辑结构设计阶段修改数据模型。

16.5.2　确定数据的物理结构

确定数据的物理结构主要是确定数据的存储结构和存取方法。包括确定关系、索引、聚集、日志和备份等存储结构,确定系统存储参数配置。用户在设计表的结构时,应着重注意以下几点。

(1) 每一个表对应一个关系模式,确定数据表字段及其数据类。将逻辑结构设计的关系模式转化为特定的存储单位——表。一个关系模式转化为一个表,关系名为表名,关系中的属性转化为表中的列,结合具体的数据库管理系统,确定列的数据类型和精度。

(2) 确定哪些字段允许空值(NULL)。NULL 表示空值,即数值未知,而不是"空白"或 0,这点要切记。比较两个空值是没有任何意义的,因为每个空值都表示未知。例如,存储客户"地址"和"联系电话"的字段,在不知道的情况下可以先不输入,这时就需要在设计字段时,将它们的数据类型设置为 NULL,以便以后输入,这样可以保证数据的完整性。

(3) 确定主键。主键可唯一确定一行记录,主键可以是单独的字段,也可以是多个字段的组合,但一个数据表中只能有一个主键。

(4) 确定是否使用约束、默认值等。约束、默认值等用于保证数据的完整性。例如,在进行数据查询时,只能在满足定义的约束下,才能成功。在设计表结构时,应明确是否使用约束、默认值等,以及在何处使用它们。

(5) 确定是否使用外键。建立数据表间的关系,需要借助主键—外键关系来实现。因此,是否为数据表设置外键也是设计数据表时必须考虑的问题。

(6) 是否使用索引。使用索引可以加快数据检索的速度,提高数据库的使用效率,确定在哪些字段上使用索引,以及使用什么样的索引,是用户必须考虑的问题。

创建索引的基本规则如下。

① 在主键和外键上一般都建有索引,这有利于主键码唯一性检查和完整性约束检查。

② 经常在连接操作条件中出现的公共属性,建立索引,可显著提高连接查询的效率。

③ 对于经常作为查询条件的属性,可以考虑在有关字段上建立索引。

④ 对于经常作为被排序条件的属性,可以考虑在有关字段上建立索引,可以加快排序查询。

【例 16.15】　将以下的总经理关系模式转化为 MySQL 中表的结构。

总经理(员工号,姓名,性别,民族,出生日期,电话,住址)

由于表在不同的操作系统中的通用性,将数据库名、表名和列名等数据库对象名尽量使用英文名称,如表 16.7 所示。

表 16.7　manager(总经理)表

列　　名	数据类型	宽度	为空性	说　　明
managerid	int	默认	×	编号,主关键字
managername	varchar	50	×	姓名
sex	enum('男','女')	默认	×	性别
folk	varchar	50	√	民族
birthdate	date	默认	√	出生日期
phone	varchar	20	√	电话
address	varchar	50	√	住址

16.5.3　物理结构设计示例

【例 16.16】　在 MySQL 中,利用例 16.14 的逻辑结构设计结果,对销售管理数据库(companysales)进行物理结构分析。

(1)选用数据库管理系统。选用 MySQL 数据库管理系统。

(2)确定数据库和数据表。确定数据库的名为 companysales;数据库中有员工表、部门表、商品表、客户表、供应商表、采购订单表和销售订单表等。

(3)确定各个数据表的列、数据类型和长度等。

根据 MySQL 数据库管理系统的情况,确定数据表的组成,如表 16.8～表 16.14 所示。

表 16.8　employee(员工)表

列　　名	数据类型	宽度	为空性	说　　明
employeeid	int	默认	×	员工号,关键字,自增
employeename	varchar	50	×	姓名
sex	enum('男','女')	默认	×	性别,取值为"男"或"女",默认值为"男"
birthdate	date	默认	√	出生日期
hiredate	timestamp	默认	√	聘任日期,默认值为当前系统时间
salary	decimal(12,4)	默认	√	工资
departmentid	int	默认	×	部门编号,来自"部门"表的外部关键字

表 16.9　department(部门)表

列　　名	数据类型	宽度	为空性	说　　明
departmentid	int	默认	×	部门编号,主键,自增
departmentname	varchar	30	×	部门名称
manager	varchar	50	√	部门主管
depart_description	varchar	50	√	备注,有关部门的说明

表 16.10 sell_order（销售订单）表

列　名	数据类型	宽度	为空性	说　明
sellorderid	int	默认	×	销售订单号，主键，自增
productid	int	默认	×	商品编号，来自"商品"表的外键
employeeid	int	默认	×	员工号，来自"员工"表的外键
customerid	int	默认	×	客户号，来自"客户"表的外键
sellordernumber	int	默认	√	订货数量
sellorderdate	date	默认	√	订单签订的日期

表 16.11 purchase_order（采购订单）表

列　名	数据类型	宽度	为空性	说　明
purchaseorderid	int	默认	×	采购订单号，主键，自增
productid	int	默认	×	商品编号，来自"商品"表的外键
employeeid	int	默认	×	员工号，来自"员工"表的外键
providerid	int	默认	×	供应商号，来自"供应商"表的外键
purchaseordernumber	int	默认	√	采购数量
purchaseorderdate	date	默认	√	订单签订的日期

表 16.12 product（商品）表

列　名	数据类型	宽度	为空性	说　明
productid	int	默认	×	商品编号，主键，自增
productname	varchar	50	×	商品名称
price	decimal(18,2)	默认	√	商品价格
productstocknumber	int	默认	√	现有库存量，默认值为 0
productsellnumber	int	默认	√	已经销售的商品量，默认值为 0

表 16.13 customer（客户）表

列　名	数据类型	宽度	为空性	说　明
customerid	int	默认	×	客户编号，主键，自增
companyname	varchar	50	×	公司名称
contactname	varchar	50	×	联系人的姓名
phone	varchar	20	√	联系电话
address	varchar	100	√	客户的地址
emailaddress	varchar	50	√	客户的 E-mail 地址

表 16.14 provider（供应商）表

列　名	数据类型	宽度	为空性	说　明
providerid	int	默认	×	供应商编号，主键，自增
providername	varchar	50	×	供应商名称
contactname	varchar	50	×	联系人的姓名
providerphone	varchar	15	√	供应商的联系电话
provideraddress	varchar	100	√	供应商的地址
provideremail	varchar	20	√	供应商的 E-mail 地址

（4）确定索引。销售管理数据库（companysales）数据表中索引设置按照"主键和外键考虑创建索引；经常作为查找条件的属性，考虑创建索引"的原则，创建以下索引，其中每个表的带下画线的列为创建索引列。

employee(<u>employeeid</u>, employeename, sex, birthdate, hiredate, salary, <u>departmentid</u>)

department(<u>departmentid</u>, departmentname, manager, depart_description)

sell_order(<u>sellorderid</u>, productid, <u>employeeid</u>, <u>customerid</u>, sellordernumber, sellorderdate)

purchase_order (<u>purchaseorderid</u>, productid, <u>employeeid</u>, <u>providerid</u>, purchaseordernumber, purchaseorderdate)

product(<u>productid</u>, productname, price, productstocknumber, productsellnumber)

customer(<u>customerid</u>, companyname, contactname, phone , address, emailaddress)

provider(<u>providerid</u>, providername, <u>contactname</u>, providerphone, provideraddress, provideremail)

（5）确定视图。

① 客户订单视图为每个客户订单信息视图，包括客户名称、订购的商品、单价和订购日期，便于查询有关客户的订单情况。

② 员工接收的订单详细视图包括员工姓名、订购商品名称、订购数量、单价和订购日期等信息，便于查询员工订单详细信息。

③ 员工接收的订单统计信息视图包括员工编号、订单数目和订单总金额，便于查询员工订单统计信息。

④ 商品销售信息统计视图包括商品名称、订购总数量。

（6）创建存储过程。

① 获取所有商品订购信息的存储过程，包括商品名称、单价、订购的数量、订购公司名称和订购日期等信息。

② 一个指定产品的接收订单的总金额的存储过程。

（7）创建触发器。

① 更新销售量的触发器，实现在订单表上添加一条记录时，对应的商品在商品表的已销售量数据同时更新。

② 防止订单量修改过大的触发器，防止用户修改商品的订单数量过大，如果订单数量的变化超过 100 时给出错误提示，并取消修改操作。

任务 16.6　销售管理数据库的实施

【任务描述】　在数据库确定逻辑结构和物理结构后，在计算机上建立实际的数据库结构，并装入数据，进行试运行和评价。此阶段称为数据库实施。

销售管理数据库在经过需求分析例 16.1、概念结构设计例 16.4、逻辑结构设计例 16.14 和物理结构设计例 16.16 后，完成数据库的设计阶段，然后在 MySQL 数据库管理系统中，利用数据定义语言创建数据库、建立数据表、定义数据表的约束、装入数据，然后试运行，然后对数据库设计进行评价、调整、修改等维护工作，该阶段就是销售数据库的实施阶段，也是一个重要的阶段。

由于销售管理数据库的实施的相关的代码已经分解到各个章节,此处不再介绍。

任务 16.7 销售管理数据库的运行和维护

【任务描述】 在销售管理数据库系统设计完成并试运行成功后,就投入正式运行。

数据库一旦投入运行就标志着数据库维护工作的开始。数据库维护工作主要由数据库管理员(DBA)完成。维护工作主要包括对数据库的监测、分析和性能的改善;数据库转存和故障恢复;数据库的安全性、完整性控制;数据库的重组和重构造。

习 题

一、选择题

1. 数据库是在计算机系统中按照一定的数据模型组织、存储和应用的(　　　)。

 A. 命令的集合 　　　　　　　　　　　　B. 数据的集合

 C. 程序的集合 　　　　　　　　　　　　D. 文件的集合

2. 支持数据库的各种操作的软件系统是(　　　)。

 A. 数据库系统 　　　　　　　　　　　　B. 文件系统

 C. 操作库系统 　　　　　　　　　　　　D. 数据库管理系统

3. (　　　)由计算机硬件、操作系统、数据库、数据库管理系统以及开发工具和各种人员(如数据库管理员、用户等)构成。

 A. 数据库系统 　　　　　　　　　　　　B. 文件系统

 C. 数据系统 　　　　　　　　　　　　　D. 软件系统

4. 在现实世界中客观存在并能相互区别的事物称为(　　　)。

 A. 实体 　　　　　B. 实体集 　　　　　C. 字段 　　　　　D. 记录

5. 在数据库设计的(　　　)阶段中,用 E-R 图来描述信息结构。

 A. 需求分析 　　　　　　　　　　　　　B. 概念结构设计

 C. 逻辑结构设计 　　　　　　　　　　　D. 物理结构设计

二、思考题

1. 简述数据库系统的设计流程。

2. 什么是 E-R 图? E-R 图由哪些要素构成?

3. 逻辑结构设计阶段有哪些步骤?

4. 物理结构设计阶段有哪些步骤?

5. 数据库的维护阶段包括哪些工作?

实　　训

一、实训目的

1. 掌握数据库规划的步骤。
2. 掌握数据库需求分析、概念结构设计、逻辑结构设计和物理结构设计等重要步骤。

二、实训内容

为某学校设计一个图书管理数据库。在图书馆中对每位读者保存以下信息：读者编号、姓名、性别、年级、系别、电话、已借数目；保存了每本图书的书名、作者、价格、图书的类型、库存量、出版社等信息。其中，读者分为教师和学生两类，教师可以借 20 本书，学生可以借 10 本书。一本图书可以被多位读者借阅。对每本借出的图书，都要保存读者编号、借阅日期和应还日期。

项目 17　数据库应用开发(Java)

任务 17.1　用 JDBC 连接数据库

　　【任务描述】　本任务通过介绍 JDBC 连接数据库的过程,使学生认识 JDBC 在应用开发过程中的作用,了解 JDBC 的驱动程序类型,掌握 JDBC 连接数据库的开发流程。

　　JDBC(Java Database Connectivity,Java 数据库连接)是一种可以执行 SQL 语句的 Java API。程序可通过该 Java API 连接关系数据库,并使用 SQL 语句来完成对数据库的查询、更新等操作。

17.1.1　JDBC 简介

　　JDBC 是 Sun 公司提供的一套数据库编程接口 API,是用 Java 语言编写的类。使用 JDBC 开发的程序能够自动将 SQL 语句传送给相应的数据库管理系统,可以在支持 Java 的任何平台上运行(不必针对不同的平台编写不同的应用程序)。Java 和 JDBC 的结合让开发人员可以在开发数据库应用程序时真正实现"Write Once,Run Everywhere"。

使用 JDBC 可以很容易地向各种不同的关系数据库发送 SQL 语句。换言之，有了 JDBC API，就不必为访问 MySQL 数据库写一个应用程序，为访问 Oracle 数据库再写一个应用程序……开发人员只需使用标准的 JDBC API 编写一个应用程序，然后根据不同的数据库，加入不同的数据库驱动程序即可。

Java 语言具有跨平台特性（Java 程序可以在 Windows 平台上运行，也可以在 UNIX 等其他平台上运行），这是因为 Java 为不同的操作系统提供了不同的虚拟机。同理，JDBC 实现跨数据库操作，就需要不同的数据库厂商提供不同的驱动，图 17.1 所示为 JDBC 驱动示意图。

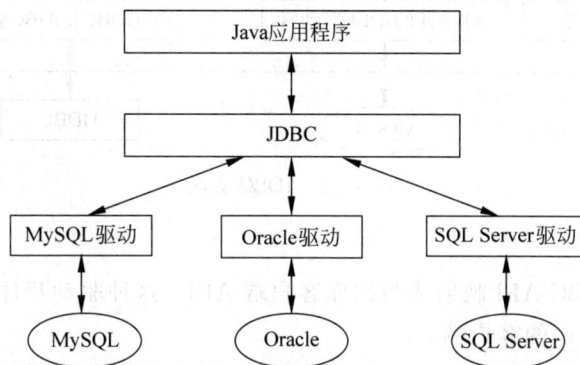

图 17.1　JDBC 驱动示意图

JDBC 驱动的转换使得基于 JDBC API 编写的程序能够在不同的数据库系统上运行良好。Sun 提供的 JDBC 可以完成以下 3 个基本功能。

（1）与数据库建立连接。

（2）执行 SQL 语句。

（3）获得 SQL 语句的执行结果。

通过 JDBC 的这 3 个功能，应用程序就可以操作数据库系统了。

17.1.2　JDBC 驱动程序类型

数据库驱动程序是 JDBC 程序和数据库之间的转换层，其中 JDBC 与数据库厂商提供的数据库驱动程序通信，而驱动程序与数据库通信。数据库驱动程序负责将 JDBC 调用映射成特定的数据库调用，客户端只需要调用 JDBC API 就可以与不同的数据库进行通信。数据库驱动程序的实现如图 17.2 所示。

大部分数据库系统都有相应的 JDBC 驱动程序，当连接某个数据库时，必须使用特定的数据库驱动程序。但对于一些特殊的数据库（如 Access 数据库），可使用 JDBC-ODBC 桥进行访问。

总体来说，JDBC 的驱动通常有 4 种类型。

（1）JDBC-ODBC 桥。这是最早实现的 JDBC 驱动程序，主要目的是快速推广 JDBC，这种驱动程序将 JDBC API 映射到 ODBC API。JDBC-ODBC 也需要驱动，这种驱动由

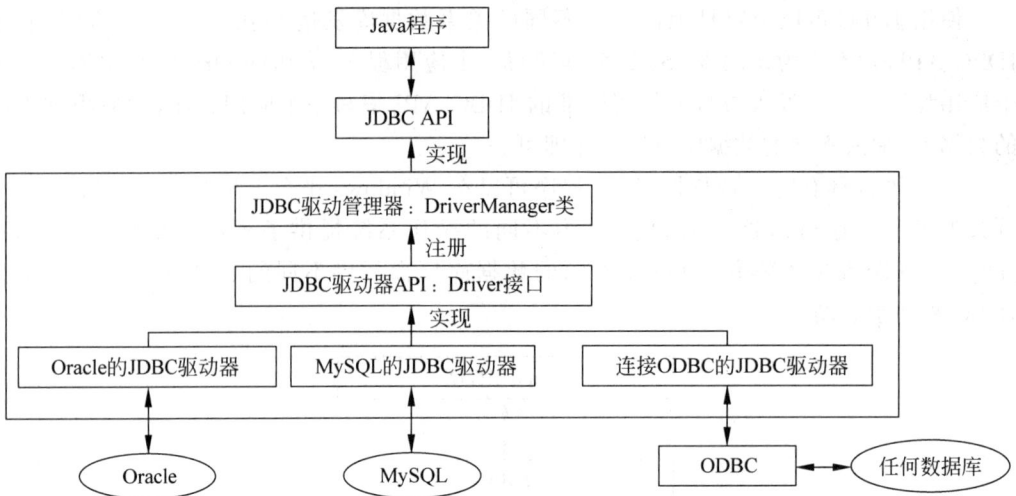

图 17.2　JDBC 实现

Sun 公司提供实现。

（2）直接将 JDBC API 映射成数据库客户端 API。这种驱动程序包含数据库的本地代码，用于访问数据库的客户端。

（3）支持三层架构的 JDBC 访问方式。这种驱动程序主要用于 Applet 阶段，通过 Applet 访问数据库。

（4）直接访问数据库的纯 Java 驱动程序。这种驱动程序可直接与数据库实例交互，它是智能的，知道数据库使用的底层协议。

通常建议选择第 4 种 JDBC 驱动，因为这种驱动避开了本地开发，减少了应用开发的复杂性，也减少了生产冲突和出错的可能。JDBC 的版本越高所支持的数据库操作就越丰富，也具有更多的特点。要使用高版本的 JDBC 就需要相应的驱动程序支持，在开发之前必须明确驱动程序支持的 JDBC 版本。

使用 JDBC 连接数据库之前，要先下载 JDBC 驱动程序。登录 MySQL 官方网站 https://dev.mysql.com/downloads/connector/j/，下载 JDBC 驱动程序 Connector/J 9.2.40 版本，如图 17.3 所示。

选择其中一个文件，单击 Download 按钮下载，下载成功后将压缩文件解压缩，里面的 JAR 文件包含了驱动程序类。驱动程序类文件的名称为 mysql-connector-java-9.2.0.jar。

17.1.3　JDBC 连接数据库的关键步骤

使用 JDBC 连接数据库的关键步骤如下。

（1）注册 JDBC 驱动程序。加载数据库驱动时，通常使用 Class 类的 forName 静态方法来加载，加载方法如下。

```
Class.forName(driverClass)
```

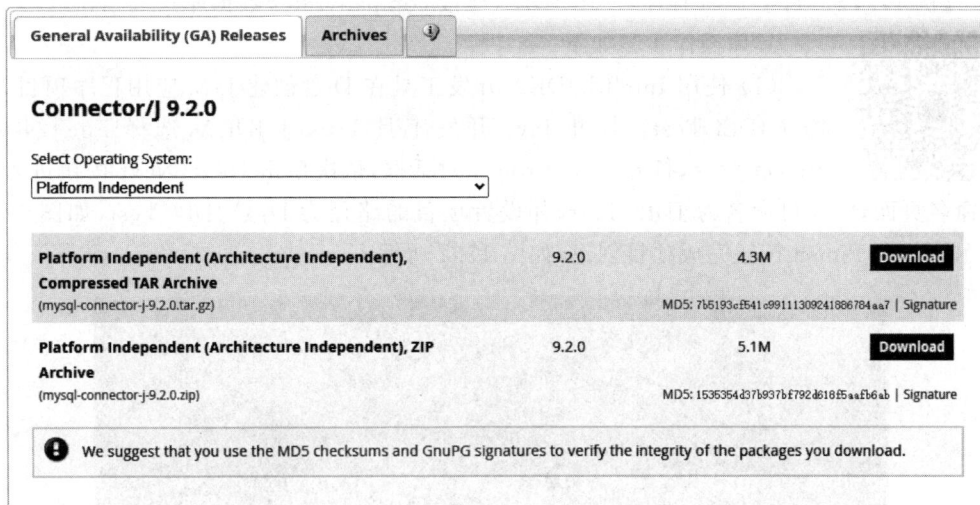

图 17.3　JDBC 驱动下载示意图

其中,driverClass 就是数据库驱动类所对应的字符串,加载 MySQL 的 JDBC 驱动采用以下代码。

```
Class.forName("com.mysql.cj.jdbc.Driver");
```

(2) 构建数据库连接的 URL。建立数据库连接需要构建数据库连接的 URL,这个 URL 由数据库厂商制定。不同数据库的 URL 不同,但基本格式均为"JDBC 协议+IP 地址或域名+端口号+数据库名称"。例如,连接 companysales 数据库的 URL 的字符串为"jdbc:mysql://localhost:3306/companysales"。其中,jdbc 是"JDBC 协议"中的固定写法；mysql 表示使用 MySQL 的驱动程序；localhost 为域名；3306 为端口号；companysales 表示数据库名称。

(3) 获取数据库连接。注册数据库驱动及构建数据库连接的 URL 后,即可通过驱动管理器获取数据库连接的 Connection 对象,只有创建了此对象,才能对数据库进行相关的操作。获取方法如下。

```
DriverManager.getConnection(String url,String user,String pass)
```

使用 DriverManager 来获取数据库连接时,需要传入 3 个参数,含义如下。

① url：数据库的 URL。

② user：登录数据库的用户名。

③ pass：登录数据库的密码。

其中,用户名和密码通常是由 DBA(数据库管理员)分配的。该用户还应该具有相应的权限,才可以执行相应的 SQL 语句。

若数据库登录用户为 root,密码为 123,则获取数据库连接的代码如下。

```
Connection conn = DriverManager.getConnection(
                "jdbc:mysql://localhost:3306/companysales", "root", "123");
```

【**例 17.1**】 创建 Java 程序,使用 JDBC 连接 companysales 数据库。

具体操作步骤如下。

(1) 使用 IntelliJ IDEA 开发工具在 D 盘创建 Java 应用程序项目,命名为 JDBCTest。打开 Java 开发工具 IntelliJ IDEA,选择 File | New | Project 命令,打开 New Project 对话框,依次单击 Next | Next 按钮进入项目命名页面,将项目命名为 JDBCTest,并设置项目的路径为 D:\\JDBCTest,如图 17.4 所示。单击 Finish 按钮完成项目创建,如图 17.4 所示。

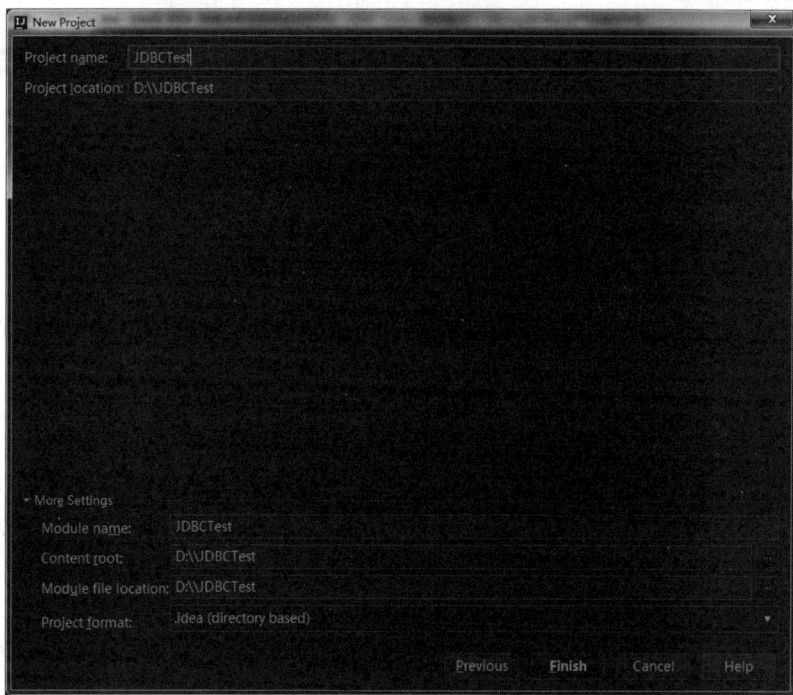

图 17.4　Java 项目创建

(2) 复制驱动文件到项目文件夹下。在 JDBCTest 下新建 lib 文件夹,将准备好的 JDBC 驱动文件复制到 lib 文件夹下,如图 17.5 所示,驱动文件名称为 mysql-connector-java-5.1.42-bin.jar。

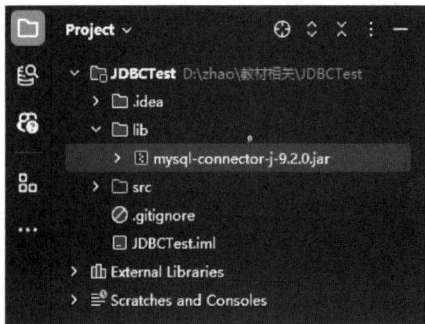

图 17.5　将 JDBC 驱动文件复制到 lib 文件下

(3) 将驱动文件导入项目。在 IntelliJ IDEA 中选择 File | Project Structure 命令,打开 Project Structure 对话框。选择 Modules | Dependencies 选项,依次单击 Add | JARs or directories 按钮,打开 Attach Files or Directories 对话框。选择本项目文件夹下的 lib 文件夹,单击 OK 按钮即可把 lib 文件夹下的驱动文件导入项目,如图 17.6 所示。

(4) 创建 ConnectTest.java 文件。右击 src

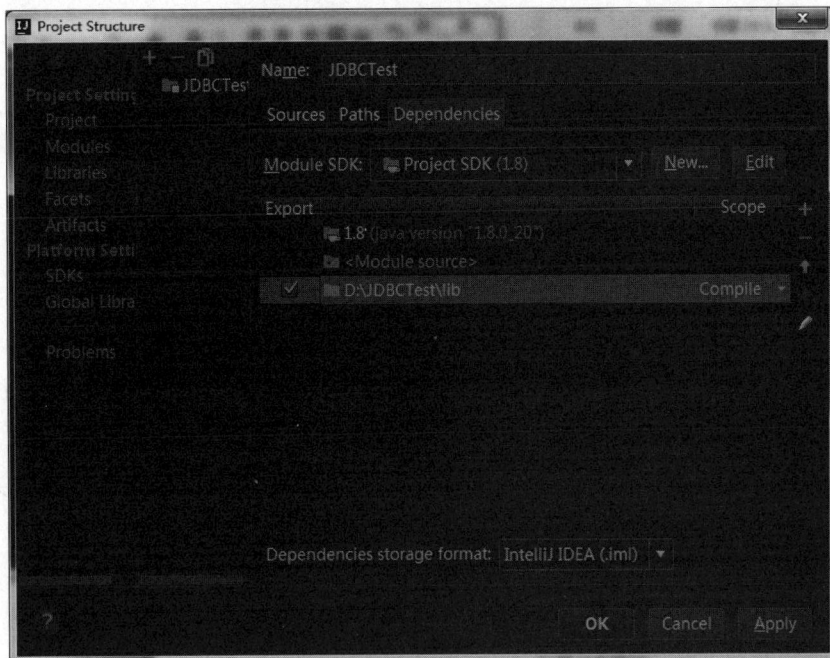

图 17.6　将驱动文件导入项目

文件夹,选择 New|Java Class 命令,打开 Create New Class 对话框。在 Name 文本框中输入
文件名 ConnectTest,在 Kind 下拉列表框中选
择 Class,单击 OK 按钮创建 ConnectTest. java
文件,如图 17.7 所示。

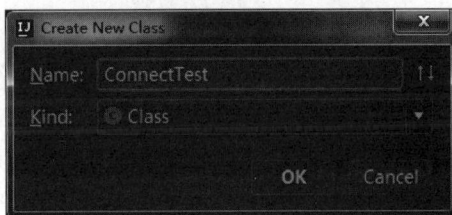

(5) 导入 SQL 包。打开 ConnectTest.
java 文件,在第 1 行输入 import java. sql. * ,
可导入 SQL 包中的所有类。

图 17.7　创建 ConnectTest. java 文件

(6) 编写 JDBC 连接数据库代码。在
ConnectTest 类中实现数据库连接,按照注册 JDBC 驱动程序、构建数据库连接的 URL、
获取数据库连接的过程编写代码,判断并输出数据库是否连接成功。完整代码如下。

```
import java. sql. * ;
public class ConnectTest {
    public static void main(String[ ] args) throws Exception {
        //注册 JDBC 驱动程序
        Class. forName("com. mysql. cj. jdbc. Driver");
        //构建数据库连接的 URL
        String url = "jdbc:mysql://localhost:3306/companysales";
        //获取数据库连接
        Connection connection = DriverManager. getConnection(url, "root", "123");
        if (connection != null){
            System. out. println("数据库连接成功");
        }else {
            System. out. println("数据库连接失败");
```

375

```
            }
        }
    }
```

（7）测试数据库是否连接成功。在菜单栏中选择 Run|Run 'ConnectTest'命令,运行程序并在窗口中查看运行结果。数据库连接运行结果如图 17.8 所示。

图 17.8　数据库连接运行结果

说明：只有数据库的服务处于开启状态,才能成功地与数据库建立连接。若数据库连接失败,可从以下方面查找原因。

（1）数据库服务是否开启。

（2）数据库驱动是否加载。

（3）构建数据库连接的 URL 是否正确。

（4）连接数据库的用户名、密码是否正确。

（5）数据库开发过程中是否导入了 sql 包。

任务 17.2　认识 JDBC 核心 API

【任务描述】　本任务通过介绍 JDBC 核心 API,使学生了解 DriverManager、Connection、Statement 和 ResultSet 等类的常用方法。

JDBC 规范主要分为两个部分：为应用程序开发者提供的接口和为驱动程序开发者提供的接口,前者是为普通开发者提供的,相关的 API 定义在 java. sql 和 javax. sql 两个包中,这是本章介绍的知识点,而后者是开发 JDBC 驱动程序时要遵循的规范,这里不作介绍。

JDBC 核心 API 包括一个驱动管理器 DriverManager 类、数据库连接的 Connection 接口、执行 SQL 语句的 Statement 接口、预编译执行 SQL 语句的 PreparedStatement 接口、结果集 ResultSet 接口。

17.2.1　驱动管理器 DriverManager 类

用于管理 JDBC 驱动的服务类,程序中使用该类的主要功能是获取 Connection 对象,它定义了 3 个连接数据库的方法,差别在参数的数量上。而具有 3 个参数的 getConnection() 方法最常用,3 个参数分别是 URL、用户名、密码。该类的常用方法如表 17.1 所示。

表 17.1 DriverManager 类的常用方法

方　　法	描　　述
static Connection getConnection(String url)	根据传入的 JDBC URL 创建数据库连接
static Connection getConnection(String url, Properties info)	根据传入的 JDBC URL 和 Properties 对象创建数据库连接,Properties 包含多个属性,至少包括 user 和 password
static Connection getConnection(String url, String user,String password)	根据传入的 JDBC URL 和用户名、密码创建数据库连接

17.2.2　数据库连接的 Connection 接口

每个 Connection 代表一个物理连接会话。要想访问数据库,必须先获得数据库连接。该接口的常用方法如表 17.2 所示。

表 17.2 Connection 接口的常用方法

方　　法	描　　述
Statement createStatement()	创建一个 Statement 对象来将 SQL 语句发送到数据库
PreparedStatement prepareStatement (String sql)	创建一个 PreparedStatement 对象来将参数化的 SQL 语句发送到数据库
CallableStatement prepareCall (String sql)	创建一个 CallableStatement 对象来调用数据库存储过程
void setAutoCommit(boolean autoCommit)	将此连接的自动提交模式设置为给定状态
void commit()	提交事务
Savepoint setSavepoint()	在当前事务中创建一个未命名的保存点(Savepoint),并返回表示它的新 Savepoint 对象
Savepoint setSavepoint(String name)	在当前事务中创建一个具有给定名称的保存点,并返回表示它的新 Savepoint 对象
void rollback()	取消在当前事务中进行的所有更改,并释放此 Connection 对象当前持有的所有数据库锁
void rollback(Savepoint savepoint)	取消所有给定 Savepoint 对象之后进行的更改
void setTransactionIsolation(int level)	试图将此 Connection 对象的事务隔离级别更改为给定的级别
void close()	立即释放此 Connection 对象的数据库和 JDBC 资源,而不是等待它们被自动释放

Connection 接口创建数据库连接的目的是与数据库通信,为此需要执行 SQL 语句。但是 Connection 实例并不能执行 SQL 语句,还需要通过 Connection 实例创建 Statement 实例才能执行 SQL 语句。

17.2.3　执行 SQL 语句的 Statement 接口

Statement 接口用于执行静态 SQL 语句,即内容固定不变的 SQL 语句,并返回生成结果的对象。该接口的常用方法见表 17.3,主要方法是执行静态 SQL 语句,包括执行查询语句、数据更新语句和批量执行语句。默认情况下,同一时间每个 Statement 对象只能打开一个 ResultSet 对象。

表 17.3　Statement 接口的常用方法

方　　法	描　　述
ResultSet executeQuery(String sql)	执行给定的 SQL 语句,该语句返回单个 ResultSet 对象
int executeUpdate(String sql)	执行给定的 SQL 语句,该语句可能为 INSERT、UPDATE 或 DELETE 语句,或者不返回任何内容的 SQL 语句(如 DDL 语句)
boolean execute(String sql)	执行给定的 SQL 语句,该语句可能返回多个结果

17.2.4　预编译执行 SQL 语句的 PreparedStatement 接口

PreparedStatement 是 Statement 的子接口。SQL 语句被预编译并存储在 PreparedStatement 对象中,然后可以使用此对象多次高效地执行该语句。它可以用来执行静态 SQL 语句,但大多数情况下用来执行带参数的 SQL 语句,该语句为每个参数保留一个问号作为占位符。每个问号的参数值必须在该语句执行之前,选择合适的 set×××() 方法来提供,参数索引位置从 1 开始计算。在选择 set×××() 方法时,要根据 SQL 数据类型与 Java 数据类型的对照关系选择合适的设置方法。SQL 数据类型与 Java 数据类型的对照关系如表 17.4 所示。

表 17.4　SQL 数据类型与 Java 数据类型的对照关系

SQL 数据类型	Java 数据类型	SQL 数据类型	Java 数据类型
char	java. lang. String	varchar	java. lang. String
text	java. lang. String	longtext	java. lang. String
int	java. lang. Integer	binary	byte[]
bigint	java. lang. Long	blob	byte[]
float	java. lang. Float	tinyblob	byte[]
double	java. lang. Double	longblob	byte[]
bool	java. lang. Boolean	boolean	java. lang. Boolean
tinyint	java. lang. Integer	date	java. sql. Date
smallint	java. lang. Integer	datetime	java. sql. Timestamp
mediumint	java. lang. Integer	timestamp	java. sql. Timestamp
decimal	java. math. BigDecimal	time	java. sql. Time

在获取 PreparedStatement 对象时,已经传入了 SQL 语句,所以执行 SQL 语句的方法不用传入参数。PreparedStatement 接口的常用方法如表 17.5 所示。

表 17.5 PreparedStatement 接口的常用方法

方　　法	描　　述
ResultSet executeQuery()	在此 PreparedStatement 对象中执行 SQL 查询,并返回该查询生成的 ResultSet 对象
int executeUpdate()	在此 PreparedStatement 对象中执行 SQL 语句,该语句必须是一个 SQL 数据操纵语言(data manipulation language,DML)语句
boolean execute()	在此 PreparedStatement 对象中执行 SQL 语句,该语句可以是任何种类的 SQL 语句

17.2.5 结果集 ResultSet 接口

　　该接口表示数据库结果集,通常通过执行查询数据库的语句生成。该结果集与数据库表列相对应。即由行和列组成,并在 ResultSet 结果集的行上提供指针。最初指针指向结果集的第 1 行之前,调用 next()方法可将指针移动到下一行。如果下一行没有数据,则返回 false。在应用程序中经常使用 next()的方法为 While 循环的条件来遍历 ResultSet 结果集。图 17.9 所示为 ResultSet 接口的原理。

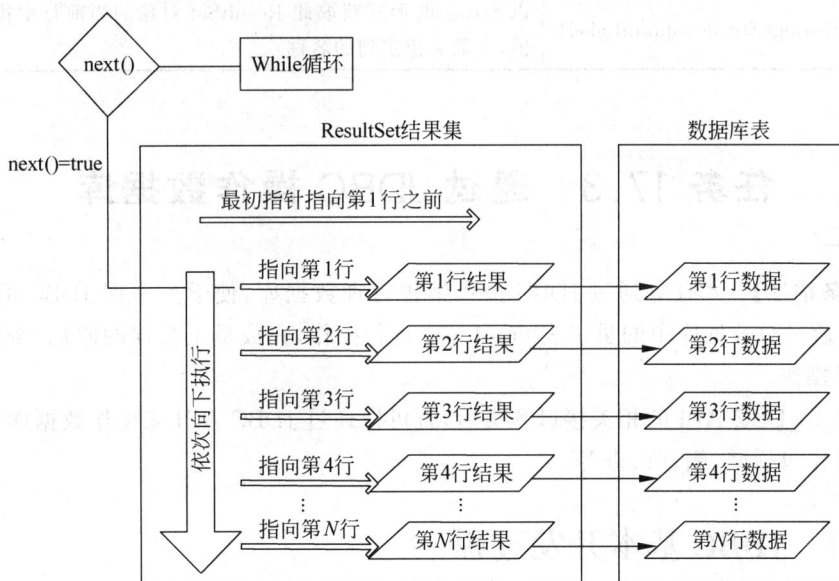

图 17.9 ResultSet 接口的原理

ResultSet 接口的常用方法如表 17.6 所示。

表 17.6 ResultSet 接口的常用方法

方　　法	描　　述
boolean first()	将游标移动到此 ResultSet 对象的第 1 行
boolean next()	将游标从当前位置向前移一行

方　　法	描　　述
boolean previous()	将游标移动到此 ResultSet 对象的上一行
int getInt(int columnIndex)	以 int 的形式获取此 ResultSet 对象的当前行中指定列的值，参数为指定列的索引
int getInt(String columnLabel)	以 int 的形式获取此 ResultSet 对象的当前行中指定列的值，参数为指定列的名称
float getFloat(int columnIndex)	以 float 的形式获取此 ResultSet 对象的当前行中指定列的值，参数为指定列的索引
float getFloat(String columnLabel)	以 float 的形式获取此 ResultSet 对象的当前行中指定列的值，参数为指定列的名称
Date getDate(int columnIndex)	以 Java 编程语言中 java.sql.Date 对象的形式获取此 ResultSet 对象的当前行中指定列的值，参数为指定列的索引
Date getDate(String columnLabel)	以 Java 编程语言中的 java.sql.Date 对象的形式获取此 ResultSet 对象的当前行中指定列的值，参数为指定列的名称
String getString(int columnIndex)	以 String 的形式获取此 ResultSet 对象的当前行中指定列的值，参数为指定列的索引
String getString(String columnLabel)	以 String 的形式获取此 ResultSet 对象的当前行中指定列的值，参数为指定列的名称

任务 17.3　通过 JDBC 操作数据库

【任务描述】　本任务通过 JDBC 操作销售管理数据库,使学生掌握 JDBC 的基本开发过程;通过对数据库中的员工表 employee 进行操作,完成员工数据的添加、查询、修改和删除等操作。

了解了 JDBC API 的相关接口和类后,就可以通过 JDBC API 来操作数据库了,对数据库的操作包括增、删、改、查等。

17.3.1　JDBC 基本开发过程

(1) 建立数据库源。在建立数据库操作之前必须建立数据库表。

(2) 连接数据库。获得数据库连接后才能与数据库进行通信。数据库连接过程可参考 17.1.3 小节。

(3) 创建语句对象。Connection 是数据库连接对象,如果要对数据库进行操作,需要通过 Connection 对象获取 Statement 对象来执行 SQL 语句。利用 Connection 获得 Statement 对象的方法有以下 3 个。

① creatStatement():创建基本的 Statement 对象。

② prepareStatement(String sql)：根据传入的 SQL 语句创建预编译的 Statement 对象,prepareStatement 继承 Statement。

③ prepareCall(String sql)：根据传入的 SQL 语句创建 CallableStatement 对象。

创建基本的 Statement 对象的代码如下。

```
Statement   statement = connection.creatStatement ();
```

(4) 执行 SQL 语句。获得 Statement 对象后,可以通过以下 3 种方式执行 SQL 语句。

① execute(sql)：执行任何的 SQL 语句,比较麻烦。

② executeUpdate(sql)：执行数据更新 SQL 语句。

③ executeQuery(sql)：执行数据查询 SQL 语句。

执行查询语句代码如下。

```
statement.executeQuery(sql);
```

说明：执行 SQL 语句前应该先编写 SQL 语句,SQL 语句包括 INSERT、DELETE、SELECT、UPDATE 等语句。

(5) 处理查询结果。如果执行的 SQL 语句是查询语句,执行结果将返回一个 ResultSet 对象。该对象保存了 SQL 查询语句的执行结果,可以通过操作 ResultSet 对象来取出查询结果。例如,使用 next()方法判断是否有记录,使用 getString()方法从结果中获取信息,代码如下。

```
while(resultSet.next()){
    System.out.println(resultSet.getString(1));
}
```

(6) 释放数据库连接。数据库是共享资源,必须及时释放数据库连接,方便其他用户使用。如果忘记释放数据库连接,则很快就会耗尽数据库资源。数据库资源的释放包括 ResultSet、Statement、Connection 等。

(7) 异常处理。在 JDBC 开发过程中,可能存在驱动程序不存在、连接失败、SQL 语句执行错误、处理结果集及释放数据库连接等异常,需要对这些异常进行处理,处理的基本方法如下。

```
try {
    …                              //正常需要执行的代码
}catch (Exception e){
    …                              //出错后的处理代码
}finally {
    …                              //关闭对象代码
}
```

【**例 17.2**】　编写程序查询 department 表中的所有列,并将其打印输出,然后与 MySQL 9.2 Command Line Client 的查询结果作对比。

具体步骤如下。

(1) 打开 JDBCTest 项目。打开 Java 开发工具 IntelliJ IDEA,选择

File|Open 命令,打开 Open File or Project 对话框,选择 D:\\JDBCTest 项目,单击 OK
按钮,打开 JDBCTest 项目。

（2）创建 SelectTest.java 文件。

（3）在 SelectTest.java 文件的首行导入 SQL 包。

（4）按 JDBC 基本开发流程编写查询 department 表中所有列的代码。SQL 语句为
SELECT * FROM department。完整代码如下。

```java
import java.sql. * ;
public class SelectTest {
    public static void main(String[] args) {
        Connection connection = null;
        Statement statement = null;
        ResultSet results = null;
        //以下按 JDBC 开发流程开发
        try {
            //加载对应驱动
            Class.forName("com.mysql.cj.jdbc.Driver");
            //连接数据库
            connection = DriverManager.getConnection(
                        "jdbc:mysql://localhost:3306/companysales", "root", "123");
            //获得 statement 对象
            statement = connection.createStatement();
            //定义 SQL 语句
            String sql = "SELECT * FROM department";
            //执行查询,并返回结果集 results
            results = statement.executeQuery(sql);
            //通过循环依次获得一条行的记录
            while (results.next()) {
                //使用 getXxx()方法获得相应列的值
                System.out.println(results.getInt(1) + "\t" + results.getString(2) + " \t" +
                                results.getString(3) + "\t" + results.getString(4));
            }
        }catch (Exception e) {
            //异常处理
            e.printStackTrace();
        }finally {
            //关闭资源时先判断资源是否为空
            if (results != null) {
                try {
                    results.close();
                } catch (SQLException e) {
                    e.printStackTrace();
                }
            }
            if (statement != null) {
                try {
                    statement.close();
                } catch (SQLException e) {
                    e.printStackTrace();
                }
            }
```

```
        if (connection != null) {
            try {
                connection.close();
            } catch (SQLException e) {
                e.printStackTrace();
            }
        }
    }
  }
}
```

说明：以上程序严格按照 JDBC 访问数据库的步骤来执行查询语句,在处理查询结果 ResultSet 对象时,使用 results.getString(2) 来获得 departmentname 列的值,也可使用 results.getString("departmentname") 来获得其对应列的值。

(5) 运行程序显示查询结果,如图 17.10 所示。

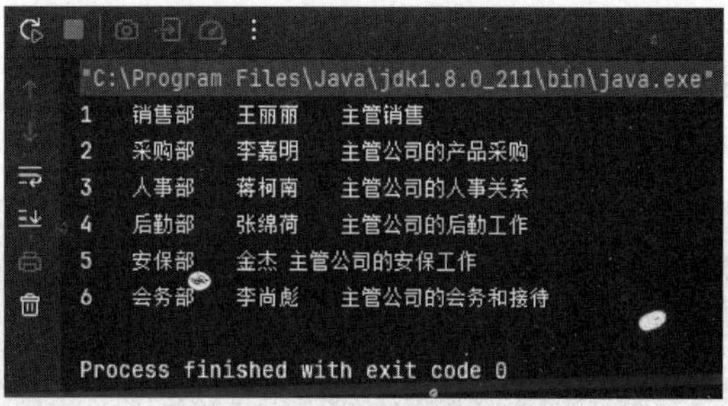

图 17.10 查询结果

(6) 利用 MySQL 自带的工具 MySQL 9.2 Command Line Client,连接服务器,输入 SQL 语句查询表 department 的所有列的值,显示结果如图 17.11 所示。

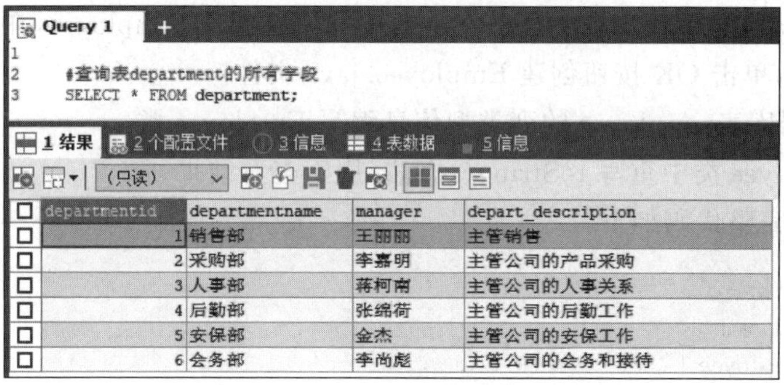

图 17.11 利用 MySQL 查询结果

通过对比可知,使用 JDBC 查询出的结果与数据库中存储的数据一致。

17.3.2 利用 JDBC 操作销售管理数据库

了解了 JDBC 的基本开发过程,可使用 JDBC 进行数据库应用的开发。开发的第一步是建立数据库源,我们使用本书中已建好的销售管理数据库,以数据库表 employee 为例进行。通过 JDBC 实现表 employee 中数据的增、删、改、查等操作。在操作销售管理数据库的 employee 表时,需要编写实体类 Employee 及连接数据库代码的封装。

表 employee 中的每一条记录可看成一个包括员工 ID、姓名、性别等信息的 Java 实体。在向数据库表中插入新员工记录时,将新员工实体信息提取出来后插入表 employee 中;从表 employee 中查询出的一条记录可构造成一个员工实体。

【例 17.3】 创建 Java 项目 sale,根据表 employee 进行 Java 实体类映射,编写 Employee 类。

主要操作步骤如下。

(1) 创建 Java 应用程序项目,命名为 sale,并导入驱动文件。具体操作过程参考例 17.1 的操作步骤(1)~(3)。

(2) 新建包 domain,用于存放数据库表对应的 Java 实体类。

右击 src 文件夹,选择 New|Package,打开 New Package 对话框,输入 domain,单击 OK 按钮,如图 17.12 所示。

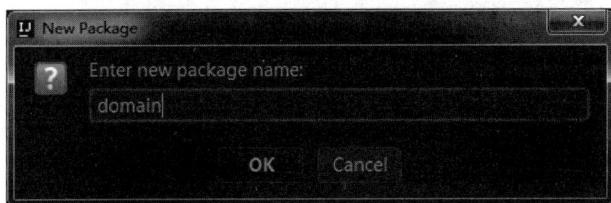

图 17.12　新建 domain 包

(3) 新建 Employee.java 文件。右击 domain 文件夹,选择 New|Java Class 命令,打开 Create New Class 对话框。在 Name 文本框中输入文件名 Employee,在 Kind 下拉列表框中选择 Class,单击 OK 按钮创建 Employee.java 文件。

(4) 根据数据库表 employee 的列类型信息编写 Employee 类。

(5) 在 Employee 类中重写 toString()方法,用于查看结果。

Employee 类完整代码如下。

```java
import java.math. * ;
import java.sql. * ;
public class Employee {
    private int employeeId;                         //员工编号
    private String employeeName;                    //姓名
    private String sex;                             //性别
    private Date birthDate;                         //出生日期
    private Timestamp hireDate;                     //聘任日期
    private BigDecimal salary;                      //工资
    private int departmentId;                       //部门编号
    public int getEmployeeId() {
        return employeeId;
```

```java
}
public void setEmployeeId(int employeeId) {
    this.employeeId = employeeId;
}
public String getEmployeeName() {
    return employeeName;
}
public void setEmployeeName(String employeeName) {
    this.employeeName = employeeName;
}
public String getSex() {
    return sex;
}
public void setSex(String sex) {
    this.sex = sex;
}
public Date getBirthDate() {
    return birthDate;
}
public void setBirthDate(Date birthDate) {
    this.birthDate = birthDate;
}
public Timestamp getHireDate() {
    return hireDate;
}
public void setHireDate(Timestamp hireDate) {
    this.hireDate = hireDate;
}
public BigDecimal getSalary() {
    return salary;
}
public void setSalary(BigDecimal salary) {
    this.salary = salary;
}
public int getDepartmentId() {
    return departmentId;
}
public void setDepartmentId(int departmentId) {
    this.departmentId = departmentId;
}
public Employee() {
}
//用于查看结果
public String toString() {
    return "员工信息{" +
            "id = " + employeeId +
            ", 姓名 = '" + employeeName + '\'' +
            ", 性别 = '" + sex + '\'' +
            ", 出生日期 = " + birthDate +
```

```
                  ", 聘任日期 = " + hireDate +
                  ", 工资 = " + salary +
                  ", 部门编号 = " + departmentId + '}';
        }
    }
```

对数据库的每一次增、删、改、查等操作都需要先连接数据库，操作完成后再释放资源。为了避免每一次操作都编写相同的数据库连接与释放代码，可将数据库连接与释放代码封装到一个类中。使用时直接调用数据库连接方法或释放资源方法即可。

【例 17.4】 打开 sale 项目，编写一个类，包含数据库连接与资源释放功能。

主要操作步骤如下。

（1）打开 sale 项目，新建包 utils。右击 src 文件夹，选择 New|Package 命令，打开 New Package 对话框，输入 utils，单击 OK 按钮。

（2）新建 ConnectionUtlis.java 类。右击 jdbc 文件夹，选择 New|Java Class 命令，打开 Create New Class 对话框。在 Name 文本框中输入文件名 ConnectionUtlis，在 Kind 下拉列表框中选择 Class，单击 OK 按钮创建 ConnectionUtlis.java 文件。

（3）导入 SQL 包。打开 ConnectionUtlis.java 文件，在第 1 行输入 import java.sql.＊，导入 SQL 包。

（4）编写数据库连接与资源释放功能代码。定义加载驱动字符串 driver、构建数据库连接 url、数据库用户名 username、密码 password；定义数据库连接功能 getConnection()；编写资源释放方法 close()。

ConnectionUtlis.java 完整代码如下。

```java
import java.sql. * ;
public class ConnectionUtlis {
    private static String driver = "com.mysql.cj.jdbc.Driver";
    private static String url = "jdbc:mysql://localhost:3306/companysales";
    private static String username = "root";
    private static String password = "123";
    / **
     * 连接数据库
     * @return
     * @throws Exception
     * /
    public static Connection getConnection() throws Exception {
            Class.forName(driver);                      //classLoader,加载对应驱动
            return DriverManager.getConnection(url, username, password);
    }

    / **
     * 关闭资源
     * @param resultSet
     * @param statement
     * @param connection
     * /
```

```
public static void close(ResultSet resultSet, Statement statement, Connection connection){
    if(resultSet!= null){
        try {
            resultSet.close();
        } catch (SQLException e) {
            e.printStackTrace();
        }finally{
            resultSet = null;
        }
    }
    if(statement!= null){
        try {
            statement.close();
        } catch (SQLException e) {
            e.printStackTrace();
        }finally{
            statement = null;
        }
    }
    if(connection!= null){
        try {
            connection.close();
        } catch (SQLException e) {
            e.printStackTrace();
        }finally{
            connection = null;
        }
    }
}
```

17.3.3　添加员工数据

要通过 JDBC 在数据库中添加数据,可以使用 INSERT 语句,SQL 语句中的参数可以使用"?"来代替,然后通过 PreparedStatement 为其赋值及并执行 SQL 语句。表 employee 中的 employeeid 设置为自动增长,所以使用 INSERT 时可以不用设置 employeeid 列。

【例 17.5】　打开 sale 项目,通过 JDBC 实现添加员工信息的功能。

主要操作步骤如下。

(1) 打开 sale 项目,在 jdbc 包中创建 EmployeeDAO. java 文件。右击 jdbc 文件夹,选择 New|Java Class 命令,打开 Create New Class 对话框。在 Name 文本框中输入文件名 EmployeeDAO,在 Kind 下拉列表框中选择 Class,单击 OK 按钮创建 EmployeeDAO. java 文件。

(2) 在 EmployeeDAO 类中定义 save(Employee employee)方法,用于完成新员工的

添加,参数为 Employee 的实体。代码按 JDBC 基本开发过程编写,详细代码如下。

```java
public void save(Employee employee) {
    //定义 SQL 语句,每个问号是参数的占位符
    //在执行 SQL 语句前,需要设置其值
    String sql = "INSERT INTO employee(employeename , sex , birthdate   , hiredate , salary ,
            departmentid) VALUES(?,?,?,?,?,?)";
    Connection connection = null;
    PreparedStatement preparedStatement = null;
    try {
        connection = ConnectionUtlis.getConnection();
        preparedStatement = connection.prepareStatement(sql);
        //为 SQL 语句的每个参数设置值
        preparedStatement.setString(1,employee.getEmployeeName());
        preparedStatement.setString(2,employee.getSex());
        preparedStatement.setDate(3, employee.getBirthDate());
        preparedStatement.setTimestamp(4,employee.getHireDate());
        preparedStatement.setBigDecimal(5,employee.getSalary());
        preparedStatement.setInt(6,employee.getDepartmentId());
        preparedStatement.executeUpdate();
    }catch (Exception e){
        e.printStackTrace();
    }finally {
        //关闭资源
        ConnectionUtlis.close(null, preparedStatement, connection);
    }
}
```

(3) 将新员工信息添加到表 employee。新建 InsertEmployee.java 文件,在 main()
方法中构建 employee 员工对象,设置各个属性,并将此员工添加到数据库表中,详细代码
如下。

```java
import domain.Employee;
import jdbc.EmployeeDAO;
public class InsertEmployee {
    public static void main(String[] args) {
        EmployeeDAO jdbcOperation = new EmployeeDAO();
        //构建 employee 对象并设置相关信息
        Employee employee = new Employee();
        employee.setEmployeeName("赵晴");
        employee.setSex("女");
        employee.setBirthDate(Date.valueOf("2001 - 03 - 19"));
        employee.setHireDate(new Timestamp(System.currentTimeMillis()));
        employee.setSalary(new BigDecimal(6006.00));
        //执行添加操作
        jdbcOperation.save(employee);
    }
}
```

(4) 运行添加员工程序。在菜单栏中选择 Run|Run 'InsertEmployee'命令,运行

程序。

（5）验证新员工是否成功添加。使用 SQLyog 工具连接数据库，并打开 employee 表可查看表的记录信息，新员工数据已经添加成功。如图 17.13 所示为添加员工后 employee 表的记录。

	employeeid	employeename	sex	birthdate	hiredate	salary	depart...
☐	99	孔珺	女 ▾	1970-08-07	1994-11-19 00:00:00	1500.0000	2
☐	100	蒙曼如	女 ▾	1969-10-15	1994-08-21 00:00:00	1500.0000	2
☐	101	陈枝	女 ▾	1966-12-18	1999-04-26 00:00:00	1500.0000	6
☐	102	高敏	女 ▾	1967-10-31	1993-10-28 00:00:00	1500.0000	2
☐	103	张萍萍	女 ▾	1960-04-05	1993-02-02 00:00:00	1500.0000	4
☐	104	蔡文婧	女 ▾	1960-10-07	1994-11-19 00:00:00	1500.0000	2
☐	105	宋辉	男 ▾	1968-10-17	1994-08-21 00:00:00	1500.0000	2
☐	106	张涛	男 ▾	1959-01-09	1993-10-28 00:00:00	1500.0000	4
☐	107	张红星	男 ▾	1957-12-01	1993-02-02 00:00:00	1500.0000	2
☐	108	王蕙珍	女 ▾	1969-02-07	1992-01-29 00:00:00	1500.0000	2
☐	109	叶蕃	男 ▾	1959-08-14	1991-06-29 00:00:00	1500.0000	2
☐	110	刘红光	男 ▾	1966-11-22	2000-04-01 00:00:00	1500.0000	2
☐	111	南存慧	男 ▾	1980-02-01	2016-08-09 00:00:00	3400.0000	1
☐	112	金米	男 ▾	1988-05-19	2017-07-17 10:59:09	(NULL)	1
☐	118	赵晴	女 ▾	2001-03-19	2025-03-20 13:06:58	6006.0000	1
*	(Auto)	(NULL)	男 ▾	(NULL)	CURRENT_TIMESTAMP	(NULL)	(NULL)

图 17.13　employee 表的记录

17.3.4　查询员工数据

员工信息浏览是指读出 employee 表中的所有记录，并显示出来。在操作数据库的过程中使用的查询语句是 SELECT * FROM employee。此查询语句没有参数，可使用 Statement 对象执行 SQL 语句完成。请参考例 17.2。

在实际开发过程中，不仅需要查询表的所有数据，还需要查询符合某些条件的数据，这时 SQL 语句中需要参数，参数可以使用"?"来代替，然后通过 PreparedStatement 为其赋值并执行 SQL 语句。

【例 17.6】　查询 employeeid 为 118 的员工，并显示其相关信息。

主要操作步骤如下。

（1）打开 EmployeeDAO.java 文件，添加以 employeeid 为条件的查询方法 findById(int employeeId)，代码按 JDBC 基本开发过程编写，查询出的每条记录构建成一个员工实体，如果记录不唯一，则视为查询失败。详细代码如下。

```
public Employee findById(int employeeId) {
    //执行查询的 SQL 语句
    String sql = "SELECT * FROM employee WHERE employeeid = ?";
    Employee employee = new Employee();;
    Connection connection = null;
    PreparedStatement preparedStatement = null;
    ResultSet resultSet = null;
    try {
        connection = ConnectionUtlis.getConnection();
        preparedStatement = connection.prepareStatement(sql);
        //为 SQL 语句设置参数
```

```
        preparedStatement.setInt(1, employeeId);
    resultSet = preparedStatement.executeQuery();
        //用于记录查询的记录数,如果记录不唯一,则视为查询失败
        int count = 0;
        while (resultSet.next()){
            count++;
            //查询出记录后,将各列的值设置为 employee 对象的成员变量的值
            employee.setEmployeeId(resultSet.getInt(1));
            employee.setEmployeeName(resultSet.getString(2));
            employee.setSex(resultSet.getString(3));
            employee.setBirthDate(resultSet.getDate(4));
            employee.setHireDate(resultSet.getTimestamp(5));
            employee.setSalary(resultSet.getBigDecimal(6));
            employee.setDepartmentId(resultSet.getInt(7));
        }
        if (count != 1){
            employee = null;
        }
    }catch (Exception e){
        e.printStackTrace();
    }finally {
        ConnectionUtlis.close(resultSet, preparedStatement, connection);
    }
    //返回查询出的对象
    return employee;
}
```

(2) 创建 SelectEmployee.java 文件,在 main()方法中调用查询功能,并测试查询结果。

```
import domain.Employee;
import jdbc.EmployeeDAO;
public class SelectEmployee {
    public static void main(String[] args) {
        EmployeeDAO jdbcOperation = new EmployeeDAO();
        //调用查询功能
        Employee employee = jdbcOperation.findById(118);
        //输出信息
        System.out.println(employee);
    }
}
```

(3) 运行程序并查看查询结果。在菜单栏中选择 Run|Run 'SelectEmployee'命令运行程序,运行结果如图 17.14 所示。

图 17.14   查询结果

17.3.5　修改员工数据

使用 JDBC 修改数据库中的数据可以通过 UPDATE 语句实现,如把员工 id 为 1 的员工工资修改为 7000 元,其 SQL 语句如下。

```
UPDATE employee SET   salary = 7000 WHERE employeeid = 115
```

在实际开发过程中,通过程序传递 SQL 语句中的参数,所以修改数据也需要使用 PreparedStatement 对象进行操作。修改数据时一般需要先将数据回显(修改的原数据显示)后再做修改,所以应先执行查询语句;修改数据可能是一行的任何列,所以需要将可能被修改的列均进行设置。

【例 17.7】　修改 employeeid 为 118 的员工的工资为 9000 元。

主要操作步骤如下。

(1) 参考例 17.6 完成查询功能。

(2) 打开 EmployeeDAO. java 文件,增加修改方法 update(Employee employee),代码按 JDBC 基本开发过程编写,对表 employee 除 employeeid 外的所有列进行设置。详细代码如下。

```java
public void update(Employee employee) {
    //执行更新的 SQL 语句
    String sql = "UPDATE employee SET employeename = ? , sex = ? , birthdate = ?, " +
            "hiredate = ? , salary = ? , departmentid = ? WHERE employeeid = ?";
    Connection connection = null;
    PreparedStatement preparedStatement = null;
    try {
        connection = ConnectionUtlis.getConnection();
        preparedStatement = connection.prepareStatement(sql);
        //为 SQL 的每个?进行值设置,其值由对象 employee 获得
        preparedStatement.setString(1,employee.getEmployeeName());
        preparedStatement.setString(2,employee.getSex());
        preparedStatement.setDate(3, employee.getBirthDate());
        preparedStatement.setTimestamp(4,employee.getHireDate());
        preparedStatement.setBigDecimal(5,employee.getSalary());
        preparedStatement.setInt(6,employee.getDepartmentId());
        preparedStatement.setInt(7,employee.getEmployeeId());
        preparedStatement.executeUpdate();
    }catch (Exception e){
        e.printStackTrace();
    }finally {
        //关闭资源
        ConnectionUtlis.close(null, preparedStatement, connection);
    }
}
```

(3) 创建 UpdateEmployee. java 文件,在 main()方法中先查询并显示 employeeid 为 118 的员工信息,再修改此员工的工资为 9000 元,代码如下。

```java
import domain.Employee;
import jdbc.EmployeeDAO;
```

```
import java.math.BigDecimal;
public class UpdateEmployee {
    public static void main(String[] args) {
        EmployeeDAO jdbcOperation = new EmployeeDAO();
        Employee employee = jdbcOperation.findById(118);
        System.out.println("修改前的员工信息: ");
        System.out.println(employee);
        //修改员工 employee 信息
        employee.setSalary(new BigDecimal(9000));
        //更新员工 employee 信息
        jdbcOperation.update(employee);
        //修改后的结果为
        employee = jdbcOperation.findById(118);
        System.out.println(" ----------------------------------- ");
        System.out.println("修改后的员工信息: ");
        System.out.println(employee);
    }
}
```

（4）运行程序并查看结果。在菜单栏中选择 Run｜Run 'UpdateEmployee'命令运行程序，运行结果如图 17.15 所示。

图 17.15　修改结果

说明：在第（3）步修改员工信息时只修改了所查询出的员工的工资，也可修改员工的姓名、性别、出生日期等除 id 以外的其他任何信息，而第（2）步中的 update（Employee employee）代码无须更改。

17.3.6　删除员工数据

删除数据使用的 SQL 语句为 DELETE 语句，如删除员工 id 为 118 的信息的 SQL 语句如下。

```
DELETE FROM employee WHERE employeeid = 118
```

在实际开发过程中通过程序传递 SQL 语句中的参数，所以删除数据也需要使用 PreparedStatement 对象进行操作。

【例 17.8】　删除 employeeid 为 118 的员工的信息。

（1）打开 EmployeeDAO.java 文件，增加删除方法 delete（int employeeid），代码按 JDBC 基本开发过程编写。详细代码如下。

```
public void delete(int employeeId) {
```

```
//执行删除的 SQL 语句
String sql = "DELETE FROM employee WHERE employeeid = ?";
Connection connection = null;
PreparedStatement preparedStatement = null;
try {
    connection = ConnectionUtlis. getConnection();
    preparedStatement = connection. prepareStatement(sql);
    //设置 SQL 语句的 employeeid 对应的值
    preparedStatement. setInt(1, employeeId);
    preparedStatement. executeUpdate();
}catch (Exception e){
    e. printStackTrace();
}finally {
    //关闭资源
    ConnectionUtlis. close(null, preparedStatement, connection);
}
}
```

（2）创建 DeleteEmployee. java 文件,在 main()方法中先执行 delete()方法,参数 employeeid 设置为 118,再调用例 17.6 中的 findById()方法来查询此员工信息是否被删除,如查出此员工为 null 说明删除成功,否则删除失败。详细代码如下。

```
import domain. Employee;
import jdbc. EmployeeDAO;
public class DeleteEmployee {
    public static void main(String[ ] args) {
        EmployeeDAO jdbcOperation = new EmployeeDAO();
        //设置要删除的 employeeid
        jdbcOperation. delete(118);
        Employee employee = jdbcOperation. findById(118);
        if (employee != null){
            //输出信息
            System. out. println(employee);
        }else {
            System. out. println("查无此人");
        }
    }
}
```

（3）运行程序并查看结果。在菜单栏中选择 Run|Run 'DeleteEmployee'命令,运行程序。运行结果如图 17.16 所示。

图 17.16　删除结果

习　　题

一、选择题

1. JDBC 驱动程序类型有(　　)种。

　　A. 1　　　　　　　　　　B. 2　　　　　　　　　　C. 3　　　　　　　　　　D. 4

2. JDBC 接口 Connection 中的常用方法不包括(　　)。

　　A. createStatement()　　　　　　　　　　B. prepareStatement()

　　C. execute()　　　　　　　　　　　　　　D. prepareCall()

3. 在结果集 ResultSet 对象中,使用(　　)方法可将记录指针定位到下一行。

　　A. boolean first()　　　　　　　　　　B. boolean next()

　　C. boolean last()　　　　　　　　　　D. boolean previous()

4. 下面的选项中,加载 MySQL 驱动正确的是(　　)。

　　A. Class. forname("com. mysql. JdbcDriver");

　　B. Class. forname("com. mysql. jdbc. Driver");

　　C. Class. forname("com. mysql. driver. Driver");

　　D. Class. forname("com. mysql. jdbc. MySQLDriver");

二、思考题

1. JDBC 驱动程序有哪些类型?

2. JDBC API 中有哪几种语句接口?

3. 简述使用 JDBC 开发的基本开发过程。

4. 在 JDBC 编程时为什么要经常释放连接?

5. 数据库应用系统软件开发过程中有几个阶段?分别是什么?每个阶段的主要工作内容是什么?

6. 数据库应用系统软件开发过程中为什么要定义表对应的实体类?定义实体类时表字段的类型与实体类成员变量类型如何映射?

实　　训

一、实训目的

1. 掌握 JDBC API 的使用。

2. 掌握 JDBC 连接数据库。

3. 掌握 JDBC 数据库编程步骤。

4. 掌握数据库系统开发中的增、删、改、查操作。

二、实训内容

1. 创建用户信息表 user,其结构如表 17.7 所示。

表 17.7　用户信息表 user 的结构

列　　名	类　　型	长　　度	说　　明	备　　注
id	int	10	id	主键
username	varchar	50	用户名	
password	varchar	50	密码	
nickname	varchar	50	昵称	
phone	varchar	11	电话	

2. 利用客户端软件 SQLyog 向 user 表中增加 10 条记录。

3. 使用 JDBC 编程,完成 MySQL 数据库驱动的加载及数据库的连接。

4. 根据 user 表字段的定义编写 User 实体类,要求该表各列的数据类型与 User 实体类成员变量类型一一对应。

5. 完成用户信息浏览功能,将所有的用户信息输出。

6. 完成用户信息管理功能,包括用户的添加、用户信息的修改及用户删除。

参 考 文 献

[1] 钱冬云.潘益婷.吴刚,等. MySQL 数据库应用项目教程[M].北京：清华大学出版社,2019.

[2] 明日科技. MySQL 从入门到精通[M].3 版.北京：清华大学出版社,2023.

[3] 刘春茂. MySQL 数据库应用案例课堂[M].2 版.北京：清华大学出版社,2023.

[4] 王飞飞. MySQL 数据库应用从入门到精通[M].北京：中国铁道出版社,2014.

[5] Ben Forta. MySQL 必知必会[M].刘晓霞,钟鸣,译.北京：人民邮电出版社,2009.

[6] 明日科技. MySQL 从入门到精通[M].北京：清华大学出版社,2017.

[7] 黄缙华,等. MySQL 入门很简单[M].北京：清华大学出版社,2011.

[8] Lynn Beighley,Michael Morrison. Head First PHP & MySQL(中文版)[M].苏金国,徐阳,等,译.
北京：中国电力出版社,2010.

[9] 程朝斌,张水波. MySQL 数据库管理与开发实践教程[M].北京：电子工业出版社,2016.

[10] 陈承欢. MySQL 数据库应用与设计任务驱动教程[M].北京：清华大学出版社,2017.

[11] 郭水泉,关丽梅,王世刚,等. MySQL 数据库项目式教程(高职)[M].西安：西安电子科技大学出
版社,2017.

[12] 李辉,等. 数据库系统原理及 MySQL 应用教程[M].北京：机械工业出版社,2016.

[13] 刘增杰,李坤. MySQL 5.6 从零开始学[M].北京：清华大学出版社,2013.